Rüdiger Vaas

Jenseits von Einsteins Universum

Rüdiger Vaas

Jenseits von Einsteins Universum

Von der Relativitätstheorie zur Quantengravitation

KOSMOS

»Tomorrow is a long long time if you're a memory«
– Neil Young

Für Diana, Stargirl, Erdenmädchen, Farbenfee
»A dreamer of pictures, I run in the night,
You see us together, chasin' the moonlight«

Impressum

Umschlaggestaltung von Büro Jorge Schmidt unter Verwendung einer Illustration von Lynette Cook/Science Photo Library/Agentur Focus. Das Porträt von Albert Einstein auf der Banderole stammt von Orren Jack Turner aus dem Jahr 1947 (Library of Congress, Washington, D.C., USA).

Mit 95 Abbildungen, darunter 44 Illustrationen von Gunther Schulz. Bildnachweis Seite 463.

Unser gesamtes Programm finden Sie unter **kosmos.de**.
Über Neuigkeiten informieren Sie regelmäßig unsere Newsletter, einfach anmelden unter **kosmos.de/newsletter**

FSC www.fsc.org
MIX
Papier aus verantwortungsvollen Quellen
FSC® C014496

Gedruckt auf chlorfrei gebleichtem Papier

ISBN 978-3-440-14883-9
Redaktion: Sven Melchert
Gestaltung und Satz: Martina Heitzmann-Schulz, Fußgönheim
Produktion: Ralf Paucke
Printed in Germany / Imprimé en Allemagne

Inhalt

Anfangsbedingung und Weltgesetz

»Eines habe ich in meinem langen Leben gelernt, nämlich, dass unsere ganze Wissenschaft, an den Dingen gemessen, von kindlicher Primitivität ist – und doch ist es das Köstlichste, was wir haben«, meinte Albert Einstein 1951 in einem Brief an den Arzt Hans Mühsam. Der wohl bedeutendste Physiker des 20. Jahrhunderts, wenn nicht aller Zeiten, ist immer bescheiden und humorvoll geblieben; zugleich hat er sich seine Eigenständigkeit bewahrt und weit über die Wissenschaft hinaus gewirkt. Seine Allgemeine Relativitätstheorie, die sich Ende 2015 zum 100. Mal jährte, ist die Grundlage für die Erkenntnis des Universums als Ganzes, dessen Entstehung und Entwicklung, Geometrie und Gravitation.

Dieses Buch beschreibt die Relativitätstheorie, ihre Voraussetzungen und Hintergründe, ihre Genese und ihren Glanz, ihre Bewährung und Grenzen, ihre Folgen, Irritationen und Umwälzungen für Physik und Philosophie – und vielleicht sogar ihren Untergang. Es ist eine Geschichte der Extreme, eine Besichtigungstour zu verwegenen Forschungsfronten und den Abgründen von Raum und Zeit, eine Reise mit kosmischen Kuriositäten und einem ungeheuerlichen Tempo, ein Abenteuer in schwerelosen Gedankenexperimenten und gedankenschweren Gravitationssenken. Mithilfe der neuen Einsichten von Wissenschaftshistorikern ist es möglich, Einstein & Co. beim Forschen über die Schulter zu blicken. Physiker und Kosmologen erkunden indessen ein seltsames Universum. Wissenschaftstheoretiker analysieren Voraussetzungen und Konsequenzen der kühnen Ideen, während Naturphilosophen fragen, was das alles bedeutet ... Willkommen in Einsteins Universum – und darüber hinaus!

Genialer Gedankenschmied: Albert Einstein 1916, kurz nach der Vollendung der Allgemeinen Relativitätstheorie in seinem Arbeitszimmer in Berlin.

ALBERT EINSTEIN LIVED HERE
HERBLOCK
©1955 THE WASHINGTON POST CO.

Revolution von Raum und Zeit

Einsteins kühne Theorie des Universums

Hinter den Alltagserscheinungen verbergen sich bizarre Naturgesetze und verblüffende Zusammenhänge. Winzige Massen entfesseln ungeheure Energien, Zentimeter schrumpfen nahe der Lichtgeschwindigkeit und Sekunden dehnen sich endlos.

»Hier lebte Albert Einstein«: Karikatur von Herb Block in der *Washington Post*, einen Tag nach Einsteins Tod am 18. April 1955.

»Wenn auch die Öffentlichkeit den Einzelheiten der wissenschaftlichen Forschung nur in bescheidenem Maße folgen kann, so hat sie doch ein Großes und Wichtiges gewonnen – das Vertrauen in die Sicherheit des menschlichen Denkens und in die Gesetzlichkeit des Naturgeschehens.«

Albert Einstein

Erkenntnisse für die Ewigkeit

Als Albert Einstein am 18. April 1955 in Princeton gestorben war, erschien am nächsten Tag in der *Washington Post* eine Karikatur von Herb Block, die eine Vielzahl von Welten im öden All zeigt. Nur eines dieser kosmischen Staubkörnchen sticht heraus: Es trägt ein riesiges Schild mit der Aufschrift *Albert Einstein lived here.* Für Armin Hermann, der bis 2001 an der Universität Stuttgart als Professor für Geschichte der Naturwissenschaft und Technik lehrte, trifft diese Karikatur »trotz aller Übertreibung etwas Wesentliches«. Und er betont: »Ob wir Physiker sind oder nicht – wir müssen uns alle mit Einstein auseinandersetzen. Wesentlich von ihm angeregt hat die Wissenschaft tiefe Einsichten über die im Makrokosmos und Mikrokosmos wirkenden Kräfte zutage gefördert und dabei auch ein ganz neues Verständnis für das Wesen menschlicher Erkenntnis erzielt.«

Einsteins Beiträge – keineswegs nur in der Physik, sondern auch in der Politik und Philosophie – sind vielfältig und einflussreich. Sie haben ein ganz neues Universum erschlossen oder erst geschaffen. Und dies ist noch keineswegs ausgelotet – ja noch nicht einmal zu Ende gedacht.

Mit der Speziellen Relativitätstheorie hat Einstein den Raum mit der Zeit (als der vierten Dimension) vereinigt und die Relativität von Zeitspannen und Streckenlängen erkannt. Außerdem entdeckte er, dass die Lichtgeschwindigkeit für alle Beobachter absolut konstant und identisch ist; und er fand heraus, dass (träge) Masse und Energie erstaunlicherweise äquivalent sind wie zwei Seiten derselben Medaille. Ähnlich verhält es sich mit der trägen und der schweren Masse. Das führte Einstein dann zur Allgemeinen Relativitätstheorie, in der er die Raumzeit mathematisch mit Materie und Energie verbunden hat: Raum und Zeit bilden demnach nicht die passive Bühne des Geschehens, sondern werden von den Körpern und sogar von Licht beeinflusst – sowie auch umgekehrt. Daher ist die Gravitation Einstein zufolge eigentlich keine Kraft, sondern eine Eigenschaft der Raumzeit-Geometrie – die Folge der durch Masse »gekrümmten« Raumzeit. Denn Masse verlangsamt die Zeit (relativ zu einem Bezugssystem in einem schwächeren Gravitationsfeld), deformiert den Raum und zwingt Lichtstrahlen auf krumme Bahnen. Die Welt ist eine dynamische und zugleich unverbrüchliche Einheit, wie es sich vor Einsteins Erkenntnissen niemand hätte vorstellen können.

Experimente haben die Spezielle und Allgemeine Relativitätstheorie mittlerweile glänzend bestätigt. Und das teils mit einer Präzision, die fast alles an wissenschaftlichen Messungen übertrifft. Trotzdem erscheinen die Theorien vielen Menschen nach wie vor unverständlich oder sogar paradox. Doch obschon Einsteins Meisterwerke noch immer als extrem exotisch gelten, sind sie inzwischen sogar im Alltag angekommen: Ohne sie gäbe es weder Navigationsgeräte im Auto noch Antimaterie in der medizinischen Diagnostik oder Kernkraftwerke zur Stromerzeugung. Auch unser Weltbild wäre völlig anders: Ohne Spezielle und Allgemeine Relativitätstheorie ließe sich nicht verstehen, warum die Sonne scheint, wie mechanische und elektromagnetische Vorgänge zusammenpassen, wie sich die Elementarteilchen verhalten, weshalb Raum und Zeit zusammengehören und zu schwingen vermögen, und was es mit Schwarzen Löchern sowie einem seit dem Urknall sich ausdehnenden Weltraum auf sich hat.

Das Abenteuer des Denkens

Wissenschaft ist Ordnungssuche – der Versuch, Regelmäßigkeiten in einer komplizierten, schwer durchschaubaren Welt aufzuspüren, vorherzusagen und nutzbar zu machen. In diesem Sinn gibt es nichts Praktischeres als eine gute Theorie, wie Einstein einmal bemerkte. Aber Anwendungen stellen nicht das vordringliche Ziel der Forschung dar. Neugier und Staunen bilden die Triebkraft und sind wohl eine der wertvollsten Merkmale des Menschlichen.

»Das Schönste, was wir erleben können, ist das Geheimnisvolle. Es ist das Grundgefühl, das an der Wiege von wahrer Kunst und Wissenschaft steht. Wer es nicht kennt und sich nicht mehr wundern, nicht mehr staunen kann, der ist sozusagen tot und sein Auge erloschen«, hat Albert Einstein einmal sein »Glaubensbekenntnis« beschrieben. Diese Worte sind oft zitiert worden, nicht selten mit mystizistischen Absichten. Einstein war aber kein Verklärer und Irrationalist. Vielmehr war er – und vielleicht ist allerdings dies irrational oder verklärend – »von einer tiefen Verehrung für die in dem Seienden sich manifestierenden Vernunft ergriffen«. Dieses »Vertrauen in die vernünftige und der der menschlichen Vernunft wenigstens einigermaßen zugängliche Beschaffenheit der Realität« äußerte er bei vielen Gelegenheiten im Lauf der Jahrzehnte hinweg. Sein Motto: »Bewunderung für die Schönheit und Glaube an die logische Einfachheit der Ordnung und Harmonie, welche wir demütig und nur unvollkommen fassen können.« Mehrfach bezog er sich auf den rationalistischen Philosophen Spinoza, dessen

Stufen von Weltbildern	Beschreibung	Erklärungswert	innere Widerspruchsfreiheit	äußere Widerspruchsfreiheit	Prüfbarkeit	Beispiele
magisch-animistisch	+	?	–	–	–	Schamanismus
theologisch-mystisch	+	+	?	–	–	Babylonier Germanen
philosophisch-rational	+	+	+	?	–	griechische Philosophie
wissenschaftlich-rational	+	+	+	+	?	moderne Naturwissenschaft

Erweiterung der Erkenntnis: Der Philosoph Gerhard Vollmer hat vier Stufen von Weltbildern beziehungsweise -erklärungsweisen unterschieden und Kriterien zu ihrer Beurteilung vorgeschlagen. Das Schema mag stark simplifizieren, doch es gibt eine gute Orientierung und lässt sich auch als einen kulturellen Fortschritt lesen. Für die verschiedenen Weltbildstufen lassen sich unzählige Beispiele anführen, etwa die Vorstellung von der Entstehung des Universums. Das Erfolgsrezept des wissenschaftlich-rationalen Ansatzes besteht vor allem im engen Wechselspiel von Kritik, Theorie und empirischen Tests durch Beobachtungen und Experimente, neuerdings auch durch Simulationen. Dabei sind die innere und äußere Widerspruchsfreiheit entscheidend, also die Selbstkonsistenz und die Verträglichkeit mit der Erfahrung. Doch jede Überprüfbarkeit hat ihre Grenzen; und je weiter die Theorien in den Mikro- und Makrokosmos vorstoßen, aber auch in komplexe Systeme wie Leben, Gehirn und Gesellschaften, desto schwieriger und unanschaulicher werden die Erklärungsversuche. Letzte Wahrheiten kann die Wissenschaft ohnehin nicht finden und beweisen – aber das geht prinzipiell auch auf keine andere Art.

Werk er schätzte, ohne dass er dessen komplexe Philosophie als Ganzes freilich übernommen hätte.

»Je mehr nun ein Mensch durchdrungen ist von der gesetzlichen Ordnung allen Geschehens, desto fester wird seine Überzeugung, dass neben jener gesetzlichen Ordnung für Ursachen anderen Charakters kein Platz mehr bleibt«, schrieb Einstein, und nahm sich davon nicht aus. »Für ihn gibt es weder ein Walten menschlichen noch göttlichen Willens als selbständige Ursache im Naturgeschehen.« Die schon zu Einsteins Lebzeiten erfolgten zahlreichen Versuche, ihn religiös zu vereinnahmen, sind daher so haltlos wie frech. Einstein hatte sich auch stets dagegen verwahrt. »Ich glaube nicht an einen persönlichen Gott und ich habe dies niemals geleugnet, sondern habe es deutlich ausgesprochen. Falls es in mir etwas gibt, das man religiös nennen könnte, so ist es eine unbegrenzte Bewunderung der Struktur der Welt, so weit sie unsere Wissenschaft enthüllen kann«, heißt es in einem Brief vom 24. März 1954. Und wenige Monate zuvor, am 3. Januar 1954, schrieb er an den Philosophen Eric Gutkind: »Das Wort Gottes ist für mich nicht mehr, als der Ausdruck und das Produkt menschlicher Schwächen. Die Bibel ist eine Sammlung ehrbarer, aber dennoch primitiver Legenden, welche doch ganz schön kindisch sind. Keine Interpretation, wie feinsinnig sie auch sein mag, kann das (für mich) ändern.« Für Einstein war jede Religion »der Inbegriff des kindischsten Aberglaubens.«

Das ist kein Widerspruch zu Einsteins beinahe verzückt-verzaubertem Blick auf das Universum – sondern sogar eher eine Voraussetzung dafür. »Wichtig ist, dass man nicht aufhört zu fragen«, zitierte der Redakteur William Miller Einstein in der Zeitschrift *Life* 1955. »Neugier hat ihren eigenen Seinsgrund. Man kann nicht anders als die Geheimnisse von Ewigkeit, Leben oder die wunderbare Struktur der Wirklichkeit ehrfurchtsvoll zu bestaunen. Es genügt, wenn man versucht, an jedem Tag lediglich ein wenig von diesem Geheimnis zu erfassen. Diese heilige Neugier soll man nie verlieren.« Mit dieser Haltung, der ernsthaften wie spielerischen Abenteuerlust des Denkens sowie der staunenden Neugier, steht Einstein in direkter Tradition mit der Wahrheitssuche der griechischen Philosophen zweieinhalb Jahrtausende früher. Mit ihnen hat, soweit die Überlieferung reicht, die Exploration des Universums spätestens begonnen. (Die Astronomie stellt vielleicht die älteste Wissenschaft dar und wurde noch viel früher praktiziert, wie neolithische Steinsetzungen und babylonische Aufzeichnungen vermuten lassen.) Philosophie als Wahrheitssuche ist eine uralte Manifestation der Neugier und sicherlich eine der edleren Eigenschaften des Menschen. Einstein hat das jedenfalls so gesehen: »Das Streben nach Wahrheit und Erkennen gehört zum Schönsten, dessen der Mensch fähig ist«, sagte er in einer Rundfunksendung am 11. April 1943 und ergänzte augenzwinkernd: »... wenn auch der Stolz auf dieses Streben meist im Munde derjenigen ist, die am wenigsten von solchem Streben erfüllt sind.«

Die Wahrheitssuche, die durchaus auch Wahrheiten findet – Einsteins Lebenswerk zählt zu den besten Beispielen – ist allerdings nicht mit Dogmatismus, zweifelsfreien Letzterkenntnissen und unverbrüchlichen Sicherheiten zu verwechseln. Genau das Gegenteil ist richtig. Naturwissenschaftliche Erkenntnis, und auch dies zeigten Einsteins Einsichten, ist immer vorläufig. Aus Bescheidwissen folgt Bescheidenheit, nicht Überheblichkeit und ideologische Engstirnigkeit. »Es ist mir genug, diese Geheimnisse staunend zu ahnen und zu versuchen, von der erhabenen Struktur des Seienden in Demut ein mattes Abbild geistig zu erfassen«, meinte Einstein. Und musste sich eingestehen, bei allem Vertrauen in eine rationale Grundstruktur des Kosmos: »Das Unverständlichste am Universum ist im Grunde, dass wir es verstehen.«

1921 beschrieb er, was bereits die vorsokratischen Philosophen auszeichnete: »Der Naturwissenschaftler findet seinen Lohn in dem, was Henri Poincaré die Freude des Begreifens nennt und nicht in den Möglichkeiten der Anwendung, zu denen Entdeckungen führen können.«

Naturwissenschaft lässt sich grob charakterisieren als

(1) eine systematische Erforschung der Welt
(2) mit akzeptierten Theorien und Methoden
(3) und ergebnisoffenen, undogmatischen Untersuchungen im Rahmen von (2),
(4) was eine Weiterentwicklung und Revision von (2) erlaubt

(5) und auf empirischen Evidenzen basiert, also Beobachtungen und Experimenten.

In diesem Sinn haben die antiken vorsokratischen Philosophen vor zweieinhalb Jahrtausenden bereits eine Weise der Wissenschaft betrieben, oder zumindest eine Vorform davon. Der Oxforder Altphilologe Daniel W. Graham hat das in seinem Buch *Science before Socrates* (2013) am Beispiel der Philosophen Parmenides und Anaxagoras und ihrer »neuen Astronomie« nachgewiesen; sie haben bereits die Kugelgestalt der Erde, die Entstehung von Sonnen- und Mondfinsternissen und die Identität von Abend- und Morgenstern (Planet Venus) erkannt. Auch Thales und Anaximander zuvor hatten schon wissenschaftlich gedacht sowie später insbesondere Leukipp und Demokrit. Auf Anaximander und Leukipp geht die Idee oder der erste bekannte Charakterisierungsversuch von Naturgesetzen zurück.

Diese sogenannten Vorsokratiker fragten nach den »seienden Dingen« (»onta«, Vorhandenes), während sich Sokrates später stattdessen für die menschlichen Tugenden (»arete«), ein gutes Leben (»eudaimonia«) und gesellschaftliche Aspekte interessierte. Den Vorsokratikern ging es um »die Wahrheit und Wirklichkeit der seienden Dinge«, wie es der Tübinger Altphilologe Wolfgang Schadewaldt ausgedrückt hat. Daher waren sie Philosophen im ursprünglichen und vielleicht eigentlichen Sinn. Der Begriff (»philosophia«) lässt sich bis zu dem griechischen Geschichtsschreiber Herodot zurückverfolgen; er berichtete von Solon, dass dieser auf Reisen gegangen sei um der »theoria« willen, der theoretischen Erkenntnis (ursprünglich: »heilige Schau«). In dieser Hinsicht ist der Philosoph nicht (nur) ein Liebhaber der Weisheit, sondern ein Freund des Wissens (»philosophéon«), der dem Wissen nachspürt und es sich aneignet (»sophos«).

Dieses im Kern zweckfreie Streben nach Erkenntnis steht bis heute im Zentrum der Grundlagenforschung. Es war auch Albert

Einsteins lebenslanger innerer Antrieb. So gesehen spannt sich ein fester, wenn auch elastischer Bogen über die Jahrtausende zurück zu den Vorsokratikern. Leitlinie ist das Abenteuer des Denkens.

Wolfgang Schadewaldt hat dies in seiner 1960 und 1972 gehaltenen und 1978 publizierten Vorlesung *Die Anfänge der Philosophie bei den Griechen* sehr treffend zum Ausdruck gebracht: »Wenn unser Weltbild im Lauf der Zeiten fortgeschritten ist, so durch diese Kraft des Denkens«, sagte er. »Das Denken kümmert sich nicht darum, ob es zu unanschaulichen Ergebnissen kommt, etwa ob ein und dieselbe Erscheinung des Lichts sich von verschiedenen Seiten her gleichzeitig als Welle und Korpuskel zeigt. Die Vorstellungen der allgemeinen Plausibilität werden von diesem Denken durchbrochen. Das hat bei den Griechen angefangen, die das Denken als Abenteuer in sich selbst betrieben, unbekümmert um das, was sich für die anschauliche Welt daraus ergab.« Aus allem, was überliefert ist, lässt sich annehmen, »dass diese Weise des Denkens etwas total Neues war, das damals in die Welt gekommen und dann so folgenreich geworden ist. Es ist entscheidend, dass man nun nicht mehr in praktischen Zwecken oder Vorteilen denkt, sondern das Es-Selbst der Dinge denkt, unbekümmert, ob es einen Zweck hat oder vielleicht gar einen Nachteil.« Und weiter: »Die Griechen hatten die Fähigkeit, rein in sich und an sich selbst das Denken zu betreiben und sich in seinen eigenen Konsequenzen vollziehen zu lassen, und damit haben sie einen Weg beschritten, der ein Umweg ist: den Weg über das Es-Selbst der Dinge. Man hat nicht kurzschlüssig gefragt nach der Anwendbarkeit und dann von daher gedacht und sich darauf eingeschränkt, sondern hat eben gedacht und dieses Sich-dem-Denken-Überlassen als Abenteuer auf sich genommen. So ging die mathematische Entwicklung nicht weiter über die Feldmesserei und Astrologie, sondern fragte nach dem Wesen des Zahlenmäßigen, nach den Proportionen und Bezügen, die sich in der Realität finden und sichtbar werden in der

Geometrie; schließlich reizte dann der ganze Bereich der Arithmetik an sich selber, und nun sprechen wir von Grundwissenschaft oder reiner Theorie. Dieses rein Prinzipielle und Theoretische ist, retrospektiv betrachtet, schon hier. Und weiter hat dieses Denken dann dazu geführt, sich in weiterer Instanz wieder zurückzuwenden auf die Bewältigung der Welt, für die ihm nun ganz neue Mittel an die Hand gegeben waren, die auf direktem Wege nie hätten ermittelt werden können.«

Das gilt bis heute. Und ohne diese konsequente »Konsequenzlosigkeit« des Denkens und Forschens wäre die moderne wissenschaftlich-technische Zivilisation unmöglich. Die Relativitätstheorie ist ein brillantes Beispiel (die Quantentheorie ein anderes, auf dem sogar große Teile des Bruttoinlandsprodukts der fortschrittlichsten Länder inzwischen beruhen). Einstein hatte nicht gedacht, dass sie jemals für eine technisch-praktische Anwendung gut sei. Doch inzwischen nutzen sie viele Hundert Millionen Menschen direkt oder indirekt in Form von Navigationssystemen. Sich metergenau auf dem Globus orientieren zu können, wäre ohne Einsteins Jahrhundertwerk unmöglich. Und zurzeit arbeiten Wissenschaftler daran, mithilfe von Atomuhren und der gravitativen Zeitdehnung der Allgemeinen Relativitätstheorie zentimetergenau Höhen zu bestimmen – über Hunderte von Kilometern hinweg.

Was Schadewaldt als den ursprünglichen Impuls des Philosophierens identifiziert hatte, lässt sich auch in Einsteins Denken nachweisen. In seinen späteren Jahren hat er den rationalen Spekulationen und mathematischen Mutmaßungen immer mehr Zeit eingeräumt. Wie die Vorsokratiker wollte er dort, wo sich empirische Grundlagen noch im Nebel verhüllten, zu festeren Fundamenten vorwärtstasten. Er kam nur schwer voran, und an seinem Vermächtnis arbeiten viele Wissenschaftler noch heute. Wenn die Naturgesetze ein Spiegel der Ordnung der Welt sind, dann ist ein hehres Ziel der Wissenschaft eine Art »Weltformel« als Minimalbeschreibung der Welt. Das hat Einstein mit einer »Einheitlichen Feldtheorie« bis zu seinem Lebensende angestrebt; und die modernen Versuche, eine »Theory of Everything« oder Theorie der Quantengravitation zu finden, sind noch weniger bescheiden. Doch keine Hybris, denn der Voraussetzungen, Grenzen und Einschränkungen sind sich die Pioniere der Forschung bewusst. Auch des Risikos zu scheitern.

Einstein hatte das alles sehr genau im Blick und immer wieder zum Ausdruck gebracht. So schrieb er 1929: »Das Gelingen dieses Versuches, aus der Überzeugung der formalen Einheit der Struktur des Wirklichen heraus auf rein gedanklichem Wege subtile Naturgesetze abzuleiten, ermutigt zu einem Fortschreiten auf diesem spekulativen Wege, dessen Gefahren sich jeder lebhaft vor Augen halten muss, der ihn zu beschreiten wagt.« Seine Größe besteht darin, sich trotzdem auf dieses Wagnis des Denkens eingelassen zu haben – und mit Glück, Hartnäckigkeit, großem Fleiß, Kreativität und Genialität dem Universum ungeheuerliche Geheimnisse entlockt zu haben.

Schwerer Start

Es war nicht einfach, denn Albert Einsteins Aussichten im Frühjahr 1902 erschienen wenig erquicklich: arbeitslos, mittellos und sein Kind los. Dazu noch akademisch gescheitert.

Geboren am 14. März 1879 in Ulm, damals noch im Königreich Württemberg, bewahrte Einstein lebenslang seinen schwäbischen Dialekt (auch als drolliger Akzent in seinen späteren englischen Reden zu hören), obwohl sein Vater berufsbedingt mit der Familie bereits 15 Monate später nach München zog. Albert war schon als Kind eigenbrötlerisch, aber im Gegensatz zur heute verbreiteten Vorurteilsfolklore ein guter Schüler (nur den Sportunterricht hasste er). Er interessierte sich früh für die Elektrodynamik, weil er mit Dynamos und Elektromotoren der elektrotechnischen Fabrik seines Vaters aufwuchs. Ein Kompass und ein Buch über die euklidische Geometrie machten einen tiefen Eindruck auf ihn, als er etwa fünf beziehungsweise zwölf Jahre alt war.

»Als junger Mann bummelte Albert Einstein ein Jahr lang herum. Wer keine Zeit vergeudet, kommt nirgendwohin, was die Eltern von Heranwachsenden leider oft vergessen. Nachdem er in Deutschland von der Schule abgegangen war, weil er die Zucht und Strenge auf dem Gymnasium nicht ertrug, folgte er seiner Familie nach Pavia. Sein Vater errichtete als Ingenieur in der Poebene die ersten Elektrizitätswerke.« So begann Carlo Rovelli seine populären *Sieben kurze Lektionen über Physik*, die 2015 auf Deutsch erschienen sind. Der Physik-Professor an der Universität Marseille ist einer jener Wissenschaftler, die daran arbeiten, Einsteins Vermächtnis zu erfüllen – eine Erweiterung der Relativitätstheorie, um auch die anderen Naturerscheinungen zu integrieren. Und weiter zu Einstein: »Albert las Kant und hörte zum Zeitvertreib Vorlesungen an der Universität von Pavia. Rein zum Vergnügen, ohne immatrikuliert zu sein und ohne Examina abzulegen. So wird man ein ernsthafter Wissenschaftler.«

Zunächst bestand Einstein zwar die Aufnahmeprüfung an der Eidgenössischen Technischen Hochschule in Zürich nicht, machte aber die Matura in Aarau nach und hatte damit im Alter von 17 Jahren die Studienberechtigung. Die Schule hatte »durch ihren liberalen Geist und durch den schlichten Ernst der auf keinerlei äußere Autorität sich stützenden Lehrer einen unvergesslichen Eindruck hinterlassen«, erinnerte sich Einstein Jahrzehnte später noch. 1896 begann er ein Diplom-Studium als mathematisch-physikalischer Fachlehrer. Als strebsamer Student hatte sich Einstein zwar nicht gerade hervorgetan, aber seine Semesterzeugnisse wiesen durchweg 4 1/4 bis 6 von 6 möglichen Punkten auf. Eine 1, die schlechteste aller möglichen Noten, hatte er lediglich im Physikalischen Praktikum für Anfänger erhalten – aufgrund eines Verweises »wegen Unfleiß«. Denn Einstein schwänzte die Veranstaltung häufig und verstrickte sich aufgrund seiner unkonventionellen Lösungswege mit dem Praktikumsleiter immer wieder in harte Diskussionen.

Die Hoffnung auf eine Assistentenstelle am Züricher Polytechnikum erfüllte sich 1900 nach dem Abschluss seines Studiums dort nicht. Auch Anfragen bei Instituten in Deutschland, Holland und Italien blieben erfolglos. Die meisten der Professoren, die Einstein angeschrieben hatte, machten sich nicht einmal die Mühe zu antworten. Und die Dissertation, die er im November 1901 an der Universität Zürich anmeldete, wurde abgelehnt. Damit erschien eine akademische Zukunft aussichtslos.

Auch eine Anstellung im Lehramt glückte nicht. So bereitete Einstein in Schaffhausen notgedrungen einen englischen Schüler auf die Matura vor, um wenigstens zu etwas Geld zu kommen. Sein Vater, Hermann Einstein, konnte ihn nach mehreren Firmenpleiten kaum mehr unterstützen; und er starb wenige Monate später. Schon als Student hatte Einstein bedauert, er sei »nichts als eine Last für meine Angehörigen«, wie er seiner Schwester Maria schrieb, die er immer nur Maja nannte. »Es wäre wahrlich besser, wenn ich gar nicht lebte.« Streitereien mit seinem Arbeitgeber kosteten Einstein im Januar 1902 auch diesen Job, und er musste sich mit Privatstunden in Mathematik und Physik über Wasser halten.

Hinzu kam eine menschliche Tragödie. Mileva Marić, die einzige Studentin in Einsteins Semester und alsbald seine Geliebte, rasselte zum zweiten Mal durchs Examen. Obwohl sie schwanger war, machten Einsteins prekäre berufliche und finanzielle Unsicherheit und der vehemente Widerstand seiner Eltern eine Heirat der beiden zunächst unmöglich. Im Haus ihrer Eltern bei Novi Sad gebar Mileva Marić im Januar 1902 eine Tochter, die Einstein in seinen Briefen liebevoll Lieserl nannte, aber wohl niemals gesehen hat. Das Kind blieb in Ungarn, und seine Spuren verlieren sich nach dem zweiten Lebensjahr. Vermutlich hatte Mileva Marić es zur Adoption freigegeben oder es ist früh gestorben.

Doch dann wendete sich das Schicksal. Mit der Hilfe seines Studienfreundes Marcel Grossmann erhielt Einstein eine Stelle als »Technischer Experte III. Klasse« am eidgenössischen Amt für geistiges Eigentum in Bern, die er am Montag, 23. Juni 1902, pünktlich um 8 Uhr in der Genfergasse antrat. Mit einem Jahresgehalt von 3500 Franken war nicht nur eine bessere Wohnung möglich, sondern auch die Ehe mit Mileva Marić. Ende 1902 kam sie nach Bern. Am 6. Januar 1903 war die standesamtliche Hochzeit. Im Mai 1904 wurde ihr erster Sohn Hans Albert geboren, im Juli 1910 folgte ein zweiter, Eduard.

Einstein hatte Grossmann viel zu verdanken – auch später bei der Entwicklung der Allgemeinen Relativitätstheorie. »Wir waren und blieben Freunde durchs Leben hindurch«, schrieb er dessen Frau, nachdem Grossmann 1936 gestorben war. Und er erinnerte sich: »Da steigt die gemeinsame Studentenzeit herauf – er meisterhafter Student, ich unordentlich und verträumt. Er verbunden mit den Lehrern und alles leicht fassend, ich abseits und unbefriedigt, wenig beliebt. Aber wir waren gute Freunde, und die Gespräche beim Eiskaffee im Metropol alle paar Wochen gehören zu meinen hübschesten Erinnerungen. Dann Ende der Studien – ich plötzlich von allen verlassen, ratlos vor dem Leben stehend. Er aber stand zu mir und durch ihn (und seinen Vater) kam ich ein paar Jahre später [...] ans Patentamt. Es war eine Art Lebensrettung, ohne die ich wohl zwar nicht gestorben aber geistig verkümmert wäre.«

Dort, im Berner Patentamt, hatte Einstein die Wissenschaft nicht vergessen. Zwar war er vom etablierten Forschungsbetrieb abgeschnitten und konnte die Entwicklungen nur in Fachzeitschriften verfolgen. Doch seine Autonomie ermöglichte es ihm, die eigenen Ziele zu verfolgen, ohne dass Karrierezwänge seine Kreativität hemmten. Sehr förderlich waren dabei der Gedankenaustausch mit seinen ehemaligen Kommilitonen Michele Besso und Marcel Grossmann sowie die »Akademie Olympia«. In diesem informellen Lese- und Diskussionszirkel arbeitete Einstein mit den beiden Berner Studenten Maurice Solovine und Conrad Habicht oft bis spät in die Nacht philosophische und physikalische Bücher durch, beispielsweise von David Hume, Heinrich Hertz, Ludwig Boltzmann und Ernst Mach. Auch Literarisches stand auf dem Programm – etwa Sophokles, Cervantes und Racine – sowie gemeinsames Musizieren. Und es wurde viel gelacht. »Es war doch eine schöne Zeit damals in Bern, als wir unsere lustige Akademie betrieben, die doch weniger kindisch war als jene respektabeln, die ich später von Nahem kennen lernte«, schrieb Einstein rückblickend 1948 in einem Brief an Solovine.

Revolution im Patentamt

Einstein war nicht unglücklich im Patentamt. Die anspruchsvolle Arbeit – Prüfung von Anträgen und Mitwirkung an der endgültigen Formulierung technischer Patente – »zwang zu vielseitigem Denken, bot auch wichtige Anregungen für das physikalische Denken«, meinte er später. Und an Alfred Schnauder, mit dem er in vorangegangenen Jahren musiziert und der ihm eine Komposition gewidmet hatte, schrieb er einmal: »Mir geht es gut; ich bin ehrwürdiger eidgenössischer Tintenscheißer mit ordentlichem Gehalt. Daneben reite ich auf meinem alten mathematisch-physikalischen Steckenpferd und fege auf der Geige – beides in den engen Grenzen, welche mir mein zweijähriger Bubi für derlei überflüssige Dinge gesteckt hat.«

Sein »überflüssiges« Steckenpferd hatte Einstein auch ohne akademische Meriten zwischen 1901 und 1904 bereits fünf Publikationen in den angesehenen *Annalen der Physik* eingebracht, obgleich er in wissenschaftlichen Kreisen praktisch unbekannt blieb. Die erste Arbeit – eine Theorie über zwischenmolekulare Kräfte, die er auf das Phänomen der Kapillarität anwandte – hatte er im Dezember 1900 eingereicht, in einer zweiten übertrug er seine Ergebnisse auf Salzlösungen.

1905 entstanden dann fünf Artikel, mit denen dem 26-jährigen Patentbeamten gleich drei grandiose Durchbrüche in der Physik gelangen – Einsichten, die diese Wissenschaft für immer verwandelten. Wie er die Arbeiten selbst einschätzte, verraten zwei Briefe an seinen Freund Conrad Habicht.

Im Mai 1905 schrieb Einstein: »... warum haben Sie mir Ihre Dissertation immer noch nicht geschickt? ... Ich verspreche Ihnen vier Arbeiten dafür, von denen ich die erste in Bälde schicken könnte, da ich die Freiexemplare baldigst erhalten werde. Sie handelt über die Strahlung und die energetischen Eigenschaften des Lichtes und ist sehr revolutionär, wie Sie sehen werden ... Die zweite Arbeit ist eine Bestimmung der wahren Atomgröße aus der Diffusion und inneren Reibung der verdünnten flüssigen Lösungen neutraler Stoffe. Die dritte beweist, dass unter Vorraussetzung der molekularen Theorie der Wärme in Flüssigkeiten suspendierte Körper von der Größenordnung 1/1000 Millimeter bereits eine wahrnehmbare ungeordnete Bewegung ausführen müssen, welche durch die Wärmebewegung erzeugt ist; es sind ›unerklärte‹ Bewegungen lebloser kleiner suspendierter Körper in der Tat beobachtet worden von Physiologen, welche Bewegungen von ihnen ›Brown'sche Molekularbewegung‹ genannt wird. Die vierte Arbeit liegt erst im Konzept vor und ist eine Elektrodynamik bewegter Körper unter Benützung einer Modifikation der Lehre von Raum und Zeit; der rein kinematische Teil dieser Arbeit wird Sie sicher

Patenter Forscher: Als Albert Einstein 1902 seinen Dienst im eidgenössischen Amt für geistiges Eigentum in Bern antrat, ließ er sich eigens einen Anzug schneidern und darin fotografieren. Der Anzug war kleinkariert, aber Einsteins Denken eröffnete neue Horizonte in der weiten Welt der Physik, die ihn zum bedeutendsten und berühmtesten Wissenschaftler des 20. Jahrhunderts machten.

interessieren.« Und wenige Monate später meinte Einstein zur fünften Arbeit: »Eine Konsequenz der elektrodynamischen Arbeit ist mir noch in den Sinn gekommen. Das Relativitätsprinzip im Zusammenhang mit den Maxwell'schen Grundgleichungen verlangt nämlich, dass die Masse direkt ein Maß für die im Körper enthaltene Energie ist; das Licht überträgt Masse. Eine merkliche Abnahme der Masse müsste beim Radium erfolgen. Die Überlegung ist lustig und bestechend; aber ob der Herrgott nicht darüber lacht und mich an der Nase herumgeführt hat, das kann ich nicht wissen.«

High Five

Der Jahrgang von 1905 der *Annalen der Physik* wird in manchen Bibliotheken unter Verschluss gehalten oder nur unter Aufsicht ausgegeben, weil er – eine Kuriosität in der Geschichte des wissenschaftlichen Publizierens – diebstahlgefährdet ist. Tatsächlich gibt es keinen einzelnen Jahrgang einer Fachzeitschrift, der das Verständnis der Welt im Rückblick ähnlich stark umgewälzt hat. Und das auch noch durch einen einzigen Autor, den seinerzeit kaum jemand kannte und von dem das niemand erwartet hätte.

› Einsteins Arbeit *Über die von der molekularkinetischen Theorie der Wärme geforderte Bewegung von in ruhenden Flüssigkeiten suspendierten Teilchen* beantwortet die Frage, ob es direkt beobachtbare Vorgänge gibt, die zeigen, dass die Temperatur tatsächlich ein Maß für die zufälligen Bewegungen der Moleküle ist.

Im Jahr 1827 hatte der schottische Botaniker Robert Brown Zitterbewegungen von Schwebeteilchen im Mikroskop beobachtet und vermutet, dass sie auf Stöße der durch Wärme in Bewegung befindlichen viel kleineren Flüssigkeitsmoleküle zurückzuführen sind. Einstein stellte einen Zusammenhang her zwischen den im Mikroskop messbaren Bewegungen der Schwebeteilchen und den Eigenschaften der unsichtbaren Atome. Während deren Geschwindigkeiten unbeobachtbar sind, lässt sich die Verschiebung der Schwebeteilchen abhängig von Zeit, Temperatur und Zähigkeit des Lösungsmittels sowie des Radius der suspendierten Teilchen beobachten.

Einsteins Voraussagen hat Jean-Baptiste Perrin 1908 an der Sorbonne in Paris bestätigt. Mit dieser Arbeit wurde Einstein – neben dem polnischen Physiker Marian Smoluchowski – zum Mitbegründer der Statistischen Mechanik – zu einer Zeit, als die Existenz der Atome noch umstritten war. Die Brown'sche Bewegung liefert Einstein zufolge ein Experiment, das zwischen der Vorstellung der Materie als Kontinuum und der Atom-Hypothese zu entscheiden erlaubte. Seither gilt die Existenz von Atomen und Molekülen als gesichert. »Die Arbeit zur Brown'schen Bewegung allein hätte Einstein einen Platz in der Geschichte der Physik gesichert«, kommentierte Roger Penrose von der University of Oxford.

› Einsteins Arbeit *Eine neue Bestimmung der Moleküldimensionen* beantwortet die Frage, wie man aus gemessenen Eigenschaften von Flüssigkeiten und Lösungen wie Zähigkeit und Diffusionsgeschwindigkeit etwas über die Größe und Zahl von Molekülen erschließen kann.

Mithilfe von Methoden, die auf der Hydrodynamik und Diffusionstheorie beruhen, zeigte Einstein, dass die Messung der Viskosität (der inneren Reibung) eines Lösungsmittels und einer Lösung das Gesamtvolumen der gelösten Moleküle berechnen lässt und somit auch die Avogadro'sche Zahl und die Größe der Moleküle des gelösten Stoffs abgeschätzt werden kann. Die 18-seitige Schrift enthält eine 11-seitige Rechnung mit über 40 Formeln – und übrigens einen Rechenfehler, den Einstein erst später berichtigte.

Mit der Arbeit wurde Einstein nochmals bei Alfred Kleiner an der Universität Zürich vorstellig, der sie als Promotion annahm.

Sie »illustriert, was den großen Forscher ausmacht: Spürsinn und Durchhaltevermögen, Intuition und Technik«, kommentierte Jürgen Ehlers, Gründungsdirektor des Max-Planck-Instituts für Gravitationsphysik in Golm bei Potsdam, das auch Albert-Einstein-Institut genannt wird. Weil sie zahlreiche Anwendungen in der Petrochemie hat, war sie bis in die 1980er-Jahre Einsteins meist zitierte Publikation.

› Einsteins Arbeit *Zur Elektrodynamik bewegter Körper* beantwortet die Frage, ob sich das in der Mechanik seit Galileo Galilei bewährte Relativitätsprinzip auf alle physikalischen Gesetze verallgemeinern lässt. Es besagt, dass in der Schar der gleichförmig relativ zueinander bewegten Bezugssysteme keines durch die Gesetze der Mechanik als »ruhend« ausgezeichnet ist.

Dieser binnen fünf oder sechs Wochen konzipierte und am 30. Juni zur Veröffentlichung eingereichte Artikel formuliert die – später so genannte – Spezielle Relativitätstheorie. Er enthielt keine einzige Literaturangabe, sondern nur eine Danksagung an seinen Freund Michele Besso, der ebenfalls im Patentamt arbeitete. »Ich liebe ihn wegen seines Scharfsinns und seiner Einfachheit«, hatte Einstein einmal an seine Frau über ihn geschrieben. Besso war kein Physiker, sondern Ingenieur, und mit seinen Fragen und in den gemeinsamen Diskussionen hatte er viel zu Einsteins gedanklichen Klärungen beigetragen. Der überwand in diesem Artikel einen Widerspruch zwischen der Klassischen Mechanik und dem Elektromagnetismus. Einstein »benutzte eine Theorie – Maxwells Elektrodynamik –, um die Grenzen des Anwendungsbereichs einer anderen – der Newton'schen Mechanik – zu finden, obwohl er sich der begrenzten Anwendbarkeit von Maxwells Theorie bewusst war«, fasste Jürgen Ehlers die Strategie dieser Arbeit zusammen. Einstein zeigte, dass sich der auf einer Vorstellung eines »absoluten Raums« und einer »absoluten Zeit« basierende physikalische Rahmen der Klassischen Mechanik nicht halten lässt und bei hohen

Geschwindigkeiten versagt. Gleichzeitigkeit und Gleichortigkeit ist eine vom Bezugssystem abhängige Beziehung. Als absolute Größe erkannte Einstein die Vakuum-Lichtgeschwindigkeit, die universell und konstant ist und in allen Bezugssystemen denselben Wert hat (299.792,458 Kilometer pro Sekunde), unabhängig von seiner Bewegung und Bewegungsrichtung. Die Folgerungen daraus sind geradezu abenteuerlich.

› Einsteins Arbeit *Ist die Trägheit eines Körpers von seinem Energieinhalt abhängig?* beantwortet die Frage, ob zwischen den auf verschiedenen Wegen gefundenen Erhaltungssätzen für Masse und Energie ein Zusammenhang besteht.

Dieser am 27. September eingereichte Artikel ist ein Nachtrag zum vorigen. Er zeigte – so Einstein –, die »wichtigste aller Konsequenzen der Relativitätstheorie« auf: »Die Masse eines Körpers ist ein Maß für dessen Energieinhalt«. Der nur drei Druckseiten umfassende Text enthält (in späterer Schreibweise) die wohl berühmteste Formel der Physik: $E = mc^2$. Danach entspricht die Energie eines Körpers seiner Masse multipliziert mit dem Quadrat der Lichtgeschwindigkeit.

› Einsteins Arbeit *Über einen die Erzeugung und Verwandlung des Lichtes betreffenden heuristischen Gesichtspunkt* beantwortet die Frage, ob die Energie des Lichts oder allgemeiner des elektromagnetischen Felds tatsächlich kontinuierlich im Raum verteilt ist, wie es James Clerk Maxwells Feldtheorie annimmt, oder ob es empirische Hinweise gibt, wonach diese Energie aus nicht weiter teilbaren, in endlich vielen bewegten Punkten konzentrierten Quanten besteht.

Dieser Artikel war der Einzige, den Einstein selbst als »radikal« empfand. Dafür, und nicht für die Relativitätstheorie, erhielt er später den Physik-Nobelpreis. »Ohne diese Arbeit ist die Entwicklung der Physik im 20. Jahrhundert undenkbar«, sagte der Physiker Res Jost einmal. Denn darin zeigte Einstein, dass nach der Klassischen Physik kein Wärmegleichgewicht zwischen Materie und Strahlung möglich ist, und dass sich monochromatische Strahlung mit der Frequenz ν so verhält, als ob ihre Energie E aus unabhängigen Quanten vom Betrag $h\nu$ bestünde: $E = h\nu$. Dabei steht das Symbol h für die von Max Planck im Dezember 1900 mit seiner von ihm selbst als einen »Akt der Verzweiflung« bezeichneten Ableitung eingeführte Naturkonstante, das Planck'sche Wirkungsquantum ($h = 6{,}62606957 \cdot 10^{-34}$ Joulesekunden). Sie bedeutet, dass Licht nicht beliebig teilbar ist, sondern in kleinsten Portionen vorkommt, den sogenannten Quanten (von lateinsch »quantum«: wie viel). Das war der Bruch mit der Klassischen Physik und widerlegte den für fundamental erachteten Satz, dass die Natur keine Sprünge macht: Stattdessen kann Materie Strahlung stets nur in einzelnen Paketen aufnehmen, nicht kontinuierlich. Solche Quantensprünge liegen auch dem photoelektrischen Effekt zugrunde, bei dem Ultraviolett-Strahlung Elektronen aus einer Metallplatte herausschlägt.

Einsteins Voraussagen hierzu wurden 1916 von Andrew Millikan in Chicago bestätigt. Zuvor schon, 1911, gelang es dem späteren Chemie-Nobelpreisträger Walther Nernst zusammen mit Frederick A. Lindemann in Berlin, Quantenphänomene bei Festkörpern nachzuweisen, die Einstein 1907 errechnet hatte. Obwohl er später zum größten Kritiker der Quantentheorie wurde, weil er sich mit den Zufallsereignissen und der vermeintlichen Abhängigkeit von Beobachtungen nicht abfinden wollte, »hat er sich mehr noch als Planck den Namen als Entdecker des neuen Kontinents verdient«, betonte der Stuttgarter Wissenschaftshistoriker und Einstein-Biograf Armin Hermann. Und Jürgen Ehlers sagte, Einsteins Argumentation von 1905 zeige seine »wunderbare, fast unheimliche Fähigkeit, aus noch unverstandenen experimentellen Tatsachen eine Folgerung heraus zu destillieren, die der weiteren theoretischen Grundlagenforschung den Weg weist«.

Einsteins Wunderjahr

Die fünf Arbeiten von 1905 waren »eine in der gesamten Wissenschaftsgeschichte einzigartige Leistung«, schreibt der Astronom und Wissenschaftsjournalist Thomas Bührke in seiner Einstein-Biografie von 2004. »Niemand hat jemals zuvor oder danach den Horizont der Physik in kurzer Zeit so sehr erweitert wie Einstein im Jahr 1905«, urteilt der Quantenphysiker Abraham Pais in der ersten wissenschaftlichen Einstein-Biografie *Raffiniert ist der Herrgott...* (1982). Auch Jürgen Ehlers spricht von einer »in der Geschichte der Physik wohl einzigartigen Folge wegweisender Einfälle und Entdeckungen«. Sie lassen »das Abenteuer der Erkenntnis spüren«, zeigen auch die »Persönlichkeit des Verfassers« viel besser als die Lehrbuchdarstellungen, und sie machen sichtbar, »dass der schöpferische Einfall dem stillen, geduldigen, lang währenden Nachdenken des Einzelnen entstammt; das wird heutzutage bei der vorherrschenden und betonten Teamarbeit und dem Drängen nach rasch erzielbaren Ergebnissen wohl gern vergessen.«

Der holländische Physik-Nobelpreisträger Hendrik Antoon Lorentz nannte Einsteins 1905 entstandene Artikel »Perlen der Theoretischen Physik«. Häufig sprechen Wissenschaftshistoriker und Biografen sogar von Einsteins Wunderjahr (»annus mirabilis«). »Nie zuvor und seither nie mehr«, so schreibt beispielsweise Albrecht Fölsing in seiner viel beachteten Einstein-Biografie, »hat ein einzelner Mensch die Wissenschaft in so kurzer Zeit um so viel bereichert, wie Einstein die Physik in diesem ›annus mirabilis‹.«

Dieser Begriff ist nicht neu, sondern wurde vor 1905 schon auf 1666 angewendet – das Jahr, in dem der 24-jährige Isaac Newton die Basis eines Großteils der Physik und Mathematik schuf, die die Naturwissenschaften des 17. Jahrhunderts revolutionierten: die Grundlagen seiner Fassung der Infinitesimalrechnung, der Farbentheorie und der Gravitationstheorie. (Exakter wäre es, von

»anni mirabiles« zu sprechen, weil Newton die entscheidenden Erkenntnisse zwischen 1664 und 1666 gelangen.) Der Begriff wurde zunächst von dem Dramendichter John Dryden geprägt, der in seinem Gedicht *Annus Mirabilis: The Year of Wonders, 1666* jedoch etwas ganz anderes im Sinn hatte: Er feierte den Sieg der englischen Flotte über die holländische sowie das Durchhalten Londons, das von einer verheerenden Feuersbrunst heimgesucht worden war.

Während Newtons Revolution sich eher heimlich, still und leise ankündigte, verbreiteten sich Einsteins Ideen recht schnell. Doch im Gegensatz zu Newton war Einstein als Mathematiker niemals besonders kreativ und entwickelte keine neuen formalen Techniken. Deshalb blieb es auch anderen vorbehalten, der Speziellen Relativitätstheorie ihre nützlichste mathematische Formulierung zu geben: Henri Poincaré, Hermann Minkowski und Arnold Sommerfeld.

Einsteins Leistungen mit denen Newtons zu vergleichen, ist freilich nur bedingt sinnvoll. Und so wie Newton von sich sagte, er habe nur weiter gesehen, weil er auf den Schultern von Riesen stand, empfand sich auch Einstein als privilegierter Nachzügler. (Der Computerwissenschaftler Hal Abelson meinte auf Newtons Bonmot bezogen einmal: »Wenn ich nicht so weit wie andere gesehen habe, dann deshalb, weil dies Riesen waren, die auf meinen Schultern standen.«) Einstein, dessen Relativitätstheorie die Klassische Physik Newtons zugleich überwand und abgeschlossen hat, betonte, dass dadurch nicht »Newtons große Schöpfung im eigentlichen Sinne verdrängt werden könne. Seine klaren und großen Ideen werden als Fundament unserer ganzen modernen Begriffsbildung auf dem Gebiete der Naturphilosophie ihre eminente Bedeutung in aller Zukunft behalten.« Einstein war bewusst, wie viel er anderen verdankte; Größenwahn und Wichtigtuerei lagen ihm fern. »Oft bedrückt mich der Gedanke, in welchem Maße mein Leben auf der Arbeit meiner Mitmenschen aufgebaut ist, und ich weiß, wie viel ich ihnen schulde«, sagte er einmal. Und an der Größe der Schöpfer der Klassischen Physik, Johannes Kepler, Galilei und Newton, ließ er keinen Zweifel (auch wenn er Galileis Eitelkeit unsympathisch fand; »der Gedanke, dass Galilei das Werk Keplers nicht anerkannt hat, hat mir immer weh getan«): »Als die allergrößten Schöpfer betrachte ich Galilei und Newton, die man gewissermaßen als eine Einheit aufzufassen hat. Und in dieser Einheit bedeutet Newton den Vollender der gewaltigsten Geistestat im Bereich unserer Wissenschaft.«

Erstaunlich ist die Geschwindigkeit, mit der Einstein drei physikalische Revolutionen auf einen Streich gelangen – die der Vorstellungen über die Atome, über das Licht sowie über Raum und Zeit. Zwischen dem Abschicken des ersten (März) und letzten (September) der fünf Artikel war lediglich ein halbes Jahr verstrichen.

»Die Zeitpunkte des Einreichens spiegeln nicht die Periode der Reifung der verschiedenen Texte«, schränkt allerdings John Stachel ein. Der emeritierte Physik-Professor an der University of Pittsburgh ist Mitherausgeber von Einsteins Gesammelten Schriften. (Zwischen 1987 und 2015 sind 14 Bände bei der Princeton University Press erschienen, mindestens noch einmal so viele werden folgen.) John Stachel weiter: »Es scheint bei Menschen mit außergewöhnlichem Talent üblich zu sein, eine ›Latenzperiode‹ zu durchlaufen, während der sie in ihrem gewählten Gebiet arbeiten, aber nichts Herausragendes vollbringen. Dann kristallisiert alles ziemlich rasch, und die Arbeit macht einen großen Sprung voran. Tatsächlich fragte sich Einstein schon als 16-Jähriger, was geschehe, wenn man einem Lichtstrahl nachjagen würde, und sah dies als den Keim dessen, was nun Spezielle Relativitätstheorie heißt. Das ist ein zehnjähriger Reifeprozess.«

Einstein selbst, der schon mit 16 einen Aufsatz über den Äther geschrieben und über die Elektrodynamik nachgedacht hatte (sein

Vater stellte Elektromotoren her), drückte es dem Physiker James Franck gegenüber in seiner für ihn typischen bescheidenen und humorvollen Weise später einmal so aus (wie Carl Seelig in seiner 1955 erschienenen Biografie berichtet hat): »Der normale Erwachsene denkt nicht über die Raum-Zeit-Probleme nach. Alles, was darüber nachzudenken ist, hat er nach seiner Meinung bereits in der frühen Kindheit getan. Ich dagegen habe mich derart langsam entwickelt, dass ich erst anfing, mich über Raum und Zeit zu wundern, als ich bereits erwachsen war. Naturgemäß bin ich dann tiefer in die Problematik eingedrungen als ein gewöhnliches Kind.«

Und bereits im August 1899 schrieb Einstein an seine spätere Frau Mileva Marić: »Es wird mir immer mehr zur Überzeugung, dass die Elektrodynamik bewegter Körper, wie sie sich gegenwärtig darstellt, nicht der Wirklichkeit entspricht, sondern sich einfacher wird darstellen lassen. Die Einführung des Namens ›Äther‹ in die elektrischen Theorien hat zur Vorstellung eines Mediums geführt, von dessen Bewegung man sprechen könne, ohne dass man, wie ich glaube, mit dieser Aussage einen physikalischen Sinn verbinden kann. Ich glaube, dass elektrische Kräfte nur für den leeren Raum direkt definierbar seien«.

»Ähnliche, wenn auch nicht so lange Reifeperioden hatten die anderen Artikel«, erläutert John Stachel weiter. »So begann Einstein über die Analogien zwischen der Schwarzkörper-Strahlung und einem Gas von Teilchen bald nach seinem Abschluss am Polytechnikum zu spekulieren – das geht aus einem Brief an Mileva Marić vom 30. April 1901 hervor –, was einen vierjährigen Reifeprozess bedeutet.«

Trotzdem kann man Einsteins kreative Explosion auch heute nur bewundern – und das bei einer 48-Stunden-Woche als »Tintenscheißer«. Allerdings: »Einstein arbeitete täglich acht Stunden im Patentamt, aber sicherlich nicht nur für das Amt«, sagt John Stachel. »Die von ihm autorisierte Biografie seines Schwiegersohns

Schubladendenken eines Schreibtischtäters: Auf diesem Schreibtisch im Berner Patentamt entstanden Teile der Relativitätstheorie. Die mittlere Schublade bezeichnete Einstein als sein »Büro für Theoretische Physik«.

Rudolf Kayser – der sie unter dem Pseudonym Anton Reiser geschrieben hat und der Ehemann von Ilse war, der Tochter von Einsteins zweiter Frau Elsa –, macht deutlich, dass er seine Büroarbeit in der Hälfte der Zeit erledigte und die andere Hälfte für seine eigene Arbeit verwendete. Und seine Papiere rasch in die Schublade seines Schreibtischs verschwinden ließ, wenn jemand vorbeikam.« Diese Schublade nannte Einstein augenzwinkernd sein »Büro für Theoretische Physik«.

Dass die renommierten *Annalen* die Arbeiten des Berner Patentbeamten druckten, ist nicht so erstaunlich, wie es heute wirkt. Nur wenige eingereichte Artikel wurden von der Zeitschrift abgelehnt – weniger als zehn Prozent. Und Einstein wurde schon vor 1905 von den Herausgebern geschätzt und sogar darum gebeten, Überblicksartikel für die *Beiblätter* der *Annalen* zu verfassen. Bis 1907 veröffentlichte er 23 Besprechungen zu Arbeiten aus dem Gebiet der Wärmelehre.

Exkurs

Die fünf großen Revolutionen in der Physik

Roger Penrose – der bedeutende mathematische Physiker von der Oxford University, der 2004 mit seinem über 1000-seitigen Buch *The Road to Reality* eine vielbeachtete Bestandsaufnahme der gesamten Physik vorgelegt hat – unterscheidet fünf Hauptrevolutionen des physikalischen Weltbilds. Und Albert Einstein war an zweien beteiligt.

› Schon in der Antike wurden die Begriffe der euklidischen Geometrie, der starren Körper und der statischen Konfigurationen eingeführt und die Bedeutung der Mathematik für das Naturverständnis erkannt.

› Galileo Galilei und Isaac Newton erkannten, wie sich die Bewegungen wägbarer Körper aufgrund von Kräften erklären lassen, die zwischen den Teilchen herrschen, aus denen die Körper bestehen, und den Beschleunigungen, die diese Kräfte erzeugen.

› Michael Faraday und James Clerk Maxwell wiesen nach, dass Felder den Raum durchdringen und ebenso wirklich sind wie Teilchen.

› Albert Einsteins Relativitätstheorien revolutionierten die Vorstellungen von Raum und Zeit und beschrieben deren Krümmung als Schwerkraft.

› Die von Einstein mitbegründete Quantenphysik stellte die Beschaffenheit der Materie und Strahlung auf eine neue Grundlage und führte den mysteriösen Welle-Teilchen-Dualismus ein.

Allerdings hatte Einstein 1905 die beiden letzten Revolutionen in der Physik weder ausgelöst noch vollendet. Wichtige Vorarbeiten für die Spezielle Relativitätstheorie stammten von Hendrik Antoon Lorentz, George Francis FitzGerald und Henri Poincaré; und die Quantennatur der Strahlung hatte Max Planck bereits um 1900 beschrieben. Einstein nahm die Quantenphysik aufgrund ihres inhärenten Zufalls und der anfänglichen Überbetonung der Beobachtungen später sogar heftig unter Beschuss.

Die nächste – sechste – Revolution in der Physik, wenn sie gelingt, wird ebenfalls auf Einsteins Arbeiten aufbauen: die Entwicklung und experimentelle Überprüfung einer Theorie der Quantengravitation, die die Quantenphysik und Allgemeine Relativitätstheorie vereinigt. Damit wäre Einsteins Vermächtnis erfüllt, denn er suchte bis an sein Lebensende nach einer Einheitlichen Feldtheorie.

Zwei elektrisierende Widersprüche

Sie übertrifft »an Kühnheit wohl alles, was bisher in der spekulativen Naturforschung, ja in der philosophischen Erkenntnistheorie geleistet wurde«, betonte Max Planck bereits 1909 den philosophischen Wert der Speziellen Relativitätstheorie, der weit über ihren physikalischen Wert hinausreicht. Der spätere Physik-Nobelpreisträger war einer der Ersten, der die Bedeutung von Einsteins epochaler Einsicht begriff und ihn fortan sowohl wissenschaftlich als auch beruflich sehr unterstützte. Er berichtete schon 1906 auf der Tagung der Deutschen Gesellschaft der Naturforscher und Ärzte in Stuttgart über Einsteins »Relativitätstheorie« – und verwendete hier erstmals diese Bezeichnung, die Einstein 1907 übernahm. Von »Spezieller Relativitätstheorie« sprach dieser erst ab 1915, um sie von der Allgemeinen Relativitätstheorie zu unterscheiden.

Übrigens war Einstein mit dem Begriff »Relativitätstheorie« gar nicht besonders zufrieden. »Ich gebe zu, dass dieser nicht glücklich ist und zu philosophischen Missverständissen Anlass gegeben hat«, schrieb er 1921 in einem Brief. Denn die Theorie erwies keineswegs alles als »relativ«, wie zuweilen behauptet wird; sie zeigte auch, was gerade nicht von Perspektiven abhängt, sondern invariant ist, also in allen Bezugssystemen gilt. »Der Name Invarianz-Theorie würde die Forschungs-*Methode* der Theorie bezeichnen«, fuhr Einstein in dem Brief fort, »leider aber nicht den materiellen Gehalt der Theorie.«

Die Spezielle Relativitätstheorie war die Antwort auf zwei große Probleme der damaligen Physik. An ihnen arbeiteten bereits andere Wissenschaftler und kamen der Lösung zum Teil recht nah. Doch keinem gelang der radikale Perspektivenwechsel, mit dem Einstein erst den vertrackten Knoten durchschnitt, weil ein geduldiges Aufdröseln auf herkömmlichem Weg nicht möglich war.

› Das eine Problem war ein empirisches: Die Theorie des Elektromagnetismus legte die Existenz eines den ganzen Weltraum ausfüllenden Mediums nahe, des Äthers – doch Experimente konnten ihn nicht nachweisen; er schien also nicht zu existieren.

› Das andere Problem war ein theoretisches: Die Umrechnungsregel von einem Bezugssystem in ein anderes, die in der Theorie des Elektromagnetismus verwendet wird, entspricht nicht der gut bewährten Umrechnungsregel für Bezugssysteme im Rahmen der Klassischen Mechanik – eine gleichsam schizophrene Situation, die die Beschreibung von Ereignissen spaltete, obwohl die Welt doch als eine Einheit erscheint und elektromagnetische Phänomene auch auf mechanische wirken können und umgekehrt.

Während das eine Problem also ein handfester Widerspruch zwischen Theorie und Erfahrung (oder Realität) bedeutete, bestand das andere Problem in einem Widerspruch zwischen zwei in der experimentellen Erfahrung gut bewährten Theorien. Solche Inkonsistenzen sind aber Gift für eine kohärente Weltbeschreibung – und zugleich die stärkste Motivation für die Suche nach einer besseren, die frei von solchen fatalen Schwierigkeiten ist.

Obwohl sich das rein theoretische Problem ziemlich abstrakt anhört und fast nach einer lebensfremden Sorge mit langweiligen Buchhalterprozeduren klingt, hat es Einstein und einige seiner Zeitgenossen förmlich elektrisiert. Und es war ja auch die Elektrodynamik, die ihnen Kopfzerbrechen machte (ebenso beim Äther-Problem). Nicht zufällig trägt Einsteins epochaler Artikel den Titel *Zur Elektrodynamik bewegter Körper.* Was nach einem harmlos-abseitigen Fachaufsatz klingt, war nichts weniger als eine Revolution der Physik, die zu einem völlig neuen Verständnis von Raum und Zeit führte, und dann auch von Materie und Energie. Kurz gesagt bestand Einsteins Lösung erstens darin, dass er die Umrechnungsvorschrift der Mechanik als strenggenommen falsch entlarvte und verwarf, das heißt die der Elektrodynamik allein Gültigkeit zuschrieb; und zweitens erkannte er – *trotzdem*, so mag es auf den ersten Blick paradoxerweise erscheinen – den elektromagnetischen Äther als Hirngespinst und erklärte ihn für »überflüssig« ... im Einklang mit seiner experimentellen Nichtnachweisbarkeit.

Einsteins verblüffende Erkenntnisse hatten eine weitreichende Bedeutung und krempelten die Physik regelrecht um. Das lag daran, dass die Spezielle Relativitätstheorie nicht bloß von physikalischen Phänomenen und Effekten handelt. Sie stellt überdies auch eine Art Rahmentheorie dar, in die sich andere Theorien einzufügen haben – etwa die Quantenfeldtheorien und somit die ganze Elementarteilchenphysik. Obwohl die relativistischen Konzepte von Raum und Zeit so kontraintuitiv sind (noch immer wollen sie viele Laien nicht wahrhaben), war Einstein überzeugt: »Alle Wissenschaft ist nur eine Verfeinerung des Denkens des Alltags.«

Absolut ätherisch

Manchmal weiß man nicht, ob man in Ruhe oder in Bewegung ist. Das ist kein Grund, sich über seine psychische Gesundheit zu sorgen. Wer häufig mit der Bahn unterwegs ist, kennt das Phänomen: Blickt man versonnen aus dem Fenster – oder auf eine spiegelnde Fensterscheibe – sieht man zuweilen den Zug auf dem Nachbargleis im Bahnhof abfahren … und fährt doch selbst los. Oder umgekehrt. Diese Täuschung lässt sich zwar ausschließen, wenn man Beschleunigungskräfte spürt, doch manchmal ist man einfach zu schläfrig oder in ein gutes Buch vertieft, sodass man die Bewegung nur im Augenwinkel wahrnimmt.

Einstein hat die Relativität von Bewegungen in seinen populärwissenschaftlichen Schriften gern anhand von Zug-Beispielen erläutert. So schrieb er: »Wenn sich jemand in einem gleichmäßig in gerader Linie fahrenden Eisenbahnwagen befindet, dessen Fenster verhängt sind, so ist es ihm unmöglich, darüber zu entscheiden, in welcher Richtung und mit welcher Geschwindigkeit der Wagen fährt; wenn von dem unvermeidlichen Rütteln des Wagens abstrahiert wird, so ist es nicht einmal möglich zu entscheiden, ob der Wagen fährt oder nicht. Abstrakt ausgedrückt: Mit Bezug auf ein gegen das ursprüngliche Bezugssystem (Erdboden) gleichförmig bewegtes System (Wagen) sind die Gesetze des Geschehens die nämlichen wie mit Bezug auf das ursprüngliche System (Erdboden); wir nennen diese Aussage das Relativitätsprinzip der gleichförmigen Bewegung.«

Dieses Prinzip kam schon in der Klassischen Mechanik von Galileo Galilei und Isaac Newton zur Anwendung. Relativ zueinander gleichförmig bewegte Beobachter können ihren absoluten Bewegungszustand nicht bestimmen; beide Perspektiven sind gleichberechtigt, es gibt kein privilegiertes Bezugssystem. Daher können Ereignisse von einem solchen ruhenden oder sich gleichförmig bewegenden Bezugssystem – auch Inertialsystem genannt – in ein anderes »übersetzt« werden. Dafür muss lediglich von einem Koordinatensystem in ein anderes umgerechnet werden.

Das galt lange als unproblematisch. Doch mit der Entwicklung der Theorie des Elektromagnetismus, die 1864 von James Clerk Maxwell nach Vorarbeiten anderer ausformuliert war, kam es zum Widerspruch. Er zeigte sich daran, dass für die Maxwell-Gleichungen eine andere »Umrechnungsvorschrift« für Koordinatentransformationen gilt als für die Klassische Mechanik. Die Beschreibung physikalischer Vorgänge aus unterschiedlichen Perspektiven von Beobachtern, die sich relativ zueinander konstant bewegen, ist in den beiden Theorien nicht deckungsgleich. Dieser fundamentale Widerspruch zwischen zwei gut bestätigten physikalischen Theorien war der Ausgangspunkt von Einsteins revolutionären Überlegungen.

Konsistente Koordinatentransformationen sind von großer Bedeutung, denn Naturgesetze hängen nicht von den zufälligen Befindlichkeiten der Wissenschaftler ab. Newton hatte deshalb eine absolute Zeit und einen absoluten Raum postuliert: »Die absolute, wahre und mathematische Zeit fließt auf Grund ihrer eigenen Natur und aus sich selbst heraus ohne Beziehung zu etwas Äußerem gleichmäßig dahin«, schrieb er in seinem 1687 erschienenen Buch *Philosophiae Naturalis Principia Mathematica*. Außerdem: »Der absolute Raum bleibt vermöge seiner Natur und ohne Beziehung auf einen äußeren Gegenstand stets gleich und unbeweglich.« Uhren und Längenmaßstäbe müssten somit überall im Universum und aus den Perspektiven aller Beobachter unabhängig von deren Geschwindigkeit dieselben Verhältnisse anzeigen. Ob sich also beispielsweise jemand beim 100-Meter-Lauf fast die Lungen aus dem Leib rennt oder aber bewegungslos am Urlaubsstrand liegt, sollte keinen Einfluss auf die Physik haben.

Kurzum: Zeit vergeht Newton zufolge ohne Beziehung zu etwas Äußerem; Zeit und Raum sind ein Substratum, in dem sich physikalische Ereignisse situieren – eine Art starre Weltbühne mit einem genau festgelegten Schauspiel; Zeitspannen und Momente der Gleichzeitigkeit sind demnach unabhängig von Bezugssystemen und Perspektiven. Und genau diese Annahmen hat die Spezielle Relativitätstheorie widerlegt.

Maxwells Gleichungen sehen im Gegensatz zur Klassischen Mechanik Newton'scher Prägung unterschiedlich aus, je nachdem, ob man sie in einem ruhenden oder einem bewegten Bezugssystem formuliert. Das ruhende System galt zu Beginn des 20. Jahrhunderts noch als grundlegend. Es wurde mit einem hypothetischen Medium in Zusammenhang gebracht, in dem sich die von Maxwell vorausgesagten und 1887 von Heinrich Hertz nachgewiesenen elektromagnetischen Wellen ausbreiten sollten wie Schallwellen in der Luft oder Wasserwellen in einem Teich. Die-

Exkurs

Maxwell-Gleichungen – ein Gott, der solche Zeichen schrieb?

Immer wieder kann man Menschen sehen, die auf einem T-Shirt vier Formel-Zeilen tragen, welche von »Und Gott sprach … und es ward Licht« umrahmt werden. Mit Johann Wolfgang Goethe und seinem *Faust* könnte man fragen (und der Wiener Physiker Ludwig Boltzmann tat das auch so in einer Vorlesung): »War es ein Gott, der diese Zeichen schrieb?« Nein, es war James Clerk Maxwell. Der schottische Physiker hatte sie 1861 bis 1864 in London formuliert und 1865 zusammenfassend in den *Philosophical Transactions of the Royal Society* veröffentlicht. Darin stellte er fest: »Licht und Magnetismus sind Erregungen derselben Substanz und das Licht ist eine elektromagnetische Störung, die sich als Feld ausbreitet, und zwar nach den Gesetzen des Elektromagnetismus.« Die ihm zu Ehren heute Maxwell-Gleichungen genannten Formeln sind ein System von vier linearen partiellen Differentialgleichungen erster Ordnung. Sie beschreiben die Phänomene des Elektromagnetismus: also wie elektrische und magnetische Felder untereinander sowie mit elektrischen Ladungen und Strömen zusammenhängen, das heißt sich erzeugen, verändern oder trennen. Die Gleichungen lauten:

Gleichung	**Gesetz**	**physikalische Bedeutung**
$\nabla \cdot E = \frac{\rho}{\varepsilon_0}$	Gauß'sches Gesetz für elektrische Felder	Eine elektrische Ladung ist die Quelle des elektrischen Felds, von einer negativen divergieren die elektrischen Feldlinien.
$\nabla \cdot B = 0$	Gauß'sches Gesetz für Magnetfelder	Das magnetische Feld ist quellenfrei (ohne magnetische Monopole), magnetische Feldlinien divergieren nicht ins Unendliche.
$\nabla \times E = -\frac{\partial B}{\partial t}$	Induktionsgesetz von Faraday	Ändert sich die magnetische Flussdichte, entsteht ein elektrisches Wirbelfeld.
$\nabla \times B = \mu_0 J + \mu_0 \varepsilon_0 \frac{\partial E}{\partial t}$	Maxwell-Ampère'sches Gesetz (erweitertes Durchflutungsgesetz)	Elektrische Ströme (auch der Verschiebungsstrom) führen zu einem magnetischen Wirbelfeld.

Dabei steht **E** für die elektrische Feldstärke, **B** für die magnetische Flussdichte, **J** für die elektrische Stromdichte (Strom pro Fläche), diese drei sind vektorielle Größen, und ρ für die Ladungsdichte (Ladung pro Volumen), das ist eine skalare Größe. ε_0 ist die Dielektrizitätskonstante oder Vakuum-Permittivität ($8{,}8541878 \cdot 10^{-12}$ Amperesekunden pro Voltmeter) und μ_0 die magnetische Feldkonstante oder Vakuum-Permeabilität ($1{,}256637061 \cdot 10^{-6}$ Voltsekunden pro Amperemeter); diese Naturkonstanten hängen mit der Lichtgeschwindigkeit c folgendermaßen zusammen: $\mu_0\varepsilon_0 = 1/c^2$. (Quantenmechanisch gilt übrigens $\varepsilon_0 = e^2/(2\alpha hc)$, wobei e die elektrische Elementarladung, h das Planck'sche Wirkungsquantum und α die Feinstrukturkonstante bezeichnen.) $\partial/\partial t$ steht für die partielle Ableitung nach der Zeit t. ∇ ist der Nabla-Operator: formal ein Vektor, dessen Komponenten die partiellen Ableitungsoperatoren $\partial/\partial x_i$ sind (allgemein $x_i = x_1, x_2, \ldots x_n$ beziehungsweise hier die drei Raumkoordinaten x, y und z). Mit diesem Operator kann man den Gradienten einer skalaren Größe sowie die Divergenz und die Rotation von vektoriellen Größen bilden. Der Gradient ist ein Vektor, der in die Richtung der größten Änderungsrate zeigt; die Divergenz ($\nabla\cdot$) liefert einen Skalar, der die Quelldichte beschreibt, zum Beispiel die Ladungsdichte ρ; die Rotation ist proportional zum Vektor der Winkelgeschwindigkeit, mit der sich ein Körper in dem Vektorfeld dreht, auf das man den Nabla-Operator als Rotation anwendet ($\nabla\times$). Sein Name leitet sich von der Bezeichnung eines harfenähnlichen hebräischen Saiteninstruments ab, das ungefähr die Form dieses Zeichens hat.

Neben den angeführten sogenannten mikroskopischen Maxwell-Gleichungen für das Vakuum gibt es auch eine makroskopische Variante, die die Eigenschaften der Materie in Form von Materialparametern berücksichtigen und zum Beispiel Permanentmagnete viel einfacher beschreiben. Die Maxwell-Gleichungen erklären alle Phänomene der Klassischen Elektrodynamik (zusammen mit dem Gesetz der Lorentzkraft, also der Kraft, die eine bewegte Ladung in einem magnetischen oder elektrischen Feld erfährt), und sind daher auch die theoretische Grundlage für die Elektrotechnik und Optik. Sie gelten allerdings nicht exakt, sondern sind eine effektive Theorie: eine klassische Näherung der Quantenelektrodynamik.

ses Medium wurde »Äther« genannt (von griechisch »aithér« für Himmel) und sollte in Newtons absolutem Raum ruhen. »Nehmt aus der Welt die Elektrizität, und das Licht verschwindet; nehmt aus der Welt den lichttragenden Äther, und die elektrischen und magnetischen Kräfte können nicht mehr den Raum überschreiten«, war Hertz überzeugt.

Maxwell dachte genauso. »Es kann keinen Zweifel geben, dass der interplanetarische und interstellare Raum nicht leer ist, sondern erfüllt mit einer materiellen Substanz oder einem Körper, der sicher der größte und wahrscheinlich der homogenste Körper ist, den wir kennen«, schrieb er 1878 für die *Encyclopedia Britannica* über den mutmaßlichen Äther in einem eigenen Stichwort über diesen. Seine Worte lassen an Eindeutigkeit nichts zu wünschen übrig. Und sie sind eindeutig falsch (zumindest so, wie sie damals gemeint waren).

Es ist eben nichts sicher und unbezweifelbar in der Welt. Auch nicht in der Wissenschaft. Auch nicht im Rahmen der besten naturwissenschaftlichen Theorien. Auch nicht bei dem, was hochkarätige Wissenschaftler meinen und schreiben. Und Maxwell war hochkarätig. »Die Vereinheitlichung von Elektrizität, Magnetismus und Licht sind eine krönende Leistung der Klassischen Physik im 19. Jahrhundert«, lobte der Physik-Nobelpreisträger Mauro Dardo Maxwells Theorie der Elektrodynamik – »das Tiefste und Fruchtbarste, das die Physik seit Newton entdeckt hat«, wie es Einstein 1931 anlässlich der 100. Jährung von Maxwells Geburtstag ausdrückte.

Wenn die Äther-Annahme stimmt, müsste sich die Geschwindigkeit von Lichtstrahlen auf der Erde unterscheiden – je nachdem, in welcher Richtung sie den Äther durcheilen. Denn die Erde müsste bei ihrem Umlauf um die Sonne ja durch den Äther sausen, und das Licht würde sich mal mit der Bewegungsrichtung der Erde ausbreiten, mal senkrecht dazu und dann wieder entgegengesetzt.

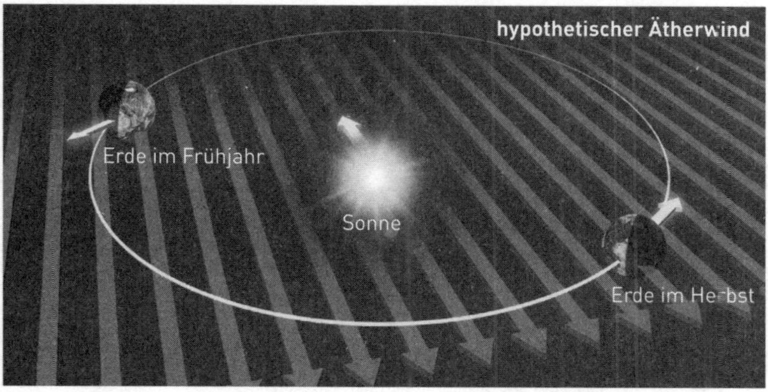

Spekulativer Stoff: Wenn es einen ruhenden Äther gäbe, an den das Licht und andere elektromagnetische Wellen gebunden wären, dann würde er sich aufgrund der Bewegung der Erde als Ätherwind in Präzisionsexperimenten bemerkbar machen.

Diesen Effekt zu messen, faszinierte einen Offizier der US-amerikanischen Marine, Albert Abraham Michelson. Schon 1877 dachte er darüber nach. Seinen ersten Versuch unternahm er 1881 in einem Keller des Astrophysikalischen Instituts in Potsdam. Dazu baute er ein Interferometer auf, das er sorgfältig von störenden Umgebungseinflüssen abzuschirmen bemüht war. Zwar sollte der Äther, so die Vorstellung, an jedem Punkt im absoluten Raum ruhen, ein stoischer Stillstand all-überall. Doch die Erde bewegt sich ja um die Sonne, mit rund 30 Kilometer pro Sekunde und müsste je nach jahreszeitlicher Umlaufposition einen entsprechenden »Ätherwind« spüren.

Auch wenn der Äther selbst nicht direkt messbar war, so doch das Licht, das er transportieren sollte. Folglich müsste sich die Lichtgeschwindigkeit geringfügig ändern, je nachdem, ob sich die Strahlung relativ zur Erde im ruhenden Äther oder entlang des »Ätherwinds« ausbreitet, so die Idee. Diese variierenden Lichtgeschwindigkeiten lassen sich im Prinzip mithilfe eines Interferome-

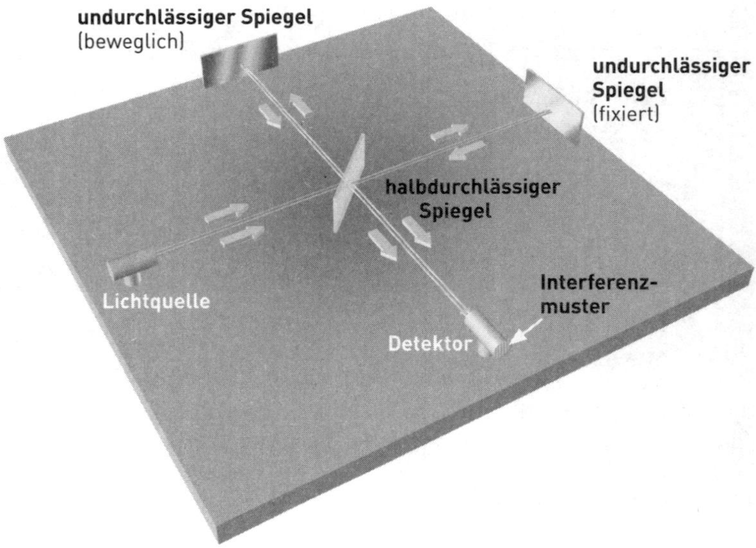

Spiegelkabinett der Erkenntnis: Wenn es einen ruhenden Äther gibt, der das Medium der Lichtausbreitung ist wie die Luft für den Schall, dann müsste sich dieser mit einem Interferometer nachweisen lassen. Denn die Erde bewegt sich relativ zu diesem Lichtäther, sodass zwei Lichtstrahlen, die senkrecht aufeinander treffen, eine unterschiedliche Laufzeit haben. Das Michelson-Morley-Experiment hat dies überprüft. Dabei wurde ein monochromatischer Lichtstrahl mittels eines halbdurchlässigen Spiegels getrennt und auf zwei verschiedene Wege gelenkt, dann jeweils an einem anderen Spiegel reflektiert und schließlich wieder im Detektor zusammengeführt. Durch eine Drehung der Apparatur lässt sich diese in verschiedenen Winkeln zum hypothetischen Ätherwind ausrichten. Der Lichtstrahl in Bewegungsrichtung der Erde sollte aus der Sicht eines ruhenden Beobachters etwas langsamer sein als der senkrecht dazu. Die Folge wäre, dass die gleichzeitig ausgesandten Wellenberge und -täler der vertikalen und horizontalen Lichtstrahlen bei Anwesenheit eines Äthers aufgrund der unterschiedlichen Laufzeiten nicht gleichzeitig auf dem Detektorschirm eintreffen. Diese Phasenverschiebung würde zu einem charakteristischen Streifenmuster aus konstruktiver und destruktiver Interferenz führen. Ein solches Experiment reagiert äußerst empfindlich auf Änderungen in der Differenz der optischen Wege – doch es zeigte sich vom Äther keine Spur.

ters nachweisen. Dabei werden Lichtstrahlen aus einer Richtung mit solchen senkrecht dazu über Spiegel zur Überlagerung gebracht. Ist diese Superposition nicht perfekt, bilden sich charakteristische Interferenzmuster aus. In Michelsons Messanordnung sollte ein stationärer Äther einen Zeitunterschied hervorrufen, der etwa 1/25 der Wellenlänge des gelben Lichts entsprach. Doch er fand nichts.

Im Juli 1887 unternahm Michelson zusammen mit Edward William Morley an der Case Western Reserve University in Cleveland, Ohio, einen neuen Versuch mit größerer Präzision (und ohne einen Fehler, der noch im ersten Versuchsaufbau steckte). Um Erschütterungen zu minimieren, wurde sogar weiträumig der Verkehr abgesperrt. Wieder nichts. Das änderte sich auch nicht mehr bei weiteren Experimenten von Michelson bis 1929 und von vielen anderen Forschern. Weil es nicht an der Präzision der Messungen liegen konnte, war klar, dass der Äther, so wie ihn sich Maxwell vorstellte und an dessen Existenz er »keinen Zweifel« hatte, nicht existiert. Schon 1887 gab es kaum mehr Unsicherheiten darüber. Michelson, der über das Resultat nicht glücklich war, wurde für seine Messmethode übrigens 1907 als erster US-Amerikaner mit dem Physik-Nobelpreis geehrt.

Einsteins Durchbruch: Die Spezielle Relativitätstheorie

Das »Nullresultat« des Michelson-Morley-Experiments legte nahe, dass es keinen Äther gibt. Entgegen einer verbreiteten Annahme war dies aber nicht Einsteins Hauptmotivation für seine revolutionäre Spezielle Relativitätstheorie, obwohl die Interferometer-Messungen »wissenschaftslogisch« die klassischen Vorstellungen oder Interpretationen der Elektrodynamik widerlegt hatten. Zwar

Exkurs

Ein raffinierter Herrgott – und noch raffiniertere Experimente

Schon vor mehr als 2300 Jahren hatte Aristoteles über einen Äther als Medium für die Bewegung der Gestirne spekuliert. René Descartes diskutierte die Idee dann 1644 als Mittel für die Übertragung von Kräften, Christiaan Huygens 1690 für Lichtwellen und Isaac Newton 1704 für den Wärmetransfer. Später wurde die hypothetische Substanz von der Wissenschaft der Optik auch auf die Elektrodynamik und sogar auf die Gravitation übertragen. Descartes hatte bereits ein mechanisches Äther-Modell entwickelt. Weitere folgten, unter anderem von Maxwell, aber sie ließen sich nicht mit den Maxwell-Gleichungen vereinbaren. Auch gab es konzeptuelle Widersprüche. So sollte der Äther einerseits eine Art materieller Festkörper sein, wenn auch äußerst filigran, andererseits durfte er der Bewegung der Himmelskörper nur einen unmerklich kleinen Widerstand entgegensetzen. Materie sollte den Äther also beeinflussen (schließlich war er dazu ersonnen worden, von ihr ausgesandte Strahlung und Elektrizität zu übertragen), aber nicht auf sie zurückwirken. Das verstieß klar gegen Newtons drittes Axiom, das Prinzip von actio und reactio – keine Kraftwirkung ohne Gegenwirkung.

Kontrovers diskutiert wurde auch, ob der Äther »ruhend« oder »mitgeführt« ist, ob er also eine Art gigantischer unbeweglicher Festkörper darstellt oder aber die Bewegung der in ihn eingebetteten Körper mitmacht, zumindest in deren unmittelbaren Umgebung.

Gegen die Vorstellung eines mitgeführten Äthers, wie sie etwa George Gabriel Stokes 1845 und Heinrich Hertz 1890 verfochten, sprachen allerdings bereits Messungen (die Einstein kannte und als empirische Voraussetzung seiner Speziellen Relativitätstheorie nahm). So hatte Hippolyte Fizeau 1851 die Lichtgeschwindigkeit im Wasser mit einem Interferometer gemessen. Auch die 1725 von dem englischen Astronomen James Bradley entdeckte Aberration des Sternlichts sprach gegen einen mitgeführten Äther. Dabei handelt es sich um eine nur wenige Bogensekunden kleine scheinbare Ortsveränderung aller Gestirne aufgrund der Endlichkeit der Lichtgeschwindigkeit und der Bewegung der Erde um ihre eigene Achse und die Sonne und deren Bewegung in der Milchstraße. (Das ist wie beim

Regen: Will man schnell nach Hause gehen, muss man den Regenschirm leicht schräg nach vorne halten, um nicht nass zu werden, obwohl die Tropfen senkrecht vom Himmel fallen.)

Das Michelson-Morley-Experiment widerlegte nur den ruhenden Äther: Würde sich dieser mit der Erde bewegen, oder auch nur mit dem Labor, in dem das Interferometer steht, dann wäre kein »Ätherwind« feststellbar. Daher wurde das Experiment auch auf Berggipfeln gemacht, denn in der Höhe könnte der Mitführungseffekt ja geringer sein. Tatsächlich maß Dayton Clarence Miller ab 1921 auf dem Mount Wilson einen schwachen Ätherwind – dachte er. Das erwies sich zwar später als Irrtum, doch zunächst sorgte sein Ergebnis für etwas Aufregung. Auch Einstein, der sich sogar mit Miller traf, wurde darauf angesprochen, schließlich hätte das Resultat seiner Relativitätstheorie einen Todesstoß versetzen können. »Raffiniert ist der Herrgott, aber boshaft ist er nicht«, meinte Einstein nur. (Der Spruch wurde übrigens 1930 mit Einsteins Erlaubnis in ein steinernes Kaminsims der Fine Hall am Mathematischen Institut der Princeton University eingraviert.) Und an seinen Freund Michele Besso schrieb er, dass er Millers Resultate »keinen Augenblick« ernst genommen habe.

Strenggenommen sind Experimente vom Michelson-Typ nicht hinreichend, um die Äther-Hypothese zu widerlegen. Man muss auch noch die Geschwindigkeit des Messapparats berücksichtigen (die Lichtgeschwindigkeit darf nicht abhängig davon sein) sowie mögliche Längen- und Zeitveränderungen. All das wurde mit weiteren Experimenten überprüft. Dadurch konnte auch die ursprünglich von Newton sowie 1908 von Walter Ritz erwogene Emissionstheorie widerlegt werden. Sie ist mit dem Michelson-Morley-Nullresultat verträglich und nimmt keinen Äther an, stattdessen aber eine konstante Lichtgeschwindigkeit relativ zur Lichtquelle, was sich mit der Galilei-Transformation beschreiben lässt.

Inzwischen wurde die Genauigkeit der verschiedenen Interferenz-Experimente durch den Einsatz von Lasern, Masern, kryogenischen optischen Resonatoren und anderen Techniken erheblich gesteigert. Heute ist eine Abweichung von Einsteins Relativitätsprinzip bis zu einer Größenordnung von 1 zu 10^{17} ausgeschlossen.

erschienen ihre Grundlagen zunächst revisionsbedürftig, doch letztlich blieben die Maxwell-Gleichungen unbeschadet, während in gewisser Hinsicht die Mechanik von Galilei und Newton als Verlierer da stand – nicht als »effektive Theorie«, doch hinsichtlich ihrer Basis.

Einstein ging anfänglich in seinen Artikeln nicht einmal auf das Michelson-Morley-Experiment ein. Obwohl er annahm, »dass die Fortpflanzungsgeschwindigkeit des Lichtes weder von dem Bewegungszustande der Lichtquelle noch vom Bewegungszustande der den Fortpflanzungsraum umgebenden Körper abhänge« – und hinzufügte: »Die Frage, inwieweit dieser Satz als gesichert gelten kann, ist von fundamentaler Bedeutung für die Relativitätstheorie.« In einem Brief an einen Historiker schrieb er im Februar 1954 rückblickend: »Auf meine eigene Entwicklung hat das Michelson'sche Ergebnis keinen wesentlichen Einfluss gehabt. Ich weiß nicht einmal mehr, ob ich es überhaupt kannte, als ich meine erste Arbeit über dieses Thema schrieb (1905). Das erklärt sich daraus, dass ich aus allgemeinen Gründen völlig sicher war, dass es keine Absolutbewegung gibt, und mein Problem war es, die mit unserer Kenntnis der Elektrodynamik in Einklang zu bringen.«

Wahrscheinlich fiel Einstein die Abkehr von der Äther-Annahme auch deshalb leichter, weil er in seiner Arbeit über den Photoeffekt die Quantennatur der Strahlung erkannt hatte. Besteht das Licht aber aus »Teilchen« (später Photonen genannt), brauchten sie im Gegensatz zur damaligen Wellen-Vorstellung kein Trägermedium. Es waren die Widersprüche und Uneinheitlichkeiten zwischen Klassischer Mechanik und Elektrodynamik, die Einstein »unerträglich« fand, wie er schrieb. Dass die Natur zwei verschiedenen »Umrechnungsvorschriften« gehorchen sollte, den sogenannten Galilei- und Lorentz-Transformationen der Koordinatensysteme, wollte er nicht akzeptieren. Doch er stellte fest, dass die Inkonsistenzen verschwinden, wenn man die Annahme einer absoluten Zeit und eines absoluten Raums aufgibt. Auch »die Einführung eines Lichtäthers wird sich insofern als überflüssig erweisen«, formulierte es Einstein in seiner bahnbrechenden Arbeit; sie war also auch eine Art physikalische Todesanzeige für den Äther.

Einstein baute seine Spezielle Relativitätstheorie axiomatisch auf. Aus lediglich zwei Prämissen (oder Prinzipien) leitete er logische Schlussfolgerungen ab, die die bestehenden Widersprüche auflösten und ein konsistentes System ergaben. Das war aber nicht bloß eine mathematische Gedankenübung, sondern als physikalische Theorie hatte die Spezielle Relativitätstheorie empirisch überprüfbare Konsequenzen. Sie machte Voraussagen, die teilweise den Vorgängertheorien widersprechen und sich experimentell testen lassen. Darin besteht das Erfolgsgeheimnis und die Überzeugungskraft guter naturwissenschaftlicher Theorien.

Einstein postulierte zwei Voraussetzungen, die sich bis heute glänzend bewährt haben, und die den Kern der Speziellen Relativitätstheorie ausmachen:

› **Relativitätsprinzip:** Die physikalischen Gesetze haben in allen gleichförmig bewegten (also unbeschleunigten) Bezugssystemen die gleiche Form. (Wörtlich schrieb Einstein: »Die Gesetze, nach denen sich die Zustände der physikalischen Systeme ändern, sind unabhängig davon, auf welches von zwei relativ zueinander in gleichförmiger Translationsbewegung befindlichen Koordinatensystemen diese Zustandsänderungen bezogen werden.«)

› **Konstanz der Lichtgeschwindigkeit:** Die Lichtgeschwindigkeit im Vakuum ist in allen Bezugssystemen identisch. (In einem unveröffentlichten Manuskript formulierte Einstein einige Jahre später das Prinzip so, »dass die Fortpflanzungsgeschwindigkeit des Lichtes weder von dem Bewegungszustande der Lichtquelle noch vom Bewegungszustande der den Fortpflanzungsraum umgebenden Körper abhänge. Die Frage, inwieweit dieser Satz

Exkurs

Galilei- und Lorentz-Transformation: Umrechnungsvorschriften für die physikalische Buchhaltung

Um Ereignisse (beziehungsweise physikalische Aussagen darüber), die in einem Koordinatensystem beschrieben werden, in einem anderen System abzubilden, gibt es »Umrechnungsvorschriften«. In der Klassischen Mechanik ist das die Galilei-Transformation. Sie wurde schon um 1630 von Galileo Galilei formuliert (die Bezeichnung selbst hatte erst 1909 Philipp Frank eingeführt) und dann 1687 auch von Isaac Newton verwendet und mit dem Trägheitssatz kombiniert, wonach jeder Körper im Zustand der Ruhe oder der gleichförmigen geradlinigen Bewegung bleibt, solange keine Kräfte auf ihn einwirken. Die Galilei-Transformation lautet:

$x' = x - vt, y' = y, z' = z, t' = t$

In diesen Transformationsregeln sind x, y, z und t die Raum- und Zeitkoordinaten des Ausgangssystems, x', y', z' und t' die des Zielsystems. (Eine andere, exaktere Formulierung basiert auf Vektoren.) Ein Beobachter, der sich relativ zu einem anderen mit konstanter Geschwindigkeit v in x-Richtung bewegt, kann also mithilfe der Galilei-Transformation seine Messungen umrechnen in die des anderen Beobachters zum selben Zeitpunkt. Die Galilei-Transformation gilt für zwei Bezugssysteme, die verschieden sind hinsichtlich einer geradlinig-gleichförmigen Bewegung, Drehung und/oder Verschiebung in Raum und Zeit. Alle Messungen von Strecken, Winkeln und Zeitdifferenzen sind daher in beiden Bezugssystemen identisch; die Geschwindigkeiten unterscheiden sich um eine konstante Relativgeschwindigkeit. Die Naturgesetze sind gemäß des Relativitätsprinzips der Klassischen Mechanik in beiden Bezugssystemen identisch (unveränderlich, invariant oder kovariant).

In der Theorie des Elektromagnetismus, formuliert mit den Maxwell-Gleichungen, ist diese Kovarianz nicht erfüllt, denn die Lichtgeschwindigkeit im Vakuum ist in allen Bezugssystemen gleich groß (das steht im Einklang mit den Messungen, wäre jedoch in der Klassischen Mechanik nicht der Fall). Hier gilt daher eine andere Umrechnungsvorschrift. Es ist die von Hendrik Antoon Lorentz, Woldemar Voigt, Joseph Larmor, George FitzGerald und Henri Poincaré zwischen 1895 und 1905 bereits formulierte und viel diskutierte (später erst so genannte) Lorentz-Transformation. Sie lautet:

$x' = \gamma(x - vt), y' = y, z' = z, t' = \gamma(t - xv/c^2)$

Hier bezeichnet v die Geschwindigkeit und c die Lichtgeschwindigkeit (das v steht für »velocitas«, lateinisch »Geschwindigkeit« oder »Schnelligkeit«, das c für »constant« oder auch für »celeritas«, lateinisch ebenfalls »Geschwindigkeit«); γ ist der Gamma- oder Lorentz-Faktor $\gamma = 1/\sqrt{1 - v^2/c^2}$. Auch bei kleinen Geschwindigkeiten ($v << c$) gibt es im Hinblick auf das elektromagnetische Feld »relativistische Effekte«. So kann ein Beobachter, der eine relativ zu ihm nicht bewegte Ladung misst, ein elektrisches Feld feststellen, aufgrund des fehlenden Stromflusses jedoch kein magnetisches Feld. Bewegt sich der Beobachter dagegen von der Ladung weg oder auf die Ladung zu, stellt er fest, dass sich das elektrische Feld verändert, also ein Verschiebungsstrom vorhanden ist, und es neben dem elektrischen Feld auch ein magnetisches gibt. Wie bei Orten und Zeiten müssen deshalb die elektromagnetischen Feldkomponenten einer Lorentz-Transformation unterzogen werden, wenn man das Bezugssystem der Beobachtung wechselt.

Weil die beiden Transformationsregeln nicht identisch sind, müssten die Phänomene der Klassischen Mechanik zu einem völlig anderen Reich gehören als die des Elektromagnetismus, obwohl sie einander beeinflussen. Diesen tiefgreifenden Widerspruch löste Albert Einstein mit seiner Speziellen Relativitätstheorie auf. Er konnte nachweisen, dass die Galilei-Transformation nur für Systeme mit langsamen Geschwindigkeiten gilt. »Langsam« meint relativ zur Lichtgeschwindigkeit ($v << c$). Für viele Alltagssituationen liegt der Korrekturfaktor unterhalb der Messbarkeitsgrenze, und selbst für die Himmelsmechanik ist er für viele Zwecke irrelevant (auch bei der Geschwindigkeit der Erde um die Sonne, etwa 30 Kilometer pro Sekunde, betragen die Abweichungen nur 10^{-8}). Die Galilei-Transformation ist daher eine gute Näherungsformel, aber strenggenommen falsch. Einstein zeigte also, dass auch für Phänomene der Klassischen Mechanik die Lorentz-Transformation zutrifft. Das hat gravierende Konsequenzen für die Konzeption von Raum und Zeit.

als gesichert gelten kann, ist von fundamentaler Bedeutung für die Relativitätstheorie.«)

Damit war die Annahme unnötig, dass das »ruhende« Bezugssystem irgendwie grundlegend oder etwas Besonderes sei. Und es reichte eine einzige Umrechnungsvorschrift für alle Koordinatentransformationen aus – sowohl für mechanische als auch für elektromagnetische Vorgänge. Einstein zeigte also, dass sich der physikalische Rahmen der Klassischen Mechanik, der auf der Vorstellung eines absoluten Raums und einer absoluten Zeit beruhte und mathematisch auf der Galilei-Transformation basierte, nicht halten lässt und bei hohen Geschwindigkeiten versagt. Die Galilei-Transformation muss dann durch eine andere Rechenvorschrift ersetzt werden, die Lorentz-Transformation, der die Maxwell-Gleichungen genügen. Die Spezielle Relativitätstheorie stiftete so eine große Einheitlichkeit und erledigte alle Probleme mit der Mechanik und Elektrodynamik auf einen Schlag.

»Die Spezielle Relativitätstheorie bildet die unbestrittene Grundlage für die moderne Physik, welche mithilfe der erweiterten Allgemeinen Relativitätstheorie den Makrokosmos beschreibt, und welche mithilfe der anderen großen Theorie der Moderne – der Quantentheorie – das Verhalten mikrophysikalischer Systeme erfasst«, bringt Jürgen Renn vom Max-Planck-Institut für Wissenschaftsgeschichte in Berlin die Bedeutung dieser Theorie in einem Satz zusammen. Er hat ihr Resultat als »Kopernikus-Prozess« bezeichnet. Im Gegensatz zu dem Krakauer Astronomen, der die Erde aus dem Zentrum des Sonnensystems, ja des Universums gerückt hatte und fortan um die Sonne kreisen ließ, im gedanklichen Modell natürlich nur, habe Einstein eine »Verschiebung des begrifflichen Zentrums« unternommen, so Renn: »Für die Theorie von Lorentz war der Äther ein Zentralbegriff und die neuen Variablen für Raum und Zeit nur Hilfsgrößen. In der Relativitätstheorie dagegen spielt der Begriff des Äthers im Wunderjahr 1905 keine

Rolle mehr, während aus den Lorentz'schen Hilfsgrößen die neuen grundlegenden Begriffe von Raum und Zeit im Zentrum der Einstein'schen Revolution werden.« Lorentz hatte die inneren Widersprüche des physikalischen Weltbilds seiner Zeit zwar schon ein Jahrzehnt vorher gesehen, aber durch kleinere Umbaumaßnahmen zu korrigieren versucht. Einstein hingegen riss gewissermaßen ein Teil des Gebäudes ab und errichtete es neu. Doch das war ein riskantes Unterfangen, wie auch Renn betont hat: »Allerdings arbeitete Einstein unter anderen Voraussetzungen als Lorentz, unter Voraussetzungen, die ihm das Gefühl geben mussten, als hätte man ihm den Boden unter den Füßen weggezogen, ohne dass sich irgendwo fester Grund zeigte, auf dem man hätte bauen können, denn Einsteins Situation war in der Tat weitaus kritischer als die von Lorentz. Weil für Einstein der Äther als Träger elektromagnetischer Erscheinungen nicht mehr infrage kam, fehlte ihm nämlich im Gegensatz zu Lorentz nicht nur eine Grundlage für die physikalische Interpretation der Hilfsgrößen, die dieser eingeführt hatte, sondern auch die Grundlage für die entscheidende Annahme der Lorentz'schen Theorie, dass die Lichtgeschwindigkeit im Äther konstant sei.« Hier zieht Renn eine Verbindung zu Einsteins quantentheoretischer Arbeit zum Photoeffekt. Sie hat gezeigt, »dass in einer Theorie ohne Äther die Lichtgeschwindigkeit eigentlich von der Bewegung der Lichtquelle abhängen müsste.« Diese Konsequenz wollte Einstein aber nicht ziehen, zumal es dafür keinen experimentellen Hinweis gab. Deshalb postulierte er kurzerhand die Konstanz der Vakuum-Lichtgeschwindigkeit. Und das war zusammen mit dem Relativitätsprinzip ausreichend, um das Weltbild der Physik zu verschieben.

Der Preis für diesen theoretischen Durchbruch, den inzwischen zahlreiche Experimente glänzend bestätigt und erhärtet haben, ist ein neuer Begriff der Gleichzeitigkeit: Es gibt keine absolute Zeit, sondern vielmehr bezugssystemabhängige Eigenzeiten. Was für

Exkurs

Wenn 1 + 1 nicht mehr 2 ergibt

In der Relativitätstheorie ist 1 + 1 nicht unbedingt 2. Jedenfalls nicht, wenn es um Geschwindigkeiten geht, die schneller sind, als die Polizei erlaubt. In unserem Alltag errechnet sich die Relativgeschwindigkeit v_{rel} zweier Objekte aus der Addition ihrer Einzelgeschwindigkeiten v_1 und v_2. Es gilt: $v_{rel} = v_1 + v_2$ (bei entgegengesetzter Bewegung ist eine Zahl negativ). Nicht so bei Geschwindigkeiten nahe des Lichts. Sonst müsste ja beispielsweise der Laserstrahl, den ein fast lichtschnelles Raumschiff abfeuert, beinahe die doppelte Lichtgeschwindigkeit haben. Dies ist nach der Speziellen Relativitätstheorie jedoch nicht der Fall. Vielmehr kommt eine neue Additionsformel zur Anwendung, das relativistische Additionstheorem für Geschwindigkeiten: $v_{rel} = (v_1 + v_2)/(1+(v_1v_2/c^2))$. Nur wenn v_1 und v_2 klein sind relativ zur Lichtgeschwindigkeit c ergibt sich die gewohnte Summe als Grenzwert. Die Straßenverkehrsordnung ist also nicht in Gefahr, und die Schmetterbälle beim Tischtennis kann man auch ohne das Studium der Speziellen Relativitätstheorie seinem Gegner um die Ohren hauen.

Ein Beispiel für das relativistische Additionstheorem: Angenommen, ein Zug fährt mit 200 Kilometer pro Stunde wieder einmal verspätet in Richtung »Stuttgart 21«, und darin bewegt sich ein aufgeregter Fahrgast auf der Suche nach dem Schaffner mit 5 Kilometer pro Stunde relativ zum Zug in dessen Fahrtrichtung. Dann wäre die von einem am Bahndamm stehenden Beobachter gemessene Geschwindigkeit des Fahrgasts nicht exakt 200 + 5 = 205 Kilometer pro Stunde gemäß der klassischen Addition, sondern um winzige 0,17 Nanometer pro Stunde langsamer. Das heißt, der Fahrgast würde nach der relativistischen Rechnung in einer Stunde knapp zwei Atomdurchmesser weniger weit kommen als nach der klassischen – ein Unterschied, der nicht der Grund für seinen verpassten Anschluss sein wird. Anders bei hohen Geschwindigkeiten: Würde ein Projektil mit 0,75c von einer Rakete abgeschossen, die ebenfalls mit 0,75c durchs All rast – drei Viertel der Lichtgeschwindigkeit –, dann hätte es nicht das Eineinhalbfache der Lichtgeschwindigkeit (0,75 + 0,75 = 1,5), was naturgesetzlich unmöglich ist, sondern »nur« 96 Prozent von c: $(0{,}75c + 0{,}75c)/(1 + 0{,}75c \cdot 0{,}75c) = 1{,}5c/1{,}5625c = 0{,}96c$.

einen Beobachter gleichzeitig erscheint – etwa zwei unabhängige Ereignisse am Sternenhimmel –, ist für einen anderen Beobachter, der sich mit derselben Geschwindigkeit an einem anderen Ort befindet oder sich am selben Ort mit einer drastisch verschiedenen Geschwindigkeit bewegt, nicht unbedingt simultan. Räumliche und zeitliche Abstände sind nicht universell, sondern relativ: Die Zeit kann sich quasi dehnen und der Raum sich verkürzen. Das widerspricht völlig unserer Alltagserfahrung, gehorcht aber einer zwingenden Logik und stellte sich auch experimentell als richtig heraus. Doch nicht alles ist relativ. Die Lichtgeschwindigkeit, die Einstein im Gegensatz zu allen relativen Orten, Bewegungen und Geschwindigkeiten als konstant erkannt hat, ist unabhängig vom Bezugssystem. Sie ist eine universelle Naturkonstante, die überall und in allen Bezugssystemen denselben Wert hat, nämlich 299.792,458 Kilometer pro Sekunde im Vakuum. Sie gilt absolut. Und sie ist das fundamentale Bindeglied von Raum, Zeit, Materie und Energie. Insofern hätte die Relativitätstheorie auch »Absoluttheorie« heißen können.

Zeitdilatation, Längenkontraktion und verwirrende Paradoxien

Zu den verwirrendsten Folgerungen aus der Relativitätstheorie gehört die Zeitdilatation: Für schnell bewegte Uhren – und überhaupt alle Prozesse – vergeht die Zeit langsamer als für langsame beziehungsweise bewegungslose Uhren. (Dass sich strenggenommen nichts in Ruhe befindet, weil sich der Weltraum ausdehnt, konnte Einstein damals noch nicht wissen, und es spielt für die Spezielle Relativitätstheorie auch keine Rolle.) Eine solche Zeitdehnung kann übrigens auch die Gravitation bewirken: Uhren im Schwerefeld ticken langsamer als solche isoliert im All. Aber das ist ein Effekt der Allgemeinen, nicht der Speziellen Relativitätstheorie.

Die Zeitdilatation bei fast lichtschnellen Bewegungen hat für hitzige Diskussionen gesorgt. Oft wird das Phänomen mit dem sogenannten Zwillingsparadoxon veranschaulicht (nach einem Gedankenexperiment von Paul Langevin 1911): Danach würde ein mit hoher Geschwindigkeit durchs All rasender Astronaut, wenn er zur Erde zurückkehrt, viel weniger gealtert sein als sein zu Hause gebliebener Zwillingsbruder.

Angenommen, ein 27-Jähriger Astronaut fliegt mit 98 Prozent der Lichtgeschwindigkeit zum rund 25 Lichtjahre fernen Stern Wega und wieder zurück. Dann sind bei der Rückkehr für ihn 10 Jahre vergangen, er ist somit 37 Jahre alt – während sein zu Hause gebliebener Zwillingsbruder bereits seinen 77. Geburtstag gefeiert hat, nun also 40 Jahre älter ist als der Raumfahrer. (Das Beispiel ist vereinfacht, weil die zeitraubenden Beschleunigungs- und Bremsphasen unterschlagen wurden.) Die Zeit im Raumschiff verging bei 98 Prozent der Lichtgeschwindigkeit also beträchtlich langsamer als auf der Erde.

Dieser Altersunterschied ist schon irritierend genug, doch er ist eine im Prinzip messbare Tatsache. Paradox wird es, wenn man argumentiert, dass doch der auf der Erde gebliebene Zwilling sich ebenfalls mit 98 Prozent der Lichtgeschwindigkeit von seinem Bruder entfernt hat – schließlich lehrt die Spezielle Relativitätstheorie, dass kein Bezugssystem bevorzugt ist. So gesehen müsste der Raumfahrer, von dem sich die Erde weg bewegte, um 40 Jahre älter sein, als die Erde zu ihm zurückkehrte.

Doch das ist falsch – wie auch die ganze Argumentation. Denn die Bewegungen der Zwillinge dürfen nicht als symmetrisch betrachtet werden. Nur solche Bezugssysteme sind gleichberechtigt, die sich in Ruhe befinden oder sich mit konstanter Geschwindigkeit bewegen. Doch im Beispiel wird der Raumfahrer zunächst

Geschwindigkeit v in Kilometer pro Sekunde (und in Prozent der Lichtgeschwindigkeit)	**Kehrwert des Gamma-Faktors** $\sqrt{1 - v^2/c^2}$	**Dauer eines Jahres**
0,03 – entspricht einem Auto	~1	1 Jahr
0,5 – entspricht einem Flugzeug	0,9999999999986	1 Jahr + 0,00003 Sekunden
40 – entspricht einer Raumsonde	0,999999991	1 Jahr + 0,3 Sekunden
30.000 (10%)	0,995	1 Jahr + 44 Stunden
150.000 (50%)	0,886	1 Jahr + 56,5 Tage
270.000 (90%)	0,436	2,3 Jahre
285.000 (95%)	0,312	3,2 Jahre
297.000 (99%)	0,141	7,1 Jahre
299.700 (99,9%)	0,045	22,2 Jahre

Gedehnte Zeit: »Eine mit der Geschwindigkeit v wandernde Uhr geht – von einem nicht mitbewegten System aus beurteilt – langsamer, als dieselbe Uhr, falls sie nicht wandert«, schrieb Einstein. Die Tabelle listet die Zeitdilatation für verschiedene Relativgeschwindigkeiten auf. Die Eigenzeit ist immer gleich, aber im Vergleich vergeht die Zeit eines bewegten Systems aus der Sicht eines ruhenden Beobachters umso langsamer, je schneller dieses System ist.

schneller, fliegt dann bei Wega eine Kurve, um zurückzukehren, und bremst schließlich in Erdnähe wieder ab. Solche beschleunigten Bewegungen sind kein Gegenstand der Speziellen, sondern erst der Allgemeinen Relativitätstheorie. Würden allerdings zwei Astronauten mit hoher konstanter Geschwindigkeit aneinander vorbeifliegen und mehrfach ihre Uhren vergleichen, dann könnten sie tatsächlich beide feststellen, dass die jeweils andere Uhr langsamer tickt.

Die Zeitdilatation lässt sich im Prinzip sogar für eine Zeitreise in die ferne Zukunft nutzen: Ein Raumfahrer könnte bei entsprechend rasantem Tempo als junger Mann zur Erde zurückkehren, wo sein Zwillingsbruder bereits zum Greis geworden oder längst gestorben ist. Würde man beispielsweise mit dem erträglichen Beschleunigungs- und Bremsandruck von 1 G – das entspricht der Erdschwerkraft – »nur« mit bis zu 99,9992 Prozent der Lichtgeschwindigkeit zu einem 500 Lichtjahre entfernten Stern fliegen und sofort wieder umkehren, dann wäre man bei der Ankunft auf der Erde bloß knapp 25 Jahre gealtert, während dort 1000 Jahre vergangen wären. Ein Weg zurück in die eigene Jugend wäre freilich versperrt. Wer also einen Trip in die Zukunft plant, sollte vorher noch seine Steuererklärung abgeben, sonst erwartet ihn die furchtbare Ungeduld des Finanzamts.

Komplementär zur Zeitdilatation ist die Längen- oder Lorentz-Kontraktion – ebenfalls eine Folge der konstanten Lichtgeschwindigkeit. Denn wie die Zeit ist auch die Entfernung relativ. In Bewegungsrichtung verkürzen sich alle Maßstäbe, und zwar um denselben Faktor, um den die Zeit sich dehnt. Wenn beispielsweise ein Astronaut mit 98 Prozent der Lichtgeschwindigkeit zur Wega fliegt, ist er 5 Jahre unterwegs und hat in seinem Bezugssystem eine Strecke von 5 mal 0,98 = 4,9 Lichtjahren zurückgelegt – während es aus der Perspektive der Erde 25 Lichtjahre sind.

Die Idee einer Längenkontraktion haben vor Einstein schon 1889 George FitzGerald und 1892 Hendrik Antoon Lorentz eingeführt. Auch diese Physiker versuchten, die formalen Widersprüche zwischen Klassischer Mechanik und Elektromagnetismus zu beheben und das Nullresultat des Michelson-Morley-Experiments zu erklären, nämlich durch eine Schrumpfung des Interferometers in Bewegungsrichtung relativ zum Äther. Sie waren allerdings noch im vorrelativistischen Denken verhaftet und wollten das Phänomen durch geschwindigkeitsabhängige Kräfte

Exkurs

Der Gamma-Faktor

Alltagsgrößen wie Raum, Zeit und Masse gewinnen in der Relativitätstheorie eine neue Bedeutung. Mathematisch wird das mit einem relativistischen Faktor ausgedrückt, der Lorentz- oder Gamma-Faktor heißt. Er wirkt sich umso stärker aus, je näher eine Geschwindigkeit v an die Lichtgeschwindigkeit c kommt und beträgt $\gamma = 1/(\sqrt{1 - v^2/c^2})$. Mit γ lässt sich die Zeitdilatation und Längenkontraktion berechnen.

Schnell bewegte Uhren gehen relativ zu langsameren oder ruhenden Uhren langsamer. Eine Zeitspanne Δt in einem ruhenden System erscheint aus der Sicht eines Beobachters im bewegten System um den Gamma-Faktor gedehnt: $\Delta t = \gamma \Delta t'$. Und umgekehrt ist die Zeitspanne im bewegten System aus der Perspektive des ruhenden um $\Delta t' = \Delta t/\gamma$ verkürzt. Fliegt beispielsweise ein Raumfahrer mit 95 Prozent der Lichtgeschwindigkeit zum 4,34 Lichtjahre fernen Nachbarstern Alpha Centauri, benötigt er (der Einfachheit halber eine sofortige Maximalbeschleunigung auf 0,95c vorausgesetzt) aus Sicht der Erde $2 \cdot 4{,}34 : 0{,}95 = 9{,}14$ Jahre für den Hin- und Rückflug. Aufgrund der Zeitdilatation sind für den Piloten des Raumschiffs hingegen nur $\sqrt{1 - 0{,}95^2} \cdot 9{,}14 = 2{,}85$ Jahre vergangen.

Und schnell bewegte Systeme erscheinen aus der Sicht der langsameren oder ruhenden Systeme um den Kehrwert des Gamma-Faktors verkürzt: $\Delta l' = \Delta l/\gamma$. Wäre ein Raumschiff, das mit 0,95c an einem Außenposten auf dem Plutomond Charon vorbeifliegt, aus der Sicht des Piloten 300 Meter lang (und das war es auch, als er es betreten hat, denn in beiden Situationen befindet es sich ihm gegenüber in Ruhe), dann erschiene es den Kameras auf Charon nur 93,7 Meter groß.

im Äther zwischen den Atomen erklären. »Die Länge materieller Körper verändert sich, wenn sie sich durch den Äther bewegen«, schrieb FitzGerald und meinte das absolut: als eine dynamische Stauchung. Im Gegensatz dazu bedeutet die Längenkontraktion der Relativitätstheorie nicht, dass sich ein Meterstab verkürzt, als würde er komprimiert. Zeitdehnung und Längenkontraktion sind Eigenschaften der Raumzeit, nicht der Materie. Die Lorentz-Kontraktion ist also eine Sache des – gleichwohl durchaus »objektiven« – Bezugssystems. Wer abnehmen will, kann daher nicht einfach fast lichtschnell durch die Welt rasen und darauf vertrauen, dass die Kontraktion seinen Kugelbauch schon zum Verschwinden bringt.

Einstein versuchte die vielen Missverständnisse, auch unter seinen Fachkollegen, 1911 mit diesen Worten auszuräumen: »Die Frage, ob die Lorentz-Verkürzung wirklich besteht oder nicht, ist irreführend. Sie besteht nämlich nicht ›wirklich‹, insofern sie für einen mitbewegten Beobachter nicht existiert; sie besteht aber ›wirklich‹, das heißt in solcher Weise, dass sie prinzipiell durch physikalische Mittel nachgewiesen werden könnte, für einen nicht mitbewegten Beobachter.«

Auch mit der Lorentz-Kontraktion lassen sich Paradoxien konstruieren, die genau genommen keine sind. Angenommen, eine Leiter rast mit hoher Geschwindigkeit horizontal durch die Vorder- und Hintertür einer offenen Scheune. Läge die Leiter auf dem Boden, wäre sie zu groß, um in die kleine Scheune zu passen. Weil sie sich aber so schnell bewegt, ist sie längenkontrahiert und kann sich für einen Moment als Ganzes in der Scheune aufhalten – man könnte beide Tore schließen. Das ist im Rahmen der Relativitätstheorie tatsächlich möglich. Paradox wird es, wenn man symmetrisch argumentiert: Die Leiter ist in Ruhe, die Scheune bewegt sich vorbei und unterliegt nun ihrerseits der Lorentz-Kontraktion; dann würde, im Gegensatz zur vorigen Version, die Leiter nicht komplett in die Scheune passen; man könnte also nicht zugleich beide Tore schließen, ohne die Leiter zu zerbrechen. Diese Argumentation ist jedoch falsch, weil sie eine universelle Gleichzeitigkeit voraussetzt – die es gemäß der Speziellen Relativitätstheorie nicht gibt. Ereignisse, die für einen Beobachter simultan sind

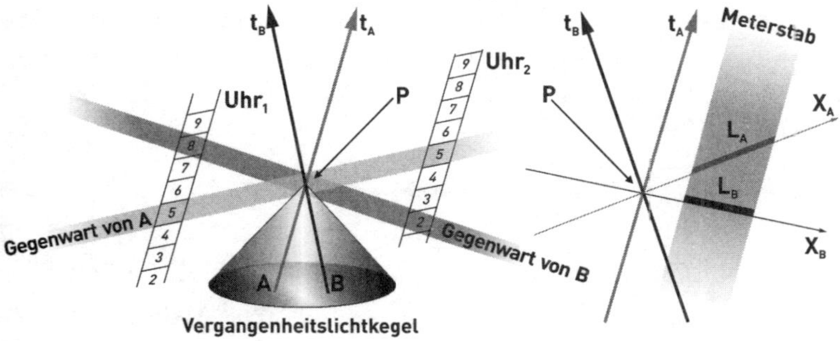

Raum und Zeit sind relativ: Treffen sich zwei Beobachter A und B mit stark unterschiedlichen Geschwindigkeiten an einem Punkt P, dann stimmen ihre temporalen und räumlichen Messungen überein. Diese relativistischen Effekte – Zeitdilatation und Längenkontraktion – widersprechen dem »gesunden« Menschenverstand. Sie wurden aber experimentell nachgewiesen. In den Diagrammen sind die separaten Orts- und Zeitkoordinaten x und t für beide Beobachter eingezeichnet. Die beiden Digitaluhren (links) und der Meterstab (rechts) werden jeweils als »Weltlinie« dargestellt, die in der Raumzeit ausgedehnt ist. Diese Uhren und der Meterstab befinden sich im Koordinatensystem von A in Ruhe, während B an ihnen vorbeirast. Für A zeigen die beiden Uhren dieselbe Zeit an (hier: 5 Sekunden), für B jedoch nicht. Es existiert keine universelle, objektive Gleichzeitigkeit. Auch erscheint dasselbe Objekt für A und B verschieden lang, denn B sieht den Meterstab verkürzt. Die Vergangenheit am Punkt P ist aber eindeutig: Sie wird in der Relativitätstheorie durch den Vergangenheitslichtkegel charakterisiert. Der umfasst die Summe aller kausalen Einwirkungen, die ein Ereignis bei P maximal mit Lichtgeschwindigkeit beeinflussen können.

(etwa im Bezugssystem der Leiter), brauchen für einen anderen Beobachter nicht ebenfalls simultan zu sein (im Bezugssystem der Scheune). Daher können sich beide Beobachter darüber uneinig sein, ob sich die Leiter komplett in der Scheune befindet oder nicht, ohne dass dies ein objektiver Widerspruch ist. Für den Beobachter in der Scheune passt die Leiter hinein (und beide Tore sind zugleich geschlossen). Doch aus der Sicht der Leiter ist das nicht so, weil sich die beiden Tore nicht simultan schließen: Wenn das

Ausgangstor vor dem Vorderteil der Leiter zu geht, steht das Eingangstor noch offen, und das Hinterende hat es nicht ganz passiert.

Messungen relativ genau

Zeitdilatation und Längenkontraktion sind keine Illusionen, sondern messbare Effekte. Das zeigen beispielsweise Myonen. Sie entstehen unter anderem durch Reaktionen energiereicher Partikel der Kosmischen Strahlung – vorwiegend fast lichtschnelle Protonen – mit Atomkernen in der Erdatmosphäre. Diese Myonen, die schweren Geschwister der Elektronen, lassen sich mit speziellen Detektoren nachweisen. Das überrascht, weil sie instabil sind und mit einer Halbwertszeit von nur 1,5 Millionstel Sekunden zerfallen. Da sie sich durch die Kernreaktionen in 30 Kilometer Höhe bilden, können sie – obwohl sie fast lichtschnell sind – in 1,5 Millionstel Sekunden bloß 450 Meter zurücklegen. Nach 30 Kilometern sollten demnach fast alle zerfallen sein. Doch für irdische Beobachter ist dies nicht so, denn durch die Zeitdilatation wird die Lebensdauer der Myonen stark verlängert. Oder komplementär ausgedrückt: Aufgrund ihrer hohen Geschwindigkeit ist der Weg für die Myonen stark verkürzt. Aus der Perspektive ihres Bezugssystems legen sie nicht 30 Kilometer bis zur Erdoberfläche zurück, sondern nur wenige 100 Meter.

Erstmals gemessen wurde die Zeitdilatation 1976 am Europäischen Forschungszentrum CERN bei Genf. Die Physiker erzeugten dort Myonen, die mit 99,94 Prozent der Lichtgeschwindigkeit durch einen Speicherring rasten. Ihre Halbwertszeit betrug 44,6 Millionstel Sekunden – also das 30-fache des Ruhewerts. Das Ergebnis steht im Einklang mit der Vorhersage der Speziellen Relativitätstheorie (Messunsicherheit: 0,2 Prozent). Inzwischen werden Teilchen am CERN sogar noch viel näher an die Lichtgeschwindigkeit beschleunigt – mit entsprechend lebensverlängerndem Effekt. Hätte man das mit Menschen tun können, die geboren wurden, als die Anlage von Stonehenge im heutigen Südengland errichtet wurde, dann wären sie jetzt noch immer im Kindesalter. Auch die Längenkontraktion macht sich in Teilchenbeschleunigern bemerkbar. Das müssen Physiker berücksichtigen, wenn sie beispielsweise Gold- oder Blei-Kerne aufeinander schießen, um in der Kollisionszone kurz physikalische Verhältnisse zu erreichen, wie sie weniger als eine Milliardstel Sekunde nach dem Urknall überall im All herrschten. Die fast lichtschnellen schweren Kerne erscheinen nämlich nicht mehr kugelig, sondern durch die Längenkontraktion wie Flundern zusammengestaucht, was die Kollisionsfront vergrößert und messbare Auswirkungen hat.

Rasante Sehenswürdigkeiten

Sich der Lichtgeschwindigkeit anzunähern, ist ganz schön anstrengend. Das weiß zwar jeder, der mit den Grundzügen der Speziellen Relativitätstheorie vertraut ist – denn Materie kann niemals die Vakuum-Lichtgeschwindigkeit erreichen, weil dafür ein unendlicher Energiebetrag erforderlich wäre. Doch es selbst zu erleben, ist eine andere Sache. Dann muss man sich regelrecht abstrampeln, um beispielsweise fast lichtschnell durch Tübingen zu radeln. Auch wem die schmucke schwäbische Universitätsstadt vertraut ist, wird sie dann wie nie zuvor gesehen haben: Die Häuser direkt vor Augen in eine große Entfernung gerückt, die Gebäude neben einem verbogen wie in Dalís Gemälde und andere, an denen man gerade vorbei fuhr, noch immer ins Blickfeld hineinragend. Hinzu kommt ein unwirkliches Farbenspiel: Vor einem erscheint alles in grellem, weißen Licht, während sich die Umgebung seitwärts tunnelartig in immer dunklere Rottöne hüllt.

Das ist kein Traum – obwohl zuerst gar nicht in Tübingen zu sehen, sondern in Einsteins Geburtsstadt Ulm. Auf der großen Ausstellung dort 2004, kurz vor dem 100-Jahre-Jubiläum von Einsteins Annus mirabilis, hatten die Tübinger Relativitätstheoretiker um Hanns Ruder eine große Leinwand vor einem Trimm-Rad aufgebaut, die Lichtgeschwindigkeit kurzerhand von 1 Milliarde auf 30 Kilometer pro Stunde verringert, rein rechnerisch natürlich nur, und dem Besucher so einen surrealistischen Ausflug in das Reich der Physik ermöglicht, das sich sonst nur mit abstrakten Formeln beschreiben lässt. Die interaktive Ausstellung, die dann in vielen Städten zu sehen war, auch im Deutschen Museum in München, erfreute sich eines so regen Zuspruchs, dass in Ulm immer wieder das Trimm-Rad repariert werden musste – so kräftig traten die Besucher in die Pedale.

Eine solche imaginäre Radtour beschrieb der aus Russland stammende und in Amerika arbeitende Kosmologe und Physiker George Gamow schon 1940 in seinem populärwissenschaftlichen Bestseller *Mr. Tompkins in Wonderland*, um die relativistischen Effekte zu veranschaulichen – besonders die Lorentz-Kontraktion. Demnach schrumpfen alle fast lichtschnellen Objekte »in flächenhafte Gebilde zusammen«, wie Einstein in seiner ersten Arbeit dazu 1905 geschrieben hat. Gamows Radfahrer sah daher in Fahrtrichtung platt gedrückte Häuser.

»Dieses Bild ist völlig falsch«, betont Hanns Ruder. »Und zwar deshalb, weil die Effekte der endlichen Lichtlaufzeit nicht bedacht wurden.« Während sich das Licht in unserer engen Alltagswelt praktisch unendlich schnell nähert – im Vergleich mit Fußgängern und selbst Autobahnrasern –, sieht die Sache bei relativistischen Geschwindigkeiten ganz anders aus. »Wenn man die Häuser entlang ihrer Oberfläche ausmisst, dann sind sie längenkontrahiert. Wenn man sie aber anschaut, erscheinen sie gedreht und verzerrt«, sagt der Tübinger Astrophysik-Professor.

Der Grund dafür ist die relativistische Abberation. Sie beschreibt, wie es von der Geschwindigkeit eines Beobachters abhängt, welchen Weg ein Lichtstrahl oder ein anderes bewegtes Objekt seiner Ansicht nach nimmt. Zwar ist die Lorentz-Kontraktion im Alltag praktisch irrelevant (bei 100 Kilometer pro Stunde beträgt sie nur 1 minus $4 \cdot 10^{-15}$), verkürzt bei 90 Prozent der Lichtgeschwindigkeit jedoch ein Objekt schon um 44 Prozent. Für den rasenden Radler sehen Gegenstände vor ihm stark verkleinert aus. Aber das ist nicht alles: Auch Linien erscheinen gekrümmt. Die nächstgelegenen Häuser wölben sich zur Mitte des Gesichtskreises hin. Und es werden sogar Objekte sichtbar, die sich seitlich oder bereits hinter der momentanen Position des Beobachters befinden. Man kann also gewissermaßen um die Ecke sehen. Derselbe Effekt der Aberration führt auch dazu, dass beispielsweise beim fast lichtschnellen Flug durchs Brandenburger Tor dessen Rückseite sichtbar würde, und dass ein Würfel, der mit 95 Prozent der Lichtgeschwindigkeit an einem ruhenden Beobachter vorbeisaust, so gedreht erscheint, dass er ihn teilweise von hinten erblickt.

»Dass fast lichtschnelle Objekte verzerrt aussehen müssen, hätte man bereits seit 1676 folgern können, als Olaf Römer entdeckte, dass Licht sich mit endlicher Geschwindigkeit ausbreitet«, sagt Ruder. »Kurioserweise hat aber niemand darüber nachgedacht.« Nicht einmal Einstein war sich in dieser Hinsicht den Konsequenzen der Speziellen Relativitätstheorie bewusst. Die ersten theoretischen Arbeiten zur »richtigen« Sichtbarkeit der Lorentz-Kontraktion stammen 1924 von Anton Lampa sowie 1959 von Roger Penrose und James Terrell. Aber anschaulich gemacht hat sie vor allem Ruders Team an der Universität Tübingen. Selbst führende Relativitätstheoretiker, die die Simulationen zunächst als unrealistische Spielerei abgetan hatten, ließen sich inzwischen von ihrer Nützlichkeit bekehren. Denn mit Einsteins Formelwerk allein kann man sich noch keine rechte Vorstellung machen.

Was Einstein gern gesehen hätte: Fast lichtschnelle Bewegungen führen zu bizarren Effekten, die erst durch moderne Computersimulationen darstellbar sind – hier am Beispiel einer Spritztour durch Tübingen. Die Fachwerkhäuser auf dem Marktplatz (oben aus der Sicht eines unbewegten Betrachters, darunter beim Blick über die linke Schulter und mit 90 Prozent der Lichtgeschwindigkeit nach rechts flitzend) erscheinen relativistisch gestaucht, verbogen und verzerrt. Man kann förmlich um die Ecke sehen. Bei

der Fahrt durch die Marktgasse (rechts oben im Schritttempo, darunter mit 99 Prozent der Lichtgeschwindigkeit) kommt es zu denselben surrealistischen Effekten der Lorentz-Kontraktion und relativistischen Abberation.

Ruder bringt die verwirrende Weltsicht der Speziellen Relativitätstheorie humorvoll auf den Punkt: »Man versteht die Effekte dadurch zwar auch nicht, aber man sieht sie wenigstens.« Und genau deshalb stellte er sie mit seinem pfiffigen Team seit 1987 immer wieder neu und noch »realistischer« dar – den ständig schneller werdenden Hochleistungscomputern sei Dank. Mit Ute Kraus, Marc Borchers, Daniel Weiskopf, Corvin Zahn und anderen hat er zahlreiche relativistische Veranschaulichungen entworfen. Borchers hat die Ansichten Tübingens mit großem Rechenaufwand gestaltet, wie sie in keinem Tourismusprospekt zu finden sind, obwohl sie das beschauliche Städtchen zweifellos aufpeppen würden.

Besonders skurril erscheinen rotierende Räder. Ihr Mantel wäre bei fast Lichtgeschwindigkeit längenkontrahiert, die Speichen jedoch nicht. »Der Radumfang würde bei 93 Prozent der Lichtgeschwindigkeit nicht den Faktor der Kreiszahl π betragen, also das 3,14-fache, sondern das 8,5-fache des Durchmessers, denn seine innere Geometrie wäre nicht euklidisch«, sagt Ute Kraus. Sie ist inzwischen Professorin an der Universität Hildesheim und mit Corvin Zahn dort mittels neuer Computersimulationen auch fast lichtschnell unterwegs. Aufgrund des Lichtlaufzeit-Effekts würden die Speichen vollständig verbogen erscheinen. Gäbe es ein Material, das den Zentrifugalkräften trotzen würde, müsste man das Rad bei seiner hohen Geschwindigkeit zusammenbauen, sonst würde es aufgrund der Lorentz-Kontraktion zerbrechen. Gamows fiktiver Mr. Tompkins hätte also keine gute Fahrt ...

Noch zwei weitere relativistische Effekte verwirren das vertraute Alltagsempfinden: »Farbe und Helligkeit eines Objekts in schneller Bewegung erscheinen völlig anders als in Ruhe«, sagt Ruder. Und Ute Kraus ergänzt: »Würden wir an der Sonne vorbeirasen, wäre sie im Anflug gleißend hell und bläulich, würde dann die Farbe über weiß und orange nach rot wechseln und schließlich im Rückspiegel tiefrot und nur noch schwach glimmend erscheinen.«

Denn herannahende Lichtwellen werden gleichsam gestaucht (und somit in den energiereicheren, bläulichen Bereich verschoben), fliehende gedehnt (und somit energieärmer und röter). Das ist der optische Doppler-Effekt, benannt nach Christian Doppler, der ihn 1842 für Schall beschrieben hat – man denke an die erst hohe und dann immer tiefer und leiser werdende Sirene eines vorüberrasenden Feuerwehrautos. Mit der Verkürzung der Wellenlängen geht eine Vergrößerung der Intensität einher – zumindest bei thermischen Strahlern wie der Sonne. (Je nach Spektrum können manche Objekte fürs menschliche Auge sogar unsichtbar werden, wenn sich ihre Strahlung in den Ultraviolett-Bereich verschiebt.) Daher also auch das gleißend helle Licht vor den wackeren Radfahrern bei ihrer virtuellen Spritztour durch Tübingen.

Doch nicht alles ist relativistisch verzerrt. Eine Kugel bleibt eine Kugel – aber nur dem Augenschein nach (auch wenn beispielsweise darauf aufgemalte Längen- und Breitengrade stark verbogen wären). »Die Längenkontraktion sorgt dafür, dass eine Kugel bei beliebiger Geschwindigkeit und aus beliebigem Abstand stets mit einem kreisförmigen Umriss gesehen wird«, sagt Ruder. »Dabei kann man philosophisch werden. Denn schnell bewegte Körper, die man in Wirklichkeit – also ohne Computersimulationen – bei relativistischen Geschwindigkeiten betrachten könnte, müssten so groß sein wie Sterne, damit zum Anschauen genügend Zeit bleibt. Doch selbst bei einem noch so rasanten Flug durchs Weltall würden die Sterne ihre kugelförmige Gestalt behalten.«

$E = mc^2$ – die berühmteste Gleichung der Physik

Die Spezielle Relativitätstheorie offenbarte nicht nur einen fundamentalen Zusammenhang von Raum und Zeit, sondern auch von Masse und Energie. Das entdeckte Einstein bereits kurz nach der

Fertigstellung seines in den *Annalen der Physik* veröffentlichten Artikels *Zur Elektrodynamik bewegter Körper*, der die Spezielle Relativitätstheorie begründete. Wenige Monate später, im September 1905, ergänzte er ihn durch einen dreiseitigen Nachtrag, dessen Überschrift er vorsichtig als Frage formulierte: *Ist die Trägheit eines Körpers von seinem Energieinhalt abhängig?* Darin zeigte er, dass ein Objekt, das Energie abstrahlt, auch Masse verliert. »Die Masse eines Körpers ist ein Maß für dessen Energieinhalt«, schrieb er am Ende des Artikels.

Diese »Beziehung zwischen der trägen Masse physikalischer Systeme und deren Energieinhalt« sei das »wichtigste Ergebnis, welches die Relativitätstheorie bisher ergeben hat«, meinte er später. Und diese Entdeckung war eine tiefgreifende, widerlegte – oder relativierte – sie doch die geläufige Vorstellung von einer »Erhaltung der Masse«. Ein physikalischer Masse-Erhaltungssatz (im Gegensatz zur Erhaltung der Energie) ist seitdem also nicht mehr brauchbar. Einstein formulierte dies im Mai 1906 aber positiv: Der »Satz von der Konstanz der Masse« sei »ein Spezialfall des Energieprinzips«. Und in einer Publikation 1907 schrieb er zusammenfassend: »Dies Resultat ist von außerordentlicher theoretischer Wichtigkeit, weil in demselben die träge Masse und die Energie eines physikalischen Systems als gleichartige Dinge auftreten.« Er schlug sogar vor, »jegliche träge Masse als Vorrat an Energie aufzufassen«.

Einstein hatte also nichts weniger als eine bis dahin verborgene Einheit in der Natur entdeckt. (Schon früher hatten andere Physiker Energie und Masse aufeinander bezogen, aber nicht so wie Einstein, und meistens nur im Hinblick auf elektromagnetische Felder.) Und er quantifizierte sie in einer sehr einfachen Gleichung: $E = mc^2$ (diese Schreibweise verwendete er allerdings erst später). Es ist die wohl berühmteste oder zumindest bekannteste in der Physik überhaupt. Sie hat sich sogar in der Popkultur niedergeschlagen; so heißen mehrere Songs, die zwischen 1980 und 2008 entstanden sind, *E = mc²*.

$E = mc^2$ bedeutet, dass die Energie E und Masse m gleichsam als zwei Seiten derselben Medaille erscheinen, weil sie über das Quadrat der Lichtgeschwindigkeit c äquivalent sind. Masse ist also einfach eine bestimmte Form von Energie, so die erstaunliche Konsequenz der Relativitätstheorie. Die Masse m kennzeichnet dabei allerdings nur die Ruhemasse eines Körpers. Bewegt er sich mit dem Impuls p, lautet die Gleichung: $E^2 = (mc^2)^2 + (pc)^2$.

Einstein kam zu diesem Ergebnis 1905 nicht durch experimentelle Daten, sondern über eine theoretische Ableitung. (1934 und 1946 fand er übrigens noch zwei weitere, nicht äquivalente Ableitungen von $E = mc^2$.) Er hoffte dabei, dass sich die Gültigkeit der Formel bei Messungen radioaktiver Zerfälle testen ließ. »Es ist nicht ausgeschlossen, dass bei Körpern, deren Energieinhalt in hohem Maße veränderlich ist (zum Beispiel bei den Radiumsalzen), eine Prüfung der Theorie gelingen wird«, schrieb er am Ende seines ersten Artikels. Und später präzisierte er: »Die einzige in absehbarer Zeit vielleicht realisierbare direkte Prüfung des Satzes von der Trägheit der Energie könnte die Radioaktivität liefern. So müsste der Massenverlust, der beim vollständigen Zerfall von einem Grammmolekül Radium (225 Gramm) nach der Relativitätstheorie eintreten müsste etwa 0,025 Gramm betragen.«

Gebundene und entfesselte Energien

Aufgrund des großen konstanten Umrechnungsfaktors c^2 von etwa $9 \cdot 10^{16}$ Meterquadrat pro Sekundenquadrat gehen typische Energieumsätze des Alltags nur mit winzigen, praktisch nicht messbaren Veränderungen der Masse einher. Beispielsweise erhöht die elektrische Energie einer durchschnittlichen Autobatterie

Leuchtendes Vorbild: Zum Weltjahr der Physik 2005 und zum hundertjährigen Jubiläum der Speziellen Relativitätstheorie wurden die Lichter von Taipei 101 so geschaltet, dass $E = mc^2$ die Nacht erhellte. Das Taipei Financial Center in der chinesischen Millionenstadt Taipeh war mit 508 Metern Höhe und 101 Stockwerken bis 2007 der höchste Wolkenkratzer der Welt.

deren Masse um lediglich 30 Milliardstel Gramm. Oder: Erwärmt sich ein Kilogramm Gold um 10 Grad Celsius, dann vermehrt sich seine Masse um $1{,}4 \cdot 10^{-14}$ Kilogramm (das ist also kein praktikables Rezept für Goldbesitzer und progressive Finanzinvestoren, um noch reicher zu werden ...). Oder: Führt man einem Objekt 25 Kilowattstunden (90 Megajoule) irgendeiner Art von Energie zu, wächst seine Masse um ein Millionstel Gramm, obwohl keine Materie addiert wurde.

Allerdings enthalten ruhende Körper eine gigantische Menge an Energie. Ein Gramm Masse entspricht 89,9 Terajoule oder 25 Millionen Kilowattstunden oder, umgerechnet auf chemisch freisetzbare Energie, 2,15 Millionen Liter Benzin oder 21,5 Kilotonnen des chemischen Sprengstoffs Trinitrotoluol (TNT). Die träge Masse eines ein Kilogramm schweren Backsteins etwa könnte eine 100-Watt-Glühbirne theoretisch 30 Millionen Jahre lang mit Strom versorgen. Doch lässt sich diese Energie in der Praxis niemals extrahieren. Die Ruheenergie eines Körpers übersteigt seine kinetische Energie sogar um ein Vielfaches. Letztere beträgt beispielsweise selbst bei einem Satelliten in der Erdumlaufbahn weniger als ein Milliardstel seiner Ruheenergie.

Eine erste, noch ungenaue Bestätigung von $E = mc^2$ gelang John Cockcroft und Ernest Walton am Cavendish Laboratory in Cambridge. Sie schossen 1932 mit dem ersten Teilchenbeschleuniger weltweit Protonen auf Lithium-7-Atome und erzeugten dabei je zwei Alpha-Teilchen (Helium-4-Kerne). Die Bilanz ging nur auf, wenn neben den Ausgangs- und Endprodukt-Massen auch die freigesetzte kinetische Energie (17 Megaelektronenvolt) mit eingerechnet wurde. Kurz darauf beobachteten Irène und Frédéric Joliot-Curie in Paris, dass aus energiereicher Strahlung Teilchen entstehen konnten, was Enrico Fermi 1934 vorausgesagt hatte. Einstein hatte also Recht: Energie und Masse können sich ineinander umwandeln beziehungsweise sind gar nicht wesensverschieden.

Die bislang genaueste Verifikation veröffentlichte ein Forscherteam um Simon Rainville vom Massachusetts Institute of Technology im amerikanischen Cambridge im Einstein-Jahr 2005 – dem 100. Jubiläum seines Annus mirabilis und somit auch dem 100. Geburtstag seiner berühmten Formel. Die Physiker schossen Neutronen auf bestimmte Silizium- und Schwefel-Isotope. Dabei kam es zu einem Neutroneneinfang der Silizium-28- und Schwefel-32-Atome, sodass sich diese in Silizium-29 und Schwefel-33 umwandelten und Gammastrahlung emittierten, deren Energie präzise gemessen wurde. Rainville und seine Kollegen bestätigten $E = mc^2$ dabei mit einer Unsicherheit von nur plus/minus 0,00004 Prozent.

Die Experimente demonstrieren, dass die Bindungsenergie, die Protonen und Neutronen im Atomkern zusammenhält, zur übrigen Kernmasse beiträgt. Aufgrund der Bindungsenergie ist die Masse von Atomkernen um knapp ein Prozent kleiner als die Summe der Massen ihrer ungebundenen Kernbausteine. Dieser sogenannte »Massendefekt« ist auch die Grundlage für die Energieerzeugung durch Kernfusion (bei Elementen leichter als Eisen) beziehungsweise Kernspaltung (bei schwereren Elementen). Bei der Kernspaltung kann etwa 0,1 Prozent der Masse in nutzbare Energie verwandelt werden, wie Kernkraftwerke täglich demonstrieren, bei der Kernfusion von Wasserstoff zu Helium sogar etwa 0,8 Prozent der Masse. Das erscheint wenig, ist aber viel im Vergleich zur chemischen Bindungsenergie – nicht zwischen den Protonen und Neutronen, sondern zwischen den Elektronen und Atomkernen. So besitzt ein Wasserstoff-Atom, bestehend aus einem Proton und einem Elektron, rund 1/70.000.000 weniger Masse als die Summe seiner Bestandteile.

Auch das Zerstrahlen von Materie und Antimaterie – und umgekehrt deren Entstehung aus Energie – wird von $E = mc^2$ beschrieben. Das ist die effizienteste Energieerzeugung überhaupt: Die Annihilation von 500 Kilogramm Materie und Antimaterie würde den jährlichen weltweiten Strombedarf decken. So verwandelt die Annihilation eines Elektrons mit einem Positron (Antielektron) ihre gemeinsame Masse von etwa $2 \cdot 10^{-27}$ Gramm vollständig in Energie: in zwei Gammaquanten (Photonen) mit jeweils 511 Kiloelektronenvolt.

Dass $E = mc^2$ eine sehr reale Bedeutung hat, wurde spätestens 1945 mit der Zündung der ersten Atombomben offenkundig, deren Entwicklung Einstein im Zweiten Weltkrieg erst mit forciert hatte (durch einen Brief an Präsident Franklin D. Roosevelt 1939), und die er später vehement verurteilte und bekämpfte. Obwohl man für den Bau der Bomben Einsteins Formel nicht direkt benötigte, bestätigten sie die Spezielle Relativitätstheorie auf eine besonders destruktive Weise. Bei den Abwürfen über den japanischen Städten Hiroshima und Nagasaki kamen jeweils über 100.000 Menschen ums Leben. Dabei wurden letztlich nur etwa ein Gramm Uran beziehungsweise Plutonium umgesetzt und in thermische und kinetische Explosionsenergie umgewandelt. (Die Nagasaki-Bombe enthielt 6,15 Kilogramm Plutonium und entfesselte das Äquivalent von 21 Kilotonnen TNT – so auch die erste

Physik geleckt: Anlässlich seines 100. Geburtstags würdigte die sowjetische Post Albert Einstein und seine berühmte Formel 1979 mit einer Briefmarke.

gezündete Atombombe überhaupt beim »Trinity-Test« am 16. Juli 1945 in New Mexico, 150 Kilometer südlich von Albuquerque.)

Auch der umgekehrte Vorgang, die Verschmelzung leichter Atomkerne, ist eine enorme Energiequelle. Destruktiv wurde diese Energie in Form der Wasserstoff-Bombe erstmals 1952 entfesselt, konstruktiv ist es in Form von Kernfusionsreaktoren zur Stromerzeugung noch immer Zukunftsmusik. Die Natur ist da weiter: Unsere Sonne scheint aufgrund der Verschmelzung von Wasserstoff zu Helium seit 4,6 Milliarden Jahren. 10^{38} Kernfusionsprozesse laufen in ihrem 15,7 Millionen Grad heißen Zentrum in jeder Sekunde ab. Dabei werden über 500 Millionen Tonnen Wasserstoff umgesetzt – und etwa 4 Millionen Tonnen davon verwandeln sich in Energie. Das sind 0,7 Prozent der beteiligten Gesamtmasse. Diese Umwandlung würde den gegenwärtigen Energiebedarf der

Menschheit eine Million Jahre lang decken. Innerhalb von 45 Millionen Jahren wird die Sonne aufgrund der Kernfusion und $E = mc^2$ um die Masse der Erde »erleichtert«. (Trotzdem verliert die Sonne selbst in mehreren Jahrmilliarden weniger als ein Promille ihrer Masse – dass sie in etwa 7,6 Milliarden Jahren »ausgebrannt« sein wird, liegt also nicht daran, sondern am begrenzten Fusionsmaterial von Wasserstoff und Helium.) Von dieser verschwenderischen Zerstrahlung – die Sonnenleuchtkraft beträgt $3{,}8 \cdot 10^{26}$ Watt – kommen auf der Erde pro Sekunde und Quadratmeter durchschnittlich zwar nur 1367 Joule Energie an. Das genügt jedoch, um fast alle Lebensvorgänge anzutreiben. Insofern ist sogar die menschliche Existenz ohne die Relativitätstheorie letztlich nicht zu verstehen.

Relativistische Masse und die »Lichtmauer«

Neben Raum und Zeit lässt die Spezielle Relativitätstheorie auch die (träge) Masse nicht unangetastet. Je schneller sich ein Objekt bewegt, desto mehr Energie braucht seine Beschleunigung. Wenn Energie und Masse äquivalent sind, muss bei der Geschwindigkeitszunahme auch die Masse des Objekts zunehmen. Von der Ruhemasse m eines Objekts in einem gegebenen Bezugssystem lässt sich daher die relativistische Masse m_r unterscheiden, die mit der Geschwindigkeit wächst. Sie errechnet sich mithilfe des Gamma-Faktors: $m_r = \gamma m$.

Der (etwas verwirrende) Begriff der relativistischen Masse, den Einstein und andere nicht mochten, wurde 1909 von Gilbert Newton Lewis und Richard C. Tolman geprägt, nachdem Max Planck bereits 1907 den relativistischen Impuls eingeführt hatte. Planck korrigierte in diesem ersten Artikel zur Relativitätstheorie überhaupt, der nicht von Einstein stammte, einen kleinen Fehler in einer Publikation Einsteins und definierte die Beziehung zwischen dem Impuls p und der Geschwindigkeit als $p = \gamma mv$.

Es war sogar Planck, der erstmals $E = mc^2$ schrieb – wie umgekehrt Einstein erstmals Plancks berühmte Beziehung zwischen Energie und Frequenz als $E = h\nu$ formulierte. Das geschah »ganz merkwürdig« und »ohne Kritik am anderen«, wie der Berlin-Potsdamer Physiker Hans-Jürgen Treder 2005 in einem Vortrag ausführte. »Man kann sagen, bei Planck steht niemals eine Gleichung für $E = h\nu$. Es steht $\Delta E = h\Delta\nu$. Und in den ersten Arbeiten von Einstein über die Masse der Energie steht nicht etwa $E = mc^2$, sondern $\Delta mc^2 = \Delta E$: Also immer nur die Änderungen sind zueinander proportional, nicht die Größen selbst. Diese Frage ist für die Spezielle Relativitätstheorie ohne jede Bedeutung, und von dem anderen jeweils richtig gestellt worden, ohne einen Anspruch zu erheben oder ohne Einspruch einzulegen. Zum ersten Mal steht tatsächlich $mc^2 = E$ in Plancks Arbeit *Zur Dynamik bewegter Systeme* (1908). Und bei Einstein steht in der Arbeit *Zum gegenwärtigen Stand des Strahlungsproblems* aus dem Jahr 1909 zum ersten Mal die Aussage, dass $E = h\nu$ ist.«

Genau genommen ist $E = mc^2$ mehrdeutig: Der Zusammenhang besteht sowohl zwischen Ruheenergie E_0 und Ruhemasse m_0 als auch zwischen Gesamtenergie E und Gesamtmasse, die dann die relativistische Masse m_r ist, sowie zwischen Energie- und Masseänderungen (Einsteins ursprüngliche Herleitung). Daher gilt: $E_0 = m_0c^2$, $E = \gamma m_0c^2 = m_rc^2$ und $\Delta E = \Delta mc^2$. Immer ist die träge Masse gemeint, nicht die schwere (die laut Einstein allerdings äquivalent zur trägen Masse ist).

Die relativistische Massenzunahme ist kein bloßes Gedankenspiel. Sie hat Auswirkungen. Sie gehört sogar längst zum Alltagsgeschäft der Teilchenphysiker. Wenn im Large Hadron Collider, dem riesigen Teilchenbeschleuniger des CERN, beispielsweise Protonen auf 99,999999 Prozent der Lichtgeschwindigkeit beschleunigt werden, dann sind sie 7000-mal schwerer als in Ruhe. Am Deutschen Elektronen Synchrotron (DESY) in Hamburg wurden Elektronen sogar auf so hohe Geschwindigkeiten gebracht, dass ihre Masse um das 55.000-fache zunahm. Auch bei alten Röhrenfernsehern spielte die relativistische Masse eine Rolle: In den Kathodenstrahlröhren wurden Elektronen in einem Spannungsfeld von 20.000 Volt auf rund ein Drittel der Lichtgeschwindigkeit beschleunigt. Dabei wuchs ihre Masse um sechs Prozent. Hätte man diesen Effekt der Speziellen Relativitätstheorie bei der Konstruktion der Röhren nicht berücksichtigt, dann wären die Elektronen beim Aufprall auf den Leuchtschirm, wo sie die einzelnen Punkte des Fernsehbilds erzeugen, von ihrem Zielort um bis zu einen Millimeter abgewichen, und die Bilder wären unscharf geworden.

Die relativistische Massenzunahme macht auch verständlich, dass ein Objekt in Bewegung Energie hat. Die Masse eines Flugzeugs, das mit knapp 1000 Kilometer pro Stunde fliegt, ist beispielsweise um 0,0000000001 Prozent größer als im Stand am Gate. Und die Massenzunahme erklärt, warum ein Körper nie auf Lichtgeschwindigkeit beschleunigt werden kann: Dies würde unendlich viel Energie benötigen und ihn unendlich schwer machen. So erreichen beispielsweise Elektronen, die man mit 20,5 Gigaelektronenvolt beschleunigt, nicht die 283-fache Lichtgeschwindigkeit, wie es die Klassische Mechanik vorhersagt, sondern sie sind 0,15 Meter pro Sekunde langsamer als das Licht. In Experimenten wurde diese Massenzunahme mit einer Abweichung von weniger als 1 zu 10.000 von den vorausgesagten Werten bestätigt.

Eine Herausforderung für die Naturphilosophie

Trotz des theoretischen wie praktischen Erfolgs von Einsteins $E = mc^2$-Erkenntnis, die eine große Bedeutung für ein naturwissen-

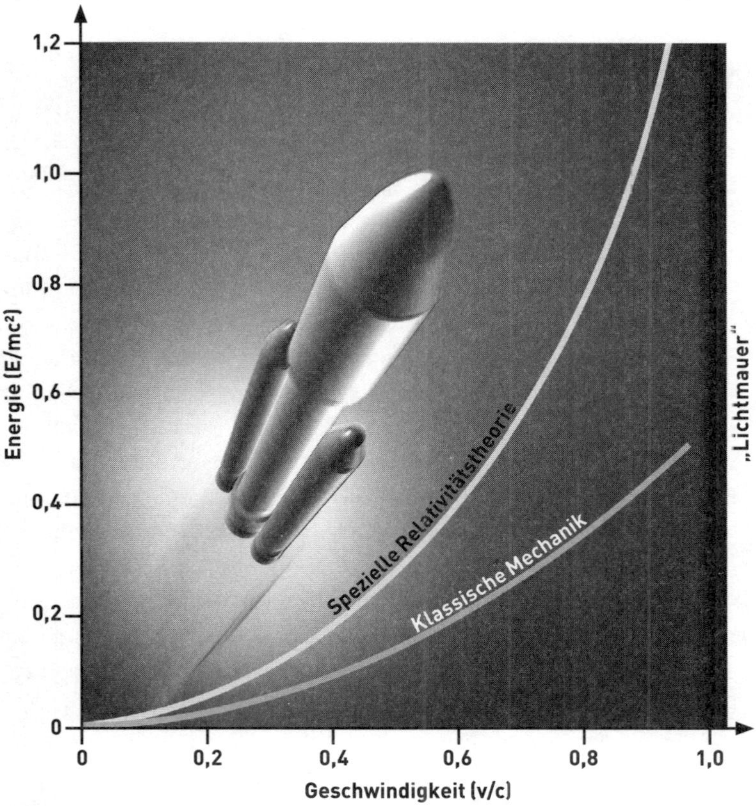

Unerreichbare Lichtgeschwindigkeit: Die Bewegungsenergie E eines Körpers mit der Masse m hängt von seiner Geschwindigkeit v ab. Gemäß der Speziellen Relativitätstheorie werden E und m unendlich, wenn sich der Körper der Lichtgeschwindigkeit c annähert, sodass er die »Lichtmauer« niemals erreichen oder gar überwinden kann. Normale Materie lässt sich daher nicht auf Überlichtgeschwindigkeit beschleunigen. Im Alltagsleben, für das näherungsweise die Klassische Mechanik gilt, ist der »relativistische Massezuwachs« bewegter Objekte allerdings völlig vernachlässigbar. Wer mit 200 Kilometer pro Stunde über die Autobahn rast, gewinnt nur 10^{-12} Prozent an Masse dazu; und selbst beim zweifachen Überschallflug sind es lediglich 10^{-10} Prozent. (Übrigens »verbietet« die Spezielle Relativitätstheorie nicht generell Überlichtgeschwindigkeiten: Hypothetische Teilchen mit imaginärer Ruhemasse, die Tachyonen, hätten *immer* v > c.)

Exkurs

Warum lichtschnelle Flüge durchs All unmöglich sind

Der Gamma-Faktor $\gamma = 1/(\sqrt{1 - v^2/c^2})$ betrifft nicht nur Raum und Zeit, sondern auch Masse und Energie. Das ist die schlechte Nachricht für Science-Fiction-Fans, die gerne Raumschiffe durch die Galaxis sausen lassen würden. Denn der Energieaufwand für eine Beschleunigung steigt nicht linear an, sondern exponentiell. Körper mit einer Ruhemasse können niemals auf Lichtgeschwindigkeit gebracht werden, weil dafür unendlich viel Energie nötig wäre. Das hängt mit der relativistischen Massenzunahme zusammen, die ebenfalls aus der Speziellen Relativitätstheorie folgt: Von der Ruhemasse m eines Objekts ist seine relativistische Masse $m_r = \gamma m$ zu unterscheiden. Die Masse eines Objekts wächst also mit seiner Geschwindigkeit v um den Faktor γ. Ein Astronaut, der zu Hause im Bett 80 Kilogramm wiegt, hätte folglich eine Masse von mehr als einer halben Tonne, wenn er mit 99 Prozent der Lichtgeschwindigkeit durchs All raste. Trotzdem würde er sich nicht schwerer fühlen, denn es ist nicht seine schwere Masse, die zunimmt, sondern seine träge Masse, die sich der Beschleunigung entgegensetzt. (Warum man sich morgens im Bett ruhend, wenn der Wecker klingelt, trotzdem relativ schwer sowie träge fühlt, kann die Relativitätstheorie aber nicht erklären.)

Der Gamma-Faktor erschwert fast lichtschnelle Flüge durch die Milchstraße enorm. Um beispielsweise eine zehnfache Zeitdehnung relativ zur Erde zu erreichen, entsprechend über 99 Prozent der Lichtgeschwindigkeit, müsste man zusätzlich zu einer Nutzlastmasse von etwa 1,25 Tonnen, mit der man zurückkehren will, noch über 243.000 Tonnen Treibstoff als Startmasse mitführen – und das gilt nur für eine hypothetische Photonenrakete, die allen Treibstoff in Licht umwandelt und somit die maximal mögliche Ausströmgeschwindigkeit für den Schub hat. Das ist utopisch, wenn auch nicht prinzipiell unmöglich (man müsste als Energiequelle beispielsweise Elektronen und ihre Antimaterie-Partner, die Positronen, zur wechselseitigen vollständigen Zerstrahlung einsetzen). Zum Vergleich: Die Saturn-V-Raketen, mit denen Menschen in den 1960er- und 1970er-Jahren zum Mond starteten, hatten eine Masse von rund 2700 Tonnen.

schaftliches Weltbild hat, bleiben einige grundsätzliche Fragen offen: Sind Masse und Energie dieselbe Eigenschaft, und was heißt dann »äquivalent«? Kann sich Masse in Energie umwandeln und umgekehrt, und worin besteht dann diese »Umwandlung«? Hat $E = mc^2$ ontologische Konsequenzen, also Auswirkungen auf das Verständnis von dem, was in der Welt ist, und wenn ja: welche?

Die Antworten auf diese über die Physik hinausgehenden naturphilosophischen Fragen sind umstritten. Das liegt unter anderem daran, dass trotz des exzellent etablierten Standardmodells der Elementarteilchen niemand so genau weiß, was Materie eigentlich ist.

Viele Physiker und Philosophen meinen, dass Masse und Energie verschiedene Eigenschaften sind. Historisch gesehen hängt das mit dem »Dualismus« von Teilchen und Feldern zusammen. Wird Materie aufgefasst als aus Teilchen zusammengesetzt, dann besitzt sie nicht nur Energie, sondern auch Masse. Kontinuierliche Felder dagegen haben keine Masse. (In den mit der Speziellen Relativitätstheorie verknüpften Quantenfeldtheorien ist das jedoch problematisch, insofern hier alles aus Feldern besteht und diese Felder quantisiert sind, es also »portionierte Energiepakete« gibt, die eine Masse haben können – zum Beispiel Elektronen als Quanten des Elektronenfelds.)

Die Physiker Hermann Bondi und Charles Bernard Spurgin haben dafür argumentiert, dass Masse und Energie verschieden sind und sich nicht ineinander umwandeln. Trifft beispielsweise ein Proton auf ein Lithium-7-Atom, entstehen zwei Alpha-Teilchen, die leichter sind als das Proton und das Lithium-7-Atom. Dabei wurde aber nicht Masse in Energie transformiert, sondern nur eine Art von Energie in eine andere, etwa potenzielle in kinetische Energie. Die überschüssige Energie taucht also nicht aus dem »Nichts« auf, sondern sie war bereits als potenzielle und kinetische Energie der Kernbausteine vorhanden und ging auf die kinetische Energie der Alpha-Teilchen über. Diese Interpretation ist Konsens. Daraus folgt aber nicht, dass sich Masse *nie* in Energie umwandeln kann. Problematischer ist die Annihilation von Materie und Antimaterie in Strahlung. Vernichten sich beispielsweise ein Elektron und ein Proton, bleibt kein Teilchen mit Ruhemasse übrig. Man kann sogar sagen, dass aus Materie (Fermionen) reine Strahlungsenergie (Gammaquanten, Bosonen) wird. Wenn das keine Umwandlung sein soll – was dann? »Bondi und Spurgin geben keine Erklärung, warum sich die Energie der Konstituenten eines physikalischen Systems als Teil der trägen Masse des Gesamtsystems manifestiert«, kritisiert der Philosoph Francisco Fernflores von der California Polytechnic State University. Ihm zufolge müssen Bondi und Spurgin letztlich annehmen, dass Materie unendlich teilbar ist, also beispielsweise Elektronen keine strukturlosen Partikel sind – eine Vorstellung, die ganz klar außerhalb des Fokus der Relativitätstheorie liegt, aber auch jenseits des bewährten Standardmodells der Elementarteilchen.

Pragmatischer ist daher die Einstellung von Physikern wie Wolfgang Rindler (in seinem Buch *Essential Relativity* von 1977): Masse und Energie sind verschieden und können sich ineinander umwandeln. Die Spezielle Relativitätstheorie sagt ja nichts über den Aufbau der Materie aus. Sie »verbietet« also weder, dass es Teilchen gibt, die sich in reine Energie (ohne Ruhemasse) transformieren, noch, dass – freilich bislang unbekannte – Teilchen existieren könnten, deren Ruhemasse sich niemals in eine andere Energieform umwandelt.

Andere Physiker und Philosophen haben allerdings argumentiert, dass Masse und Energie *dieselbe* Eigenschaft sind und es somit auch nicht zu einer echten Umwandlung zwischen ihnen kommen kann (das wäre ein Selbstwiderspruch). So schrieb Arthur Stanley Eddington 1929: »Es erscheint sehr wahrscheinlich, dass Masse und Energie zwei Weisen sind, essenziell dieselbe Sache zu messen – in der gleichen Bedeutung, wie die Parallaxe und die Distanz eines Sterns zwei Weisen sind, mit denen man dieselbe Eigenschaft seiner Lokalisierung ausdrückt.« Auch Albert Einstein und sein Mitarbeiter Leopold Infeld schrieben in ihrem Buch *Die Evolution der Physik* (1938), dass Masse und Energie dieselben Eigenschaften eines physikalischen System seien – wahrscheinlich, weil Einstein mit der Vorstellung sympathisierte, dass es strenggenommen gar keine eigenständigen Teilchen gibt, sondern nur Felder. In den modernen Quantenfeldtheorien, deren Entwicklung Einstein skeptisch betrachtet hat, herrscht eine ähnliche Auffassung: »Teilchen« sind lediglich Energieverdichtungen oder -konzentrationen in Materiefeldern. Doch auch diese Auffassung ist nicht unumstritten.

Über eine einst verbreitete Vorstellung herrscht jedoch Konsens: $E = mc^2$ besagt *nicht*, dass Materie und Energie dasselbe – oder äquivalent – sind. Das ist ein Missverständnis beziehungsweise Kategorienfehler. Masse und Energie sind beides Eigenschaften physikalischer Objekte, Sachverhalte oder Systeme. Die Träger dieser Eigenschaften mögen umstritten sein – etwa »Materie«, »Felder« oder »Elementarteilchen« –, aber sie sind nicht selbst Eigenschaften. Nicht Materie und Energie sind also zwei Aspekte einer Sache, sondern Masse und Energie – was auch immer die »Sache« ist.

Von der Vorlesung mit drei Zuhörern zum Nobelpreis

Bis sich Einsteins Wunderjahr beruflich auswirkte, verstrichen noch einige Jahre. Zunächst gab es nur wenige Reaktionen in der akademischen Welt, obwohl Einstein weiterhin wissenschaftliche Artikel publizierte. Es herrschte anfangs sogar »eisiges Schweigen«, wie Einsteins jüngere Schwester Maja in einer biographischen Skizze vermerkte, die »Fachkreise verhielten sich abwartend«. Erst mit Max Plancks Interesse änderte sich das. Allmählich fanden Einsteins Arbeiten immer mehr Anerkennung. Ab 1906 erhielt er auch Besuche, etwa von den Physikern Max von Laue und Jakob Laub, seinem späteren ersten Mitarbeiter. Und es kamen zuweilen Briefe an »Professor Einstein an der Universität Bern«, wie Maja Einstein amüsiert berichtete. (Sie hatte übrigens Romanistik studiert, wurde 1908 in Bern promoviert und arbeitete als Lehrerin, bis sie 1910 heiratete und deswegen ihre Anstellung verlor; das Gesetz zum »Lehrerinnenzölibat« herrschte in der Schweiz bis in die 1960er-Jahre, in Deutschland bis in die 1950er-Jahre.) Außerdem wurde Einstein im Januar 1906 an der Universität Zürich mit einer nur 17 Seiten umfassenden Doktorarbeit promoviert und am Patentamt zum Experten II. Klasse befördert, sodass er 1000 Schweizer Franken mehr verdiente.

Ab 1907 versuchte Einstein bereits, die Spezielle Relativitätstheorie zu erweitern, um auch die Beschreibung der Schwerkraft zu integrieren. Diese theoretische Tortur sollte allerdings erst 1915 zum Abschluss kommen. Das Jahr 1908 brachte Einstein endlich die ersehnte berufliche Veränderung. »Ich muss Ihnen offen sagen, dass ich mit Staunen gelesen habe, dass Sie acht Stunden am Tage in einem Büro sitzen müssen. Es gibt oft einen Treppenwitz in der Geschichte«, schrieb Jakob Laub noch Anfang des Jahres an Einstein. Am 24. Februar reichte Einstein seine – heute verschollene – Habilitation an der Universität Bern ein (über »Konsequenzen für die Zusammensetzung der Strahlung, die aus dem Verteilungsgesetz der Energie bei Schwarzen Körpern folgen«) und hielt vier Tage später die Probevorlesung. Er wurde zum Privatdozenten ernannt, was ihm im Vorjahr wegen fehlender Habilitation noch verweigert worden war, und hielt seine erste Vorlesung über die »Molekulare Theorie der Wärme«. Es hatten sich nur drei Hörer eingeschrieben – sämtlich Freunde Einsteins vom Patentamt. Aufgrund seiner Tagesfron konnte er nur am frühen Morgen unterrichten, zunächst Samstag und Mittwoch von 7 bis 8 Uhr, später mittwochs von 6 bis 7 Uhr. Im Juli 1909 kündigte er zum 15. Oktober beim Patentamt – sein Vorgesetzter soll getobt haben.

Dann ging es Schlag auf Schlag: Im Juli 1909 verlieh ihm die Universität Genf die Ehrendoktorwürde – die erste Auszeichnung von vielen, die Einstein bekommen hat (darunter mehr als ein Dutzend weiterer Ehrendoktorate). Im Oktober 1909 begann er seine Tätigkeit als Außerordentlicher Professor für Theoretische Physik auf einem eigens für ihn eingerichteten Lehrstuhl an der Universität Zürich (4500 Franken Anfangsjahresgehalt). 1911 erhielt er ein Ordinariat an der Universität Prag, das er im April antrat. Im August 1912 kehrte er nach Zürich zurück, wo er nun als Ordentlicher Professor an der Eidgenössischen Technischen Hochschule lehrte und forschte. Und 1913 wurde er zum Ordentlichen Mitglied der Preußischen Akademie der Wissenschaften in Berlin nominiert und erhielt eine eigens für ihn geschaffene Stelle – ohne Lehrverpflichtungen; am 2. Juli 1914 hielt er seine Antrittsrede. Seitdem war er beruflich weitgehend ein freier Mensch. »Ich bin gottlob abseits und brauche mich nicht mehr am Wettrennen der Geister zu beteiligen«, schrieb er 1917 »zu dem Wettbewerb um akademische Stellungen« an den befreundeten Physiker Paul Ehrenfest. »Eine Beteiligung daran ist mir immer als schlimme Sklaverei erschienen, nicht weniger als die Sucht nach Geld oder Macht.«

Den gesellschaftlichen Zenit erreichte Einstein wohl am 10. Dezember 1922, als er in Stockholm den Physik-Nobelpreis für das Jahr 1921 erhielt. Jedoch nicht für die Spezielle oder gar Allgemeine Relativitätstheorie, die dem Nobelpreis-Kommitte wohl als nicht ausreichend etabliert erschienen waren – obwohl Wilhelm Wien, der *Annalen*-Herausgeber und Physik-Nobelpreisträger von

1911, bereits im Frühjahr 1912 vorschlug, »den Preis in gleichen Teilen« an Lorentz und Einstein zu verleihen –, sondern »für seine Verdienste um die Theoretische Physik und besonders für seine Entdeckung des Gesetzes des photoelektrischen Effekts«. (Diesen hatte Max Planck noch 1913 als Ausrutscher entschuldigt, als er ihn für die Preußischen Akademie der Wissenschaften empfahl.) Die Preis-werte Nachricht erreichte Einstein am 9. November 1922 per Funk auf einem Schiff, als er zu einer Vortragsreise nach Japan unterwegs war. Einstein hielt sie nicht einmal für einen Vermerk in seinem Reisetagebuch wert.

Die vierdimensionale Raumzeit

Ein wichtiges Handwerkszeug für die Spezielle Relativitätstheorie und deren spätere Verallgemeinerung lieferte der Mathematiker Hermann Minkowski. Bei ihm hatte Einstein am Züricher Polytechnikum kurioserweise Mathematikvorlesungen gehört – oder hören sollen, doch häufig geschwänzt. Minkowski, der 1902 an die Universität Göttingen berufen wurde, sagte dort einmal zu seinem Assistenten Max Born: »Das hätte ich dem Einstein eigentlich nicht zugetraut.«

Am 21. September 1908 eröffnete der eher spröde wirkende Mathematiker seinen Vortrag vor der Versammlung Deutscher Naturforscher und Ärzte in Köln mit den pathetischen und oft zitierten Worten: »Die Anschauungen über Raum und Zeit, die ich Ihnen entwickeln möchte, sind auf experimentell-physikalischem Boden erwachsen. Darin liegt ihre Stärke. Ihre Tendenz ist eine radikale. Von Stund' an sollen Raum für sich und Zeit für sich völlig zu Schatten herabsinken, und nur noch eine Art Union der beiden soll Selbständigkeit bewahren.« Diese »Union« nannte er »Raumzeit«. Minkowski prägte auch die wichtigen Begriffe »Weltlinie«, »Eigenzeit«, »raum- und zeitartige« Vektoren, »Lichtkegel« und »Lorentz-Invarianz«. »Die ganze Welt erscheint aufgelöst in solche Weltlinien, und ich möchte sogleich vorwegnehmen, dass meiner Meinung nach die physikalischen Gesetze ihren vollkommenen Ausdruck als Wechselbeziehungen unter diesen Weltlinien finden dürften«, sagte Minkowski. Außerdem ersann er die nach ihm benannten »Minkowski-Diagramme«; als anschauliche geometrische Darstellung der Raumzeit werden sie bis heute häufig verwendet.

Minkowski zufolge hat also die Spezielle Relativitätstheorie Raum und Zeit als absolute und eigenständige Kategorien aufgehoben und sie gleichsam zur Raumzeit verschmolzen. Die Zeit wurde damit als »vierte Dimension« mit den drei Raum-Dimensionen vereinigt.

Trotzdem ist die Zeit den räumlichen Dimensionen nicht gleichzusetzen (das zeigt sich schon formal in ihrem umgekehrten Vorzeichen in den Gleichungen). Zwar gibt es Versuche in der modernen Kosmologie, etwa bei Stephen Hawking, die Zeit zu »verräumlichen«. Doch das führt über die Spezielle und Allgemeine Relativitätstheorie hinaus und ist nicht zwingend.

Als vierte Dimension hatte die Zeit übrigens schon 1754 der französische Enzyklopädist Jean d'Alembert aufgefasst. 1885 tat dies auch ein anonymer Leserbriefschreiber im Wissenschaftsjournal *nature*. Ein Jahr zuvor spekulierte der Mathematiker Charles Howard Hinton über eine vierdimensionale Raumzeit, in der gewöhnliche Partikel quasi als Fäden vorkommen – eine beinahe prophetische Vorwegnahme des von Minkowski geprägten Begriffs der Weltlinie. (Schon 1880 publizierte er einen Artikel *What is the Fourth Dimension?* im Magazin der Dublin University.) George Herbert Wells hatte die Zeit in seinem 1895 veröffentlichten berühmten Roman *Die Zeitmaschine* ebenfalls als vierte Dimension beschrieben. Dies alles besaß aber nicht die

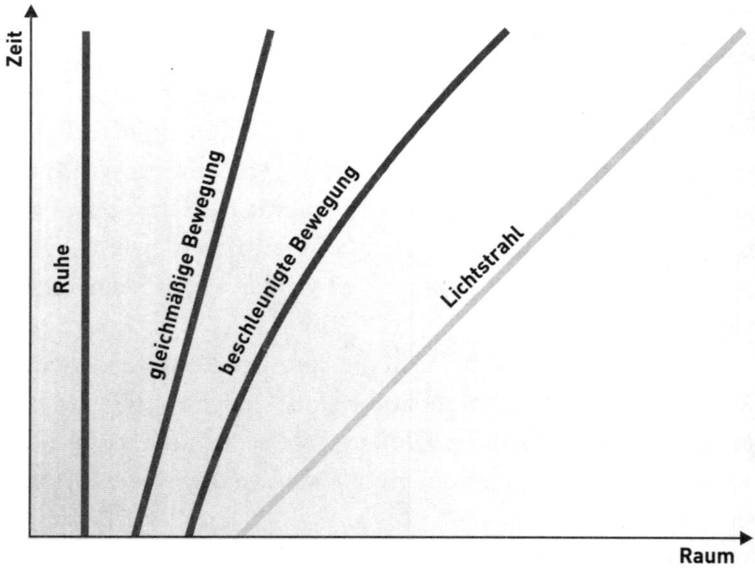

Minkowski-Diagramm: Die Relativitätstheorie beschreibt die drei Dimensionen des Raums und die Zeit als vierdimensionale Raumzeit. Objekte und Ereignisse (»Weltpunkte«) und ihre Entwicklung werden in den 1909 von Hermann Minkowski eingeführten Diagrammen als »Weltlinien« eingezeichnet. Lichtstrahlen haben dabei definitionsgemäß einen Neigungswinkel von 45 Grad.

mathematisch-physikalische Bedeutung von Hermann Minkowskis Interpretation der Speziellen Relativitätstheorie. Auch nicht der Vorschlag des französischen Mathematikers, Physikers und Philosophen Henri Poincaré, der 1905/6 die Idee einer vierten Raumkoordinate ict hatte (er koppelte die Zeit t mit der Lichtgeschwindigkeit c und der imaginären Zahl i, für die gilt: $i^2 = -1$) und mit der Lorentz-Transformation verknüpfte. Poincaré nahm auch einige Annahmen und Konsequenzen der Speziellen Relativitätstheorie vorweg, etwa ein Relativitätsprinzip, die Haltlosigkeit der Konzepte einer absoluten Zeit und Gleichzeitigkeit, die

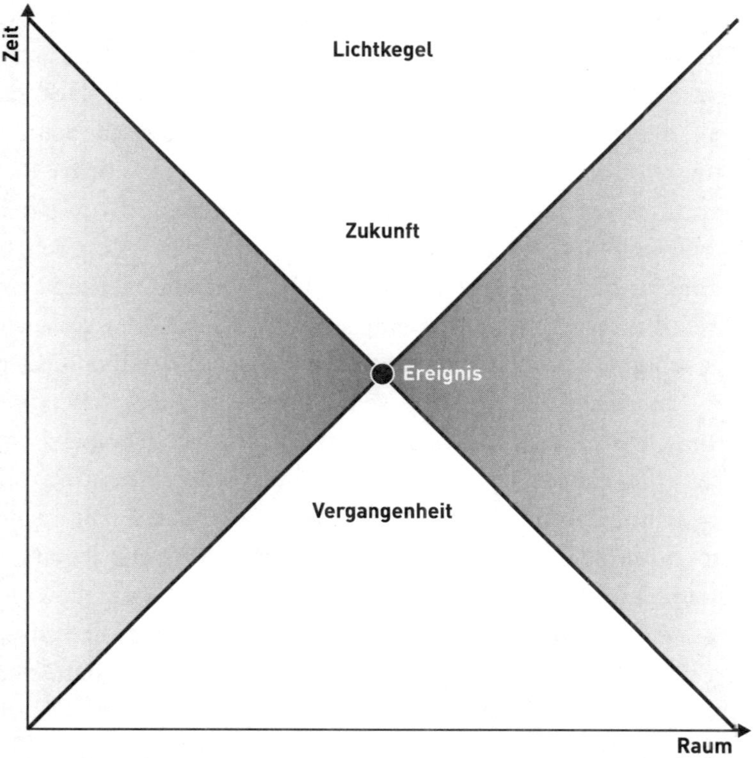

Ursache und Wirkung: Der »Lichtkegel« in einem Minkowski-Diagramm beschreibt die kausalen Zusammenhänge. Was sich im Vergangenheitslichtkegel eines Ereignisses oder Objekts befindet, kann auf diesen Weltpunkt eingewirkt haben; was im Zukunftslichtkegel liegt, ist von ihm beeinflussbar. Hingegen sind die raumartig getrennten Regionen außerhalb des Kegels kausal vollkommen isoliert, wenn sich nichts schneller als Licht im Vakuum ausbreitet.

Lichtgeschwindigkeit als Maximalgeschwindigkeit gravitativer Wechselwirkungen, einen Zusammenhang von Energie und Masse sowie die Unbeobachtbarkeit des Äthers, an dessen Existenz er aber festhielt; und mit der Speziellen Relativitätstheorie konnte er sich bis zu seinem Tod 1912 nicht wirklich anfreunden.

Die Diskussionen um eine »höhere« – nämlich vierte – Raum-Dimension hatten ebenfalls nichts mit der Speziellen Relativitätstheorie zu tun, obschon sie gewissermaßen »in der Luft lag«. Es kursierten bereits Anfang des 20. Jahrhunderts esoterische Schriften über obskure Astraleinsichten: Es wurde über visionäre Behauptungen schwadroniert, dass man nach dem Tod von einer Astralebene aus Gegenstände von allen Seiten gleichzeitig sehen könne. Die schwer zu veranschaulichenden Vorstellungen der Mathematiker regte offenbar die Fantasie vieler Menschen an. So auch bei avantgardistischen Künstlern. Der Wissenschaftstheoretiker und Historiker Arthur I. Miller vom University College in London vermutete in seinem Buch *Einstein, Picasso: Space, Time and the Beauty that Causes Havoc* (2001) sogar, dass Pablo Picasso davon zu seinem berühmte Gemälde *Les Demoiselles d'Avignon* inspiriert wurde. Dies stellte er im Sommer 1907 seinen gleichermaßen erstaunten wie irritierten Freunden vor. (Offiziell ausgestellt wurde es erstmals 1916, und es verging noch ein weiteres Jahrzehnt, bis seine historische Bedeutung erkannt wurde.) Damit hatte der 26-jährige Maler die Zentralperspektive aufgegeben, ein Bruch mit Jahrhunderten Kunstgeschichte, und den Kubismus mitbegründet. Zunächst wurde Picasso ausgelacht und kritisiert. »Mit Ihren Bildern wollen Sie anscheinend bei uns das Gefühl erwecken, Stricke schlucken und Kerosin trinken zu müssen«, meinte Georges Braque zu Picasso. Doch dann griff Braque die neue Darstellungsform rasch selbst auf. Er und Picasso entfalteten in den folgenden Jahren in engem Austausch eine rege künstlerische Produktion, die den Kubismus entwickelte und vorantrieb. Picasso hatte – wie Einstein – das Problem der Gleichzeitigkeit thematisiert und eine Idee entwickelt, wie sich verschiedene Perspektiven in räumlicher Gleichzeitigkeit zeigen lassen. Wie durch ein Prisma hat der Maler Gesichter in geometrische Formen zerlegt und auf neue Weise wieder zusammengefügt. Mehr als ein Dreivierteljahr hatte Picasso an *Les Demoiselles d'Avignon* gearbeitet; über 800 Vorstudien sind erhalten, darunter Skizzen, große Studienblätter und kleinere Gemälde. Es ist in der Kunstgeschichte kein zweites Werk bekannt, das mit einem solchen Aufwand konzipiert wurde. Auf einem der Skizzen steht der Name Maurice Princet. Dieser an Mathematik interessierte Versicherungsagent verkehrte in Picassos Zirkel in Paris und berichtete Künstlern von den aktuellen Entwicklungen in Mathematik, Wissenschaft und Technik, die begierig aufgegriffen wurden (etwa die Entdeckung der Röntgenstrahlen). Dass Picasso und Einstein nahezu gleichzeitig ihre Revolutionen starteten, war laut Arthur Miller daher kein Zufall. Die Zeit war quasi reif für einen Umbruch. Eine direkte Interaktion gab es zwar nicht, aber Miller machte doch eine gemeinsame Einflussquelle aus: das Buch *Wissenschaft und Methode* (1902) von Henri Poincaré. Einstein hat es in deutscher Übersetzung 1904 gelesen und Princet hat Picasso wohl davon berichtet. So wie auf der Leinwand die Perspektive einer dreidimensionalen Figur darstellbar ist, wäre auch eine vierdimensionale möglich, meinte Poincaré. »Man kann sogar von derselben Figur verschiedene Perspektiven von verschiedenen Gesichtspunkten aus entwerfen«, schrieb er – vielleicht ein Schlüsselsatz für Picasso. »Die Sinne deformieren, aber der Geist formt«, meinte Braque einmal – in scheinbar diametralem Gegensatz zu dem, was sich damals auf den Leinwänden und im Kopf der Betrachter abspielte. Für die Theorien der Mathematiker und Physiker trifft diese Bemerkung jedoch durchaus zu – bis heute. Einstein und Minkowski sind ein gutes Beispiel.

Wie Picassos Gemälde markierte auch Minkowskis neue Darstellung einen epochalen Umbruch – und setzte sich sehr schnell durch. Zwar wurde der Formalismus, der mathematisch auch mit Vierervektoren und einer nichteuklidischen Geometrie mit sogenannten Tensoren (verallgemeinerte Vektoren) möglich ist, von Einstein zunächst als »überflüssige Gelehrsamkeit« abgelehnt.

Später nannte er die Raumzeit-Konzeption jedoch eine »sehr fruchtbare Idee«, die »als Hilfsmittel von größter Bedeutung« sei. Und 1916 bekannte er: »Ohne Minkowskis wichtige Gedanken wäre die Allgemeine Relativitätstheorie vielleicht in den Windeln stecken geblieben.« (Andererseits schrieb er noch im Januar 1916 an seinen Freund Michele Besso: »Das Studium von Minkowski würde Dir nichts helfen. Seine Arbeiten sind unnütz kompliziert.«)

Fazit

Revolution von Raum und Zeit – Übersicht und Ausblick

- Atome, Licht und Raumzeit – im Jahr 1905 hat Albert Einstein die Physik gleich drei Mal grundlegend erneuert. Damit wurde der verbeamtete Außenseiter im Berner Patentamt zum bedeutendsten Wissenschaftler des 20. Jahrhunderts.
- In nur einem halben Jahr schuf Einstein mit fünf bahnbrechenden Fachartikeln die Spezielle Relativitätstheorie, erkannte die Quanten-Natur des Lichts und die atomare Struktur der Materie.
- Aus zwei Grundannahmen – dem Relativitätsprinzip und der Konstanz der Lichtgeschwindigkeit – eliminierte Einstein den experimentell ohnehin nicht nachweisbaren Äther als Träger der elektromagnetischen Erscheinungen und leitete eine einheitliche »Umrechnungsvorschrift« zwischen beliebigen gleichförmig bewegten oder ruhenden physikalischen Bezugssystemen her. Damit überwand er die hartnäckigen Widersprüche zwischen den Theorien der Klassischen Mechanik und des Elektromagnetismus.
- Das stürzte allerdings Isaac Newtons Vorstellung von einer absoluten Zeit und einem absoluten Raum. Gemäß der Speziellen Relativitätstheorie gibt es weder eine universelle Gleichzeitigkeit noch einen für alle Systeme identischen Bezugsrahmen. Es existiert jedoch sehr wohl eine eindeutige kausale Struktur der Weltordnung: Die Beziehungen von Ursache und Wirkung sind durch die sogenannten Vergangenheits- und

Tatsächlich bedeutet das Konzept der Raumzeit eine enorme formale Vereinfachung.

Minkowski erlebte die Früchte seiner Innovation nicht mehr, die er in einem physikalischen Kolloquium in Göttingen erstmals im November 1907 vorgestellt hat. Er starb im Januar 1909 als 44-Jähriger an einem Blinddarmdurchbruch. Später wurden ein Mondkrater und ein Planetoid nach ihm benannt.

Zukunftslichtkegel objektiv. (Überlichtschnelle Teilchen, sogenannte Tachyonen, werden von der Speziellen Relativitätstheorie übrigens nicht prinzipiell ausgeschlossen; sie hätten aber eine imaginäre Ruhemasse und würden sich rückwärts in der Zeit bewegen – ob sie existieren und mit normaler Materie wechselwirken können, ist unbekannt.)

› Gemäß der relativistischen Zeitdilatation und Längenkontraktion verlangsamen und verkürzen sich rasch bewegte Systeme relativ zu ruhenden Beobachtern. Diese experimentell bestätigte Tatsache hat verwirrende, aber nur scheinbare Paradoxien zur Folge.

› Mit seiner berühmten Formel $E = mc^2$ erkannte Einstein Energie und (träge) Masse als eine Einheit. Ruhende Körper enthalten eine gigantische Menge an Energie (ein Gramm Masse entspricht beispielsweise 25 Millionen Kilowattstunden oder der nutzbaren Energie von 2,15 Millionen Liter Benzin). Diese Äquivalenz ist die Voraussetzung für das Verständnis der Kernspaltung und -fusion sowie der Antimaterie.

› Normale Materie lässt sich nicht auf Licht- oder gar Überlichtgeschwindigkeit beschleunigen, weil dazu unendlich viel Energie nötig wäre.

› Hermann Minkowski hat die Raum- und Zeit-Konzeption der Speziellen Relativitätstheorie in einen einfacheren und nützlicheren formalen Rahmen überführt und den Begriff der (vierdimensionalen) Raumzeit geprägt. Das war eine Voraussetzung für die Entwicklung der Allgemeinen Relativitätstheorie.

Der Kampf um die Relativitätstheorie

Weite Wege, Sackgassen und der Durchbruch

Die Entwicklung von Einsteins Jahrhundertwerk ist eine Heldengeschichte des Denkens, die das Verständnis des Universums für immer verändert hat. Dabei passen die berühmten Feldgleichungen der Gravitation in eine einzige Zeile.

Die Dynamik der Raumzeit: Geometrie gleicht Gravitation, bringt Licht auf die schiefe Bahn und macht die Bühne zum Mitspieler.

»Im Lichte bereits erlangter Erkenntnis erscheint das glücklich Erreichte fast wie selbstverständlich, und jeder intelligente Student erfasst es ohne große Mühe. Aber das ahnungsvolle, Jahre währende Suchen im Dunkeln mit seiner gespannten Sehnsucht, seiner Abwechslung von Zuversicht und Ermattung und seinem endlichen Durchbrechen zur Wahrheit, das kennt nur, wer es selber erlebt hat.«

Albert Einstein

100 Jahre Allgemeine Relativitätstheorie

»Wo damals die Grenzen der Wissenschaft waren, da ist jetzt die Mitte.« Was der Göttinger Physiker und Aphoristiker Georg Christoph Lichtenberg ohne konkreten Bezug in den 1780er-Jahren in einem seiner *Sudelbücher* notierte, nimmt die Beschreibung der wissenschaftlichen Revolution pointiert vorweg, die Albert Einstein mit seiner Allgemeinen Relativitätstheorie ausgelöst hatte. Denn diese Theorie, die zugleich Krönung und Abschluss der Klassischen Physik ist wie auch deren Überwindung, begann an den Grenzen des Vorstellbaren, des Berechenbaren, des Überprüfbaren und steht heute in der Mitte des physikalischen Wissens. Sie ist die Grundlage der Kosmologie und somit der Beschreibung des Großen und Ganzen. Und sie ist zusammen mit dem Standardmodell der Elementarteilchenphysik für das Allerkleinste die tragende Säule des wissenschaftlichen Weltbilds. Beide Theorien sind die genauesten in der Geschichte der Menschheit sowie die durch Beobachtungen und Experimente am besten überprüften. Daher befinden sie sich nicht nur im

Zentrum der Naturwissenschaft, sondern reichen auch an deren äußerste Grenzen – Extreme von Raum und Zeit, die in Lichtenbergs Epoche noch unvorstellbar waren.

»Ich bewundere die Allgemeine Relativitätstheorie wie ein Kunstwerk«, meinte Max Born einmal, der den Physik-Nobelpreis 32 Jahre nach dem befreundeten Albert Einstein erhalten hatte. Tatsächlich zählt die Relativitätstheorie zu den bedeutendsten Leistungen des menschlichen Geistes und wird von Experten auch oft als »außerordentlich schön« bezeichnet. Die Theorie zu finden, erforderte große mathematische und physikalische Kunstfertigkeiten einschließlich einer beträchtlichen Menge an Fantasie und Intuition, wie Einstein selbst betont hat. Aber ein bloßes Fantasiegebilde oder gar »moderne Kunst« ist sie keineswegs. Vielmehr ist der kleine menschliche Verstand, das Räsonieren von Primatengehirnen auf einem kosmischen Sandkorn in den Außenbezirken einer Sterneninsel unter Myriaden, der seltsamen Realität ringsum kaum jemals besser auf die Schliche gekommen. Mit seinen bahnbrechenden Gedanken erschütterte Albert Einstein das Gebäude der Physik und hat die Vorstellung von Raum, Zeit, Materie, Energie und Schwerkraft für immer verändert.

Inzwischen ist die Allgemeine Relativitätstheorie sogar im Alltagsleben angekommen: Ohne sie gäbe es weder Satelliten-Navigationssysteme, mit denen man metergenau jeden Punkt auf der Erde auffinden kann, noch auf wenige Zentimeter exakte Höhenbestimmungen und -vergleiche mit speziellen Präzisionsuhren. Beides hätte sich Einstein in seinen kühnsten Träumen nicht ausgemalt. Praktische Anwendungen hielt er für unrealistisch. Und das betrübte den pazifistischen Kosmopoliten keineswegs, musste er vor einem Jahrhundert doch miterleben, wie sich Wissenschaftler seiner Zeit in den Ersten Weltkrieg hineinziehen ließen und Forschungsergebnisse das Leid vermehrten.

Am 25. November 1915, einem Donnerstag inmitten des im Donnern der Kriegskanonen sich selbst zerfleischenden Europas, publizierte Einstein einen dreieinhalbseitigen Artikel in den *Sitzungsberichten der Preußischen Akademie der Wissenschaften zu Berlin* mit dem Titel *Die Feldgleichungen der Gravitation.* Das war der fulminante Abschluss seiner achtjährigen Anstrengung, die ihn an die Grenzen seiner geistigen Kapazität und körperlichen Gesundheit getrieben hatte. Diese Feldgleichungen bilden den Kern der Allgemeinen Relativitätstheorie, die an jenem Tag nach langen und schweren Geburtswehen ans Licht der wissenschaftlichen Welt kam. Ein Jahrhundert nach ihrer Vollendung steht Einsteins Geniestreich stärker da denn je – allen theoretischen Attacken und experimentellen Überprüfungen zum Trotz. Entsprechend enthusiastisch fallen die Würdigungen aus – nicht nur innerhalb der akademischen Welt.

Jubiläen werfen in einer schnelllebigen – und offensichtlich auch relativen – Zeit ihren Glanz immer früher voraus. So zierte bereits am 6. März 2015 ein berühmtes Foto des alten Einstein mit verstrubbeltem weißen Haar das Cover der bedeutenden US-amerikanischen Wissenschaftszeitschrift *Science.* Titel: *Special Issue – General Relativity turns 100.* (Einstein war übrigens 1915 erst 36 Jahre alt, aber eine Fotografie aus dieser Zeit erschien den Herausgebern wohl nicht markant genug, und so wählten sie eine aus dem Jahr 1947.) Ebenfalls im März 2015 hielten zahlreiche prominente Wissenschaftler hochkarätige Fachvorträge bei der Sektion »Gravitation und Relativitätstheorie« der Deutschen Physikalischen Gesellschaft auf ihrer Frühjahrstagung in Berlin. Das war keineswegs eine museale Erinnerungsveranstaltung, sondern im Gegenteil ein gutes Beispiel dafür, wie lebendig die Relativitätstheorie sowohl in der theoretischen als auch in der experimentellen Forschung ist – sogar lebendiger denn je angesichts vieler neuer, hochpräziser Testmöglichkeiten und Anwen-

Exkurs

Feldgleichungen

Feldgleichungen haben sich bewährt, um die Auswirkungen von Kräften zu beschreiben – und damit insbesondere materielle Wechselwirkungen. Mit ihnen arbeitete bereits die Klassische Physik des 19. Jahrhunderts. Felder haben physikalische Größen an jedem Punkt in Raum und Zeit, etwa eine elektrische Feldstärke. Das erkannte zuerst Michael Faraday mit Experimenten ab 1848. Zur einheitlichen Beschreibung elektrischer und magnetischer Phänomene stellte James Clerk Maxwell 1864 die später nach ihm benannten Gleichungen auf. Sie waren auch ein Vorbild für Einsteins Feldgleichungen der Gravitation. Die Maxwell-Gleichungen lassen sich sogar in die Allgemeine Relativitätstheorie »einbauen« (technisch gesprochen: als elektromagnetischer Energie-Impuls-Tensor). Aber Einstein wollte noch mehr. Er arbeitete bis an sein Lebensende an einer Einheitlichen Feldtheorie, die den Elektromagnetismus und die Gravitation gleichsam als zwei Seiten derselben Medaille auffasst und in einem »Hyperfeld« vereinigt.

---

dungen. Und im März begannen auch die ersten Vortragsreihen zu Einsteins Jahrhundertwerk, beispielsweise im Planetarium Nürnberg. Unter den populären Magazinen preschte *bild der wissenschaft* voran, das mit seiner Mitte August erschienenen September-Ausgabe *Einsteins Revolution* feierte – zur Abwechslung nicht mit einem Schwarzweißbild des Meisters mit wirrem Haar, sondern mit einem poppigen Porträt aus knallbunten Vierecken, das tatsächlich überlebensgroß eine Hauswand in Los Angeles schmückt, gemalt von dem brasilianischen Künstler Eduardo Kobra.

Publizistisch, populärwissenschaftlich und physikalisch erweist sich die Allgemeine Relativitätstheorie also nach wie vor als hochaktuell. Konferenzen, Symposien und Vorträge sowie mehrere historische und physikalische Sammelbände und populärwissenschaftliche Bücher ehren das Meisterwerk, die Krone der Klassischen Physik. Wobei der *locus classicus* Berlin im Mittelpunkt steht.

Oft wird Einsteins *opus magnum* dabei als intellektuelle Heldengeschichte inszeniert. Und die Feldgleichungen waren die Krönung eines kniffligen Forschungsprozesses voller Irrungen und Wirrungen, tastender Versuche im Ungewissen, Umwegen, Blockaden und Rückschritten, diverse Rechenfehler eingeschlossen. Es kam zu Bündnissen, Gefechten und sogar zu einem Wettlauf, denn fast hätte David Hilbert Einstein den Triumph noch vor der Nase »weggeschnappt«. Daher haben auch Wissenschaftshistoriker an der Genesis von Einsteins grandioser Entdeckung ihre wahre Freude. In den letzten Jahren konnten sie genau nachvollziehen, wie er zu seinen Einsichten gelangte, auf welchen Grundlagen er baute und welche Sackgassen ihn jahrelang aufhielten. Bei diesen akribischen Untersuchungen waren vor allem John Norton, Jürgen Renn, Tilman Sauer, John Stachel und Michel Janssen beteiligt, die auch maßgeblich an der noch lange nicht abgeschlossenen Werkausgabe von Einsteins Schriften und Briefwechsel mitwirkten.

Tatsächlich gibt es wohl keine grundlegende wissenschaftliche Theorie, deren Entstehung besser rekonstruierbar ist. Insofern ist die Allgemeine Relativitätstheorie eine der physikgeschichtlich am besten erforschten geistigen Glanztaten. Denn zum einen hat Einstein ab 1907 zahlreiche Vorstufen und Zwischenschritte veröffentlicht, zum anderen hat sich ein beträchtlicher Teil seines Briefwechsels erhalten und ebenso sein Notizbuch aus Zürich von 1912 und 1913, das inzwischen Zeile für Zeile analysiert, kommentiert und publiziert wurde. Das alles erlaubt es, Einstein gleichsam über die Schulter zu schauen und seinen Gedankengängen zu folgen.

Drei Riesenschritte

Orientiert man sich an Einsteins grundlegenden Einsichten, vollzog sich sein Durchbruch zur Allgemeinen Relativitätstheorie dem Wissenschaftshistoriker Tilman Sauer von der Universität Mainz zufolge in drei großen Schritten.

› 1907: die Hypothese von der Äquivalenz der trägen und schweren Masse.

› 1912: die Einführung des Metrik-Tensors zur Beschreibung des gravito-inertialen Felds (Schwerkraft und Trägheit) in der gekrümmten Raumzeit.

› 1915: die Formulierung der Feldgleichungen der Gravitation.

Was im Nachhinein eine große Erfolgsgeschichte ist, war ein steiniger und ziemlich gewundener Pfad. Dabei ging es Einstein und seinen Kollegen nicht nur um eine widerspruchsfreie Theorie, die mit den empirischen Daten und dem physikalischen Wissen jener Zeit zusammenpasste, sondern notgedrungen auch um eine begriffliche Umwälzung und teils radikale Umformulierung der damaligen Physik. Das erforderte mehr als mathematisches Handwerkszeug und konsequente physikalische Ausarbeitung der Folgen bestimmter Annahmen und Daten. Einstein revolutionierte dabei – teils wider Willen – grundsätzliche Vorstellungen von Raum, Zeit und Gravitation und veränderte damit die Fundamente der Klassischen Physik.

Nah- und Fernwirkungen oder: Vorsicht, Spekulation!

Ein Ausgangspunkt für Einsteins Überlegungen war ein schon lange bekanntes Problem: Isaac Newtons Gravitationstheorie ist eine Fernwirkungstheorie. Die Kräfte wirken demnach sofort, ohne Verzögerung. Würde ein Dämon die Sonne aus dem Universum stehlen, flöge Newton zufolge die Erde augenblicklich geradeaus und wäre im Dunkeln. Doch nach Einsteins Allgemeiner Relativitätstheorie ist diese Vorstellung nicht richtig. Vielmehr dauert es über acht Minuten, bis die Katastrophe auf der Erde bemerkt würde. Denn die Sonne ist über acht Lichtminuten (150 Millionen Kilometer) von ihrem dritten Planeten entfernt.

»Nach der Relativitätstheorie gibt es nämlich in der Natur kein Mittel, das uns gestatten würde, Signale mit Überlichtgeschwindigkeit zu senden. Andererseits aber ist einleuchtend, dass wir bei strenger Gültigkeit von Newtons Gesetz die Gravitation dazu verwenden können, Momentansignale von einem Orte A nach einem entfernten Orte B zu senden; denn die Bewegung einer gravitierenden Masse in A müsste gleichzeitige Änderungen des Gravitationsfeldes in B zur Folge haben – im Widerspruch mit der Relativitätstheorie«, formulierte es Einstein 1913 bei einem Treffen der Gesellschaft Deutscher Naturforscher und Ärzte in Wien in seinem Vortrag *Zum gegenwärtigen Stande des Gravitationsproblems*, der im selben Jahr auch in der *Physikalischen Zeitschrift* gedruckt wurde.

Die Relativitätstheorie ist also eine Nahwirkungstheorie wie James Clerk Maxwells Theorie des Elektromagnetismus und setzt ebenfalls die Existenz eines »kraftübertragenden« Feldes voraus. Eine wichtige Vorhersage der Maxwell-Gleichungen war die Existenz elektromagnetischer Wellen, die sich im Vakuum mit Lichtgeschwindigkeit ausbreiten. Ihr Nachweis gelang – im Radiobereich – Heinrich Hertz mit seinen bahnbrechenden Experimenten 1887. Damit war auch erwiesen, dass es richtig ist, elektrische und magnetische Kräfte mit einer Nahwirkungstheorie zu beschreiben: Die Kraftübertragung erfolgt nicht augenblicklich, sondern braucht Zeit – und zwar mindestens so lang, wie das Licht für die entsprechende Distanz benötigt.

Im Rahmen der Speziellen Relativitätstheorie hatte Einstein dann gezeigt, dass sich kein Körper mit einer positiven Ruhemasse schneller als das Licht bewegen kann – ja, noch nicht einmal die Lichtgeschwindigkeit zu erreichen vermag, weil dafür unendlich viel Energie nötig wäre. Damit war es völlig rätsel- beziehungsweise unglaubhaft, dass die Schwerkraft instantan wirkt, wie Newton meinte (und übrigens auch der Philosoph Immanuel Kant, der 1786 zur gravitativen Anziehung als Fernwirkung schrieb: »Die *aller Materie wesentliche Anziehung* ist eine unmittelbare Wirkung derselben auf andere durch den leeren Raum«).

Newton wollte nicht spekulieren, wie sich die Gravitation ausbreiten könnte. »Hypotheses non fingo«, schrieb er in seinem *General Scholium*, das 1713 in der Zweitauflage seiner *Philosophiae Naturalis Principia Mathematica* erschien – Hypothesen mache er nicht, und sie seien auch abzulehnen in der »experimentellen Philosophie«, wie die Physik damals oft noch hieß. Denn die habe von den Phänomenen auszugehen, und nur davon seien Aussagen abzuleiten und zu verallgemeinern. Allerdings hatte Newton insgeheim sehr wohl spekuliert und den schon damals gleichermaßen beliebten wie ominösen Äther als Übertragungsmedium erwogen; bereits 1675 dachte er über »Ätherströme« nach, 1704 erwog er ihn als Mittel des Wärmetransfers und 1717 überlegte er, ob die Dichte des Äthers in der Umgebung von Körpern abnahm, was deren gegenseitige Anziehung bewirken könnte. Und schon 1692 antwortete er auf eine entsprechende Frage des Philologen Richard Bentley in einem Brief: »Es ist undenkbar, dass leblose, rohe Materie auf andere […] Materie wirken sollte, ohne direkten Kontakt und ohne die Vermittlung von etwas anderem, das nicht materiell ist. Dass die Gravitation der Materie angeboren, inhärent und wesentlich sein soll, sodass ein Körper auf einen anderen über eine Distanz durch ein Vakuum hindurch ohne die Vermittlung von irgendetwas wirken soll […], ist für mich eine so große Absurdität, dass ich meine, kein Mensch, der eine in philosophischen Dingen geschulte Denkfähigkeit hat, kann jemals darauf hereinfallen. Gravitation muss durch etwas erzeugt werden, was gleichmäßig nach bestimmten Gesetzen wirkt. Aber ob das materiell oder immateriell ist, überlasse ich dem Urteil meiner Leser.« Es scheint, als wollte Newton damals entgegen seiner *Principia*-Darstellung entweder doch eine materielle Nahwirkung annehmen oder aber eine völlig obskure immaterielle Distanzkraft. In seinen Publikationen enthielt er sich allerdings wohlweislich eines Urteils.

In Newtons quasi-positivistischer Haltung der »hypotheses non fingo« bestand sicherlich ein Erfolgsrezept der damaligen, sich erst konstituierenden Wissenschaft: die Bereichsbeschränkung. Der Fortschritt des Erkenntnisprozesses bestand auch darin, dass bestimmte philosophische Fragen systematisch ausgeblendet wurden. Diese Strategie hatte auch später große Vorteile – Spezielle Relativitätstheorie und Quantenmechanik eingeschlossen –, weil sich damit physikalische Gesetzmäßigkeiten entdecken, formulieren und bei Kollegen überzeugend durchsetzen lassen, ohne dass man sich zu sehr mit Grundlagenfragen und -streitigkeiten aufhielt oder verhedderte. Andererseits können diese fundamentalen Fragen nicht auf Dauer ignoriert werden. Außerdem sind sie Motor und Motivation für weitere Forschungen – etwa, um Wissenslücken zu füllen, Begriffsverwirrungen aufzuklären, Widersprüche auszuräumen, grundlegende Annahmen und Konzepte zu erhellen oder erst offen zu legen, und um neue Perspektiven zu entwickeln und kognitiven Sackgassen zu entgehen. Allerdings kann man dabei erst recht in den Sumpf geraten oder von der Wissenschaft zurück in die Philosophie wechseln.

Einstein hatte in seinen frühen Ansätzen und Arbeiten eine stärkere »positivistische« oder instrumentalistische Ausrichtung als später. Zunächst ging es ihm um physikalische Gesetzmäßigkeiten im Sinn von beobachtbaren Zusammenhängen; Interpretationsfragen waren eher zweitrangig. Darin bestand wahrscheinlich ein Erfolgsfaktor seines Annus mirabilis. Und indem er sich nicht zu sehr in die Diskussionen um Elektromagnetismus, Klassische Mechanik und ätherische Spekulationen um die Jahrhundertwende einließ, sondern mit seinen beiden Grundprinzipien der Speziellen Relativitätstheorie quasi eine formale Lösung anbot und die kontraintuitiven Konsequenzen einfach akzeptierte, schoss er durch den begriffsverwirrten und konzeptuellen Nebel seiner Zeit hindurch.

Bei der Entwicklung der Allgemeinen Relativitätstheorie ging er dann im Gegensatz zu einigen Konkurrenten anders vor. Dass er Erfolg hatte, lag nicht zuletzt an einer intensiven begrifflichen Reflektion und Revision der Grundlagen. Dies war nicht alles. Aber er musste gleichsam erst verstehen, was er überhaupt tat, um die nächsten Schritte zu machen und am Ende zu begreifen, wohin sie ihn führten. Auch deshalb hatte er um 1912 die Allgemeine Relativitätstheorie noch nicht »erkannt«, obwohl ihm die wesentlichen Komponenten bereits vor Augen standen. Er war den Weg einfach noch nicht gegangen, um das Ziel schon sehen und überhaupt als solches identifizieren zu können.

Der glücklichste Gedanke

Die Entstehung der – erst 1915 so bezeichneten – Allgemeinen Relativitätstheorie begann 1907. Damals arbeitete Einstein noch hauptberuflich im Patentamt in Bern. Dort hatte er zwei Jahre zuvor mit der Speziellen Relativitätstheorie einen einheitlichen Rahmen für die Mechanik und den Elektromagnetismus geschaffen, eine neue Theorie der Raumzeit entwickelt und die Äquivalenz von Energie und träger Masse entdeckt. Doch beschleunigte Bewegungen und die Gravitation berücksichtigte er dabei nicht. Und genau die bereiteten den Physikern notorische Schwierigkeiten, wirkte die Schwerkraft in Isaac Newtons klassischer Theorie doch ohne Zeitverzug (»instantane Fernwirkung«), während Einstein zufolge sich nichts schneller als mit Lichtgeschwindigkeit ausbreitet. Er begriff, »dass alle natürlichen Phänomene mit Ausnahme des Gravitationsgesetzes in den Begriffen der Speziellen Relativitätstheorie dargestellt werden konnten. Ich verspürte eine tiefe Sehnsucht, den Grund dafür zu erkennen«, schrieb er.

Obwohl noch immer Patentbeamter, gehörte Einstein damals bereits zum Physik-»Establishment«; seine Erkenntnisse von 1905 fanden allmählich Beachtung. So bat ihn der Experimentalphysiker Johannes Stark um einen Übersichtsartikel zur Speziellen Relativitätstheorie für ein Jahrbuch. Als Einstein im November 1907 daran schrieb, war er zunächst unschlüssig, ob er auch auf das Problem der Schwerkraft eingehen sollte, denn er war der »Überzeugung, dass im Rahmen der Speziellen Relativitätstheorie kein Platz sei für eine befriedigende Theorie der Gravitation«. Sie ließ sich nicht einfach einbauen, weil dann Galileo Galileis Einsicht nicht mehr gültig wäre, dass alle Körper gleich schnell fallen unabhängig von ihrer Zusammensetzung. Daran wollte Einstein nicht rütteln: »Wenn die Theorie dies nicht oder nicht in natürlicher Weise leistete, so war sie zu verwerfen«, dachte er.

Einsteins Einfall: Ein Mensch im freien Fall ist schwerelos genau wie im Weltraum fern von jeder Gravitation. Und die Schwereanziehung auf einen Planeten lässt sich vom »Andruck« der Beschleunigung im Inneren einer Rakete nicht unterscheiden, wenn man sich in einem geschlossenen Raum befindet und nicht aus dem Fenster blicken kann. Dieses »Äquivalenzprinzip« von Beschleunigung und Gravitation – genauer: von träger und schwerer Masse – war die entscheidende Voraussetzung für die Entwicklung der Allgemeinen Relativitätstheorie.

auf der Erde
im freien Fall
(beschleunigt)
in Ruhe

im Weltraum
in Ruhe
bei der
Beschleunigung

Dann kam ihm eine aufregende Idee. In einer Vorlesung an der japanischen Universität von Kyoto 1922 erzählte Einstein das folgendermaßen: »Ich saß auf meinem Sessel im Berner Patentamt, als mir plötzlich folgender Gedanke kam: Wenn sich eine Person im freien Fall befindet, dann spürt sie ihr eigenes Gewicht nicht. Ich war verblüfft. Dieser einfache Gedanke machte auf mich einen tiefen Eindruck. Er trieb mich in Richtung einer Theorie der Gravitation.«

Mit seinem Einfall im Patentamt war Einstein »auf den glücklichsten Gedanken« seines Lebens gestoßen. So formulierte er es 1920 in einem Rückblick für die englische Fachzeitschrift *nature*, der aber nicht gedruckt wurde, weil er den Redakteuren zu lang erschien. »Für einen Beobachter, der sich im freien Fall vom Dach eines Hauses befindet, existiert – zumindest in seiner unmittelbaren Umgebung – kein Gravitationsfeld. Wenn nämlich der fallende Beobachter einige andere Körper fallen lässt, dann befinden sie sich im Bezug auf ihn im Zustand der Ruhe oder gleichförmigen Bewegung«, führte Einstein damals weiter aus. »So ist die experimentell nachgewiesene Unabhängigkeit der Fallbeschleunigung ein starkes Argument für die Tatsache, dass das Relativitätspostulat auch auf Koordinatensysteme ausgedehnt werden muss, die sich zueinander in nicht gleichförmiger Bewegung befinden.«

Damit ging Einstein über den Gültigkeitsbereich der Speziellen Relativitätstheorie hinaus. Denn das »Spezielle« an ihr ist ja gerade, dass sie nur spezielle Bezugssysteme beschreibt: solche mit gleichförmigen Bewegungen. Beschleunigungen und die Wirkung der Gravitation thematisiert sie eben nicht. Dass zwischen diesen beiden eine tiefe Verwandtschaft besteht oder sie im Prinzip dasselbe sein könnten beziehungsweise in ihren Wirkungen unter bestimmten Bedingungen ununterscheidbar sind, war Einsteins Grundidee in Bern.

Das motivierte ihn zu zwei Postulaten:

› **Äquivalenzprinzip:** Träge und schwere Masse sind identisch (was schon Isaac Newton annahm). Die schwere Masse im Gravitationsfeld, messbar beispielsweise mit einer Federwaage, und die träge Masse, die sich einer Beschleunigung widersetzt, sind also gleich groß. »Die Allgemeine Relativitätstheorie verdankt ihre Entstehung der Erfahrungstatsache von der numerischen Gleichheit der trägen und der schweren Masse der Körper«, hat es Einstein später ausgedrückt. Und 1913 schrieb er, dass »die Proportionalität zwischen der trägen und der schweren Masse der Körper ein exakt gültiges Naturgesetz sei, das bereits in dem Fundamente der theoretischen Physik einen Ausdruck finden müsse.«

› **Universalität des freien Falls:** Die Fallgeschwindigkeit ist unabhängig von der Zusammensetzung der Körper (was schon Galileo Galilei vermutete). In jedem frei fallenden Bezugssystem gelten dieselben physikalischen Gesetze wie in Bezugssystemen ohne Gravitation, das heißt wie in der Physik der Speziellen Relativitätstheorie. Eine Feder und ein Hammer fallen im Vakuum also gleich schnell. (Das hat der Astronaut David Scott bei der Mission Apollo 15 auf dem Mond im Jahr 1971 eindrucksvoll demonstriert.) Im irdischen Alltag ist das wegen des Luftwiderstands selbstverständlich völlig anders.

Die beiden Grundannahmen hängen eng zusammen und werden manchmal missverständlich auch als Einheit betrachtet; doch das gilt nur für das sogenannte Schwache Äquivalenzprinzip – eine Differenzierung, die erst viele Jahre später getroffen wurde. Dass die Äquivalenz von träger und schwerer Masse zwar lange irgendwie angenommen wurde, aber gar nicht evident ist, hatte der Physiker Heinrich Hertz 1884 in seiner Vorlesung *Die Constitution der Materie* betont: »Auch in den Lehrbüchern wird es gewöhnlich als etwas Naheliegendes und nicht besonders Hervorzuhebendes hingestellt, dass die Schwere, das Gewicht eines Körpers, seiner Masse proportional ist, unabhängig von dem Stoffe, aus welchem er besteht. Und doch haben wir hier in Wahrheit zwei Eigenschaften, zwei Haupteigenschaften der Materie vor uns, die völlig unabhängig voneinander gedacht werden können, und die sich durch die Erfahrung und nur durch diese als völlig gleich erweisen.«

Das Äquivalenzprinzip ist also keineswegs selbstverständlich. Einstein hielt damit hartnäckig an einem wichtigen Aspekt der Klassischen Mechanik fest. Und zwar, obwohl diese »merkwürdige Übereinstimmung und nicht grundlegende Eigenschaft« zunächst unerklärlich war – so Jürgen Renn über Isaac Newtons Annahme, dass träge und schwere Masse gleich seien, obschon sie gewissermaßen gegensätzlich wie Bremse und Gaspedal wirken. Damit wurde ein »Wesensunterschied« in der Klassischen Physik, einschließlich der Speziellen Relativitätstheorie, hinfällig: der zwischen beschleunigten Systemen und Inertialsystemen und somit auch zwischen Trägheits- und Gravitationskräften. Diese Einsicht entwickelte sich zu einer »Leitlinie für Einsteins Heuristik«, wie es Jürgen Renn ausdrückte. Bislang getrennte Wissens-

Höhenflug beim Absturz: Bei Parabelflügen wird gezielt »Mikrogravitation« erzeugt, indem sich das Flugzeug für 20 Sekunden im kontrollierten freien Fall befindet. Das ist sehr nützlich für Forschungen in der Schwerelosigkeit – auch zur Vorbereitung für Experimente auf der Internationalen Raumstation. Dabei herrscht eine sehr erträgliche Leichtigkeit des Seins, wie sie der Autor am eigenen Leib erfahren hat (er brachte es bei dieser Raumfahrt des kleinen Mannes immerhin auf das Vierfache der schwerelosen Zeit des ersten amerikanischen Astronauten – allerdings aufgeteilt in 62 einzelne Episoden, und nicht im All); in den Händen des festgeschnallten Sicherheitsoffiziers war er ein leicht drehbarer Spielball und wusste nicht mehr, was oben und unten ist. Einstein hätte an Parabelflügen seine Freude gehabt, demonstrieren sie doch dessen Ausgangsüberlegung bei der Entwicklung der Allgemeinen Relativitätstheorie – im freien Fall ist man schwerelos –, woraus er auf einen tiefen Zusammenhang zwischen Beschleunigung und Gravitation sowie träger und schwerer Masse schloss.

Exkurs

Einstein, Eötvös und das Äquivalenzprinzip

Erst 1912, fünf Jahre nach der Formulierung seines Äquivalenzprinzips, erfuhr Einstein von den Experimenten des ungarischen Physikers Loránd (Roland) Eötvös, der erstmals 1890 darüber publiziert hatte. Zwei Massen, die an den beiden Enden eines Stabes am unteren Ende des Pendels befestigt sind, erfahren eine Auslenkung in Richtung Erdäquator. Das kommt durch die Fliehkraft aufgrund der Erdrotation. (Weil die Körper im Laborsystem in Ruhe sind, werden nur die Auslenkungswinkel gemessen, keine dynamischen Größen.) Diese Auslenkkraft ist proportional zur trägen Masse. Ihr entgegen wirkt die Schwerkraft. Sie ist proportional zur schweren Masse. Nimmt man für die träge und schwere Masse identische Werte in den Berechnungen an, stimmt die gemessene Auslenkung mit der vorhergesagten überein. Das spricht für eine Äquivalenz von träger und schwerer Masse.

Einstein verwies danach immer wieder auf das Experiment (so in seiner ersten Gesamtdarstellung der Relativitätstheorie 1916), um seine theoretische Annahme des Äquivalenzprinzips auch durch diese empirische Unterstützung zu rechtfertigen. 1913 beschrieb er den Sachverhalt folgendermaßen: »Auf einen an der Erdoberfläche ruhenden Körper wirkt sowohl die Schwere als auch die von der Drehung der Erde herrührende Zentrifugalkraft. Die erste dieser Kräfte ist proportional der schweren, die zweite der trägen Masse. Die Richtung der Resultierenden dieser beiden Kräfte, das heißt die Richtung der scheinbaren Schwerkraft (Lotrichtung) müsste also von der physikalischen Natur des ins Auge gefassten Körpers abhängen, falls die Proportionalität der trägen und schweren Masse nicht erfüllt wäre. Es ließen sich dann die scheinbaren Schwerkräfte, welche auf

bereiche wurden aufeinander beziehbar und konnten dadurch weiterentwickelt werden.

Dem Äquivalenzprinzip zufolge würde also ein Physiker in einem geschlossenen Zimmer nicht herausfinden können, ob

Teile eines heterogenen starren Systems wirken, im allgemeinen nicht zu einer Resultierenden vereinigen; es bleibe vielmehr im allgemeinen ein Drehmoment der scheinbaren Schwerkräfte übrig, das sich beim Aufhängen des Systems an einem torsionsfreien Faden hätte bemerkbar machen müssen. Indem Eötvös die Abwesenheit solcher Drehmomente mit großer Sorgfalt feststellte, bewies er, dass das Verhältnis beider Massen für die von ihm untersuchten Körper mit solcher Genauigkeit von der Natur des Körpers unabhängig war, dass die relativen Unterschiede die dies Verhältnis von Stoff zu Stoff noch besitzen könnte, kleiner als ein Zwanzigmillionstel sein müsste. Beim Zerfall radioaktiver Stoffe werden so bedeutende Energiemengen abgegeben, dass die Änderung der trägen Masse des Systems, welche nach der Relativitätstheorie jener Energieabnahme entspricht, gegenüber der Gesamtmasse nicht sehr klein ist. Beim Zerfall von Radium beträgt zum Beispiel jene Abnahme 1/10.000 der Gesamtmasse. Würden jenen Änderungen der trägen Masse nicht Änderungen der schweren Masse entsprechen, so müssten Abweichungen der trägen von der schweren Masse bestehen, die weit größer sind, als es die Eötvös'schen Versuche zulassen. Es muss also als sehr wahrscheinlich betrachtet werden, dass die Identität der trägen und der schweren Masse exakt erfüllt ist.«

Seither haben ganz ähnliche, aber auch anders geartete Experimente das Äquivalenzprinzip mit immer größerer Genauigkeit bestätigt. Ob es wirklich exakt gilt, ist aber eine offene Frage. Erweiterungsversuche der Relativitätstheorie sagen winzige Abweichungen voraus. Mit Satelliten-Experimenten soll das Prinzip in den nächsten Jahren daher noch viel präziser auf den Prüfstand kommen.

das Butterbrot, das vom Frühstückstisch auf den Boden fällt (natürlich mit der Butterseite nach unten …), dies aufgrund der Schwerkraft tut – oder weil das Zimmer in Wirklichkeit eine Kabine in einem Raumschiff ist, das entgegen der Fallrichtung des

Butterbrots konstant beschleunigt wird. Und umgekehrt wird ebenfalls das Prinzip daraus: Fern von jeder Gravitationsquelle ist man schwerelos – aber auch im freien Fall, wenn etwa die Aufhängung einer Fahrstuhlkabine reißt. Bei Parabelflügen wird dieser Effekt genutzt, beispielsweise zum Astronautentraining und zur Mikrogravitationsforschung, indem der Pilot sein Flugzeug 10 bis 20 Sekunden lang absacken lässt. Die Folge ist eine kurze Phase der Schwerelosigkeit. Tatsächlich sind auch Astronauten in der Erdumlaufbahn, etwa in der Internationalen Raumstation, nicht deshalb schwerelos, weil sie sich im Weltraum befinden. Die Gravitation der Erde ist in 400 Kilometer Höhe immer noch recht stark. Sondern die Astronauten schweben herum, weil sie sich gleichsam im permanenten freien Fall befinden – im kreisförmigen Dauersturz rund um den Globus.

Pedantische Nebenbemerkung: Strenggenommen gilt die Äquivalenz von Gravitation und Beschleunigung nur in einem absolut gleichförmigen Gravitationsfeld. Reale Gravitationsfelder sind allerdings nicht vollkommen homogen, und daher werden frei fallende Körper auch nicht exakt gleich stark in dieselbe Richtung beschleunigt. So fallen zwei Stahlkugeln nicht genau parallel auf den Erdboden, sondern leicht schräg zueinander in Richtung Erdmittelpunkt. Anhand eines solchen Gezeiteneffekts könnte ein schwereloser Physiker also feststellen, dass er nicht im gravitationsfreien Raum schwebt, sondern in einem (leicht inhomogenen) Gravitationsfeld fällt. Daher wird das Äquivalenzprinzip beziehungsweise die Universalität des freien Falls so definiert, dass Gezeiteneffekte vernachlässigt bleiben beziehungsweise dass Bezugssysteme für beliebig kleine Entfernungen und Zeiträume so wählbar sind, dass die Gesetze der Speziellen Relativitätstheorie gelten.

Einstein beharrte in den folgenden Jahren auf diesen Postulaten. Tatsächlich erwies sich das Äquivalenzprinzip als Schlüs-

Schiefe Bahn: Misst ein Physiker in einer Rakete einen gekrümmten Lichtstrahl, dann kann er die Ursache dafür ohne einen Blick aus dem Fenster nicht erkennen: Der Effekt ist nämlich derselbe, wenn sich die Rakete entweder beschleunigt bewegt oder aber in einem Schwerefeld steht. Diese Überlegungen brachten Einstein dazu, die Lichtablenkung im Gravitationsfeld vorauszusagen – ein Effekt, dessen Nachweis ihn 1919 weltberühmt machte.

sel zur Allgemeinen Relativitätstheorie und fand erst darin eine subtile Erklärung. Aus diesem Prinzip zog Einstein außerdem eine erstaunliche Schlussfolgerung: Die Schwerkraft beeinflusst Lichtstrahlen! Zum einen sollte sie deren Frequenz vermindern (Gravitationsrotverschiebung), zum anderen die Bahn der Strahlen verbiegen, wenn sie an einem massereichen Körper vorbeikommen. Einstein machte also zwei kühne Voraussagen neuer physikalischer Effekte: die Lichtablenkung und die Zeitverlangsamung im Schwerefeld. Er hielt dies aber für viel zu schwach, als dass es gemessen werden könnte. Einsteins Annahme war zu pessimistisch, doch bis zum Nachweis dieser Effekte mussten noch viele Jahre vergehen.

Erste Schritte – und eine variable Lichtgeschwindigkeit

Seine Ideen konnte Einstein erst 1911 weiterentwickeln. Inzwischen war er Physik-Professor an der deutschsprachigen Universität Prag geworden. Dort verfasste er mehrere innovative Artikel zum Äquivalenzprinzip und zu statischen Gravitationsfeldern – ein extrem vereinfachter unrealistischer, aber lehrreicher Fall. Die Titel seiner Aufsätze lauten: *Über den Einfluss der Schwerkraft auf die Ausbreitung des Lichtes* sowie *Lichtgeschwindigkeit und Statik des Gravitationsfeldes* und *Zur Theorie des statischen Gravitationsfeldes.*

Im ersten Artikel beschrieb er, wie die Lichtablenkung eventuell doch feststellbar wäre: mittels einer exakten Positionsbestimmung von Sternen nahe am Sonnenrand bei einer totalen Sonnenfinsternis. Einstein prognostizierte für diese Sterne einen Winkel der Lichtablenkung um 0,87 Bogensekunden. Er wusste damals noch nicht, dass Masse den Raum krümmt und deshalb sein vorausgesagter Wert um den Faktor 2 zu gering ist. (Übrigens hätte schon Isaac Newton die Ablenkung von 0,87 Bogensekunden aus seinem Gravitationsgesetz und seiner korpuskularen Lichttheorie errechnen können.)

Um die Spezielle Relativitätstheorie »anschlussfähig« zu machen mit einer Beschreibung der Gravitation und zugleich das Äquivalenzprinzip zu bewahren, schreckte Einstein nicht einmal vor einem radikalen Eingriff zurück. 1911 erwog er eine variable Lichtgeschwindigkeit (was in gewisser Hinsicht einer der beiden Grundannahmen der Speziellen Relativitätstheorie widersprach). Denn die Koordinatenzeit, so Einstein, müsste vom Gravitationspotenzial Φ abhängen. Er schlug folgende Beziehung vor: $c = c_0 \, (1+\Phi/c^2)$. Die Lichtgeschwindigkeit c fungierte quasi als Gravitationspotenzial. Einstein gab auch eine Differentialgleichung für c in Anwesenheit von Materie an ($\Delta c = \rho G c$ mit dem Laplace-Operator Δ, der Materiedichte ρ und der Gravitationskonstante G, die Einstein als k schrieb; Δ ordnet einem zweimal differenzierbaren skalaren Feld f die Divergenz seines Gradienten zu, $\Delta f = \mathit{div}\ (\mathit{grad}\ f)$, was sich mit dem aus den Maxwell-Gleichungen der Elektrodynamik bekannten Nabla-Operator ∇ auch als $\Delta f = \nabla \cdot (\nabla f)$ schreiben lässt – alles klar?).

»Ich arbeite *wie ein Ross*«, jammerte Einstein Ende Februar 1912 in einem Brief. Im nächsten Beitrag für die *Annalen der Physik*, den im März eingereichten Aufsatz *Zur Theorie des statischen Gravitationsfeldes*, schlug er eine modifizierte Gleichung vor, weil die erste gegen Newtons Grundsatz *actio = reactio* verstieß (jeder Kraft entspricht eine Gegenkraft). Die neue Gleichung formulierte eine Abhängigkeit von der Energiedichte des Gravitationsfelds, das selbst als Quelle des Gravitationspotenzials wirkt ($c\,\Delta c - (1/2)(\mathit{grad}\ c)^2 = Gc^2 \rho$). Hier kommt eine Nichtlinearität ins Spiel. Und das Äquivalenzprinzip wäre nur noch für kleine Raumregionen beziehungsweise im Grenzfall des Unendlichen gültig. Einstein entdeckte einen Fehler und wollte den Artikel wieder zurückziehen. Er ließ ihn aber doch drucken, »damit diejenigen, welche sich für das Problem interessieren, sehen, wie ich zu den Formeln gekommen bin«. Das schrieb er an den Herausgeber Wilhelm Wien und korrigierte den Fehler in einem Nachtrag.

Kreuzfeuer der Kritik und Konkurrenz

Einstein hatte 1907 und 1911 mit einer Verallgemeinerung der Speziellen Relativitätstheorie begonnen, um auch beschleunigte und gravitative Systeme in den neuen physikalischen Rahmen einzubetten. Doch lange blieb er nicht allein mit seinen Versuchen. Mehrere renommierte Physiker machten sich, von Einsteins Fachartikeln angeregt, ebenfalls an die Arbeit – und ihm also Konkurrenz.

Der erste Vorschlag kam von Max Abraham, der bei Max Planck promoviert hatte und später in Göttingen und Mailand forschte. Im Januar 1912 schlug Abraham eine Gravitationstheorie im Rahmen der Speziellen Relativitätstheorie vor, wobei er erstmals und noch vor Einstein die Formulierung der euklidischen Minkowski-Raumzeit verwendete. Zwar implizierte der Ansatz eine unschöne Verletzung der Universalität des freien Falls, doch wäre diese unmerklich klein. Einstein war, wie er sich ausdrückte, zwei Wochen lang »geblüfft« durch »die Schönheit und Einfachheit« von Abrahams Formeln. Dann stieß er aber auf einen Fehler und fand die Theorie »ganz unhaltbar«, wie er im Februar an den befreundeten Paul Ehrenfest schrieb. Ähnlich formulierte er es Ende März gegenüber Michele Besso: »Abrahams Theorie ist aus dem hohlen Bauche, das heißt aus bloßen mathematischen Schönheitserwägungen geschöpft und vollständig unhaltbar«. Sie könne »schon vom rein mathematisch formalen Standpunkte aus nicht aufrecht erhalten« werden, schrieb Einstein anschließend in einem kleinen Artikel. Abraham korrigierte seinen Fehler und kritisierte nun seinerseits Einsteins Ansatz von 1911/12, der ebenso »auf schwankendem Grunde« beruhe und nur ein Spezialfall seiner Theorie wäre.

Einstein störte zum einen, dass Abrahams Ansatz nicht das Äquivalenzprinzip erfüllte. Und zum anderen postulierte Abraham eine variable Lichtgeschwindigkeit, was unvereinbar mit der Speziellen Relativitätstheorie ist und Abrahams Theorie selbstwidersprüchlich mache – »besonders geht das Prinzip des konstanten c und damit die Gleichwertigkeit der vier Dimensionen verloren«. Zwar schränkte Einstein in seinem eigenen neuen Ansatz ebenfalls diese Konstanz von c ein, doch hielt er das für viel weniger problematisch. In den *Annalen der Physik* schrieb er dazu

Mitstreiter und Konkurrenten: Die Allgemeine Relativitätstheorie war Albert Einsteins Meisterwerk. Aber er suchte nicht allein nach einer neuen Theorie der Gravitation. Von links oben: Marcel Grossmann (1878–1936), Michele Besso (1873–1955), Max Abraham (1875–1922), Gunnar Nordström (1881–1923), Gustav Mie (1868–1957) und David Hilbert (1862–1943).

in einer *Erwiderung auf eine Bemerkung von M. Abraham*, »dass das Prinzip der Konstanz der Lichtgeschwindigkeit sich nur insoweit aufrecht erhalten lässt, als man sich auf raum-zeitliche Gebiete von konstantem Gravitationspotenzial beschränkt. Hier liegt nach meiner Meinung die Grenze der Gültigkeit zwar nicht des Relativitätsprinzips wohl aber des Prinzips der Konstanz der Lichtgeschwindigkeit und damit unserer heutigen Relativitätstheorie«. Und weiter: »Diese Sachlage bedeutet nach meiner Ansicht aber keineswegs das Scheitern der auf das Relativitätsprinzip gegründeten Methode«. Er zeigte sich zuversichtlich und meinte, »die heutige Relativitätstheorie« würde »stets ihre Bedeutung behalten als einfachste Theorie für den wichtigen Grenzfall des zeiträumlichen Geschehens bei konstantem Gravitationspotenzial. Aufgabe der nächsten Zukunft muss es sein, ein relativitätstheoretisches Schema zu schaffen, in welchem die Äquivalenz zwischen träger und schwerer Masse ihren Ausdruck findet.«

Es kam auch zu einem Briefwechsel zwischen Einstein und Abraham, der die Spezielle Relativitätstheorie verwarf und sogar eine variable Metrik erwog. Die gegenseitige Kritik war harsch, auch in einer zweiten Kontroverse 1913. Trotzdem schätzte Einstein Abraham als Physiker und empfahl ihn sogar bei der Besetzung eines Lehrstuhls in Zürich. In einer weiteren Anmerkung in den *Annalen der Physik*, im Oktober 1912 erschienen, kommentierte Einstein eine Erwiderung Abrahams nur noch kurz: »Da jeder von uns beiden seinen Standpunkt mit der nötigen Ausführlichkeit vertreten hat, halte ich es nicht für nötig, auf Abrahams vorliegende Notiz wieder zu antworten. Ich möchte hier einstweilen den Leser nur darum ersuchen, mein Schweigen nicht als Einverständnis zu deuten.«

Auch wenn sich Abrahams Ansatz nicht halten ließ, gab er doch Anregungen für eine modifizierte Skalartheorie der Gravitation, die Gunnar Nordström von der Universität Helsinki 1912 publizierte. Einstein bezeichnete sie später in einem Brief als »sehr vernünftig« und betrachtete sie 1913 als einzige bestehende Alternative zu seiner eigenen – schon auf dem Tensor-Kalkül basierenden – *Entwurf*-Theorie. Zunächst erfüllte Nordströms Theorie das Äquivalenzprinzip nicht, doch dies konnte er beheben. Und er besuchte Einstein 1913 in Zürich. Dieser formulierte später zusammen mit Adriaan Fokker, einem früheren Studenten von Hendrik Lorentz, eine Variante von Nordströms Theorie: mit konstanter Lichtgeschwindigkeit und Kovarianz (Gültigkeit in allen Koordinatensystemen, was in Einsteins eigener *Entwurf*-Theorie zu dieser Zeit nicht der Fall war). Außerdem machte Einstein in seinem Artikel *Zum gegenwärtigen Stande des Gravitationsproblems*, den die *Physikalische Zeitschrift* 1913 auf der Grundlage seines Vortrags beim Treffen der Gesellschaft Deutscher Naturforscher und Ärzte in Wien publizierte, deutlich, »dass die Nordström'sche Skalartheorie, welche an dem Postulat der Konstanz der Lichtgeschwindigkeit festhält, allen Bedingungen entspricht, die an eine Theorie der Gravitation beim heutigen Stande der Erfahrung gestellt werden können. Unbefriedigend bleibt lediglich der Umstand, dass nach dieser Theorie die Trägheit der Körper zwar durch die übrigen Körper *beeinflusst*, aber doch nicht *verursacht* erscheint, denn es ist nach dieser Theorie die Trägheit eines Körpers desto größer, je weiter wir die übrigen Körper von ihm entfernen.« Einstein lobte die Theorie sogar als »ziemlich einfach« im Vergleich zu seiner eigenen mit »Gleichungen von beträchtlicher Kompliziertheit«, die allerdings »der Auffassung von der Relativität der Trägheit genügt«. Tatsächlich nannte Einstein ein empirisches Kriterium, um die beiden Konkurrenten zu beurteilen: Dies könnten »Aufnahmen von neben der Sonne erscheinenden Sternen bei Sonnenfinsternissen entscheiden.« Einsteins Theorie der gekrümmten Raumzeit sagte nämlich eine Lichtablenkung voraus, in Nordströms Skalartheorie hingegen gab es diesen Effekt nicht.

In Wien kam es auch zu einer Diskussion zwischen Einstein und Gustav Mie von der Universität Greifswald, der 1912 und 1913 eine Gravitationstheorie im Rahmen seiner eigenen elektromagnetischen Theorie der Materie aufgestellt hatte. Diese erfüllte das Äquivalenzprinzip nicht, doch Mie zufolge existierten bloß unmessbare Abweichungen von höchstens 1 zu 10^{11}. Einstein meinte später, Mies Theorie sei »phantastisch und hat meiner Meinung nach eine verschwindend kleine innere Wahrscheinlichkeit«. Aber auch hier betonte er die prinzipielle experimentelle

Entscheidbarkeit: Gemäß Mies Theorie gibt es keine Gravitationsrotverschiebung, Einsteins und Nordströms Theorien zufolge jedoch schon.

1914 beklagte Einstein in Briefen zwar die »hitzige Polemik« von Mie – und dass Abraham »mächtig über alle Relativität« schimpfe, immerhin »aber mit Verstand«. Doch er gewann den Kontroversen durchaus Positives ab: »Ich freue mich darüber, dass die Fachgenossen sich überhaupt mit der Theorie beschäftigen, wenn auch vorläufig nur in der Absicht, dieselbe totzuschlagen.«

Von der rotierenden Scheibe zur gekrümmten Raumzeit

Einsteins Vorgehen war vorsichtig, genau überlegt und schrittweise. Daher versuchte er zunächst, nur den Spezialfall des statischen Gravitationsfelds zu verstehen. Im März 1912 glaubte er, so weit zu sein. »In der letzten Zeit arbeite ich rasend am Gravitationsproblem. Nun ist es so weit, dass ich mit der Statik fertig bin. Von dem dynamischen Feld weiß ich noch gar nichts, das soll erst jetzt folgen«, schrieb er am 26. März an Michele Besso. »Jeder Schritt ist verteufelt schwierig, und das bis jetzt Abgeleitete gewiss noch das Einfachste.«

Wie recht Einstein damit behalten sollte, zeigte sich schon wenige Monate später. Den entscheidenden Anstoß gab ein Gedankenexperiment, das 1909 Max Born ersonnen und Paul Ehrenfest weiter reflektiert hatte. Born – in den 1920er-Jahren dann einer der Hauptarchitekten der Quantenmechanik, wofür er auch den Physik-Nobelpreis erhielt – hatte in Göttingen bei David Hilbert promoviert, dessen physikalischer Assistent er war, und 1909 bei Hermann Minkowski habilitiert. Ehrenfest hatte ebenfalls in Göttingen studiert, Einstein in Prag kennengelernt und 1912 als

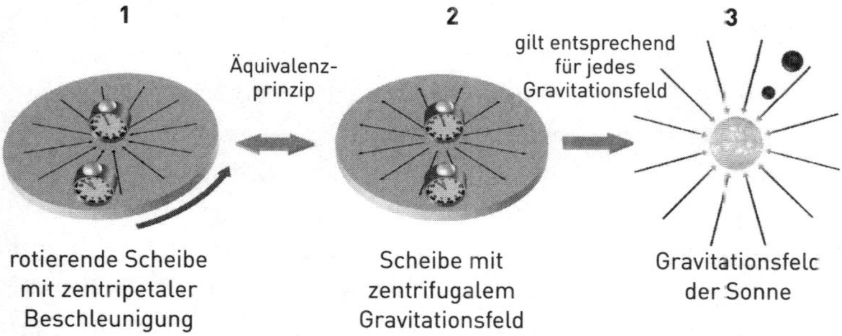

Gedrehte Verformung: In einem Gedankenexperiment stieß Paul Ehrenfest auf eine Paradoxie. Er stellte sich eine fast mit Lichtgeschwindigkeit rotierende starre Scheibe vor (1). Gemäß Einsteins Spezieller Relativitätstheorie muss ihr Rand in Bewegungsrichtung verkürzt sein (Lorentz-Kontraktion), und Uhren am Rand müssen langsamer ticken (Zeitdilatation) als in der Scheibenmitte. Weil die Lorentz-Kontraktion nicht radial wirkt, der Durchmesser d also unverändert bleibt, müsste der Scheibenumfang U kurioserweise größer sein, als es die euklidische Schulmathematik beschreibt ($U = \pi d$). Das brachte Einstein auf die Idee, dass die Geometrie hier nichteuklidisch ist. Daraus entwickelte er die Vorstellung eines durch Massen gekrümmten Raums, denn Beschleunigung und Gravitation sind der Allgemeinen Relativitätstheorie zufolge äquivalent. Somit gehen Uhren im Gravitationsfeld langsamer als in der Schwerelosigkeit. Entsprechend tickt eine Uhr im Zentrum einer Scheibe, von dem zentrifugale Kräfte ausgehen, schneller als am Rand (2). Starre Scheiben, die außen lorentzkontrahiert oder nichteuklidisch ausgebeult sind, existieren in Wirklichkeit zwar nicht, aber Paul Ehrenfests Paradoxie der Speziellen Relativitätstheorie wird durch die Allgemeine Relativitätstheorie aufgelöst. Und deren Voraussage lässt sich mithilfe der Spektrallinien von Atomen auch messen: Nah bei der Sonne (3) vergeht die Zeit für diese natürlichen »Atomuhren« langsamer als weiter außen im solaren Schwerefeld.

Nachfolger von Hendrik Lorentz den Lehrstuhl für Theoretische Physik an der holländischen Universität Leiden übernommen. Einstein war mit beiden lebenslang befreundet und in regem Briefaustausch.

Ehrenfest hatte in Borns Annahme einer fast lichtschnell rotierenden Scheibe eine paradoxe Situation entdeckt: Der Schei-

Exkurs

Gekrümmte Flächen und Räume: Nichteuklidische Geometrie

Dass der Raum eine euklidische Struktur hat, war für den Philosophen Immanuel Kant eine unhintergehbare, absolut sichere (und doch nicht rein logische) Tatsache, ein »synthetisches Urteil a priori«. Weil er sich nichts anderes vorzustellen vermochte und dem geometrischen System des altgriechischen Mathematikers Euklid absolut vertraute, konnten Welt und Denken nicht anders sein. Dabei hatte der persische Gelehrte 'Omar Chayyām schon im 12. Jahrhundert über eine »nichteuklidische« Geometrie spekuliert, wie sie der bedeutende Mathematiker Carl Friedrich Gauß später nannte. Auch Giovanni Girolamo Saccheri von der Universität Pavia hatte bei seinem Versuch, Euklids Geometrie zu beweisen – 1733 in seiner Abhandlung *Euclides ab Omni Naevo Vindicatus* (»Euklid befreit von allen Fehlern«) –, ein Beispiel für eine nichteuklidische Geometrie gefunden, ohne es jedoch zu bemerken. Erst Gauß erkannte diese revolutionäre Möglichkeit Anfang des 19. Jahrhunderts, veröffentlichte aber nichts dazu (so auch unabhängig von ihm um 1818 der Jurist Ferdinand Karl Schweikart). Gauß schrieb allerdings 1804 dem befreundeten Mathematiker Wolfgang Bolayi in Ungarn davon. Der hatte bereits erfolglos über das Parallelen-Axiom nachgedacht und warnte seinen Sohn János Bolyai davor, es zu probieren: »Du darfst die Parallelen auf jenem Wege nicht versuchen; ich kenne diesen Weg bis an sein Ende – auch ich habe diese bodenlose Nacht durchmessen, jedes Licht, jede Freude meines Lebens ist in ihr ausgelöscht worden«. Doch sein Sohn publizierte 1831 eine Schrift zur Grundlage der nichteuklidischen Geometrie, wie auch unabhängig von ihm 1826 Nikolai Iwanowitsch Lobatschewski in Russland. Bernhard Riemann, der bei Gauß promoviert hatte, verallgemeinerte 1854 in seinem berühmten Habilitationsvortrag *Über die Hypothesen, welche der Geometrie zugrunde liegen* in Göttingen die nichteuklidischen Ansätze für beliebig viele Dimensionen. Das begründete die Differentialgeometrie gekrümmter Räume. Und er führte die Konzepte der Mannigfaltigkeit, der Riemann'schen Metrik und der (mit Tensoren beschreibbaren) Krümmung ein, ohne die die Allgemeine Relativitätstheorie nicht hätte entwickelt werden können. Weitere wichtige Arbeiten, auf die sich

Albert Einstein stützte, stammten von Elwin Bruno Christoffel sowie von Gregorio Ricci-Curbastro und dessen Schüler Tullio Levi-Civita.

Euklid hatte in seinem Werk *Die Elemente* die Geometrie der Fläche auf fünf Axiomen und 23 Definitionen aufgebaut. (Aus heutiger Sicht war das nicht exakt, weil er unausgesprochene Voraussetzungen machte, die weitere Axiome sind; eines der modernen euklidischen Systeme schuf David Hilbert; er formulierte es mit 20 Axiomen und konnte damit alle Beweise Euklids rechtfertigen.) Die fünfte Grundannahme Euklids, das Parallelen-Axiom, besaß eine Sonderrolle. Es besagt, dass auf einer ebenen Fläche durch einen Punkt außerhalb einer Geraden genau eine Gerade existiert, die die erstgenannte Gerade niemals schneidet. Es gab zahlreiche erfolglose Versuche, dieses Axiom aus den anderen abzuleiten. Verwirft man es hingegen, dann lassen sich gekrümmte Flächen definieren, wie Gauß zeigte. Sogenannte elliptische oder sphärische Flächen, etwa eine Kugeloberfläche, sind positiv gekrümmt und haben keine Parallelen; Dreiecke besitzen hier eine Winkelsumme von über 180 Grad, Kreise mit dem Radius r einen Umfang von weniger als $2\pi r$ und einen Flächeninhalt von weniger als $2\pi r^2$. Sogenannte hyperbolische oder pseudosphärische Flächen, beispielsweise eine Satteloberfläche, sind negativ gekrümmt und haben mindestens zwei Parallelen zu einer Geraden durch einen Punkt außerhalb von dieser; Dreiecke besitzen eine Winkelsumme von weniger als 180 Grad, Kreise einen Umfang von mehr als $2\pi r$ und einen Flächeninhalt von über $2\pi r^2$.

Diese Krümmungen sind übrigens als rein intrinsisch (innerlich) aufzufassen, sie erfordern also keine höhere Dimension, in die die Flächen eingebettet wären. In drei Dimensionen gibt es acht Geometrieklassen (euklidisch, elliptisch, hyperbolisch und partielle Mischformen). Es ist nicht möglich, rein mathematisch zu entscheiden, ob der physikalische Raum euklidisch ist oder nicht – worauf bereits János Bolayi hinwies. (Dass schon Gauß durch die Vermessung riesiger Dreiecke auf der Erde die Raumkrümmung bestimmen wollte, ist wohl eine Legende – und wäre auch heute noch unmöglich, denn die Abweichung beträgt nur 20 Billionstel Grad.)

benrand müsste der Lorentz-Kontraktion unterworfen sein, ihr Radius aber nicht. Neben der Schwierigkeit, wie sich diese Situation für einen starren Körper verstehen lässt (im Rahmen der Klassischen Festkörperphysik strenggenommen gar nicht), bestand das Paradoxon in der einfachen Schlussfolgerung, dass der Umfang der relativistischen Scheibe nicht das Produkt der Kreiszahl π und des Scheibendurchmessers sein konnte, wie in der euklidischen Geometrie definiert. Vielmehr musste die Scheibe mit einer nichteuklidischen Geometrie beschrieben werden. Dafür gab es bereits einen auf den Mathematiker Carl Friedrich Gauß zurückgehenden Formalismus. Diese Konsequenz zog der Mathematiker Theodor Kaluza schon 1910 und argumentierte, dass die Scheibenoberfläche hyperbolisch sein müsse, also negativ gekrümmt. Da gemäß des Äquivalenzprinzips Beschleunigung und Gravitation eng zusammenhängen, gelangte Einstein zu einer drastischen Schlussfolgerung: Auch das Gravitationsfeld muss, entgegen aller früheren Annahmen, mit einer nichteuklidischen Geometrie beschrieben werden. Das war ein radikaler Gedanke – und zugleich ein entscheidender Schritt bei der Entwicklung der Allgemeinen Relativitätstheorie.

Aus der Scheiben-Analogie schloss Einstein, dass sich das Gravitationsfeld nicht einfach durch ein skalares Potenzial darstellen lässt, wie er bislang annahm – und auch alle anderen, die über die Problematik nachdachten. Ein Skalarfeld (»scala«, lateinisch für Leiter) hat an jedem Ort im Raum einen bestimmten Betrag, der sich auch zeitlich ändern kann, aber keine Richtung, ist also der einfachste Typ eines Feldes. Beispielsweise lässt sich die Temperaturverteilung und -änderung in einem Zimmer durch ein Skalarfeld als effektive Beschreibungsgröße darstellen: mit Grad-Celsius-Angaben für jeden Raumpunkt. Gerichtete Größen hingegen, etwa ein magnetisches Feld mit den im Raum orientierten Magnetfeldlinien, benötigen eine komplexere Be-

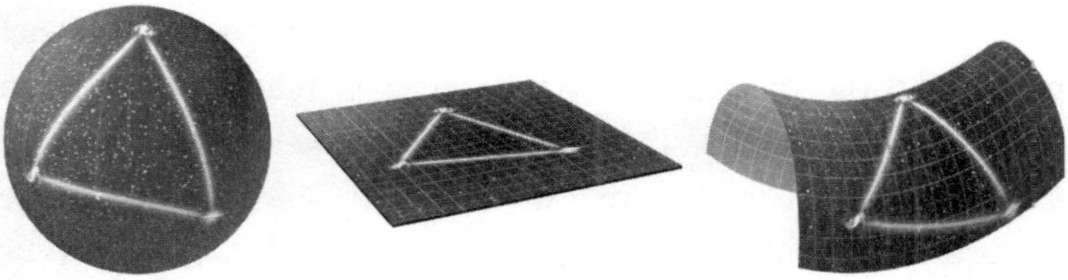

Drei Arten von Geometrien: In der ebenen Fläche wie in einem flachen Raum gilt die gewohnte Schulgeometrie. Parallelen schneiden sich nie und Dreiecke haben eine Winkelsumme von 180 Grad. Es sind jedoch auch kompliziertere Geometrien denkbar. Ist die Fläche – oder der Raum mit einer Dimension mehr – positiv gekrümmt, also sphärisch, dann schneiden sich Parallelen und Dreiecke haben eine Winkelsumme von über 180 Grad. Ist die Fläche – oder der Raum negativ gekrümmt, also hyperbolisch, dann laufen Parallelen auseinander und die Winkelsumme von Dreiecken ist kleiner als 180 Grad. Diese Möglichkeiten gelten nicht nur für die Mathematik, sondern auch für den physikalischen Raum. Wenn die mittlere Materie- und Energiedichte im Weltall einen kritischen Grenzwert überschreitet, ist der Raum geschlossen (sphärisch) und endlich (aber grenzenlos), das heißt er krümmt sich in sich selbst zurück analog zur Kugeloberfläche. Entspricht die Dichte exakt dem Grenzwert oder liegt darunter, ist der Weltraum unendlich – im Spezialfall flach (euklidisch), ansonsten offen (hyperbolisch) und dann an jeder Stelle negativ gekrümmt wie ein Sattel.

schreibung durch ein Vektorfeld (»vector«, lateinisch für Träger, Fahrer). Dieses ordnet jedem Raumpunkt einen Betrag und eine Richtung zu. Noch komplexere Situationen lassen sich durch eine Verallgemeinerung der Vektoren erfassen: die erst 1898 in die Physik eingeführten Tensoren (»tendere«, lateinisch für spannen, zielen). Ein Tensor ist eine mathematische Funktion, die Vektoren auf einen Wert abbildet (die Zahl der Vektoren definieren den Rang des Tensors) und damit Beziehungen zwischen Skalaren, Vektoren und anderen Tensoren beschreiben. Das Tensor-Kalkül als »absolute Differentialgeometrie« haben Gregorio Ricci-Curbastro und sein Schüler Tullio Levi-Civita um 1890 in Italien entwickelt und 1900 auf französisch in den *Mathematischen Annalen* dargestellt, was in viele Sprachen übersetzt und später auch von Einstein gelesen wurde. Dessen Erkenntnis, die Beschreibung des Gravitationsfelds im Rahmen der nichteuklidischen Geometrie zu formulieren, bedeutete eine gewaltige Ausdehnung der Problemzone: Das Skalarfeld musste durch ein Tensorfeld ersetzt werden, für den der sogenannte metrische Tensor zweiten Ranges mit zehn Komponenten nötig war.

Das klingt sehr kompliziert und ist es auch. Einstein hätte es wohl allein gar nicht bewältigen können. »Grossmann hilf mir, sonst werde ich verrückt«, soll er gesagt haben, und bat seinen früheren Kommilitonen Marcel Grossmann um Rat – der ihn mit seinen akribischen Vorlesungsmitschriften einst schon bei den Prüfungen an der Universität und später bei der Vermittlung der Stelle am Berner Patentamt unterstützt hatte. Und die Gelegenheit war günstig, denn im August 1912, als Einstein die Notwendigkeit der nichteuklidischen Beschreibung des Gravitationsfelds erkannte, zog er auch zurück nach Zürich. Frustriert von den überbordenden Verwaltungsaufgaben in Prag – »die Tintenscheißerei ist endlos« – hatte er einen Ruf von seiner Alma mater angenommen: eine Professur an der Eidgenössischen Technischen Hochschule. Das war ein Glücksfall, denn dort lehrte Grossmann seit 1907 als Professor für Geometrie. Grossmann war schnell Feuer und Flamme für Einsteins Forschung und unterstützte ihn sehr beim Verständnis und der Anwendung dieser schwierigen neuen Mathematik zur Beschreibung der Raumkrümmung. Er führte ihn in die Werke von Bernhard Riemann, Elwin Christoffel sowie Ricci und Levi-Civita ein und half ihm bei der Suche nach den Feldgleichungen der Gravitation auf der Grundlage des Tensor-Kalküls. (»Endlich sei an dieser Stelle dankbar meines Freundes, des Mathematikers Grossmann, gedacht, der mir durch seine Hilfe nicht nur das Studium der einschlägigen mathematischen Literatur ersparte, sondern mich auch beim Suchen nach den Feldgleichungen der Gravitation unterstützte«, betonte Einstein 1916 in seiner ersten Darstellung über *Die Grundlagen der Allgemeinen Relativitätstheorie*.)

»Völlig verständlich« könnte die Allgemeine Relativitätstheorie »nur dem gemacht werden, dessen mathematische Kenntnis und Reife des Urteils weit genug gehen«, schrieb Grossmann 1920 in der *Schweizer Zeitung*, als Einstein bereits berühmt war. »Der Mathematiker besitzt in seiner Formelsprache eine *Stenographie des Denkens*, die ihm nützlich, ja unentbehrlich ist für kompliziertere Gedankengänge. Wie die Kenntnis der Stenographie das Folgen eines Vortrages erleichtert, so ermöglicht die mathematische Formelsprache die Aufstellung verwickelter Gedankenketten, die man ohne sie gar nicht zu Ende denken könnte.« Und obwohl Grossmanns Hilfestellung von unschätzbarem Wert für Einstein war, hatte er sich nie damit gebrüstet und beanspruchte für die physikalische Revolution selbst auch keine Urheberschaft. Er hatte Einstein sehr bei dessen handwerklichen Fertigkeiten unterstützt, doch das Kunstwerk selbst lässt sich nicht aufs Handwerkliche reduzieren oder dadurch verstehen. »Der Laie macht sich eben eine ganz falsche Vorstellung davon, was das Wesen mathematischer und allgemein exakt-naturwissenschaftlicher Forschung ist«, meinte Grossmann. »Wer, wie der Schreiber dieser Zeilen, die ersten mühseligen Tastversuche Einsteins in den Jahren 1912 und 1913 miterlebt hat, muss an die Eroberung eines schwer zugänglichen Berggipfels in dunkler Nacht, ohne Weg und Steg, ohne Halt und ohne Richtung denken. Erfahrung und Deduktion boten nur spärliche und unsichere Griffe. Um so höher ist diese geistige Tat zu werten«, betonte er. Und weiter: »*Neues* schafft auch auf diesem Tätigkeitsfeld des menschlichen Geistes nur die *Intuition*, die *schöpferische Phantasie*. Die großen Mathematiker und Physiker sind nicht etwa gute Rechner, da werden sie zumeist von jedem tüchtigen Buchhalter übertrumpft; das ist ebenso wenig der Fall, als dass ein großer Musiker sei, wer virtuos Klavier spielen könne! Originelle Leistungen in allen Gebieten des menschlichen Wissens und Könnens sind *künstlerische Leistungen* und gehorchen deren Gesetzen.«

Doch Kunst beruht auch auf Können, und das zu erlernen war harte Arbeit für Einstein. An den Physiker Arnold Sommerfeld schrieb er im Oktober 1912, er beschäftige sich »jetzt ausschließlich mit dem Gravitationsproblem« und glaube, »mithilfe eines hiesigen befreundeten Mathematikers aller Schwierigkeiten Herr zu werden«; doch er räumte zugleich ein, dass er »sich im Leben noch nicht annähernd so geplagt« habe und nun »große Hochachtung für die Mathematik eingeflößt bekommen habe, die ich bis jetzt in ihren subtileren Teilen in meiner Einfalt für puren Luxus ansah! Gegen dies Problem ist die ursprüngliche Relativitätstheorie eine Kinderei.« Als Max Planck Einstein 1913 besuchte, hielt er das Unterfangen sogar für aussichtslos: »Als alter Freund muss ich Ihnen davon abraten, weil Sie einerseits nicht durchkommen werden; und wenn Sie durchkommen, wird Ihnen niemand glauben.«

Leitlinien zur Allgemeinen Relativitätstheorie

Rekonstruiert man die Formulierung der Allgemeinen Relativitätstheorie als eine konsequente Logik der Forschung, dann lässt sich die Theorie aus mehreren Grundannahmen und Bedingungen entwickeln. Diese sind allerdings von unterschiedlicher Art und erscheinen teilweise willkürlich – basierten also auf Entscheidungen, die im Forschungsprozess zunächst nicht jeder Kollege mittrug, und die sogar Einstein selbst in einem Fall (der Kovarianz) vorübergehend eingeschränkt hat:

› **Äquivalenzprinzip:** Träge und schwere Masse haben denselben Wert und unterschiedliche Körper fallen im Vakuum gleich schnell.

› **Korrespondenzprinzip:** Die Allgemeine Relativitätstheorie sollte bei ihren Voraussagen und Beschreibungen in Isaac Newtons Theorie der Schwerkraft übergehen, also diese als Grenzfall für schwache Gravitationsfelder enthalten. Denn für solche Verhältnisse – etwa Wurfbewegungen, Kometenbahnen und Planetenorbitale – hatte sich Newtons Gravitationsgesetz seit dem 17. Jahrhundert glänzend bewährt.

› **Erhaltungssätze:** Was in einem geschlossenen System als Energie und Impuls vorhanden ist, bleibt konstant. Diese physikalischen Erhaltungsgrößen können weder aus dem Nichts auftauchen noch verschwinden. Das sollte auch im Rahmen der Allgemeinen Relativitätstheorie gewährleistet sein.

› **Allgemeine Kovarianz:** Die gesuchten Feldgleichungen der Gravitation sollten in allen Koordinatensystemen gleich sein, also bei Koordinatentransformationen unverändert (»invariant«) bleiben. In diesem Sinn wird die Spezielle Relativitätstheorie verallgemeinert. Sie formuliert nur, wie die Koordinaten gleichförmig bewegter Bezugssysteme ohne Gravitation ineinander umgerechnet werden, sodass die Naturgesetze für alle unbeschleunigten Systeme invariant sind. Die Allgemeine Relativitätstheorie behandelt auch beschleunigte Systeme einschließlich der Gravitation.

› **Empirie:** Wie jede brauchbare wissenschaftliche Theorie muss die Allgemeine Relativitätstheorie mit den Resultaten der Beobachtungen und Experimente ihres Gegenstandsbereichs übereinstimmen. Sie sollte somit einerseits Messergebnisse von bislang unbeobachteten Phänomenen voraussagen, die Newtons Theorie nicht oder anders prognostiziert. Und sie sollte andererseits noch unverstandene Daten erklären können. Im ersten

Fall sagte Einstein die Ablenkung von Licht und die Verlangsamung der Zeit (beziehungsweise die Rotverschiebung von Frequenz-Uhren) in einem Gravitationsfeld voraus; im zweiten Fall gelang es ihm, die bereits bekannte, aber rätselhafte Periheldrehung des Planeten Merkur zu erklären.

Diese fünf Leitlinien waren Einsteins wesentliche Orientierungshilfen für die Entwicklung der Allgemeinen Relativitätstheorie beziehungsweise für die Suche nach den Feldgleichungen der Gravitation. Zumindest lässt sich das so im Rückblick sagen. Die Empirie spielte, von den Eötvös'schen Versuchen zur Stützung des Äquivalenzprinzips abgesehen, zunächst kaum eine Rolle; und sie war auch erst am Ende des Forschungsprozesses von Bedeutung, als die Erklärung von Merkurs Bahnanomalie gelang. Zwischen der Forderung nach Allgemeiner Kovarianz einerseits und dem Korrespondenzprinzip sowie dem Vertrauen auf die physikalischen Erhaltungssätze andererseits herrschte eine Spannung, zunächst sogar eine scheinbare Unvereinbarkeit, die Einstein jahrelang nicht auflösen konnte. Doch dieser Widerspruch brachte ihn zusammen mit mathematischen Fortschritten letztlich auf die richtige Spur.

Vom Königsweg in die Sackgasse

Trotz aller Schwierigkeiten blieb Einstein hartnäckig und arbeitete 1912/13 mit Grossmann weiter an der nichteuklidischen Gravitationstheorie, die selbst der brillante Isaac Newton nicht hätte finden können, weil es zu seiner Zeit das mathematische Handwerkszeug dazu noch gar nicht gab. »Es war eine mächtige, aber den Physikern damals noch ganz unbekannte Mathematik«, kommentiert der Wissenschaftshistoriker Tilman Sauer. »Leider war es Einstein und Grossmann in Zürich trotz vieler Versuche nicht gelungen, die richtigen Gleichungen zu formulieren, obwohl sie ihrem Ziel einmal bereits ganz nah gekommen waren, ohne es jedoch zu merken.«

Das weiß man, weil es Einstein später selbst in Briefen berichtet hatte. Und weil inzwischen sein Notizbuch aus der Zeit in Zürich ausgewertet ist, das zunächst irrtümlich als Vorlesungsvorbereitung interpretiert worden war. Vor allem die Forschungen von John Stachel und John Norton hatten das Missverständnis aufgeklärt und die Bedeutung dieses 96-seitigen Büchleins mit der Überschrift »Relativität« auf dem Deckblatt erkannt. Darin hatte Einstein wohl ab August 1912 bis in den Mai 1913 geschrieben – von beiden Enden aus, bis sich die Eintragungen in umgekehrter Ausrichtung trafen. Sie bestehen überwiegend aus Berechnungen und Ableitungen. Die Rekonstruktion der Abfolge und des Inhalts war schwierig, aber mittlerweile ist eine genau Abschrift mitsamt einer Erläuterung fast Zeile für Zeile publiziert. Somit kann man Einstein förmlich dabei zusehen, wie er sich den Tensor-Kalkül angeeignet hatte – mit Grossmanns Hilfe, dessen Name auch auftaucht – und auf das Gravitationsproblem anwandte.

Grossmanns Hinweis auf den Riemann-Tensor war ein wichtiger Einschnitt. Und weil sich damit die Feldgleichungen ableiten lassen, wäre er der »Königsweg zur Allgemeinen Relativitätstheorie« gewesen, wie Jürgen Renn es ausdrückte – wenn Einstein und Grossmann das erkannt hätten. Dies taten sie aber nicht, weil es ihnen zunächst nicht gelang, den Newton'schen Grenzfall abzuleiten, also den Übergang von der mutmaßlichen verallgemeinerten Relativitätstheorie zu Newtons Gravitationsgesetz bei schwachen Gravitationsfeldern. Weil sich Newtons Gesetz empirisch gut bewährt hatte, musste es als Spezialfall in der allgemeineren Theorie enthalten sein, so die vernünftige (und im Rückblick auch korrekte) Annahme. Danach sah es aber zu-

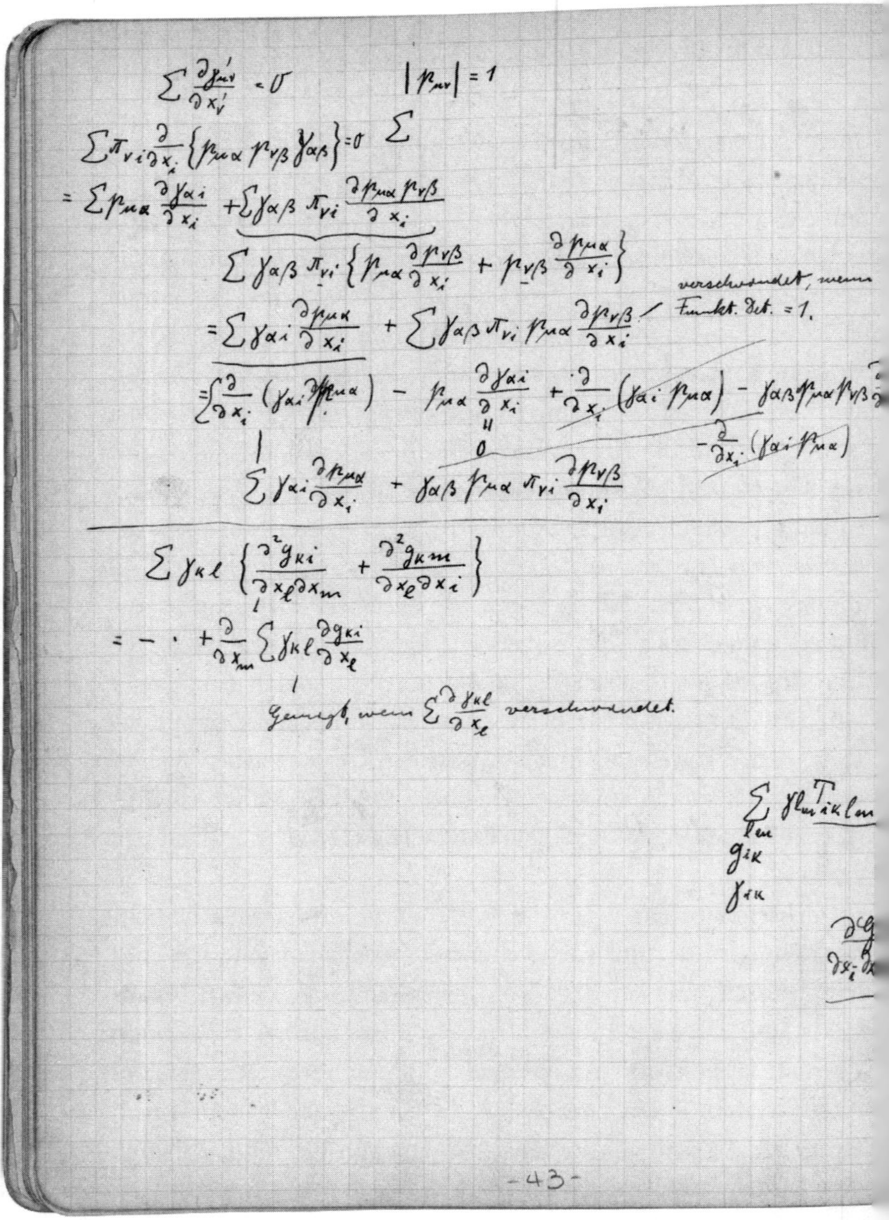

Nahe dran: Wie Einsteins Notizbuch aus seiner Zeit in Zürich zeigt, begann er 1912 mit der Ausarbeitung einer verallgemeinerten Relativitätstheorie auf der Grundlage einer nichteuklidischen Geometrie. Dabei half ihm Marcel Grossmann – dessen Name auf der rechten Seite links oben steht.

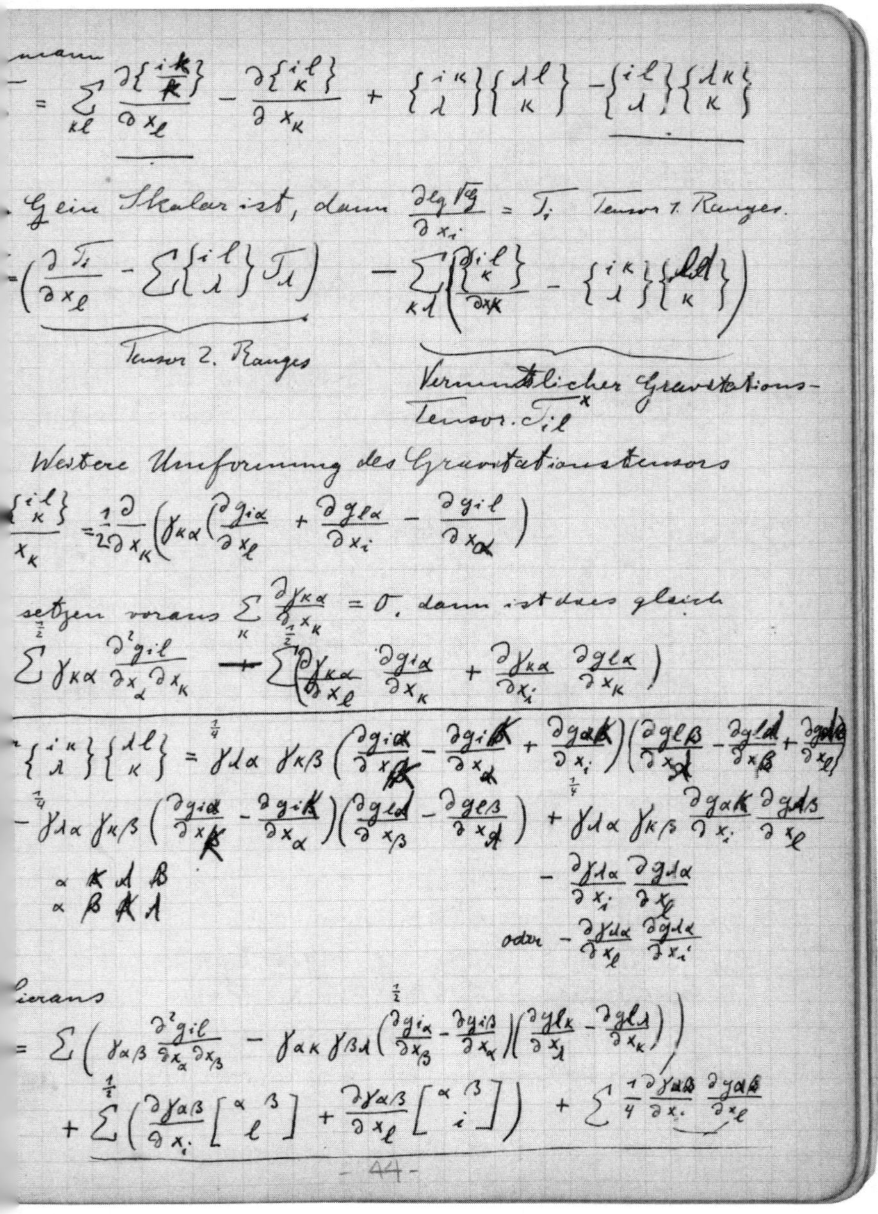

Einstein hat hier auch »vermutlicher Gravitationstensor« notiert. Auf der linken Seite stehen bereits die Feldgleichungen der Allgemeinen Relativitätstheorie in erster (linearisierter) Näherung. Dass es die richtigen sind, hat Einstein allerdings erst viel später erkannt.

nächst nicht aus – jedenfalls nicht mit dem Riemann-Tensor als Ausgangspunkt. Deshalb suchten Einstein und Grossmann nach anderen Wegen.

Zunächst schien sich alles gut zu entwickeln. »Mit der Gravitation geht es glänzend«, schrieb Einstein in einem Brief im August 1912. »Wenn nicht alles trügt, habe ich nun die allgemeinsten Gleichungen gefunden.« Und tatsächlich stehen die Feldgleichungen der Allgemeinen Relativitätstheorie in erster Näherung, in ihrer linearisierten Form, im Züricher Notizbuch. Doch das erkannte Einstein nicht und hätte es wohl auch nicht können, weil ihm die Zusammenhänge und begrifflichen Grundlagen noch gar nicht klar geworden waren.

Ein knappes Jahr später zeigte sich Einstein weiterhin zuversichtlich, dass er »das Richtige getroffen habe«. So schrieb er es im Juli an den befreundeten Jakob Laub. »Die entsprechende Verallgemeinerung der Relativitätstheorie ist gelungen.« Was sich wie ein Triumph anhört, war im Nachhinein betrachtet zwar ein Pyrrhus-Sieg, aber doch nicht vergeblich. Und in den Monaten bis zum Mai 1913 ist Einstein und Grossmann tatsächlich ein großer Schritt geglückt: Sie hatten bis dahin alles in einer kleinen Schrift zusammengefasst, die bereits im Juni im Leipziger Teubner-Verlag erschien. Der Titel war vorsichtig formuliert: *Entwurf einer verallgemeinerten Relativitätstheorie und einer Theorie der Gravitation*. Das Büchlein bestand aus 36 Seiten und zwei Teilen; der erste, 20 Seiten, war von Einstein zur Gravitationsphysik, der zweite von Grossmann zur Mathematik des Tensor-Kalküls. (Einige der Gleichungen, Ableitungen und Formulierungen finden sich deckungsgleich in Einsteins Notizbuch.) Die Entwurftheorie enthielt »schon die wesentlichen begrifflichen und mathematischen Elemente der vollendeten Allgemeinen Relativitätstheorie«, schrieben Jürgen Renn und Tilman Sauer in einer historischen Würdigung. »Hierzu gehört vor allem die entscheidende

Einsicht, dass ein metrischer Tensor für die vierdimensionale Raumzeit die Rolle eines verallgemeinerten Gravitationspotenzials spielen würde.«

Völlig zufrieden waren Einstein und Grossmann jedoch nicht. Neben der »unleugbaren Kompliziertheit der hier vertretenen Theorie« gab es auch ein prinzipielles Problem – zumindest hinsichtlich Einsteins hochgesteckter Ziele: Er wollte eine kovariante Gravitationstheorie, die in allen Bezugssystemen gilt, nicht nur den unbeschleunigten der Speziellen Relativitätstheorie. Das heißt, die Naturgesetze sollten in beliebigen Koordinatensystemen dieselbe Form haben. Das jedoch konnte die Entwurftheorie nicht gewährleisten. Sie war weitgehend kovariant, aber nicht vollkommen. »Wenn also nicht alle Gleichungssysteme der Theorie [...] außer den linearen noch andere Transformationen zulassen, so widerlegt die Theorie ihren eigenen Ausgangspunkt; sie steht dann in der Luft«, äußerte Einstein seine Besorgnis in einem Brief an Lorentz im August 1913.

Nach und nach meinte er aber, dass »dieser hässliche dunkle Fleck«, so gegenüber Lorentz, vielleicht doch tolerierbar war. Und er kehrte die Beweislast gleichsam um, bezeichnete die Kovarianz-Forderung sogar als »Hemmnis« und versuchte nun zu zeigen, dass und warum die Feldgleichungen eben nicht völlig kovariant sein können: Einerseits würden völlig kovariante Gleichungen die Erhaltungssätze von Energie und Impuls nicht erfüllen – physikalisch äußerst unglaubwürdig. Andererseits glaubte Einstein nachweisen zu können (in seiner sogenannten »Lochbetrachtung«), dass kovariante Feldgleichungen nicht eindeutig wären. Beide Argumente stellten sich später als falsch heraus. Sie erschienen aber vor dem Hintergrund des damaligen Erkenntnisstands zunächst als plausibel – und so verzögerten sie den Durchbruch zur Allgemeinen Relativitätstheorie um mehr als zwei Jahre.

Im Mai 1914 erschien die letzte gemeinsame Arbeit von Einstein und Grossmann. Darin untersuchten sie genauer die Kovarianzeigenschaften ihrer Entwurftheorie, um präziser zu charakterisieren, welche Koordinatentransformationen möglich waren. Sie schlossen ihre Arbeit mit den Worten: »Wenn auch die vorstehenden Überlegungen die angepassten Koordinatensysteme und die berechtigten Transformationen« – zwei im Artikel erstmals verwendete Begriffe – »noch nicht völlig anschaulich machen können, so gewinnt doch die neue Theorie der Gravitation durch diese weitgehende Kovarianz der Gravitationsgleichungen an überzeugender Kraft«; und die beiden Freunde meinten, gezeigt zu haben, »dass die Kovarianz der Gleichungen eine denkbar weitgehende ist.«

Die Entwurftheorie war ein Etappensieg. Aber sie war zugleich auch eine Sackgasse, weil die darin vorgestellten Feldgleichungen letztlich nicht funktionierten. Im Rückblick nannte Einstein später drei Gründe für das Scheitern: Die Entwurftheorie konnte eine von astronomischen Messungen her bekannte Bahnanomalie des Planeten Merkur nicht richtig beschreiben, die sich als erster Prüfstein der Allgemeinen Relativitätstheorie erweisen sollte; die Entwurftheorie war nicht in der Lage, rotierende Systeme als äquivalent zu solchen in Ruhe zu behandeln und verstieß daher gegen die Annahme eines erweiterten Relativitätsprinzips; und die Ableitung der Feldgleichungen basierte auf einer problematischen Annahme.

»Tatsächlich aber überstand die Theorie zunächst all diese Fehlschläge«, kommentiert Jürgen Renn die weitere Entwicklung. »Sogar die Entdeckung eines Fehlers in der Ableitung der Feldgleichung führte keineswegs zu einer Widerlegung der Entwurftheorie, sondern nur zu einem erfolgreichen Versuch, diese Ableitung auf einer technischen Ebene durch Hinzuziehen eines physikalischen Arguments zu reparieren.«

Allerdings zwang Einstein dies, seine konzeptuellen Voraussetzungen und Strategien zu überdenken. Er arbeitete unverdrossen weiter und erzielte immer wieder Fortschritte. »Ich habe mich wieder bis zur Erschöpfung geplagt mit der Gravitationstheorie, aber diesmal mit unerhörtem Erfolge«, schrieb er im März 1914 an den befreundeten Mediziner Heinrich Zangger in Zürich. Es sei ihm »der Beweis gelungen«, dass seine Gleichungen für beliebig bewegte Bezugssysteme gelten, »dass also die Hypothese von der Äquivalenz der Beschleunigung und des Gravitationsfeldes durchaus richtig ist, im weitesten Sinne. Nun ist die Harmonie der gegenseitigen Beziehungen in der Theorie eine derartige, dass ich an der Richtigkeit nicht mehr im Geringsten zweifle. Die Natur zeigt uns von dem Löwen zwar nur den Schwanz. Aber es ist mir unzweifelhaft, dass der Löwe dazu gehört, wenn er sich auch wegen seiner ungeheuren Dimensionen dem Blicke nicht unmittelbar offenbaren kann. Wir sehen ihn nur wie eine Laus, die auf ihm sitzt.«

Und wahrscheinlich am selben Tag schrieb Einstein an Besso, dass unter bestimmten Bedingungen »*die Gleichungen der Gravitation für jedes Bezugssystem gelten*«, auch bei der Rotation, und dass das Äquivalenzprinzip streng erfüllt ist. Daraufhin meinte er sogar, dass die als Test sehnsüchtig erhoffte Messung der Lichtablenkung im Schwerefeld bei der Sonnenfinsternis im August 1914 gar nicht so wichtig sei: »Nun bin ich vollkommen befriedigt und zweifele nicht mehr an der Richtigkeit des ganzen Systems, mag die Beobachtung der Sonnenfinsternis gelingen oder nicht. Die Vernunft der Sache ist zu evident.« Das ist eine erstaunliche Äußerung – als würde logische Kohärenz schon als naturwissenschaftliches Wahrheitskriterium genügen. Aber das war bloß ein Überschwang von Einsteins Begeisterung. Im September des darauffolgenden Jahres musste er erkennen, dass seine Annahme der Kovarianz von Rotationen falsch war.

Eine intensive Beschäftigung war ihm erst nach seinem Umzug nach Berlin (am 6. April 1914) möglich. »Ostern gehe ich nämlich nach Berlin als Akademiemensch ohne irgendwelche Verpflichtung, quasi als lebendige Mumie«, schrieb er an seinen Freund und früheren Mitarbeiter Jakob Laub und berichtete, dass er zum Mitglied der Preußischen Akademie der Wissenschaften ernannt worden war, wo er nicht mehr unterrichten und Studenten betreuen musste. »Ich freue mich auf diesen schwierigen Beruf!« Einstein »hatte genug von den Vorlesungen. Alles, was er wollte, war denken«, kommentierte Abraham Pais in seiner Einstein-Biografie.

Aber das war zunächst nicht so einfach. 1914 geriet Einsteins Welt gleich zweifach aus den Fugen. Zum einen privat: Seine Ehe mit Mileva zerbrach endgültig. Die Krise hatte schon 1909 begonnen. Obwohl Mileva mit den beiden Söhnen noch mit nach Berlin zog, kehrte sie nach wenigen Monaten mit Hans Albert und Eduard zurück nach Zürich; die Beziehung war zu zerrüttet. Einstein hatte sich zudem in seine 1908 geschiedene Cousine Elsa Löwenthal verliebt, die er bald nach seiner eigenen Scheidung 1919 heiratete. Zum anderen änderte sich das gesellschaftliche Leben drastisch mit dem Ausbruch des Ersten Weltkriegs Ende Juli. Er belastete Einstein schwer und machte aus dem zurückgezogenen Gelehrten eine öffentliche Figur, dessen Meinung zu vielen nichtwissenschaftlichen Themen gefragt war (wobei er erst nach seinem Weltruhm 1919 einen größeren Einfluss bekam). Er wandte sich vehement und mutig in Zeitungsartikeln, politischen Aufrufen und Veranstaltungen sowie pazifistischen Zirkeln gegen den fanatischen Chauvinismus und Nationalismus und setzte sich später für die Schaffung einer demokratischen Weltregierung ein. Ihm selbst war jede patriotische Gesinnung fremd. »Der Staat, dem ich als Bürger angehöre, spielt in meinem Gemütsleben nicht die geringste Rolle; ich betrachte die Zugehörigkeit zu meinem Staate als eine geschäftliche Angelegenheit, wie etwa die Beziehung zu einer Lebensversicherung«, schrieb er 1915. Und in einem Brief 1921 bemerkte er: »Nationalismus ist eine Kinderkrankheit. Die Masern der menschlichen Rasse.«

Zugleich war und blieb die Wissenschaft ein Rückzugsgebiet für ihn, ja eine gewisse Enklave des Eskapismus inmitten der von grässlichen Grausamkeiten und wirren Wahnideen geprägten Welt. Schon in früher Jugend hatte Einstein versucht, sich »aus den Fesseln des ›Nur-Persönlichen‹ zu befreien, aus einem Dasein, das durch Wünsche, Hoffnungen und primitive Gefühle beherrscht ist«, erinnerte er sich um 1946 in seinen *Autobiographical Notes*. »Da gab es draußen diese große Welt, die unabhängig von uns Menschen da ist und vor uns steht wie ein großes, ewiges Rätsel, wenigstens teilweise zugänglich unserem Schauen und Denken. Ihre Betrachtung winkte als eine Befreiung, und ich merkte bald, dass so mancher, den ich schätzen und bewundern gelernt hatte, in der hingebenden Beschäftigung mit ihr innere Freiheit und Sicherheit gefunden hatte.« So habe sich sein Hauptinteresse allmählich losgelöst »vom Momentanen und Nur-Persönlichen und sich dem Streben nach gedanklicher Erfassung der Dinge« zugewandt. Das war ihm immer wieder auch Trost und Fluchtmöglichkeit angesichts persönlicher Unzulänglichkeiten, Dramen, Schmerzen und Krankheiten. In einem mitfühlenden Brief vom 26. April 1932 an den Mathematiker Élie Cartan, dessen Sohn mit nur 25 Jahren an Tuberkulose gestorben war, drückte Einstein dies so aus: »Wie schwer zu ertragen muss das Leben erst für solche sein, deren Leben sich im Persönlichen erschöpft und die keiner großen, unpersönlichen Sache bis zum Selbstvergessen dienen können. Wie oft habe auch ich mich in die Befreiung durch objektiv gerichtete Beschäftigung gerettet!«

In Berlin blieb Einstein von den politischen Ereignissen und Kriegswirren zunächst noch weitgehend verschont (im Gegensatz zur Heraufkunft der nationalsozialistischen Diktatur und Gräueltaten, derentwegen er 1933 von seiner Stelle an der Akademie zurücktrat und Deutschland für immer verließ). Im August 1914 schrieb er aus Berlin an Paul Ehrenfest: »Unglaubliches hat nun Europa in seinem Wahn begonnen. In solcher Zeit sieht man, welcher traurigen Viehgattung man angehört. Ich döse ruhig hin in meinen friedlichen Grübeleien und empfinde nur eine Mischung von Mitleid und Abscheu.« Und im Juli 1915 notierte er in einem Brief an Heinrich Zangger: »Je länger dieser scheußliche Kriegszustand dauert, desto ärger verbeißen sich die Menschen in unvernünftigen Hass, der in nichts begründet ist. So lange man jung ist, bewundert man das lebendige Gefühl und verachtet die kalte Berechnung. Aber heute denke ich, dass die Entgleisungen, die dem blinden Gefühl entstammen, viel ärgeres Unglück in die Welt bringen als die herzlosesten Rechner es könnten.« Zugleich meinte er jedoch: »In persönlicher Beziehung bin ich nie so ruhig und glücklich gewesen wie jetzt. Ich lebe ganz zurückgezogen und doch nicht einsam dank der liebevollen Fürsorge meiner Cousine, die mich ja überhaupt nach Berlin zog. […] Alles zusammengenommen kann ich nicht umhin, mich selber zu beneiden für den Fall, dass dies andere nicht hinreichend besorgen.«

Einstein arbeitete fieberhaft an der Relativitätstheorie weiter und revidierte mehrfach seine Ergebnisse. »Es ist bequem mit dem Einstein. Jedes Jahr widerruft er, was er das vorige Jahr geschrieben hat«, bemerkte er selbstironisch in einem Brief an Ehrenfest. »Gegenwärtig mache ich eine schwierige Untersuchung, die in den letzten Jahren wegen ihrer Kompliziertheit stets meinen Anstrengungen widerstand«, schrieb Einstein im August 1914 an seine geliebte Cousine. Im November 1914 veröffentlichte er dann die umfangreiche 55-seitige Abhandlung *Die formale Grundlage der allgemeinen Relativitätstheorie* in den *Sitzungsberichten* der Berliner Akademie. Sie enthält auch eine Ableitung der *Entwurf*-Feldgleichungen mithilfe eines Variationsprinzips. »Wir sind nun auf rein formalem Wege, das heißt ohne direkte Heranziehung unserer physikalischen Kenntnisse von der Gravitation, zu ganz bestimmten Feldgleichungen gelangt«, frohlockte Einstein.

In der Ableitung steckte allerdings ein Fehler, wie sich im Frühjahr 1915 herausstellte. Zunächst, zwischen März und Mai 1915, verteidigte Einstein die Entwurftheorie jedoch noch vehement gegenüber keinem Geringeren als Tullio Levi-Civita in Padua, dem Mitbegründer des Tensor-Kalküls. Der hatte ein Problem in der von Einstein veröffentlichten Ableitung gefunden. »Als ich sah, dass Sie Ihren Angriff gegen den wichtigsten, mit Strömen von Schweiß erkauften Beweis der Theorie richteten, erschrak ich nicht wenig, zumal ich weiß, dass Sie diese mathematischen Dinge weit besser beherrschen als ich. Nach eingehender Überlegung glaube ich aber doch, meinen Beweis aufrecht erhalten zu können«, antwortete Einstein. Es wurden mehrere respektvolle Briefe ausgetauscht, ohne dass Einstein sich überzeugen ließ. »Eine so interessante Korrespondenz habe ich noch nicht erlebt. Sie sollten sehen, wie ich mich immer auf Ihre Briefe freue«, schrieb er jedoch. Und zwölf Tage später: »Ich werde gerne bestrebt sein, unsere briefliche Bekanntschaft zu einer persönlichen werden zu lassen«. Dabei beklagte er auch ein Mangel an Interesse vieler Kollegen: »Es ist merkwürdig, wie wenig die Fachgenossen die innere Notwendigkeit nach einer eigentlichen Relativitätstheorie empfinden.«

Das war aber nicht überall so. Ende Juni 1915 reiste Einstein von Berlin für eine Woche nach Göttingen, um an der Universität in sechs zweistündigen Vorträgen den aktuellen Stand seiner Bemühungen um eine Verallgemeinerung der Relativitätstheorie vorzustellen. Eingeladen hatte ihn David Hilbert, Mathematik-Professor dort und damals einer der berühmtesten seines Faches weltweit (nach dessen wegweisender Rede auf dem Mathematik-Kongress in Paris 1900 hatte ihn sein Kollege Hermann Minkowski als »Generaldirektor« der Mathematik des 20. Jahrhunderts bezeichnet). Einsteins Ausführungen wurden mit großem Interesse aufgenommen, obwohl seine Theorie noch Ungereimtheiten aufwies. Er war beglückt. »In Göttingen hatte ich die große Freude, alles bis ins Einzelne verstanden zu sehen«, erwähnte er die gute Resonanz in einem Brief vom 15. Juli an den Münchener Physik-Professor Arnold Sommerfeld. »Von Hilbert bin ich ganz begeistert. Ein bedeutender Mann!«

Einstein fuhr dann in die Schweiz und kehrte am 22. September nach Berlin zurück. »Seit ich hier bin, habe ich sehr fest auf meiner Bude gearbeitet«, schrieb er am 15. Oktober an Heinrich Zangger. Auch Hilbert hatte indessen weiter über die Probleme der Relativitätstheorie nachgedacht und wie Einstein damit begonnen, an einer Revision zu arbeiten. Dieser räumte am 7. November Hilbert gegenüber ein, dass er »vor etwa vier Wochen erkannt hatte«, dass sein »bisheriges Beweisverfahren ein trügerisches« sei. »Kollege Sommerfeld schrieb mir, dass auch Sie in meiner Suppe ein Haar gefunden haben, das sie Ihnen vollkommen verleidete.«

In dieser Zeit brach das hehre Gebäude der Entwurftheorie krachend zusammen. Einstein verwarf schließlich frustriert den ganzen Ansatz und bezeichnete ihn als »ein verhängnisvolles Vorurteil«. Er hatte eingesehen, dass sich rotierende Systeme nicht äquivalent zu gleichförmig bewegten oder ruhenden beschreiben lassen, was ja eines der Hauptziele der Verallgemeinerung der Speziellen Relativitätstheorie war. Später bemerkte Einstein zudem noch, dass ein statisches Gravitationsfeld nicht euklidisch ist (außer in seltenen Ausnahmen), wovon er drei Jahre lang ausgegangen war. Dies bedeutete, dass die Annahme falsch war, wonach sich die zehn Komponenten des Metrik-Tensors bei der Beschreibung von statischen und schwachen Feldern auf eine einzige reduzierte und damit der Newton'sche Grenzfall formuliert werden kann, also der Übergang der Allgemeinen Relativitätstheorie zur Klassischen Gravitationstheorie. Es war eine unglückliche Koinzidenz mehrerer Faktoren, die Einstein den Blick darauf verstellt hatte.

Der Durchbruch

»Zweierlei sind die Abwege des Theoretikers«, schrieb Einstein im Februar 1915 an Lorentz, »1) der Teufel führt ihn mit einer falschen Voraussetzung an der Nase herum (dafür verdient er Mitleid), 2) er argumentiert fehlerhaft und liederlich (dafür verdient er Prügel)«. So gesehen ist Mitleid angebracht. »Ein geringerer Physiker hätte Kompromisse geschlossen und geschwankt, aber Einsteins Unnachgiebigkeit ermöglichte es ihm, die falsche Hypothese herauszubringen«, sagt John Norton. »Grossmann und Einstein waren nicht einem einfachen Fehler aufgesessen, sondern einer tiefen Misskonzeption über die Natur statischer Felder. Einsteins Schwierigkeiten basierten auf nichttrivialen Missverständnissen und der Weg den er verfolgt hat, war durchweg ein vernünftiger.« Das war einerseits Pech, andererseits aber auch eine wichtige Lehre für die weitere Arbeit. »Einstein und Grossmann kamen bis auf eine Haaresbreite an die allgemein kovarianten Feldgleichungen der finalen Theorie«, resümiert der Wissenschaftshistoriker. Aber das Abrücken von der allgemeinen Kovarianz brachte die beiden auf den falschen Weg. »Das war eine Katastrophe«, urteilt Norton im Rückblick. Hätten sich Einstein und Grossman weiter auf den Riemann-Krümmungstensor bezogen, dann hätten sie den Königsweg zu den Feldgleichungen beschritten.

»Die Schwierigkeit bestand nicht darin, allgemein kovariante Gleichungen für die $g_{\mu\nu}$ zu finden«, erläuterte es Einstein rückblickend am 18. November gegenüber Hilbert ($g_{\mu\nu}$ bezeichnet den Metrik-Tensor zur Beschreibung des Gravitationsfelds); »denn dies gelingt leicht mithilfe des Riemann'schen Tensors. Sondern schwer war es, zu erkennen, dass diese Gleichungen eine Verallgemeinerung, und zwar eine einfache und natürliche Verallgemeinerung des Newton'schen Gesetzes bilden. Dies gelang mir erst in den letzten Wochen [...], während ich die einzig möglichen allgemeinen kovarianten Gleichungen [...] schon vor drei Jahren mit meinem Freunde Grossmann in Erwägung gezogen habe. Nur schweren Herzens trennten wir uns davon, weil mir die physikalische Diskussion scheinbar ihre Unvereinbarkeit mit Newtons Gesetz ergeben hatte.«

Einstein begann im Herbst 1915 noch einmal von vorn. Dabei griff er die Vorarbeiten von 1912 und 1913 wieder auf und klopfte verschiedene Tensoren, die er schon damals im Visier hatte, erneut auf ihre Tauglichkeit für die Feldgleichungen ab. Und dann ging es Schlag auf Schlag. Im Wochentakt veröffentlichte Einstein am 4., 11., 18. und 25. November einen Beitrag in den *Sitzungsberichten* der Akademie (die in der Regel zuvor übrigens nicht mündlich vorgetragen wurden, wie immer wieder fälschlich in Büchern und Internet-Artikeln zu lesen ist). In diesem Monat meißelte Einstein gleichsam aus den Trümmern der vorangegangenen Versuche ein neues Gebäude und über dessen Eingang in Stein die Feldgleichungen der Gravitation. Und zwar so, wie sie bis heute ihre Gültigkeit bewahrt haben und in jedem fortgeschrittenen Physik-Lehrbuch zu finden sind (wenn auch meistens in einer moderneren Notation).

»Es gehört zu den Merkwürdigkeiten der Entstehungsgeschichte der Allgemeinen Relativitätstheorie, dass Einstein die wichtigsten Kandidaten für die Feldgleichung zweimal untersuchte, einmal im Winter 1912/13, als er seine Forschungsnotizen ins Züricher Notizbuch eintrug, und einmal gegen Ende 1915, als er der Berliner Akademie Woche um Woche eine neue Feldgleichung als Lösung des Gravitationsproblems vorlegte, zuerst auf Grundlage des November-Tensors, dann auf der Grundlage des Ricci-Tensors und schließlich, am 25. November, auf der Grundlage des Einstein-Tensors«, schrieb Jürgen Renn in einer ausführlichen physikhistorischen Untersuchung. »Noch bemerkenswerter ist allerdings, dass er in diesen beiden Phasen zu unterschiedlichen Ergebnissen in Bezug auf die Eignung der verschiedenen Kandidaten kam.«

Die Rückkehr zu dem drei Jahre zuvor verworfenen Ansatz »mag wie das Ergebnis einer Komödie von Irrtümern erscheinen«, kommentiert Renn. Sie zeigt aber »die wesentliche Rolle der Reflexion« für den wissenschaftlichen Fortschritt, »die dazu führt, dass ein und dasselbe Resultat je nach Kontext eine unterschiedliche Bedeutung annehmen kann«. Deshalb sei Einstein letztlich auch »keinen Irrweg« gegangen, meint Renn, sondern der Umweg war »die Voraussetzung für die Einbeziehung weiterer Wissensbestände, die sich für die Formulierung der Allgemeinen Relativitätstheorie als kritisch erweisen sollten, insbesondere Bestände mathematischen und astronomischen Wissens«. Deshalb wäre es auch falsch, die Geschichte der Relativitätstheorie als theatralische Erzählung darzustellen, als Komödie oder Drama mit Fehlschlägen und Erfolgen, fatalen Fehlern und der allmählichen Heraufdämmerung der Wahrheit im Kopf eines einsamen Helden inmitten seiner Irrungen und Wirrungen. Das würde die langfristige Entwicklung des Wissens und die Beteiligung vieler anderer Wissenschaftler ignorieren. Außerdem ist Wissenschaft kein geradliniger Prozess – jedoch einer, der durch Fehler und Korrekturen sich verbessern kann. Insofern waren die Mängel in der Entwurftheorie auch eine Voraussetzung für Einsteins

Rückkehr auf den korrekten Weg. Renn spricht sogar von einem »Sprungbrett«. Einstein konnte damit die physikalische Sprache erst entwickeln, die zu einer begrifflichen Revolution führte, die, wie Renn es ausdrückt, »ein ganzes Netzwerk von Grundbegriffen betraf« und die physikalische Neuinterpretation eines hochentwickelten Formalismus erst ermöglicht hat.

»Die allmählich aufdämmernde Erkenntnis von der Unrichtigkeit der alten Gravitations-Feldgleichungen hat mir letzten Herbst böse Zeiten bereitet«, schrieb Einstein rückblickend am 1. Januar 1916 an Hendrik Antoon Lorentz und gab eine prägnante Zusammenfassung seiner Nöte: »Ich hatte schon früher gefunden, dass die Perihelbewegung des Merkur sich zu klein ergab. Dazu fand ich, dass die Gleichungen nicht kovariant waren [...] Endlich fand ich, dass meine letztes Jahr angestellte Betrachtung zur Bestimmung der Lagrange'schen Funktion H des Gravitationsfeldes durchaus illusorisch war [...] Die jetzigen Gleichungen hatte ich im Wesentlichen schon vor drei Jahren zusammen mit Grossmann, der mich auf Riemanns Tensor aufmerksam machte, in Betracht gezogen. Da ich aber die formale Bedeutung [...] nicht erkannt hatte, konnte ich keine Übersichtlichkeit erzielen und die Erhaltungssätze nicht beweisen. Ebensowenig konnte ich erkennen, dass die Newton'sche Theorie als erste Näherung darin enthalten war; ich glaubte sogar, das Gegenteil eingesehen zu haben. So geriet ich in den Urwald!«

Aus diesem Dschungel der Konfusionen hatte sich Einstein dann im Oktober und November wieder herausgewühlt. Es waren Wochen unsäglicher Anstrengungen.

Die ersten Arbeit, am 4. November zur Veröffentlichung eingereicht, umfasste neun Seiten und trug den schlichten Titel *Zur allgemeinen Relativitätstheorie*. Darin gestand Einstein gleich auf der ersten Seite seinen »Irrtum« bezüglich seiner bisherigen Überzeugung, »das einzige Gravitationsgesetz gefunden zu haben«, das dem verallgemeinerten Relativitätspostulat auch für beschleunigte Systeme genügt, und der Begründung dafür. Er habe vollständig das Vertrauen in diese Gleichung verloren und nach einem neuen Weg gesucht, so Einstein. »So gelangte ich zu der Forderung einer allgemeineren Kovarianz der Feldgleichungen zurück, von der ich vor drei Jahren, als ich zusammen mit meinem Freunde Grossmann arbeitete, nur mit schwerem Herzen abgegangen war. In der Tat waren wir damals der im nachfolgenden gegebenen Lösung des Problems bereits ganz nahe gekommen.« Bevor Einstein dann die neuen Feldgleichungen der Gravitation ableitete, beendete er seine Einleitung mit einer für einen wissenschaftlichen Fachartikel geradezu überschäumenden Begeisterung: »Dem Zauber dieser Theorie wird sich kaum jemand entziehen können, der sie wirklich erfasst hat; sie bedeutet einen wahren Triumph der durch Gauss, Riemann, Christoffel, Ricci und Levi-Civita begründeten Methode des allgemeinen Differentialkalküls.«

Einstein war also höchst erfreut zu seiner ursprünglichen Grundannahme zurückgekehrt, dass die grundlegenden Naturgesetze und mithin die Feldgleichungen der Relativitätstheorie in allen Koordinatensystemen dieselbe Form haben. Doch die neue Theorie hatte noch immer Defizite, wie Einstein bald erkennen musste. Zunächst versuchte er am 11. November in einem dreiseitigen *Nachtrag* zu seinem vorigen Artikel zu zeigen, »dass durch Einführung einer allerdings kühnen zusätzlichen Hypothese über die Struktur der Materie ein noch strafferer logischer Aufbau der Theorie erzielt werden kann.« Dabei ging es darum, »Materie auf elektromagnetische Vorgänge reduzieren zu können, die allerdings einer gegenüber Maxwells Elektrodynamik vervollständigten Theorie gemäß vor sich gehen würden.« Hintergrund waren Überlegungen von Gustav Mie und auch David Hilbert zu einer elektromagnetischen Theorie der Materie. Obwohl diese nicht im Fokus von Einsteins Interesse stand, schien er sich von dieser Entwicklung, und sei es aus strategischen Gründen, nicht abhängen lassen zu wollen. Obschon er diesen Ansatz bereits in den nächsten Wochen wieder fallen ließ, brachte er ihn doch auf eine Idee, wie sich sein Formalismus weiterentwickeln ließe. Er stellte neue kovariante Feldgleichungen auf, die er in eine Beziehung zu denen von voriger Woche setzte. Außerdem fand er eine Begründung für das Postulat $\sqrt{-g} = 1$, das als eine Normalisierungsbedingung des Volumens für eine Vereinfachung sorgte (abgekürzt für $\sqrt{-det\ g_{\mu\nu}} = 1$, wobei $g_{\mu\nu}$ der Metrik-Tensor zur Beschreibung der Raumzeit ist und *det* die Determinante bezeichnet: eine spezielle Funktion, die einer quadratischen Matrix einen Skalar zuordnet, also einen bestimmten Wert, hier das Volumen). Am 12. November berichtete er Hilbert von seinem »neuen Fortschritt«: Durch die Setzung $\sqrt{-g} = 1$ lässt sich »die *allgemeine* Kovarianz erzwingen; der Riemann'sche Tensor liefert dann direkt die Gravitationsgleichung. Wenn meine jetzige Modifikation (die die Gleichung nicht ändert) berechtigt ist, dann muss die Gravitation im Aufbau der Materie eine fundamentale Rolle spielen. Die Neugier erschwert mir die Arbeit!«

Indessen hatte auch Hilbert Fortschritte gemacht. Am 13. November berichtete er Einstein von seiner neuen Lösung beziehungsweise Theorie. »Ich halte sie für mathematisch ideal schön auch insofern, als Rechnungen, die nicht ganz durchsichtig sind, gar nicht vorkommen, und absolut zwingend nach axiomatischer Methode, und baue deshalb auf ihre Wirklichkeit«, schrieb er. »In Folge eines allgemeinen mathematischen Satzes erscheinen die elektrodynamischen Gleichungen (verallgemeinerte Maxwell'sche) als mathematische Folge der Gravitationsgleichungen, sodass Gravitation und Elektrodynamik eigentlich gar nichts Verschiedenes sind.« Hilbert verfolgte damit ein gewaltiges Ziel, eine Einheitliche Feldtheorie von Gravitation und Elektromagnetismus, wie sie Einstein später bis an sein Lebensende auch gesucht hatte. »Ihre Untersuchung interessiert mich gewaltig, zumal ich mir oft schon das Gehirn zermartert habe, um eine Brücke zwischen Gravitation und Elektromagnetik zu schlagen«, antwortete er prompt am 15. November. Zum Vortrag am 16. November, den Hilbert in Göttingen hielt, und zu dem er auch Einstein eingeladen hatte, wollte dieser jedoch nicht kommen. Einstein sagte ab, »denn ich bin sehr übermüdet und obendrein mit Magenschmerzen geplagt« – vor allem aber befand er sich im Endspurt hin zu den Feldgleichungen seiner Relativitätstheorie. Und es sah so aus, als könnte ihm Hilbert zuvorkommen.

Am 18. November reichte Einstein seinen nächsten Artikel bei den *Sitzungsberichten* der Akademie ein. Es war der einzige in diesem Monat, den er auch in einem Vortrag vorstellte – wohl in der Hoffnung, Astronomen zu interessieren und die Verbindung seiner Theorie mit der Empirie zu knüpfen. Der Titel der neunseitigen Arbeit (die übrigens acht Schreibfehler in den Formeln enthielt, was Einsteins großen Zeitdruck verdeutlicht) war eine kleine Sensation: *Erklärung der Perihelbewegung des Merkur aus der allgemeinen Relativitätstheorie.*

Das Perihel bezeichnet den sonnennächsten Punkt einer elliptischen Planetenbahn. Bei Merkur war Astronomen im 19. Jahrhundert aufgefallen, dass sich dieser Punkt langsam verschob. Die Ellipsen beschreiben mit der Zeit quasi eine Rosettenfigur im Raum. Dabei wandert das Perihel um 574 Bogensekunden pro Jahrhundert. Bei konstanter Winkelgeschwindigkeit bewegt sich Merkurs Bahnellipse also in 225.784 Jahren einmal um die Sonne. Der Effekt beruht größtenteils auf der Gravitationswirkung der anderen Planeten im Sonnensystem, vor allem auf die »störende« Anziehung von Venus und Jupiter. Das erklärt jedoch nicht eine kleine Komponente von 43 Bogensekunden (etwa 1/80 Grad) pro Jahrhundert. Alle Versuche, diese Bewegung zu verstehen, scheiterten (so wurde ein unbekannter Planet innerhalb der Merkurbahn vermutet, aber nie gefunden, sowie ein hypothetischer Planetoiden- oder Staubgürtel um die Sonne verantwortlich gemacht oder deren Abplattung).

Dass sich Merkur als Testfall für eine Verallgemeinerung der Relativitätstheorie eignen könnte, hatte Einstein schon 1907 erwogen, wie ein Brief damals vom Dezember an seinen Freund Conrad Habicht belegt. Einige Wissenschaftshistoriker haben sich gewundert, dass Einstein mit seinen Berechnungen erst im November 1915 wieder auf Merkur zurückkam. Tatsächlich hatte sich dieser aber schon früher ausführlich mit Merkurs Periheldrehung befasst. Das zeigt ein 53-seitiges Manuskript aus dem Jahr 1913, welches im Nachlass von Michele Besso gefunden wurde. Darin stehen ausführliche Bahnberechnungen auf der Basis des mit Grossmann entwickelten Entwurfs einer Allgemeinen Relativitätstheorie. Besso wohnte damals in der Nähe von Triest und hatte Einstein im Juni 1913 in Zürich besucht. Der größte Teil der Notizen stammt von dieser Zeit; später hatte sie erst Einstein, dann Besso noch weiter ergänzt. Einstein hatte die Papiere Besso schließlich Anfang 1914 geschickt mit den Worten: »Hier erhältst Du endlich Dein Manuskriptbündel. Es ist sehr schade, wenn Du die Sache nicht zu Ende führst.« Einstein hat die Notizen wohl nie wieder gesehen, und Besso kam mit den Rechnungen offensichtlich auch nicht weiter. Mit Einstein hatte er zunächst die Feldgleichungen der Entwurftheorie für die Sonne gelöst – ihr Metrikfeld für den statischen und langsam rotierenden Fall (wobei die Auswirkung der Drehung gering ist). Dann hatten sie die Bewegungsgleichungen für eine Punktmasse in diesem Metrikfeld formuliert, um die Richtungsänderung des Orbits um die Sonne zu berechnen. Ergebnis: Die Entwurftheorie sagt etwa 18 Bogensekunden pro Jahrhundert voraus (5/12 des Effekts der Allgemeinen Relativitätstheorie) – also signifikant zu wenig.

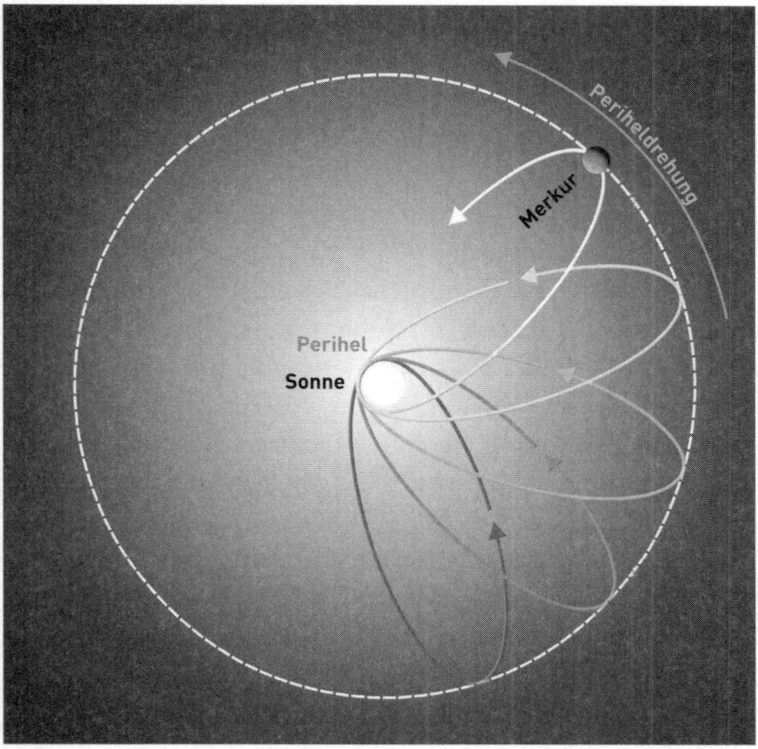

Merkur auf Abwegen: Die elliptische Umlaufbahn des Planeten Merkur (hier stark übertrieben dargestellt) ist nicht geschlossen. Denn ihr sonnennächster Punkt, das Perihel, bewegt sich langsam um unser Zentralgestirn herum – um 574 Bogensekunden pro Jahrhundert. Der Effekt geht überwiegend auf den Einfluss der anderen Planeten im Sonnensystem zurück. Unerklärlich bleibt jedoch ein Anteil von 43 Bogensekunden pro Jahrhundert. Das Rätsel konnte erst Einstein mithilfe der Allgemeinen Relativitätstheorie 1915 lösen. Später wurden Periheldrehungen auch bei Venus, Erde, Mars und dem Planetoiden (1566) Icarus gemessen.

Als Einstein im November 1915 die Rechnung mit seinen neuen Feldgleichungen wiederholte, ergab sich zu seiner großen Freude der passende Wert. Zwar waren die Gleichungen damals noch immer nicht komplett, wie er wenige Tage später erkannt hat (der sogenannte Spurterm fehlte noch), doch wirkte sich dieser Mangel nicht auf die Merkur-Rechnung aus, weil dafür nur der bereits richtig formulierte Spezialfall der Gleichungen für das Vakuum nötig war. Tatsächlich konnte Einstein nahezu denselben Rechenweg verfolgen wie gut zwei Jahre zuvor zusammen mit Besso. Deshalb gelang ihm die Berechnung auch so schnell. Hilbert wusste das nicht, als Einstein ihm sein Merkur-Resultat mitteilte, und schrieb am 19. November erstaunt: »Vielen Dank für Ihre Karte und herzlichste Gratulation zur Überwältigung der Perihelbewegung. Wenn ich so rasch rechnen könnte wie Sie, müsste bei meinen Gleichungen entsprechend das Elektron kapitulieren und zugleich das Wasserstoffatom sein Entschuldigungszettel aufzeigen, warum es nicht strahlt.« (Hilbert spielte dabei auf ein Problem der Quantentheorie an und seinen eigenen Versuch, eine elektromagnetische Theorie von Materie und Gravitation zu formulieren.) In seinem Artikel schrieb Einstein, die Merkurbahn sei jetzt »qualitativ und quantitativ erklärt, ohne dass irgendwelche besondere Hypothese zugrunde gelegt werden müsste«, und es bestünde »volle Übereinstimmung« seiner Theorie mit den astronomischen Messungen. Das brachte auch Skeptiker wie Max Planck zum Nachdenken.

»Ich war einige Tage fassungslos vor freudiger Erregung«, erinnerte er sich später an das Ergebnis seiner Merkur-Rechnung und gestand seinem früheren Mitarbeiter Adriaan Fokker, dass er vor lauter Aufregung Herzrhythmusstörungen bekommen hatte. Am 9. Dezember schrieb Einstein an Arnold Sommerfeld: »es ist der wertvollste Fund, den ich in meinem Leben gemacht habe«. Bereits am 17. November teilte er Michele Besso die neuen Entwicklungen stichwortartig mit: »Ich habe mit großem Erfolg gearbeitet in diesen Monaten. *Allgemein kovariante* Gravitationsgleichungen. *Perihelbewegungen quantitativ erklärt*. Rolle der

Die erste Bestätigung der Allgemeinen Relativitätstheorie: Die erfolgreiche Berechnung einer bis dahin unerklärlichen Bahnanomalie des Merkur erfüllte Einstein »mit großer Befriedigung«, wie er an Arnold Sommerfeld im Dezember 1915 in einem Brief schrieb. Und zur exzellenten Übereinstimmung zwischen Theorie und Messungen: »Wie kommt uns da die pedantische Genauigkeit der Astronomie zu Hilfe, über die ich mich im Stillen früher oft lustig machte!« Das Foto zeigt den sonnennächsten Planeten, aufgenommen von der NASA-Raumsonde Messenger, die ihn 2011 bis 2015 im Detail aus der Nähe erforscht hat. Für Einstein und seine Zeitgenossen war der Planet nur ein unscheinbares Lichtfleckchen.

Gravitation im Bau der Materie. Du wirst staunen. Gearbeitet hab ich schauderhaft angestrengt; sonderbar, dass man es aushält.« In demselben Artikel vom 18. November bemerkte Einstein fast nebenbei, dass er für die Ablenkung des Sternlichts durch die Sonne an deren Rand nun einen Wert von 1,74 Bogensekunden errechnet hatte – das Doppelte der Voraussage von Newtons Gravitationstheorie. »Es ergibt sich ferner, dass die Theorie eine stärkere (doppelt so starke) Lichtstrahlenkrümmung durch Gravitationsfelder zur Konsequenz hat als gemäß meinen früheren Untersuchungen.« So stand die klassische Theorie nun direkt mit der Allgemeinen Relativitätstheorie im Widerspruch. Und der sollte sich prinzipiell durch Messungen lösen lassen.

Am 25. November vollendete Einstein seinen geistigen Kraftakt und reichte den nur dreieinhalb Seiten umfassenden Artikel *Die Feldgleichungen der Gravitation* bei der Berliner Akademie ein, der die vorige Version der Gleichungen mit dem sogenannten Spurterm komplettierte. »Damit ist endlich die Allgemeine Relativitätstheorie als logisches Gebäude abgeschlossen«, heißt es im letzten Absatz der Arbeit triumphierend. »Das Relativitätspostulat in seiner allgemeinsten Fassung, welches die Raumzeitkoordinaten zu physikalisch bedeutungslosen Parametern macht, führt mit zwingender Notwendigkeit zu einer ganz bestimmten Theorie der Gravitation, welche die Perihelbewegung des Merkur erklärt.« Und er betonte, dass jede Theorie, die mit der Speziellen Relativitätstheorie vereinbar ist, in die Allgemeine Relativitätstheorie »eingereiht werden« kann, ohne dass dies »irgendein Kriterium für die Zulässigkeit jener Theorie lieferte«. Die Allgemeine Relativitätstheorie ist demnach nicht nur eine Theorie für die Beschreibung der Gravitation, sondern auch eine Rahmentheorie für andere physikalische Theorien (etwa die Klassische Elektrodynamik), wie zuvor schon die Spezielle Relativitätstheorie für den Spezialfall der Inertialsysteme.

»Die kühnsten Träume sind nun in Erfüllung gegangen«, schrieb Einstein am 10. Dezember an Besso. »*Allgemeine* Kovarianz. Perihelbewegung des Merkur wunderbar genau.« Die letzten

Fehler im Gebäude der Allgemeinen Relativitätstheorie waren jetzt beseitigt. Damit stand sie in ihrer bis heute gültigen Form vor den erstaunten und kritischen (und zunächst überwiegend gar nicht interessierten) Augen der Physiker. Bis zu der dann 1916 in den *Annalen der Physik* veröffentlichten ersten Gesamtdarstellung hatte Einstein »mehr als zwölf Arbeiten über Gravitation verfasst und dabei jedes Mal die Schlussfolgerungen der jeweils vorangegangenen Arbeit aufgehoben«, brachte Abraham Pais Einsteins intellektuelle Achterbahnfahrt auf den Punkt.

»Ich hatte im letzten Monat eine der aufregendsten, anstrengendsten Zeiten meines Lebens, allerdings auch der erfolgreichsten. Ans Schreiben konnte ich nicht denken«, blickte der erschöpfte Einstein am 28. November in einem Brief an Sommerfeld auf die Tortur der letzten Wochen zurück. »Das Herrliche, was ich erlebte, war nun, dass sich nicht nur Newtons Theorie als erste Näherung, sondern auch die Perihelbewegung des Merkur [...] als zweite Näherung ergab.« Am 9. Dezember bat er ihn, die November-Publikationen mitschickend und das Hin-und-her mit den Feldgleichungen entschuldigend: »Lassen Sie sich nicht dadurch vom genaueren Ansehen der Arbeiten abhalten, dass sich beim Lesen der letzte Teil des Kampfes um die Feldgleichungen vor Ihren Augen abspielt!« Und am 8. Februar 1916 schrieb er ihm: »Von der Allgemeinen Relativitätstheorie werden Sie überzeugt sein, wenn Sie dieselbe studiert haben werden. Deshalb verteidige ich sie Ihnen mit keinem Wort.«

Die schönste aller wissenschaftlichen Theorien

Ob es zur Allgemeinbildung gehört, die 1889 von Vincent van Gogh gemalte *Sternennacht* zu kennen, mag eine müßige Frage sein. Dass sehr viele Bewohner der modernen westlichen Welt das Gemälde auf Fotos – oder sogar im Original – gesehen haben und wunderschön finden, ist eine Tatsache. Doch wer kennt Einsteins Feldgleichungen? Dabei müssten sie eigentlich zur Allgemeinbildung par excellence gehören. Denn sie sind ja nicht irgendwelche entlegenen Formeln, sondern eine Hauptsäule der Physik, und nichts weniger als die Grundlage für die Beschreibung und das Verständnis des gesamten beobachtbaren Universums im großräumigen Maßstab.

Manche Menschen – okay, es sind fast ausschließlich Physiker, einige Mathematiker und ein paar Philosophen – empfinden Einsteins Feldgleichungen sogar als überaus ästhetisch. Für Einstein waren sie »von unvergleichlicher Schönheit«. Lev Landau, ein bedeutender sowjetischer Physiker, nannte sie sogar »die schönste der wissenschaftlichen Theorien«. Und Pedro Ferreira, Astrophysik-Professor an der Oxford University, nennt sie schlicht »die perfekte Theorie«.

Über Geschmack streitet man nicht. Aber verglichen mit der anderen Säule der gegenwärtigen wissenschaftlichen Weltbeschreibung, dem Standardmodell der Elementarteilchenphysik, hat Einsteins Jahrhundertwerk selbst für Laien einen viel größeren Charme. Die »Formel« des Standardmodells – genauer: seine Lagrange-Funktion – würde eine ganze, eng mit Zeichen bedruckte Buchseite füllen. Und selbst dann wäre sie immer noch nicht komplett ausgeschrieben. Einsteins Feldgleichungen der Gravitation hingegen, die das Universum als Ganzes beschreiben, passen doch mühelos in eine einzige Zeile:

$$R_{\mu\nu} - \frac{R}{2} g_{\mu\nu} + \Lambda g_{\mu\nu} = \frac{8\pi G}{c^4} T_{\mu\nu}$$

Zwar ist auch das etwas getrickst. Denn aufgrund der Indizes μ und ν, die für die vier Raumzeit-Koordinaten stehen (also jeweils 0, 1, 2 oder 3 lauten), sind es eigentlich 16 Gleichungen, von de-

Schönheit und Schande: Die berühmte *Sternennacht* von Vincent van Gogh nicht zu kennen, wird oft als Bildungslücke verurteilt. Mathematisch-naturwissenschaftliche Wissensdefizite verzeihen viele Menschen leichter. Dabei sind Albert Einsteins Feldgleichungen noch viel kosmischer, geradezu weltumfassend – und nicht weniger ästhetisch.

nen sich allerdings 6 aufgrund von Symmetrien »aufheben«, sodass 10 übrig bleiben. Doch solche formalen Redundanzen lassen sich der Übersichtlichkeit halber leicht mathematisch komprimieren. Und so lässt sich die Allgemeine Relativitätstheorie in einer Zeile zusammenfassen. (In Einsteins Veröffentlichungen war die Notation übrigens noch etwas anders.)

Dieses Gleichungssystem ist auf den ersten Blick nicht so imposant wie van Goghs *Sternennacht* – aber es hat es in sich. Wer die Formel auf einem T-Shirt trägt, kommt in der Straßenbahn oder im Supermarkt wohl mit interessierten Zeitgenossen schnell ins Gespräch. Vielleicht gibt es sogar neugierige Nachfragen. Da trifft es sich gut, dass man Einsteins Jahrhundertwerk in einem einzigen Satz erklären kann: Einsteins Feldgleichungen verbinden den Energie-Impuls-Tensor $T_{\mu\nu}$ mit der Krümmung der vierdimensionalen Raumzeit, die durch den Ricci-Tensor $R_{\mu\nu}$ (die Spur oder Kontraktion des Riemann-Tensors), den Krümmungsskalar R (die Kontraktion des Ricci-Tensors), den Metrik-Tensor $g_{\mu\nu}$ und die kosmologische Konstante Λ beschrieben wird (Λ ist eine Naturkonstante wie die Lichtgeschwindigkeit c und die Gravitationskonstante G; π ist die Kreiszahl 3,1415 ...).

Alles klar? – Wenn nicht, dann noch ein Versuch: Die Gleichungen setzen mathematisch die Raumzeit mit Materie und Energie in Beziehung. Die linke Seite drückt die Krümmung der Raumzeit aus. (Sie wird ohne den Λ-Term auch als Einstein-Tensor $G_{\mu\nu}$ bezeichnet; der Fall $G_{\mu\nu} = 0$ beschreibt die flache Raumzeit ohne Gravitation.) Rechts vom Gleichheitszeichen stehen materielle Größen wie Dichte, Druck, Spannung und Ladung (wobei $T_{\mu\nu}$ kein beliebiger symmetrischer Tensor zweiten Ranges ist, sondern die Bedingung $\nabla \cdot T_{\mu\nu} = 0$ erfüllen muss, weil sonst die Energie- und Impulserhaltung nicht gewährleistet wäre). $T_{\mu\nu}$ beschreibt also die Quelle des Gravitationsfelds. Die Kosmologische Konstante kann man auch als Energiedichte des Vakuums $\rho_v = \Lambda c^2/8\pi G$ interpretieren und auf die rechte Seite schreiben (in einem ansonsten leeren, also materie- und strahlungsfreien Universum entspricht dann $T_{\mu\nu} = - \Lambda c^4 g_{\mu\nu}/8\pi G$).

Raum und Zeit bilden demnach nicht die passive »Bühne« allen Geschehens, sondern werden von den Körpern und sogar von Strahlung beeinflusst – wie auch umgekehrt. Deshalb ist die Gravitation eigentlich keine Kraft, sondern eine Eigenschaft der Raumzeit-Geometrie selbst – eine Folge der durch Masse »gekrümmten« Raumzeit. Denn Masse verlangsamt die Zeit (relativ zum Bezugssystem in einem schwächeren Gravitationsfeld), deformiert den Raum und bringt Lichtstrahlen auf krumme Touren. Das Gravitationsfeld erfüllt gewissermaßen gar nicht den Raum, sondern es bildet ihn oder ist ein Merkmal von ihm (zu diesem diffizilen Aspekt später mehr).

»Das Gravitationsfeld ist nicht *im Raum ausgebreitet*, sondern es *ist* der Raum. Das ist der Grundgedanke der Allgemeinen Relativitätstheorie«, spitzt es der Physiker Carlo Rovelli zu. Und er fährt geradezu poetisch fort: »Der Raum ist nicht länger etwas anderes als die Materie. Er ist eine der ›materiellen‹ Komponenten der Welt. Eine wogende, sich biegende, sich krümmende, sich verformende Entität. Wir sind nicht in einem unsichtbaren starren Gebilde gefangen, sondern gewissermaßen in eine Art Molluske, in einen riesigen verformbaren Weichkörper, eingebettet.«

Einsteins Feldgleichungen der Gravitation sind also ein System von zehn gekoppelten, (in erster Ableitung) nichtlinearen partiellen Differentialgleichungen zweiter Ordnung, die trotz der handlichen Schreibweise eine große Komplexität besitzen. Das hängt formal damit zusammen, dass sowohl $R_{\mu\nu}$ als auch R auf eine komplizierte Weise von $g_{\mu\nu}$ abhängen. Physikalisch betrachtet enthält das Gravitationsfeld nämlich Energie und ist somit auch ein Teil seiner Quelle beziehungsweise wechselwirkt mit sich selbst. Das wird im Formalismus durch die Nichtlinearität ausgedrückt. Es gibt nur wenige exakte Lösungen der Gleichungen (für einfache symmetrische Fälle, etwa Schwarze Löcher und bestimmte kosmologische Modelle); meistens muss man mit Näherungsverfahren und numerischen Simulationen auskommen.

Einstein hielt übrigens die linke Seite der Feldgleichungen für wichtiger und verglich sie mit »Marmor«, die rechte dagegen mit »Holz«. Und später versuchten Physiker wie John Wheeler, Materie und Energie ganz auf die Geometrie der Raumzeit zu reduzieren. Dieses Erklärungsmodell der »Geometrodynamik« war zwar nur eingeschränkt erfolgreich, doch lebt die Grundidee in modernen (noch hypothetischen!) Quantengravitationstheorien weiter, besonders in der Loop Quantum Gravity, die die Allgemeine Relativitätstheorie als Spezialfall einer noch tieferen, fundamentaleren Theorie auffassen.

Hatte Einstein abgeschrieben?

»Das allgemeine Relativitätsproblem ist nun endgültig erledigt. Die Perihelbewegung des Merkur wird durch die Theorie wunderbar erklärt. [...] Für die Lichtablenkung durch Sterne liefert die Theorie nun einen doppelt so grossen Betrag als früher«, schrieb Einstein am 26. November an Zangger, einen Tag nach seinem grandiosen Durchbruch. Doch dann fährt er fast schon verbittert fort: »Die Theorie ist von unvergleichlicher Schönheit. Aber nur *ein* Kollege hat sie wirklich verstanden, und der eine sucht sie auf geschickte Weise zu ›nostrifizieren‹ [...]. Ich habe in meinen persönlichen Erfahrungen kaum je die Jämmerlichkeit der Menschen besser kennen gelernt wie gelegentlich dieser Theorie und was damit zusammenhängt. Es ficht mich aber nicht an.«

Der Kollege, den Einstein meinte, war David Hilbert. Aus dem Brief geht also deutlich hervor, dass es trotz und auch wegen der wechselseitigen Wertschätzung der beiden zu einer gewissen Konkurrenzsituation gekommen ist. Einsteins Assistent Ernst Gabor Straus erzählte später, Einstein hatte das Gefühl, Hilbert hätte womöglich Ideen aus Einsteins Vorträgen übernommen und – vielleicht unabsichtlich – plagiiert, und er wollte sich die Feldgleichungen selbst zuschreiben (das bezeichnete Einstein als »nostrifizieren«). Allerdings gingen Einsteins Vorträge in Göttingen teils noch von falschen Voraussetzungen aus; und Hilbert, der sich Straus zufolge bei Einstein entschuldigte, hatte die Details auch »völlig vergessen«.

Jedenfalls reichte Hilbert seinen Göttinger Vortrag, zu dem er Einstein eingeladen hatte, am 20. November – also fünf Tage vor Einsteins Artikel *Die Feldgleichungen der Gravitation* – unter dem sehr allgemeinen Titel *Grundlagen der Physik. (Erste Mitteilung)* bei der Königlichen Gesellschaft der Wissenschaften zu Göttingen ein. Er erschien am 31. März 1916 im Druck und enthielt die korrekten Feldgleichungen der Allgemeinen Relativitätstheorie. War Hilbert Einstein auf der Zielgerade zuvor gekommen? Hatte er den Schlussstein der Allgemeinen Relativitätstheorie wenige Tage vor Einstein gefunden? Gebührt die Ehre also ihm? Und hatte Einstein, wie ein paar Wissenschaftshistoriker sogar vermutet haben, womöglich in der Korrespondenz mit Hilbert den entscheidenden Hinweis erhalten und mit dieser Hilfestellung die Feldgleichungen formuliert?

Einstein hatte von Hilbert wohl am 18. November eine Vorabversion erhalten, denn er bedankte sich an diesem Tag und schrieb: »Das von Ihnen gegebene System stimmt – soweit ich es sehe – genau mit dem überein, was ich in den letzten Wochen gefunden und der Akademie überreicht habe.« Was Einstein gelesen und davon verstanden hatte, ist aber unklar. »Es scheint mir außerordentlich unwahrscheinlich, dass er in der Geistesverfassung gewesen wäre, den Inhalt der technisch schwierigen Abhandlung von Hilbert aufzunehmen«, kommentierte Abraham Pais in seiner Einstein-Biographie. Schon der Göttinger Mathematiker Felix Klein, der Hilberts Arbeit ein Jahr später las, meinte diesem gegenüber: »Ich finde aber Ihre Formeln so kompliziert, dass ich die Nachrechnung nicht unternommen habe.« Einsteins Urteil im Mai 1916, als er über Hilberts Arbeit in Berlin vortrug, war auch kritisch: »Warum machen Sie es dem armen Sterblichen so schwer, indem Sie ihm die Technik Ihres Denkens vorenthalten? Es genügt doch dem denkenden Leser nicht, wenn er zwar die Richtigkeit Ihrer Gleichungen verifizieren aber den Plan der ganzen Untersuchung nicht überschauen kann.« An Ehrenfest schrieb Einstein noch deutlicher: »Hilberts Darstellung gefällt mir nicht. Sie ist unnötig speziell, was die ›Materie‹ anbelangt, unnötig kompliziert, nicht ehrlich [...] im Aufbau (Vorspiegelung des Übermenschen durch Verschleierung der Methoden).«

Da nicht alle Briefe erhalten sind, ist unklar, was genau sich zwischen Einstein und Hilbert ab Mitte November zutrug. Jedenfalls scheint es zu Spannungen gekommen zu sein. Einstein bemühte sich aber bald darauf, die Situation zu entschärfen. Am 20. Dezember schrieb er an Hilbert: »Es ist zwischen uns eine gewisse Verstimmung gewesen, deren Ursache ich nicht analysieren will. Gegen das damit verbundene Gefühl der Bitterkeit hab ich gekämpft, und zwar mit vollständigem Erfolge. Ich gedenke Ihrer wieder in ungetrübter Freundlichkeit, und bitte Sie, dasselbe bei mir zu versuchen. Es ist objektiv schade, wenn sich zwei wirkliche Kerle, die sich aus dieser schäbigen Welt etwas herausgearbeitet haben, nicht gegenseitig zur Freude gereichen.«

Auch in den nächsten Jahren standen die beiden »Kerle« im freundlichen Austausch, und Hilbert lud Einstein mehrfach nach Göttingen ein. Politisch standen die beiden in ihrem Liberalismus und Humanismus ebenfalls nicht weit auseinander; Einstein bezeichnete Hilbert sogar einmal als »echten Gesinnungsgenossen«. Hilbert beanspruchte jedenfalls nie öffentlich, die Feldgleichungen der Gravitation entdeckt zu haben, und würdigte mehrfach Einsteins Leistungen.

»Für Hilbert bedeutete die *Grundlagen*-Arbeit die Krönung eines jahrelangen Forschungsprogramms«, kommentiert der Wissenschaftshistoriker Tilman Sauer, Mitherausgeber einer wissenschaftlichen Edition von Hilberts Schriften. »Zusammen mit Minkowski hatte Hilbert daran gearbeitet, die Physik als ein Teilgebiet der Mathematik zu verstehen und ihre grundlegenden Sätze und Theoreme einer mathematischen Analyse zu unterziehen. Dieses Programm einer Axiomatisierung, wie er es nannte, führte ihn auch dazu, die Theorie Einsteins auf ihre logische Struktur hin zu untersuchen und ihre grundlegenden Axiome herauszuschälen.«

Vor dem Hintergrund seiner bereits 1898 begonnenen Versuche der Axiomatisierung der Physik verband Hilbert Einsteins Theorie mit einer elektromagnetischen Theorie der Materie, die der Physiker Gustav Mie ab 1912 auszuarbeiten begonnen hatte. Dieser interpretierte Elektronen und Protonen als Verdichtungen des elektromagnetischen Felds, die er als Lösungen verallgemeinerter elektrodynamischer Feldgleichungen beschrieb. Hilbert formulierte in seiner *Grundlagen*-Arbeit zunächst drei Axiome. Tilman Sauer fasst diese Grundannahmen so zusammen: »Das erste Axiom postulierte eine allgemeine Funktion, die im Spezialfall Mies Materietheorie enthielt. Das zweite Axiom formulierte die Theorie in Form eines allgemeinen mathematischen Prinzips, aus dem sich die Feldgleichungen der Gravitation in bestimmter Weise berechnen lassen. Das dritte Axiom schränkte die physikalische Gültigkeit der Theorie auf bestimmte zulässige Koordinatensysteme ein, so wie in der noch nicht ganz allgemeinen Relativitätstheorie, die Einstein in Göttingen vorgetragen hatte. Aber dies betraf nicht mehr die Form der Feldgleichungen selbst, sondern war nun in einem zusätzlich formulierten Axiom ausgedrückt, das nur die physikalische Gültigkeit der ansonsten schon kovarianten Gleichungen zusätzlich einschränkte.«

In der gedruckten Arbeit vom 31. März 1916 stehen nur die ersten beiden Axiome. Aus diesen ergeben sich die richtigen Feldgleichungen der Allgemeinen Relativitätstheorie in einer anderen, aber mathematisch äquivalenten Form. Kannte Hilbert sie doch schon im November, noch vor Einstein? Die Wissenschaftshistoriker Leo Corry, Jürgen Renn und John Stachel haben dies 1997 klar verneint. Dagegen sprechen nämlich die Korrekturfahnen des *Grundlagen*-Artikels, die auf den 6. Dezember datiert sind und sich in Hilberts Nachlass fanden (Hilbert behielt eine Kopie, die einzige Fahnenkorrektur, die er überhaupt aufbewahrt hatte; die Version, die er an den Verlag zurückgeschickt hatte, ist nicht erhalten). Die frühere Version des Textes, die Hilbert vor Drucklegung umgearbeitet hatte, weicht an einigen Stellen von der Druckfassung ab. In den Fahnen wird noch das dritte Axiom angeführt. Das beschränkte die zulässigen Koordinatensysteme durch eine Energiebedingung, sodass die Feldgleichungen nicht allgemein kovariant waren und eher jenen der Entwurftheorie ähnelten. Anscheinend hatte Hilbert dieses Axiom erst nach Kenntnisnahme von Einsteins Feldgleichungen gestrichen und seinen *Grundlagen*-Artikel so umgeschrieben, dass er mit Einsteins Formulierung kompatibel ist. Dabei wies Hilbert auch auf Einsteins inzwischen gedruckten Artikel hin und schrieb, dass dessen Feldgleichungen mit seiner (Hilberts) eigenen Darstellung übereinstimmten. Ganz sicher war er sich damals jedoch vielleicht noch gar nicht. Auf Seite 405 seines Artikels schrieb er nämlich wörtlich: »Die so zu Stande kommenden Differentialgleichungen der Gravitation sind, wie mir scheint, mit der von Einstein in seinen späteren Abhandlungen aufgestellten großzügigen Theorie der allgemeinen Relativität im Einklang.« Kurzum, Hilbert hatte in gewisser Hinsicht tatsächlich »nostrifiziert«, aber nicht plagiiert, sondern redlich zitiert – aber vielleicht doch suggeriert, er sei unabhängig von Einstein auf die Feldgleichungen gekommen.

Manche Historiker und Relativitätstheorie-Experten meinten allerdings, Hilbert hätte aufgrund seiner überragenden mathematischen Fähigkeiten auf der Basis von Einsteins vorliegenden Arbeiten bereits vor diesem die richtigen Feldgleichungen ableiten können. Außerdem fehlt in den erhalten gebliebenen Druckfahnen auf einer Seite das untere Drittel, wie der Physikhistoriker

Friedwardt Winterberg von der University of Nevada in Reno erstmals 2004 deutlich betonte (Corry, Renn und Stachel hatten das 1997 gar nicht erwähnt). Was auf dem Stück stand, lässt sich aufgrund Hilberts Umarbeitungen des Artikels anhand von dessen gedruckter Fassung nicht eindeutig rekonstruieren. Hatte Hilbert hier womöglich die korrekten Feldgleichungen formuliert?

Die Göttinger Wissenschaftshistoriker Klaus P. Sommer und Daniela Wuensch vermuten dies. Hilbert hätte »die Gravitationsgleichungen in *expliziter* Form bereits am 20. November 1915 gehabt«, behauptet Wuensch. Unklar ist, wann, warum und von wem das fehlende Stück der Korrekturfahnenseite abgeschnitten wurde. Wuensch konnte akribisch nachweisen, dass dies frühestens 1918 geschehen sein konnte, und fragte: »Ist hier eine Quelle manipuliert worden?« Sie nannte keine Namen, argumentierte aber dafür, dass der Ausschnitt »in neuerer Zeit mit der Absicht gemacht worden sein muss, die historische Wahrheit zu verfälschen«. Der Verdacht zog seit 2005 publizistisch weite Kreise in Zeitungen, Zeitschriften und im Internet. Wollte womöglich jemand verhindern, Einsteins Ruhm als Schöpfer der Allgemeinen Relativitätstheorie zu schmälern? Aber warum?

Jürgen Renn und seine Kollegen fühlten sich angegriffen und parierten. »Wollten missgünstige Einsteinfanatiker Hilbert diesen Triumph nicht lassen und haben aus diesem Grund ein Stück aus den Druckfahnen nachträglich entfernt? Oder haben nicht minder missgünstige Hilbertfanatiker die Schere angesetzt, um wenigstens darüber spekulieren zu können, ob das fehlende Stück die korrekte Formel enthielt? Mit solchen Fragen sind wilden Verschwörungstheorien Tür und Tor geöffnet«, schrieb Renn 2005 in der *Frankfurter Allgemeinen Sonntagszeitung*. »Dabei lässt sich aus dem erhaltenen Teil der Druckfahnen in Verbindung mit der gedruckten Version ohne Mühe rekonstruieren, dass der fehlende Schnipsel nur eine Trivialität enthielt, nämlich die Aufspaltung von Hilberts Theorie in einen Gravitationsteil und einen elektromagnetischen Teil.« Sommer, Wuensch und andere schossen zurück: »Warum haben Renn und seine Co-Autoren 1997 bei ihrer pompösen Entthronung Hilberts diesen Ausschnitt nicht erwähnt? Weil sie dann Hilbert nicht mehr des Plagiats hätten überführen können? Renn nennt die, die ihn kritisieren, ›selbsternannte Anwälte Hilberts‹, doch indem er und seine Co-Autoren unerwähnt ließen, was ihre Behauptung eingeschränkt hätte, waren sie es, die als Anwälte Einsteins agierten. Renn, Direktor des Max-Planck-Instituts für Wissenschaftsgeschichte, sollte im übrigen verinnerlicht haben, dass ein Historiker kein Anwalt, sondern ein Untersuchungsrichter sein sollte.« Der Mathematikhistoriker David E. Rowe von der Universität Mainz veröffentlichte in der Zeitschrift *Historia Mathematica* eine ausführliche, bissige Besprechung von Daniela Wuenschs Buch *»zwei wirkliche Kerle«* (2005) und beendete sie mit dem Bedauern, dass es überhaupt gedruckt wurde sowie der Hoffnung, dass die Schlussaussage in der Danksagung buchstäblich wahr sei, nämlich, dass »sämtliche Fehler und Irrtümer, die diese Arbeit noch enthält« trotz aller Hilfe von anderen allein die der Autorin seien.

Die Stimmung erscheint vergiftet, und ohne neue Indizien wird sich die Problematik kaum klären lassen. Dass Hilbert auf der ominösen verstümmelten Seite wirklich die Feldgleichungen geschrieben hatte, ist jedenfalls nicht zwingend. »Tatsächlich muss auf diesem Stück die im Text fehlende Definition der Riemann-Krümmung gestanden haben, die für die Beschreibung der gekrümmten Raumzeit nötig ist«, widerspricht der Wissenschaftshistoriker Tilman Sauer. »Wenn diese Rekonstruktion stimmt, dann gebührt Hilbert zu Recht das Verdienst für die unabhängige, wenn auch nur implizite Formulierung der richtigen, allgemein kovarianten Feldgleichungen mittels eines mathematisch äquivalenten Verfahrens, des sogenannten Variationsprinzips. Es ist gerade die Formulierung der Allgemeinen Relativitätstheorie mithilfe dieses Prinzips, die Hilbert zu seinen Überlegungen führte.«

Als Entdecker der Feldgleichungen scheidet Hilbert dann aus. Und dass er nicht der Schöpfer der Allgemeinen Relativitätstheorie ist, steht ohnehin außer Frage. Dieses komplexe Gebäude besteht ja nicht nur aus einigen Formeln, sondern hat eine raffinierte Architektur, deren Ausarbeitung viele Jahre erfordert hatte und tiefgreifende begriffliche Revisionen. Das räumt auch Daniela Wuensch ein: »Einstein muss weiterhin als Erfinder der Allgemeinen Relativitätstheorie gelten, während Hilberts Leistung darin liegt, eine vereinheitlichte Theorie der Gravitation und des Elektromagnetismus aufgestellt und durch die von ihm eingeführte Methode der *neueren Mathematisierung der Physik* den Weg zur Vereinheitlichung in der Physik eröffnet zu haben.«

Obwohl Einstein dieses Ziel einige Jahre später selbst mit großem und nicht nachlassendem Elan in Angriff nahm, hielt er Mies und Hilberts Ansatz für »kindlich« (und alsbald war er ja wissenschaftlich auch vollkommen überholt). Einstein bestand auf eine saubere Trennung zwischen einer gefestigten, umfassend begründeten und ausgearbeiteten Theorie und unausgegorenen Spekulationen. An den Mathematiker Hermann Weyl schrieb er: »Jedenfalls ist es nicht zu billigen, wenn die soliden Überlegungen, die aus dem Relativitätspostulat stammen, mit so gewagten, unbegründeten Hypothesen über den Bau des Elektrons beziehungsweise der Materie verquickt werden.«

Völlig geklärt ist die Prioritätsfrage bei den Feldgleichungen und ihr Kontext jedenfalls bis heute nicht. Aber vielleicht sollte sie auch gar nicht so zugespitzt werden. Denn Hilbert ging es, wie David Rowe betont hat, gar nicht in erster Linie um die Feldgleichungen, sondern um seine Einheitliche Theorie von Gravitation und Elektromagnetismus, für die er die richtigen Gleichungen natürlich benötigte – und daher die Druckfassung seines Artikels entsprechend anpasste. »Seine Hauptmotivation für das Einfügen der Gleichungen auf den Druckfahnen hatte nichts damit zu tun, seine Priorität zu sichern, sondern rührt von der schwierigen Frage her, ob seine eigene Theorie mit der Einsteins vereinbar war oder nicht.« Ähnlich sieht es Renn und erweitert den Gesichtswinkel: »Die Frage nach der Priorität ist offenbar falsch gestellt, denn sie verengt den Blick ausschließlich auf die einzelne Entdeckung statt anzuerkennen, dass es in der Wissenschaft stets um ganze Netzwerke von Wissen geht, an denen viele weben, und zwar mit unterschiedlichen Perspektiven. Auch die Allgemeine Relativitätstheorie ist letztlich als ein Gemeinschaftswerk entstanden, auf das Forscher immer wieder neue Perspektiven entwickelt haben. Das gilt übrigens auch für Hilbert selbst. Er hat seine Arbeit 1924 noch einmal in umgearbeiteter Form publiziert, aber wiederum den Eindruck erweckt, als handele es sich im Wesentlichen um die ursprüngliche Version vom 20. November 1915. Hätte er bloß das Datum angepasst, wäre es nie zum Streit gekommen. Aber dann würde die Wissenschaftsgeschichte vielleicht auch keine Schlagzeilen machen.« Felix Klein meinte übrigens schon 1921 diplomatisch, »dass es keine Frage der Priorität geben kann, da beide Autoren derartig verschiedenen Gedankenzügen folgten, dass die Verträglichkeit der Resultate keineswegs sicher schien.«

Zusammenfassung, Eleganz und ein Theatergespenst

Nach den Strapazen lohnt sich ein Rückblick. In der Übersicht betrachtet verlief der Weg von der Speziellen zur Allgemeinen Relativitätstheorie folgendermaßen: Mit der Prämisse des Äquivalenzprinzips gelangte Einstein zunächst zu wichtigen qualitativen Einsichten wie der Lichtablenkung und Zeitdilatation im Schwerefeld. Und er erforschte die Möglichkeit bestimmter begrifflicher Revisionen. Dann prägten elementare Rechnungen, die zu strategischen Einsichten führten, den Forschungsprozess. Schließlich lieferte eine systematische Analyse der mathematischen Möglichkeiten – sowie ihre kritische Reflexion im Hinblick auf bestimmte Grundannahmen und -ziele einer Gravitationstheorie – eine Auswahl einzelner Tensor-Kandidaten für die Feldgleichungen. Eine Mischung von ausprobierendem Raten und rigorosen Ableitungsversuchen führte zu den richtigen Gleichungen. Einstein hatte mit dem statischen Gravitationsfeld und dem Minkowski-Formalismus der Raumzeit begonnen, erkannte dann die Notwendigkeit einer nichteuklidischen Geometrie, also einer gekrümmten Raumzeit, und beschrieb diese mit dem Gauß'schen Flächensatz und den Verallgemeinerungen von Riemann, Christoffel, Ricci und Levi-Civita im Rahmen des Tensor-Kalküls.

Dieser Weg war nicht klar und eindeutig, obwohl Einstein Ausgangspunkt und Richtung wohl definiert und rational gewählt hatte. Doch er verstrickte sich in konzeptuelle und mathematische Schwierigkeiten, machte ein paar einfache sowie sehr subtile Fehler, erkannte nicht alle gleich (und hätte das teilweise auch gar nicht können), fand Widersprüche zwischen den physikalischen und den mathematischen Ansätzen, musste immer wieder seine Voraussetzungen reflektieren und überprüfen und kam nicht umhin, schlicht verschiedene Pfade auszuprobieren. Zunächst sah die Entwurftheorie mit Grossmann vielversprechend aus, doch der Teufel steckte in den Details. Zwei Jahre dauerte es, bis sich der Entwurf als Sackgasse herausstellte. Und dann musste Einstein noch einmal beinahe von vorne beginnen. Schließlich hatte er die Feldgleichungen durch ein langwieriges

Herumprobieren gefunden, ein mathematisches Experimentieren mit verschiedenen Tensoren. Jürgen Renn spricht von einer »Bastelphase« und vom »Fortschritt im Kreislauf«.

Im Nachhinein lassen sich die Gleichungen aber aus bestimmten Voraussetzungen durchaus herleiten. Das ist oft so in der Wissenschaft: Die Genese einer Theorie ist so chaotisch wie kreativ, die Grundlegung im Rückblick eine verständliche und vernünftige Wegbeschreibung (wenn man am Ziel angekommen ist, meist aber doch über ganz andere, verschlungene Pfade), und die Gültigkeit müssen dann sowieso wissenschaftliche Beobachtungen und Experimente erweisen und überprüfen.

Jürgen Renn hat Einsteins physikalische Revolution zu Recht mit dem Paradigmenwechsel vom geo- zum heliozentrischen Weltbild durch Nikolaus Kopernikus verglichen (was keine Parallelisierung ist, denn Einsteins intellektuelle Leistung war weitaus größer). »Die Entstehung der Allgemeinen Relativitätstheorie verdankt sich einem Kopernikusprozess, in dessen Verlauf überliefertes Wissen neu strukturiert wurde. Dieser Prozess konnte allerdings erst stattfinden, nachdem das überlieferte Wissen im Rahmen einer gegebenen Theorie so angereichert wurde, dass die Mittel für einen solchen reflexiven Umbau bereitstanden.« So betrachtet, gelang Einsteins Durchbruch aufgrund einer neuen Deutung des vorhandenen und in der Entwurftheorie integrierten Wissens ähnlich wie Kopernikus das astronomische Wissen nicht weggewischt, sondern neu geordnet und geradezu umgestülpt hatte. Durch diesen Umbau Einsteins, stellt Renn fest, »erhielten Aspekte des mathematischen Formalismus der ursprünglichen Theorie, die zunächst nur eine randständige oder überhaupt keine physikalische Bedeutung trugen, eine zentrale Funktion für das physikalische Verständnis des Gravitationsproblems.« Daher waren die diversen Sackgassen entlang von Einsteins Fortschreiten und die Entwurftheorie Renn zufolge auch

»kein Irrweg, sondern die Voraussetzung für die Einbeziehung weiterer Wissensbestände, die sich für die Formulierung der Allgemeinen Relativitätstheorie als kritisch erweisen sollten, insbesondere Bestände mathematischen und astronomischen Wissens. Zu dieser Erweiterung von Wissensbeständen trugen auch Forscher bei, deren Namen in den üblichen Heldenchroniken der Wissenschaft keine Rolle spielen. Ihre Beiträge bestanden entweder in Alternativtheorien, an denen sich Einsteins Ansatz messen lassen musste, oder im Ausbau und der kritischen Diskussion dieses Ansatzes.«

Mit der Publikation der Feldgleichungen der Gravitation hatte Einstein den entscheidenden Meilenstein der Allgemeinen Relativitätstheorie erreicht – der Schlussstein war dies allerdings noch keineswegs. Eigentlich fing die Arbeit jetzt erst so richtig an:

- Wie lauten die Bewegungsgleichungen für Körper im Gravitationsfeld?
- Welche analytischen Lösungen haben die Gleichungen? Welche Näherungslösungen lassen sich finden? Was sind die lokalen und kosmischen Randbedingungen?
- Welche Konsequenzen, neue Effekte und vielleicht sogar Anwendungen gibt es?
- Wie können die Aussagen und Folgerungen geprüft werden?
- Wo sind die Grenzen der Theorie? Was wäre nötig, um sie zu überwinden?
- Was bedeutet die Relativitätstheorie eigentlich im größeren Kontext der Physik, und welche naturphilosophischen Interpretationen und Implikationen hat sie?

Ein paar Fragen konnten relativ rasch beantwortet werden, doch die meisten beschäftigen die Forscher bis heute. Zunächst aber hatte Einstein ein viel profaneres Problem: Er musste seine immer wieder revidierten, oft hastig formulierten Erkenntnisse zusammenhängend darstellen, denn sie waren in vielen, teils fast kryptischen Aufsätzen verteilt. Nun galt es, seinen Fachkollegen einen Zugang zu ermöglichen beziehungsweise zu erleichtern sowie die notwendige Überzeugungsarbeit zu leisten. Und dies in einem reichlich desolaten Zustand – Einstein war erschöpft und krank – mitten in den Wirren des Ersten Weltkriegs. Im Januar 1916 plagten Einstein noch Zweifel, ob er eine große Übersichtsdarstellung überhaupt zu schreiben in der Lage wäre. Seine Fachartikel seien »zwar richtig, aber reichlich unverdaulich«, bemerkte er gegenüber Lorentz. Und an Ehrenfest schrieb er ebenfalls im Januar zur Erläuterung der Ableitung seiner Feldgleichungen: »Ich stütze mich gar nicht auf die Arbeiten, sondern rechne Dir alles vor.« Er bat ihn auch: »Es wäre mir lieb, wenn Du mir diese Blätter […] wieder zurückgäbest, weil ich die Sachen sonst nirgends so hübsch beisammen habe.«

Trotz aller Widrigkeiten war Einsteins Motivation groß und er arbeitete weiter. Bereits am 18. März sandte er ein umfangreiches Manuskript an Wilhelm Wien, den Herausgeber der *Annalen der Physik*. Die Zeitschrift veröffentlichte den Text am 11. Mai im Band 49 auf den Seiten 769 bis 822 (und separat erschien er als kleines Büchlein, das sich sehr gut verkaufte). Der Titel ließ an Deutlichkeit nichts zu wünschen übrig: *Die Grundlagen der allgemeinen Relativitätstheorie*.

Dies war zwar nicht die eigentlich Geburt der Theorie (die ja auch nicht in einer bestimmten Minute das Licht des Universums erblickte, sondern nach einer langjährigen, belastenden Schwangerschaft und heftigen Wehen allmählich zutage kam), aber doch so etwas wie die Durchtrennung der Nabelschnur. Den ersten Geburtstag, um im Sprachbild zu bleiben, feierte die Theorie dann mit einem populärwissenschaftlichen kleinen Buch, *Über die spezielle und die allgemeine Relativitätstheorie*, mit dem Veröffentlichungsjahr 1917 (erschienen ist es genau genommen im Dezember 1916, ein Jahr nach der Publikation der Feldgleichungen). Auch damit quälte sich Einstein. »Aber wenn ich es nicht tue, wird die Theorie nicht verstanden werden, so einfach sie im Grunde nun ist«, hatte er bereits am 3. Januar 1916 in einem Brief an Besso geschrieben.

Richtig zufrieden war er nicht mit dem Buch, der Stil sei »hölzern«. Es wurde trotzdem ein großer Erfolg. 1922 kam schon die 14. Auflage heraus; eine englische Übersetzung erschien 1920, Ausgaben in vielen weiteren Sprachen folgten. Im Vorwort warnte Einstein gleich, die Lektüre setze »ziemlich viel Geduld und Willenskraft beim Leser« voraus. Und: »Im Interesse der Deutlichkeit erschien es mir unvermeidlich, mich oft zu wiederholen, ohne auf die Eleganz der Darstellung die geringste Rücksicht zu nehmen«; er habe sich »gewissenhaft an die Vorschrift des genialen Theoretikers« Ludwig Boltzmann gehalten – dem Begründer der Statistischen Thermodynamik und talentierten Autor populärwissenschaftlicher Schriften –, »man solle die Eleganz Sache der Schneider und Schuster sein lassen.«

Seinen Übersichtsartikel in den *Annalen der Physik*, der die Allgemeine Relativitätstheorie in der Fachwelt bekannt machte und bis zu Einsteins Princeton-Vorlesungen (gedruckt 1922) die grundlegende Einführung blieb, gliederte Einstein in fünf Kapitel. Er lehnte sich dabei eng an seinen Übersichtsartikel zur Entwurftheorie von 1914 an. Seine erklärte Absicht: »Es kommt mir in dieser Abhandlung nicht darauf an, die Allgemeine Relativitätstheorie als ein möglichst einfaches logisches System mit einem Minimum von Axiomen darzustellen.« (Man könnte das als kleinen Seitenhieb gegen Hilberts axiomatische Methode interpretieren.) »Sondern es ist mein Hauptziel, diese Theorie so zu entwickeln, dass der Leser die psychologische Natürlichkeit des eingeschlagenen Weges empfindet und dass die zugrunde gelegten Voraussetzungen durch die Erfahrung möglichst gesichert erscheinen.«

› Im Teil A gab Einstein eine Hinführung zur Theorie mit Hinweisen auf die Spezielle Relativitätstheorie und ihre Grenzen, auf das Äquivalenzprinzip und Minkowskis Raumzeit-Formalismus. »Die Gravitation spielt also gemäß der Allgemeinen Relativitätstheorie eine Ausnahmerolle gegenüber den übrigen, insbesondere den elektromagnetischen Kräften, indem die das Gravitationsfeld darstellenden zehn Funktionen $g_{\mu\nu}$ zugleich die metrischen Eigenschaften des vierdimensionalen Messraumes bestimmen.« (In seinem populärwissenschaftlichen Buch kommentierte Einstein – von wegen »hölzerner« Stil! – dies mit den Worten: »Ein mystischer Schauer ergreift den Nichtmathematiker, wenn er von ›vierdimensional‹ hört, ein Gefühl, das dem vom Theatergespenst erzeugten nicht unähnlich ist. Und doch ist keine Aussage banaler als die, dass unsere gewohnte Welt ein vierdimensionales zeiträumliches Kontinuum ist.«) Außerdem betonte Einstein die Notwendigkeit einer nichteuklidischen Geometrie.

› Deren mathematische Grundlagen legte er dann im Teil B dar, dem mit 30 Seiten ausführlichsten, und dankte noch einmal seinem Freund Grossman für dessen Hilfe.

› Im Teil C, dem wichtigsten und vom Übersichtsartikel 1914 am meisten abweichend, folgt die Theorie des Gravitationsfelds. Hier stellte Einstein erneut seine Feldgleichungen vor – überraschenderweise nicht in der allgemein kovarianten Form (sondern mit der diese lediglich begründenden Normalisierungsbedingung $\sqrt{-g} = 1$). Er beschrieb Bewegungen in der gekrümmten Raumzeit, die Energieerhaltung in geschlossenen Systemen und die Periheldrehung der Merkurbahn, was den Leser »von der physikalischen Richtigkeit der Theorie überzeugen« möge.

› Im Teil D erläuterte Einstein, wie sich die bekannten physikalischen Gesetze der Materie in den Energie-Impuls-Tensor und somit in die Allgemeine Relativitätstheorie einbinden lassen, etwa für Flüssigkeiten und das elektromagnetische Feld.

› Im letzten Teil E ging Einstein auf die Spezielle Relativitätstheorie und Newtons Gravitationsgesetz als Grenzfall der Allgemeinen Relativitätstheorie ein. Und auf künftige Überprüfungen. Er schrieb (zu pessimistisch!), »dass die zu erwartenden Abweichungen viel zu gering sind, um sich bei der Vermessung der Erdoberfläche bemerkbar machen zu können«, setzte seine Hoffnungen aber auf astronomische Messungen. Zum einen auf den Nachweis der Gravitationsrotverschiebung: »Die Uhr läuft also langsamer, wenn sie in der Nähe ponderabler Massen aufgestellt ist. Es folgt daraus, dass die Spektrallinien von der Oberfläche großer Sterne zu uns gelangenden Lichts nach dem roten Spektralende verschoben erscheinen müssen.« Und zum anderen auf die Lichtablenkung im Schwerefeld: »Ein an der Sonne vorbeigehender Lichtstrahl erfährt demnach eine Biegung von 1,7 Bogensekunden, ein am Planeten Jupiter vorbeigehender eine solche von etwa 0,02.« Damit schloss sich der Kreis zu Einsteins Artikel von 1911, in dem er schon beide Effekte beschrieben hatte, die Lichtablenkung allerdings um die Hälfte zu klein.

Obwohl Einstein in seinem Übersichtsartikel die Feldgleichungen nur in sogenannten unimodularen Koordinaten herleitete, arbeitete er bereits an einer alternativen Fassung in beliebigen Koordinatensystemen. Es ist ein unveröffentlichtes Manuskript erhalten, *Darstellung der Theorie ausgehend von einem Variationsprinzip*, das Einstein zunächst in seinen *Grundlagen*-Artikel integrieren und dann als Anhang hinzufügen wollte. Er tat beides nicht, sondern publizierte die koordinatenunabhängige Darstellung im November separat, nachdem zuvor schon Lorentz und Hilbert Ähnliches getan hatten. Im Gegensatz zu Hilbert hat Einstein »über die Konstitution der Materie möglichst wenig spezialisierende Annahmen gemacht«, wie er gleich in der Einleitung betonte. (In einem Brief vom 23. November 1916 an Hermann Weyl bezeichnete er Hilberts Prämissen, die sich auf Gustav Mies

Exkurs

Einsteins Fahrer und das Verständnis der Relativitätstheorie

Als Einstein seine Vorträge hielt, saß sein Fahrer stets hinten im Saal. Eines Tages meinte er, einen Vortrag wohl selbst halten zu können, so oft habe er ihn gehört. Einstein nahm ihn beim Wort: Sie tauschten die Kleider, und der Fahrer machte seine Sache fehlerfrei, während Einstein heimlich zuhörte. Im Anschluss stellte ein Zuhörer eine schwierige Frage zu einem kniffligen Detail. Darauf der Fahrer: »Die Antwort ist so einfach, dass sie selbst mein Fahrer geben kann, der hier im Saal sitzt.«

Der Witz wird gern erzählt, ist aber viel zu schön, um wahr zu sein. Einsteins Humor, Scharfsinn, Geistreichtum – kurz: Witz im doppelten Sinn – ist allerdings legendär, wie unzählige Zitate belegen. Die von Alice Calaprice herausgegebene Sammlung *The Quotable Einstein* (1997), teilweise unter dem Titel *Einstein sagt* auch auf Deutsch erschienen, wimmelt von Beispielen. Zuweilen wurde Einstein, besonders mit seiner Relativitätstheorie, auch selbst zum Gegenstand lustiger Bonmots.

So galt die Relativitätstheorie schon immer als schwer verständlich. Darum nutzte der Chemiker Chaim Weizmann, später der erste Präsident Israels, 1921 die Gelegenheit, während einer gemeinsamen Schiffsreise über den Atlantik nach Nordamerika sich jeden Morgen zwei

Materie-Theorie bezogen, als »kindlich, im Sinne des Kindes, das keine Tücken der Außenwelt kennt«.) Aus einer mathematischen Perspektive ist die Herleitung aus einem »Optimierungsverfahren« und der Energie-Impuls-Erhaltung viel eleganter als im *Grundlagen*-Artikel. Sie verdeckt allerdings den Weg, auf dem Einstein zu den Feldgleichungen gelangte, und lässt die Wahl des Riemann'schen Krümmungstensors fast zwingend erscheinen, sodass sich alles wie von Zauberhand zusammenfügt.

»Ironischerweise ist dies exakt das, was Einstein in seinen späteren Jahren selbst glaubte. Teilweise sicherlich, weil es seine erfolgreiche Suche nach den Feldgleichungen der Allgemeinen

Stunden lang mit Einstein über dessen physikalisches Meisterwerk zu unterhalten. »Einstein erklärte mir seine Theorie jeden Tag«, soll Weizmann gesagt haben, »und bei unserer Ankunft war ich tatsächlich überzeugt, dass er die Relativitätstheorie verstanden hat.«

Und einer verbreiteten, aber nicht unbedingt wahren Anekdote zufolge hat der Physiker Ludwik Silberstein einmal zu Arthur Eddington, der die von Einstein vorausgesagte Lichtablenkung im Gravitationsfeld gemessen hatte, nach einem Vortrag gesagt: »Herr Professor Eddington, Sie müssen einer der weltweit drei Menschen sein, die die Allgemeine Relativitätstheorie wirklich verstehen.« Als Eddington schwieg, fuhr Silberstein fort: »Seien Sie doch nicht so bescheiden!« Darauf Eddington: »Im Gegenteil – ich überlege, wer die dritte Person ist.«

Silberstein hatte übrigens bereits 1914 ein Lehrbuch zur Speziellen Relativitätstheorie veröffentlicht und es zehn Jahre später mit einer Darstellung der Allgemeinen Relativitätstheorie ergänzt sowie regelmäßig Vorlesungen über sie gehalten. 1935 veröffentlichte er einen Artikel, in dem er einen Fehler in der Allgemeinen Relativitätstheorie nachzuweisen glaubte. Nach einer Debatte mit Einstein wandte er sich sogar an die Presse. Recht hatte er trotzdem nicht.

Relativitätstheorie ähnlich aussehen ließ wie seine fruchtlose Fahndung nach einer Einheitlichen Feldtheorie«, kommentiert der Wissenschaftshistoriker und Physiker Michel Janssen von der University of Minnesota in Minneapolis. »Doch was immer Einstein später glaubte, sagte oder schrieb – er entdeckte den Königsweg zu den Feldgleichungen erst, nachdem er sie bereits am Ende eines schlecht befestigten Sträßchens durch die Physik gefunden hatte. Als Wegmarken dienten ihm Newtons Gravitationstheorie, Maxwells Elektrodynamik und wichtige Ergebnisse der Speziellen Relativitätstheorie. Erwägungen der mathematischen Eleganz spielten nur eine Nebenrolle.«

Das verbogene Universum

Bei all den Turbulenzen um die Suche nach den Feldgleichungen gerät leicht aus dem Blick, dass Einstein hier eine Revolution der Denkungsart hinsichtlich der Gravitation angezettelt und durchgepeitscht hatte. Zunächst fast nur für sich, aber mit dem späteren Erfolg der Relativitätstheorie auch in der Physik als Ganzes. Er hatte gleichsam Newton entthront. (So wurde es nach dem Ersten Weltkrieg von revanchistisch-deutschnationalen Hetzern, denen es nicht um die Wissenschaft ging, eifrig propagiert – Einstein hatte deutlich widersprochen und Newtons Größe stets betont.) Nicht im Sinn einer intellektuellen (Her)absetzung. Von Demütigung keine Spur. Aber die Natur der Schwerkraft erschien nun völlig anders. Und die Natur von Raum und Zeit ebenso. Das eine bedingt sogar das andere.

Gravitation und Raumzeit-Geometrie hängen in der Allgemeinen Relativitätstheorie aufs Engste zusammen. Und die Raumzeit ist nicht mehr starr sowie von allem vollkommen unangetastet, was sich in ihr abspielt. Sondern sie interagiert mit dem Geschehen. Sie hat es, wie erst Jahrzehnte später deutlich wurde, sogar hervorgebracht (im Urknall) und kann es wieder verschlingen (in Schwarzen Löchern). Und umgekehrt müssen sich die Ereignisse der Raumzeit gleichsam anschmiegen. »Die Raumzeit sagt der Materie, wie sie sich zu bewegen hat, und die Materie sagt der Raumzeit, wie sie sich krümmen muss«, hat es John Wheeler einmal geradezu poetisch pointiert.

Dieses verbogene Universum – überall, wo Masse und Energie konzentriert sind, weicht die Raumzeit von der euklidischen Geometrie des leeren Raums ab – zeigt sich dem kundigen Auge sogar. (Indirekt und nur mit raffinierten Sichtbarmachungstechniken natürlich.) Denn die Materie wirft ihr Licht auf diese seltsame Welt: Strahlungsquellen, etwa Sterne, erhellen die Geome-

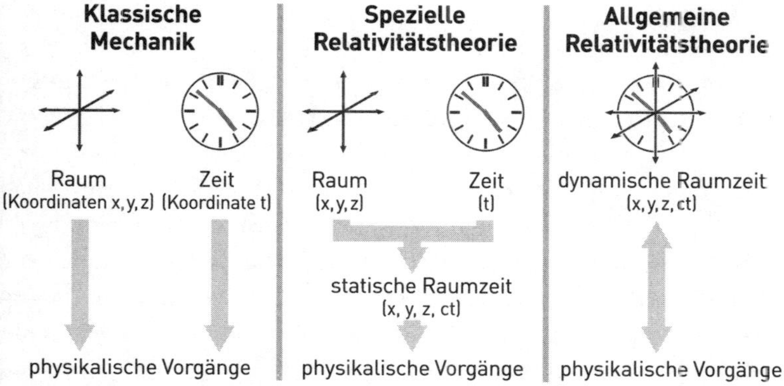

Raum, Zeit und Ereignisse: Der Zusammenhang grundlegender Weltkonzepte hat sich gewandelt. Isaac Newton hatte 1687 die Vorstellung eines Universums, dessen Raum und Zeit unendlich, passiv und absolut sind. Einstein erkannte 1905 die enge Verbindung zwischen Raum und Zeit sowie ihre Relativität (Längenkontraktion, Zeitdilatation). 1915 begriff er die aktive Rolle der Raumzeit, die mit Materie und Energie wechselwirkt und sich dabei »krümmt«. Später wurde daraufhin eine Fülle kosmologischer Weltmodelle entwickelt: Raum und Zeit können jeweils endlich oder aber unendlich sein, und der Raum kann sich zusammenziehen oder ausdehnen.

trie, wenn man ihre Lichtstrahlen akribisch verfolgt. Licht – und genauso massebehaftete Partikel, die nicht von äußeren Kräften beeinflusst werden, etwa einer elektrischen Anziehung – messen die nichteuklidische Struktur der Raumzeit geradezu aus. Und in diesem Wörtchen »geradezu« steckt auch die Raffinesse der Relativitätstheorie. In einem Gravitationsfeld bewegen sich Strahlung und Materie nämlich nicht mehr streng geradeaus – in der euklidischen Bedeutung einer Gerade –, sondern nur so gerade wie möglich. Kurzum: Sie folgen Geodäten.

Eine Geodäte ist die kürzeste Verbindungslinie zwischen zwei Punkten (lokal betrachtet, nicht unbedingt global). In euklidischen Ebenen und Räumen ist das eine Gerade, in gekrümmten Flächen und Räumen beziehungsweise der Raumzeit der Allge-

Exkurs

Nichts für Zartbesaitete – die Poisson- und Geodätengleichung

Die Feldgleichungen der Gravitation: Sie beschreiben, wie das Gravitationsfeld durch seine Quellen erzeugt wird. Die Quelle (der Energie-Impuls-Tensor) steht auf der rechten Seite der Gleichung; links sind Differentialoperatoren geschrieben, die auf die Metrik angewendet werden, die das Feld repräsentieren. Einstein hat die Feldgleichungen durch ein langwieriges Herumprobieren gefunden, eine Bastelei mit verschiedenen Tensoren. Im Nachhinein lassen sich die Gleichungen aber aus bestimmten Voraussetzungen durchaus herleiten.

Einstein diente die Poisson-Gleichung als Muster. Mit ihr lässt sich in der Newton'schen Theorie das Gravitationspotenzial φ aus einer Massendichtenverteilung berechnen. Diese partielle Differentialgleichung hat Siméon Denis Poisson formuliert, der Mathematiker und Physiker an der École Polytechnique in Paris war (nach ihm wurde sogar ein Mondkrater benannt). Die Gleichung lautet: $\Delta\varphi(r) = 4\pi G\rho(r)$. Δ bezeichnet den Laplace-Operator, ρ die Massendichte abhängig vom Ort r und G Newtons Gravitationskonstante ($6{,}674 \cdot 10^{-11}$ Kubikmeter pro Kilogramm und Sekundenquadrat). »Dieser Gleichung liegt der Gedanke zugrunde, dass das Gravitationsfeld durch die Dichte ρ der ponderablen Materie erregt wird. So wird es auch in der Allgemeinen Relativitätstheorie sein müssen«, sagte Einstein in seinen Princeton-Vorlesungen 1921, als er seine Entdeckung und Gedankengänge dabei erstmals in den USA vorstellte. Als Analogie zur Poisson-Gleichung »muss dies eine Tensorgleichung für den Tensor $g_{\mu\nu}$ des Gravitationspotenzials sein, auf deren rechter Seite der Energietensor der Materie figuriert. Auf der linken Seite der Gleichung muss ein Differentialtensor aus den $g_{\mu\nu}$ stehen. Diesen Differentialtensor gilt es zu finden.« An der Aufgabe ist Einstein fast verzweifelt. Im Rückblick erscheint sein Rezept dagegen ganz einfach (wenn man die Mathematik beherrscht). Denn der Differentialtensor »ist völlig bestimmt durch folgende drei Bedingungen: 1. Er soll keinen höheren als zweite Differentialquotienten der $g_{\mu\nu}$ enthalten. 2. Er soll in diesem zweiten Differentialquotienten linear sein. 3. Seine Divergenz soll identisch verschwinden. Die ersten beiden dieser Bedingungen sind natürlich der Poisson'schen

Gleichung entnommen.« Die Differentialtensoren lassen sich aus dem Riemann'schen Tensor bilden, und die dritte Bedingung wird durch den Wert -1/2 erfüllt – fertig sind die Feldgleichungen.

Allerdings musste Einstein nachsitzen. Denn etwas fehlte immer noch: **Die Bewegungsgleichungen:** Sie beschreiben die Bewegungen von masselosen oder massereichen Teilchen im Gravitationsfeld. Ein solches Gleichungssystem wird verwendet, um die räumliche und zeitliche Entwicklung eines mechanischen Systems abhängig von äußeren Einflüssen zu charakterisieren. In der Allgemeinen Relativitätstheorie ist das die Geodätengleichung der gekrümmten Raumzeit (insofern keine anderen Kräfte wirken). Sie lautet:

$$\ddot{x}^{\mu} + \Gamma^{\mu}_{\lambda\nu}\dot{x}^{\lambda}\dot{x}^{\nu} = \ddot{x}^{\mu} + \frac{g^{\mu\omega}}{2}\left(\partial_{\lambda}g_{\nu\omega} + \partial_{\nu}g_{\lambda\omega} - \partial_{\omega}g_{\lambda\nu}\right)\dot{x}^{\lambda}\dot{x}^{\nu} = 0$$

Dies ist eine partielle Differentialgleichung zweiter Ordnung. Ein Punkt auf der Koordinatenfunktion x steht für die erste Ableitung nach der Zeit, zwei Punkte markieren die zweite, ∂ ist die partielle Ableitung nach den indizierten Größen, nämlich der Raumzeit-Koordinaten λ, μ, ν oder ω (diese Indizes nehmen die Zahlen 0 bis 3 ein, 0 steht für die Zeit). $\Gamma^{\mu}_{\lambda\nu}$ ist ein sogenanntes Christoffel-Symbol, benannt nach dem Mathematiker Elwin Bruno Christoffel. Die Christoffel-Symbole sind Hilfsgrößen zur Beschreibung der kovarianten Ableitung auf Riemann'schen Mannigfaltigkeiten und lassen sich aus partiellen Ableitungen der Metrik $g_{\mu\nu}$ gewinnen. Man kann mit ihnen etwa einen Geschwindigkeitsvektor entlang eines Wegs in der gekrümmten Raumzeit zwischen zwei Punkten so bewegen, dass er seine Richtung nicht aufgrund der Krümmung ändert. (Ein Christoffel-Symbol stellt also einen Zusammenhang zwischen diesen Punkten her, deshalb wird es auch als Zusammenhang bezeichnet.)

Alles klar? Für Einstein war es das überhaupt nicht. Er musste sich diese schwierige Mathematik erst mühsam aneignen. Auch andere waren zunächst überfordert. 1920 sagte der Mathematiker Alfred North Whitehead: »Die Vorstellung, dass Physiker in der Zukunft die Theorie der Tensoren erlernen müssen, führte nach Ankündigung der ersten Bestätigung der Einstein'schen Vorhersagen unter ihnen zu einer wirklichen Panik.«

meinen Relativitätstheorie die kürzeste Kurve. Auf einer Kugeloberfläche beispielsweise handelt es sich um einen Abschnitt eines Großkreises. (Tatsächlich leitet sich der Begriff von Geodäsie ab, der Erdvermessung, wo große Entfernungen auch nichteuklidisch berechnet werden; und Flugzeuge fliegen idealerweise auf Geodäten, sofern aufgrund von Winden oder politischen Grenzen keine andere Route bevorzugt wird.) Geodäten sind Lösungen einer Differentialgleichung zweiter Ordnung und werden mithilfe der Variationsrechnung ermittelt, wobei eine konstante Geschwindigkeit beim »Abfahren« der Linie angenommen wird. Das entspricht der Minimierung der Energie. Dies lässt sich durch ein Gummiband veranschaulichen, das zwischen den beiden Punkten aufgespannt ist – es wird sich bis zur kürzestmöglichen Ausdehnung zusammenziehen.

Wie die Geodäten im Einzelnen verlaufen – beziehungsweise die Teilchen auf ihnen im Gravitationsfeld –, das kann mit den Bewegungsgleichungen der Allgemeinen Relativitätstheorie berechnet werden; sie heißen darum auch Geodätengleichung. Dieses Gleichungssystem basiert wiederum auf dem ganzen nichteuklidischen mathematischen Apparat der Feldgleichungen. Es geht in die Geraden der Klassischen Mechanik über, wenn keine Schwerkraft vorhanden ist (in der Sprache des Tensor-Kalküls ausgedrückt: ... wenn die Christoffel-Symbole in der Repräsentation des Gravitationsfelds alle verschwinden). Die genaue Beziehung zu den Newton'schen Bewegungsgleichungen ist kompliziert; dies war ja gerade einer der großen Stolpersteine auf dem Weg zu den kovarianten Feldgleichungen der Relativitätstheorie und hat Einstein jahrelang aufgehalten.

Später konnte Einstein auch diese Zusammenhänge noch eleganter darstellen. »Bei der ursprünglichen Formulierung der Theorie wurde das Bewegungsgesetz für ein gravitierendes Partikel neben dem Feldgesetz der Gravitation als eine unabhängige Grundannahme der Theorie eingeführt«, schrieb er im ersten Anhang zu seinen Princeton-Vorlesungen. »Es ist dies eine hypothetische Übertragung des Galilei'schen Trägheitsgesetzes auf den Fall des Vorhandenseins ›echter‹ Gravitationsfelder. Es hat sich gezeigt, dass sich dies Bewegungsgesetz – verallgemeinert auf den Fall beliebig großer gravitierender Massen – aus den Feldgleichungen des leeren Raums erschließen lässt. Nach dieser Ableitung wird das Bewegungsgesetz durch die Bedingung erzwungen, dass das Feld außerhalb der es erzeugenden Massenpunkte nirgends singulär werden soll.« Auch dies ist für Experten ein Siegel der Schönheit und inneren Stimmigkeit der Allgemeinen Relativitätstheorie, ein weiteres Charakteristikum ihrer grandiosen Konsistenz und Kohärenz.

Sieben populäre Irrtümer

Albert Einsteins Ringen um die Entwicklung der Allgemeinen Relativitätstheorie ist legendär und wird manchmal geradezu als intellektuelle Heldengeschichte nachgezeichnet. Dabei gibt es allerdings hartnäckige Missverständnisse – sowohl zu Einsteins Leistungen als auch zu seiner Theorie (und von ihm selbst!). Oft sind die Dinge in der Wissenschaft bei genauerem Hinsehen eben komplizierter – oder anders. Deshalb hier ein zweiter Blick.

› **Einsames Genie:** Die Spezielle Relativitätstheorie lag gleichsam »in der Luft« und wäre wohl bald von anderen Forschern gefunden worden, hätte sie Einstein nicht 1905 formuliert. Die Allgemeine Relativitätstheorie dagegen wäre ohne seine außergewöhnliche Leistung wahrscheinlich noch lange nicht vollbracht worden. Allerdings war er keineswegs der Einzige, der versucht hat, die Spezielle Relativitätstheorie durch die Beschreibung von beschleunigten und gravitativen Systemen zu erweitern. Einstein hatte ein paar Konkurrenten. So arbeiteten ab 1912 die Physiker Max Abraham und Gustav Mie in Deutschland sowie Gunnar Nordström in Finnland an alternativen Gravitationstheorien. Einstein korrespondierte mit ihnen und korrigierte oder erweiterte ihre Ansätze. Auch sie kritisierten seine Überlegungen konstruktiv. Mit dem Göttinger Mathematiker David Hilbert lieferte sich Einstein 1915 sogar ein Kopf-an-Kopf-Rennen um die Feldgleichungen.

› **Vollendete Gleichungen:** Am 25. November 1915 publizierte Einstein die Feldgleichungen der Allgemeinen Relativitätstheorie. Streng genommen waren sie damals aber noch unvollständig. Denn es lässt sich ein weiterer Term hinzufügen: eine Integrationskonstante, wie Einstein Ende 1916 bemerkte und im folgenden Jahr publizierte. Diese sogenannte Kosmologische Konstante, abgekürzt mit dem griechischen Großbuchstaben Lambda (Λ), ist eine Naturkonstante. Physikalisch lässt sie sich entweder als Eigenschaft der Raumzeit-Geometrie interpretieren oder als Energiedichte des Vakuums. Sie kann Null sein, muss es aber nicht – das ist eine empirische Frage. Ein positiver Wert von Λ führt zu einer beschleunigten Ausdehnung des Weltraums. Genau darauf deuten viele astronomische Messungen seit 1998 hin. Die Einführung von Λ war also keineswegs Einsteins »größte Eselei« – wie er selbst angeblich 1931 gegenüber dem Physiker George Gamow irrtümlich meinte –, sondern ist die einfachste Erklärung für die heute als »Dunkle Energie« bezeichnete Triebkraft der kosmischen Expansion.

› **Gravitation ist Geometrie:** Viele renommierte Physiker und Sachbuchautoren behaupten, die Allgemeine Relativitätstheorie habe die Schwerkraft auf die Raumzeit-Geometrie reduziert. Darüber lässt sich spannend diskutieren. Einstein selbst jedenfalls hat das nicht so gesehen und sogar klar abgelehnt. Ihm ging es um eine Vereinheitlichung von Gravitation und Trägheit, nicht um eine wie auch immer geartete Geometrisierung. Andere Wissenschaftler wollen aber genau darauf hinaus.

› **Krümmung wie ein Gummituch mit Dellen:** Masse verbeult den Raum wie eine Bowlingkugel ein waagrecht gespanntes Gummituch. Dieses populäre Gleichnis stammt von Einstein selbst und wird seither in zahlreichen Grafiken verwendet, um die gekrümmte Raumzeit zu veranschaulichen (auch in diesem Buch). Dagegen ist nichts einzuwenden, so lange man sich der Grenzen der Analogie bewusst ist. Doch daran denken selbst Experten nicht immer, und die Vorstellungshilfe suggeriert falsche Assoziationen. Die Defizite und potenziellen Missverständnisse sind zahlreich. Zunächst vernachlässigt die Analogie die Zeit, veranschaulicht also nicht die Krümmung der Raumzeit und somit auch keine Effekte wie die gravitative Zeitdilatation, sondern nur eine Ausbeulung des Raums. Ist das zugestanden, kommt schon das nächste Problem. Angenommen, die Sonne als massereiche Gravitationsquelle krümmt den Raum so ähnlich wie die Bowlingkugel das Tuch: Dies erklärt immer noch nicht, wie sich ein anderes Objekt im Bann der Gravitation bewegt (Anziehung, Ablenkung, Umlaufbahnen). Kreist etwa eine Murmel um die Kugel in der Senke wie die Erde um die Sonne oder fällt die Murmel in die Mulde wie ein Komet auf einen Stern, dann geschieht das in der Gummituch-Analogie nur unter der impliziten und irreführenden Annahme einer »zweiten« externen Gravitationsquelle: Es ist die Erdschwerkraft, die auf die Kugel und Murmel wirkt, sodass sie das Tuch verbeulen und sich entsprechend bewegen! Doch die Analogie soll ja gerade die Schwerkraft erklären und sie nicht zu diesem Zweck zusätzlich benötigen. Der Physiker Markus Pössel, Relativitätstheorie-Experte und Leiter des Hauses der Astronomie beim Max-Planck-Institut für Astronomie auf dem Berg Königstuhl hoch über Heidelberg, wird nicht müde, auf dieses Hinkebein des populären Vergleichs hinzuweisen: »Die Gravitation spielt hier eine merkwürdige Doppelrolle: Die echte Gravitation lässt die Bowlingkugel nach unten sinken und hält die Murmeln in ihren Dellenbahnen. Aber ihr kommt in der Analogie gar keine Rolle zu, denn in der Analogie soll die Gravitation ja gerade eine Folge der Verzerrung des Gummituchs sein. Das ist höchst verwirrend.« Gravitation wird hier eigentlich durch Gravitation erklärt ... Und das Durcheinander hört damit nicht auf. Irreführend ist auch dieses: In Wirklichkeit ziehen sich zwei massereiche Körper an. Auf dem Gummituch würden sie jedoch – keine »externe Gravitation« vorausgesetzt – ewig in ihren jeweiligen Dellen ruhen. Markus Pössel bemängelt noch ein weiteres Missverständnis der Gummituch-Analogie: »Aus der Allgemeinen Relativitätstheorie kann man ablesen, dass sich in typischen Situationen mit schwacher Gravitation wie im Sonnensystem die Koordinaten so wählen lassen, dass Newton'sche Gravitation Zeitverzerrung ist. Das Gummituch suggeriert, dass die Raumverzerrung die Hauptrolle spielt.« Dies ist aber nur für die Lichtausbreitung relevant. Außerdem zeigen alle Illustrationen die Mulde nach unten, entsprechend der Erfahrung einer schweren Kugel im irdischen Gravitationsfeld. Im Weltall ohne massereiche Körper in der Umgebung sind allerdings sämtliche Richtungen gleichberechtigt. Es gibt kein »unten« und »oben« – wohin sollte sich das Gummituch also ausbeulen?

› **Keine Raumzeit ohne Materie:** Einstein war lange davon überzeugt, dass Materie die Quelle der Gravitation sei und es keine »leere« Raumzeit geben könne. Dies hat er immer wieder klar zum Ausdruck gebracht. Doch 1917 stellte der befreundete holländische Physiker Willem de Sitter dies infrage. Er zeigte, dass Lösungen von Einsteins Feldgleichungen mit Λ existieren, die materiefreie Universen beschreiben, welche sogar dynamisch sind. Einstein wollte das zunächst nicht glauben und publizierte eine Erwiderung. Er musste sich dann aber doch von dieser überraschenden Konsequenz seiner Allgemeinen Relativitätstheorie überzeugen lassen. Trotzdem betonte er auch später mehrfach die Abhängigkeit der Raumzeit von der Metrik und der sie mitbedingenden Materie. Diese Problematik wird bis heute in der Wissenschafts- und Naturphilosophie hitzig debattiert und ist keineswegs gelöst oder auch nur entschärft. Einstein selbst schwankte durchaus in seinen Auffassungen. Im Hinblick auf seine Hypothesen zu einer Einheitlichen Feldtheorie, die über die Relativitätstheorie hinausreichen sollte, sprach er sich zeitweilig sogar für ein Erstrecht des Raums vor der Materie aus. 1930 schrieb er in einem Aufsatz im *Forum Philosophicum*: »Wenn ich die Körper allesamt weggenommen denke, bleibt doch wohl der leere Raum über? Soll etwa auch dieser vom Körperbegriff abhängig gemacht werden? Nach meiner Überzeugung ganz gewiss!« Das ist die relationistische Raum-Auffassung. Doch dann, ein paar Seiten später, dreht Einstein die Sache um: »Der Raum, ans Licht gebracht durch das körperliche Objekt, zur physikalischen Realität erhoben durch Newton, hat in den letzten Jahrzehnten den Äther und die Zeit verschlungen und scheint im Begriffe zu sein, auch das Feld und die Korpuskeln zu verschlingen, sodass er als alleiniger Träger der Realität übrig bleibt.« In einem Vortrag an der University of Nottingham im selben Jahr fand Einstein sogar noch eine markantere Ausdrucksweise: »Der seltsame Schluss, zu dem wir gekommen sind, ist also dieser, dass es nun erscheint, dass der Raum als das primäre Ding zu betrachten ist und die Materie als von ihm abgeleitet, sozusagen als sekundäres Resultat. [...] Wir haben immer Materie als das primäre Ding betrachtet und den Raum als das sekundäre Resultat. Der Raum nimmt nun sozusagen seine Rache und verschlingt die Materie.«

› **Energie bleibt erhalten:** Dass physikalische Größen wie Energie und Impuls in einem geschlossenen System nicht verschwinden oder auftauchen können, ist ein Grundsatz der Klassischen Physik. Er war auch ein wichtiger Ausgangspunkt für Einsteins Formulierung der Allgemeinen Relativitätstheorie. Für expandierende Raumzeiten, wie sie in der Kosmologie beschrieben werden, lassen sich solche Erhaltungssätze allerdings bislang nicht definieren. Die Kosmologen Paul Davies und Edward R. Harrison argumentierten bereits in den 1980er-Jahren, dass man im Prinzip sogar Energie aus der Ausdehnung des Weltraums gewinnen könne, ohne dass klar sei, woher diese stammt. »Das Thema Energie in der relativistischen Kosmologie ist eine Katastrophe«, lamentierte Gerhard Schäfer von der Universität Jena 2015 auf der Frühjahrstagung der Deutschen Physikalischen Gesellschaft. Es bleibt unklar, wie viel Energie eine expandierende Raumzeit enthält, und sie ist zudem nicht lokalisierbar. So lange der physikalische Zusammenhang zwischen Masse-Energie und einer dynamischen Raumzeit auf der Ebene der Quantengravitation ungelöst ist, bricht allerdings noch keine Alarmstimmung aus. Außerdem gibt es Versuche, beispielsweise von Tamara M. Davis von der University of Queensland, das Problem konzeptuell bereits im Rahmen der Relativitätstheorie zu lösen.

› **Alles ist relativ:** »Es ist ziemlich spät, um den Namen von Einsteins Theorie der Gravitation zu ändern«, schrieb der Mathematiker und Kosmologe Hermann Bondi 1979 in einem Band zum 100. Geburtstag von Einstein, »aber Allgemeine Relativitätstheorie ist eine physikalisch sinnlose Bezeichnung, die sich nur als historische Erinnerung an eine kuriose philosophische Betrachtung auffassen lässt«. Im Gegensatz zu Einsteins Ausgangspunkt und langjähriger fester Überzeugung erwiesen sich gleichförmige und beschleunigte Bewegungen nämlich nicht als gleichermaßen relativ. Und schon die Spezielle Relativitätstheorie hätte auch »Absoluttheorie« heißen können, weil die Lichtgeschwindigkeit, eine fundamentale Naturkonstante, in allen Bezugssystemen denselben Wert hat, also keineswegs relativ ist.

Ist Gravitation (nur) Geometrie?

Sowohl in der fach- als auch in der populärwissenschaftlichen Literatur steht häufig geschrieben, dass Einstein die Schwerkraft geometrisiert und womöglich sogar eliminiert habe: »Gravitation ist Geometrie« (James Hartle) oder »ein Aspekt der Raumzeit-Struktur« (Robert Wald) oder »eine Manifestation der Raumzeitkrümmung« (Charles Misner). Schon Hermann Weyl hat die Allgemeine Relativitätstheorie so interpretiert. Es gibt jedoch auch warnende Stimmen, etwa vom Physik-Nobelpreisträger Steven Weinberg: »Eine Überbetonung der Geometrie kann nur die tiefen Verbindungen zwischen Gravitation und dem Rest der Physik verdunkeln.« Ob und inwiefern sich die Schwerkraft auf Geometrie zurückführen lässt, ist noch immer eine offene und kontrovers diskutierte Frage. Der Physiker John Archibald Wheeler ging sogar noch weiter und versuchte, in seinem Programm der Geometrodynamik alles auf Geometrie zurückzuführen, beispielsweise auch elektromagnetische Phänomene; dieser Ansatz ist aber gescheitert (bis jetzt jedenfalls).

Einstein selbst hat – entgegen einer weit verbreiteten Meinung – ein solches Geometrisierungsprogramm nicht vertreten. Ihm ging es vielmehr um Vereinheitlichung. »Einstein sah sich als Traditionalist in zwei wichtigen Hinsichten: Erstens dachte er, dass die Allgemeine Relativitätstheorie nicht mehr und nicht weniger geometrisch ist als Maxwells Theorie des Elektromagnetismus. Und zweitens, dass die wichtige Leistung der Allgemeinen Relativitätstheorie die Fortführung eines Vereinheitlichungsprogramms war in direkter Fortsetzung der speziell-relativistischen Elektrodynamik«, fasst Dennis Lehmkuhl vom California Institute of Technology in Pasadena seine wissenschaftshistorischen Untersuchungen zum Thema zusammen. »Einstein bezog sogar eine starke Opposition, die Allgemeine Relativitätstheorie als eine

Geometrisierung der Schwerkraft zu interpretieren.« Der Philosoph und Physiker Lehmkuhl, Mitherausgeber von Einsteins *Collected Papers*, führt Zitate von 1925 bis Ende der 1940er-Jahre an, die diese Sicht eindeutig belegen.

Einstein hätte bereits ab 1916 eine »Geometrisierung« propagieren können. Das tat er aber nicht. In einer Besprechung des Buchs *La déduction relativiste*, das der Wissenschaftsphilosoph Émile Meyerson 1925 veröffentlicht hatte, sprach sich Einstein sogar dezidiert gegen diese Interpretation aus. (Die Rezension, die 1928 in französischer Übersetzung erschien, hatte er zunächst auf Deutsch geschrieben.) Er könne »nicht zugeben, dass die Behauptung, die Relativitätstheorie führe die Physik auf Geometrie zurück, einen klaren Sinn habe«, merkte Einstein an. Gemäß der Allgemeinen Relativitätstheorie »bestimmt der metrische Tensor das Verhalten der Maßkörper und Uhren sowie die Bewegung frei beweglicher Körper bei Abwesenheit elektrischer Wirkungen. Dass man diesen metrischen Tensor als ›geometrisch‹ bezeichnet, hängt einfach damit zusammen, dass das betreffende formale Gebilde zuerst in der als ›Geometrie‹ bezeichneten Wissenschaft aufgetreten ist. Dies rechtfertigt es aber keineswegs, dass man jede Wissenschaft, in welcher jenes formale Gebilde eine Rolle spielt, als ›Geometrie‹ bezeichnet, auch dann nicht, wenn man sich bei der Veranschaulichung vergleichsweise jener Vorstellungen bedient, welche man aus der Geometrie gewohnt ist. Mit ähnlicher Argumentation hätten Maxwell und Hertz die elektromagnetischen Gleichungen des Vakuums als ›geometrische‹ bezeichnen können, weil der geometrische Begriff des Vektors dabei in diesen Gleichungen auftritt.« In einem Brief an Meyerson vom August 1927 betonte Einstein überdies, »dass hier das Wort ›geometrisch‹ völlig nichtssagend ist«.

Dass er an seiner Meinung auch zwei Jahrzehnte später noch festhielt, obwohl er inzwischen viel über Geometrien und eine

Einheitliche Feldtheorie nachgedacht hatte, belegt ein Brief Einsteins vom Juni 1948 an Lincoln Barnett, den Herausgeber des *Life Magazine*: »Ich kann nicht mit der weitverbreiteten Auffassung übereinstimmen, dass die Allgemeine Relativitätstheorie die Physik ›geometrisiere‹. Die Begriffe der Physik sind nämlich von jeher ›geometrisch‹ gewesen, und ich kann nicht sehen, warum das $g_{\mu\nu}$-Feld ›geometrischer‹ sein soll als das elektromagnetische Feld oder die Distanz von Körpern in Newtons Mechanik. Wahrscheinlich stammt die Ausdrucksweise aus dem Umstand, dass das $g_{\mu\nu}$-Feld [...] Begriffen entstammt, die man als geometrisch zu betrachten gewohnt ist. Genauere Überlegung zeigt aber, dass die Unterscheidung zwischen geometrischen und anderen Feldbegriffen sich nicht objektiv begründen lässt.«

Man muss also zweierlei Bedeutungen von Geometrisierung unterscheiden: Die eine ist, die Schwerkraft in geometrischer »Sprache« zu beschreiben. Das hat Einstein gemacht. »Die Allgemeine Relativitätstheorie tat hier laut Einstein überhaupt nichts neues, sondern verwendete lediglich mathematische Methoden, um die Gravitation zu repräsentieren, die gleichermaßen so geometrisch oder nichtgeometrisch waren wie die Repräsentationen des Gravitationsfelds durch Skalare oder Vektoren in früheren Theorien«, kommentiert Dennis Lehmkuhl. Die zweite, physikalisch wie philosophisch interessante Bedeutung ist, die Schwerkraft ontologisch auf die Raumzeit-Geometrie zu reduzieren. Das hatten etwa Weyl und Wheeler versucht. Einsteins Ziel war dies nicht. Ihm ging es vielmehr um Vereinheitlichung. Zum einen der Schwerkraft und Trägheit in einem gravito-inertialen Feld. Tatsächlich zeigt die Geodätengleichung der Allgemeinen Relativitätstheorie, dass Trägheit und Gravitation hier zusammengeführt werden und für sich nur eine relative Existenz haben (genauer: koordinatenabhängig sind), ähnlich wie elektrische und magnetische Felder. Zum anderen ging es Einstein darum, das

Exkurs

Symmetrien und Erhaltung

1918 publizierte die Göttinger Mathematikerin Emmy Noether, die spätere Begründerin der modernen Algebra, ein erstaunliches Theorem. Es verknüpft elementare physikalische Begriffe wie Ladung, Energie und Impuls mit geometrischen Eigenschaften. Diese Zusammenhänge sind keineswegs offensichtlich. Und sie sind außerordentlich tiefgründig. Es sind fundamentale Symmetrien in der Natur – oder zumindest der sie beschreibenden Naturgesetze – die quasi einen Einblick ins Kellergeschoss der Wirklichkeit ermöglichen ... oder in die Architektur des ganzen Gebäudes. Die Naturgesetze ändern sich nicht unter bestimmten Transformationen, zum Beispiel dem Wechsel von Koordinaten- oder Bezugssystemen. So führen physikalische Experimente (selbstverständlich nicht alle) zum selben Ergebnis, wenn man das Labor räumlich versetzt oder die Tische dreht oder den Versuch eine Woche später wiederholt. Emmy Noether hat bewiesen, dass zu jeder kontinuierlichen Symmetrie eines physikalischen Systems eine Erhaltungsgröße gehört. Eine Symmetrie ist dabei eine Transformation, die das Verhalten des physikalischen Systems nicht verändert, also invariant lässt. Aus der Invarianz unter einer Drehung beziehungsweise einer Verschiebung des Orts oder der Zeit folgt die Erhaltung des Drehimpulses, des Impulses beziehungsweise der Energie. Das entspricht der Isotropie und Homogenität des Raums beziehungsweise der Homogenität der Zeit.

In der Elementarteilchenphysik gibt es weitere kontinuierliche Symmetrien. Sie entsprechen einer Erhaltung der Ladungsdichte und der Anzahl der Baryonen (schwere Teilchen aus drei Quarks wie das Proton und das Neutron) beziehungsweise Leptonen (leichte Teilchen wie das Elektron). Darüber hinaus existieren im Reich des Allerkleinsten diskrete Symmetrien. Sie werden vom CPT-Theorem beschrieben, das Wolfgang Pauli 1955 formuliert hat. Es bedeutet, dass die simultane Vertauschung von Ladungen C (plus zu minus und vice versa, also Materie gegen Antimaterie), eine räumliche Spiegelung P sowie eine Umkehr der Zeitrichtung T das Verhalten eines Systems nicht verändert, beispielsweise bei Teilchenumwandlungen in einem radioaktiven Zerfall. Auch jede

Symmetrie	Erhaltungsgröße	Typ
kontinuierliche (»fließende«)		
Translationsinvarianz	Impuls	Geometrie
Rotationsinvarianz	Drehimpuls	Geometrie
Zeitinvarianz	Energie	Geometrie
Eichtransformationsinvarianz	Ladungsdichte	Ladung
SU(2) des starken Isospins	Baryonenzahl	Ladung
SU(2) des schwachen Isospins	Leptonenzahl	Ladung
diskrete (»abzählbare«)		
Ladungskonjugation (C, charge)	–	Ladung
Parität (P, räumliche Spiegelung)	–	Geometrie
Zeitumkehr (T, time)	–	Geometrie

Die Eingeweide der Natur: Fundamentale Symmetrien in Relativitätstheorie und Elementarteilchenphysik.

einzelne dieser Symmetrien oder eine Kombination von zweien bleibt normalerweise erhalten. Bestimmte Prozesse, bei denen die Schwache Wechselwirkung eine Rolle spielt, verletzen jedoch eigenartigerweise C, P oder CP. Links und rechts sind insofern nicht relativ.

Eine Art Vorgriff auf das Noether-Theorem lässt sich rückblickend in der Entwurftheorie von Albert Einstein und Marcel Grossmann 1913 erkennen. Sie fanden, dass ihre damaligen Feldgleichungen genau dann die weitgehend koordinatenunabhängige Form behalten, wenn sie dem Erhaltungsprinzip von Energie und Impuls genügen. 1915 entdeckte David Hilbert einen Spezialfall des späteren allgemeinen Theorems von Emmy Noether. Sie war seine Mitarbeiterin und durfte als Frau in Preußen nicht habilitieren (erst mit Einsteins Hilfe in der Weimarer Republik). Hilbert ätzte gegen diese erniedrigende Art der Geschlechtertrennung, Frauen- und ja auch Wissenschaftsfeindlichkeit: »Meine Herren, eine Universität ist doch keine Badeanstalt!«

metrische Feld als ontologisch gleichwertig und fundamental zu erklären wie das elektromagnetische – beziehungsweise später beide mit einer Einheitlichen Feldtheorie als zwei Aspekte eines grundlegenderen Hyperfelds zu erweisen.

Geometrisierung und Unifikation sind zwei kompatible, aber verschiedene Forschungsziele. Sie schließen sich nicht aus, benötigen sich aber auch nicht unbedingt wechselseitig. Man kann das eine wollen ohne das andere – oder eben beides. Einstein war offenbar bereits mit einem der Ziele zufrieden. »Vielleicht war es für Einstein ein wenig, als hätte er keinen Nachtisch mehr gewollt, weil er schon eine große Vorspeise zum Abendessen hat-

Fazit

Der Kampf um die Relativitätstheorie – Übersicht und Ausblick

- Am 25. November 1915 publizierte Einstein nach vielen Irrungen und Wirrungen die Feldgleichungen der Gravitation. Das war der eigentliche Geburtstag der Allgemeinen Relativitätstheorie. Es war auch die Krönung der Klassischen Physik – und zugleich eine radikale Revolution.
- Aufgrund der von Einstein erhalten gebliebenen Notizen und Briefwechsel konnten Wissenschaftshistoriker die jahrelange Entstehungsgeschichte der Allgemeinen Relativitätstheorie detailliert rekonstruieren. Dabei wurde deutlich, in welche Sackgassen Einstein immer wieder geraten ist. Auch hatten seine Mitstreiter und Konkurrenten wichtige Beiträge zu dem genialen Gedankengebäude geleistet. David Hilbert fand sogar fast zeitgleich mit Einstein die Feldgleichungen und hatte mit seinen »Grundlagen der Physik« noch ehrgeizigere Ziele.
- Einstein ging sowohl mit einer physikalischen als auch mit einer mathematischen Strategie vor, um die Allgemeine Relativitätstheorie aus wenigen Grundannahmen aufzubauen. Zu diesen zählten das Äquivalenzprinzip von schwerer und träger Masse, die Energie- und Impuls-Erhaltung sowie die Forderung, dass die Gleichungen unabhän-

te«, überlegt Lehmkuhl. »Es ist nicht unmöglich, beides zu essen – nicht einmal zur selben Zeit. Nur macht die eine Speise die andere weniger attraktiv. Man hat keinen Hunger mehr, oder vielleicht findet man Nachtisch generell nicht so lecker. Manche mögen beides essen oder sogar als dasselbe haben: Nachtisch als Hauptspeise. Oder das eine als Voraussetzung für das andere betrachten: kein Abendessen ohne Nachtisch. Aber Einstein war bescheidener: Er wollte keinen Nachtisch, weil er schon eine große Hauptspeise hatte, oder weil er diesen Nachtisch nicht so mochte. – Er brauchte die Geometrisierung nicht auch noch; eine theoretische Vereinheitlichung genügte ihm.«

---

gig von den Koordinaten sind (allgemeine Kovarianz) und in Newtons Gravitationstheorie sowie die Spezielle Relativitätstheorie als Grenzfälle übergehen (Korrespondenzprinzip).

› Die Allgemeine Relativitätstheorie basiert auf einer nichteuklidischen Geometrie und verknüpft Raum, Zeit, Masse, Energie und Gravitation zu einer dynamischen Einheit. Die Raumzeit ist keine passive, starre Bühne mehr, sondern wird von Masse und Energie gekrümmt und beeinflusst deren Bewegungen. Beispielsweise werden Lichtstrahlen »verbogen« und Planeten wie der Merkur laufen im Einklang mit den astronomischen Messungen etwas komplizierter um ihren Stern als in Newtons Gravitationstheorie. Außerdem vergeht die Zeit umso langsamer, je stärker das Gravitationsfeld ist.

› Kontrovers diskutiert wird, ob die Gravitation eine eigenständige Kraft ist wie die Elektromagnetische Wechselwirkung, oder ob sie einen reinen Effekt der gekrümmten Raumzeit-Geometrie darstellt.

› Erst als Einstein 1917 die Kosmologische Konstante einführte, waren seine Feldgleichungen vollständig, obwohl er dies später – irrtümlich – als Fehler bereute.

Im Schatten der Raumzeit

Löcher, Illusionen und die ganze Welt

Viele Konsequenzen der Relativitätstheorie sind nicht nur äußerst seltsam, sondern auch noch keineswegs völlig ausgelotet. Einstein hat sich mehrmals selbst darüber getäuscht und an seinen eigenen Entdeckungen gezweifelt.

Unter Uhren: Treffpunkte wie hier in den Karlsbader Kolonnaden sind alltäglich vertraut, stellen Physiker aber erstaunlicherweise vor große Rätsel.

»Man hat als Mensch gerade noch so viel Verstand mitbekommen, dass man von seiner intellektuellen Ohnmacht dem Seienden gegenüber eine deutliche Vorstellung erlangen kann. Die Welt des Menschengetriebes würde schöner aussehen, wenn diese Demut allen mitgeteilt werden könnte.«

Albert Einstein

Die riesigen Rätsel von Raum und Zeit

Was Raum und Zeit sind, ist eine uralte Frage, die sich immer wieder neu stellt. »Gibt es sie unabhängig von den Dingen und Prozessen in ihnen? Oder ist ihre Existenz parasitisch zu diesen Dingen und Prozessen?«, hat es der Physiker und Philosoph John Norton formuliert. »Sind Raum und Zeit wie eine Leinwand, auf die ein Künstler malt; gibt es sie, egal ob der Künstler darauf malt oder nicht? Oder sind sie ähnlich wie Elternschaft; die gibt es nicht so lange da keine Eltern und Kinder sind.« Etwas abstrakter gefragt: Sind Raum und Zeit …

› eigenständige Gegenstände beziehungsweise Dinge (oder metaphysische Substanzen)?
› (physikalische) Eigenschaften von Gegenständen?
› Beziehungen (Relationen) zwischen Gegenständen?
› Sachverhalte (ausgedrückt durch wahre Aussagen)?
› Vorstellungen a priori beziehungsweise (angeborene) Anschauungs- oder Denkformen des menschlichen Geistes und damit Bedingungen der Möglichkeit von Erfahrung überhaupt, nicht aber etwas Objektives im subjektunabhängigen Reich der »Dinge an sich«?

› Konstrukte des Gehirns, des Bewusstseins oder der Grammatik der Sprache, denen gar keine selbstständige Existenz zukommt? (Wahrscheinlich schließen sich diese Alternativen nicht einmal alle gegenseitig aus und sind auch nicht erschöpfend.)

In seiner *Kritik der reinen Vernunft* (1781) hat der Philosoph Immanuel Kant für die Auffassung argumentiert, dass Raum und Zeit gar nicht unabhängig vom Bewusstsein existieren. Vielmehr seien sie dem Denken a priori innewohnende und somit angeborene »Anschauungsformen«. Dies würde Raum und Zeit dem Gegenstandsbereich der Physik entziehen, obwohl Kant von Newtons Lehre motiviert war und sie sogar als letztgültig zu erweisen versuchte. Die Allgemeine Relativitätstheorie mit ihrer nichteuklidischen Raumzeit-Konzeption hat daher Kants Behauptung glatt ad absurdum geführt, derzufolge so etwas nicht einmal denkbar sein dürfte. Das ist ein klassisches Lehrstück gegen die Grenzüberschreitungen der Philosophie. Obwohl Einstein Kant bereits in seinen Jugendjahren gelesen hatte, war er sehr viel stärker von Philosophen wie David Hume, Baruch de Spinoza und Ernst Mach geprägt, doch näherten sich seine späteren philosophischen Ansichten teilweise Kants Auffassungen an. Dessen Raum-Zeit-Lehre hat er aber vehement kritisiert. So schrieb er in seinen Princeton-Vorlesungen von 1921 (als *Grundzüge der Relativitätstheorie* 1922 in Buchform erschienen): »Begriffe und Begriffssysteme erhalten die Berechtigung nur dadurch, dass sie zum Überschauen von Erlebniskomplexen dienen; eine andere Legitimation gibt es für sie nicht. Es ist deshalb nach meiner Überzeugung einer der verderblichsten Taten der Philosophen, dass sie gewisse begriffliche Grundlagen der Naturwissenschaft aus dem der Kontrolle zugänglichen Gebiete des Empirisch-Zweckmäßigen in die unangreifbare Höhe des Denknotwendigen (Apriorischen) versetzt haben. Denn wenn es auch ausgemacht ist, dass die Begriffe nicht aus den Erlebnissen durch

Logik (oder sonstwie) abgeleitet werden können, sondern in gewissem Sinn freie Schöpfungen des menschlichen Geistes sind, so sind sie doch ebensowenig unabhängig von der Art der Erlebnisse, wie etwa die Kleider von der Gestalt der menschlichen Leiber. Dies gilt im Besonderen auch von unseren Begriffen über Zeit und Raum, welche die Physiker – von Tatsachen gezwungen – aus dem Olymp des Apriori herunterholen mussten, um sie reparieren und wieder in einen brauchbaren Zustand setzen zu können.«

In der Physik – und Philosophie der Physik – konkurrieren fast von Beginn dieser Wissenschaft an zwei Auffassungen: Sind Raum und Zeit absolut oder aber relativ? (Auch wenn Raum und Zeit verschieden sind, werden sie hier doch fast immer parallelisiert.) Diese Kontroverse ist nach wie vor offen, obschon sie durch die Spezielle und Allgemeine Relativitätstheorie für immer verändert wurde. Und was als abstraktes akademisches Problem aussieht, und es ja auch ist, hat doch eine unterschwellig alarmierende Lebenswirklichkeit. Denn Lebewesen, die über sich und die Welt nachdenken, werden sich bewusst, dass sie aufs Tiefste in Raum und Zeit hineinverwoben sind und in ihrer Endlichkeit und Begrenztheit geradezu eingekerkert in diesen Dimensionen.

Der Gegensatz von absoluter und relativer Raum- und Zeit-Auffassung hatte Einstein lebenslang beschäftigt. Seine Relativitätstheorie hat diese Kontroverse umgekrempelt wie nichts anderes, und zuweilen schien es, als wäre die Frage entschieden worden. Tatsächlich wurde sie jedoch komplizierter – und Einstein musste seine Auffassungen selbst mehrfach revidieren. Worin der Hauptstreitpunkt in erster Linie besteht, brachte Einstein 1953 sehr klar im Vorwort eines Buchs auf den Punkt, das der Physiker, Philosoph und Wissenschaftshistoriker Max Jammer geschrieben hat. Dieser war damals an der Harvard University und mit Einstein in Kontakt. Das Buch heißt *Concepts of Space* und wurde 1954 publiziert (die deutsche Übersetzung *Das Problem des Raumes* erschien 1960).

Einstein leitete den Begriff des Raumes vom »psychologisch einfacheren« des Ortes ab, verstanden als namentlich bezeichneten kleinen Teil der Erdoberfläche. »Das Ding, dessen Ort ausgesagt wird, ist ein ›körperliches Objekt‹.« Entsprechend ist der Ort »eine Gruppe körperlicher Objekte« und, wenn »ortsunabhängig« als sinnloser Begriff erscheint, sogar »*nichts* als eine Art Ordnung körperlicher Objekte. Wenn der Begriff Raum in solcher Weise gebildet und beschränkt wird, hat es keinen Sinn von leerem Raum zu reden. Und weil die Begriffsbildung stets von dem instinktiven Streben nach ›Sparsamkeit‹ beherrscht war, so kommt man ganz natürlich dazu, den Begriff ›leerer Raum‹ abzulehnen.« Doch so muss man nicht denken, wie Einstein betont. Er nennt das Beispiel einer Schachtel, in der eine bestimmte Zahl von Kirschen untergebracht ist. »Es handelt sich hier also um eine Eigenschaft des körperlichen Objektes ›Schachtel‹, die im gleichen Sinne ›real‹ gedacht werden muss wie die Schachtel selbst. Man kann dies ihren Raum nennen. Es mag andere Schachteln geben, die in diesem Sinne gleich großen Raum haben. Dieser Begriff Raum gewinnt so eine vom besonderen körperlichen Objekt losgelöste Bedeutung. Man kann auf diese Weise durch natürliche Erweiterung des ›Schachtel-Raumes‹ zu dem Begriff eines selbständigen unbeschränkt ausgedehnten Raumes gelangen, in dem alle körperlichen Objekte enthalten sind. Dann erscheint ein körperliches Objekt, das nicht im Raum gelagert wäre, schlechthin undenkbar. Dagegen erscheint es im Rahmen dieser Begriffsbildung wohl denkbar, dass es einen leeren Raum gibt.«

Es konkurrieren also zwei begriffliche Raum-Auffassungen. Einstein stellte sie einander gegenüber als »Lagerungs-Qualität der Körperwelt« und als »Behälter aller körperlichen Objekte«

(er verwendete das englische Wort »container«). Im ersten Fall ist ein Raum ohne Objekt undenkbar, im zweiten »kann ein körperliches Objekt nicht anders als im Raum gedacht werden; der Raum erscheint dann als eine gewissermaßen der Körperwelt übergeordnete Realität.« Einstein merkte an (und Ähnliches sagte er immer wieder auch über wissenschaftliche Hypothesen): »Beide Raum-Begriffe sind freie Schöpfungen der menschlichen Phantasie, Mittel ersonnen zum leichteren Verstehen unserer sinnlichen Erlebnisse.« Als der Philosoph René Descartes das Koordinatensystem zur geometrischen und kinematischen Charakterisierung von Objekten (also ihrer Lage und Bewegung) eingeführt hatte, wurden die beiden Raum-Auffassungen Einstein zufolge »in gewissem Sinne miteinander versöhnt«, obwohl das »den logisch ›gewagteren‹« Behälter-Raum voraussetzt. Galileo Galilei und Isaac Newton haben den Raum-Begriff dann »bereichert und kompliziert«, indem sie den Raum »als selbständige Ursache des Trägheitsverhaltens der Körper« betrachteten, um das klassische Gesetz von Bewegung und Trägheit zu formulieren. »Dies in vollkommener Klarheit erkannt zu haben, ist nach meiner Ansicht eine von Newtons größten Leistungen«, schrieb Einstein. Sie brachte Newton in Opposition zu dem Mathematiker und Philosophen Gottfried Wilhelm Leibniz und dem Physiker und Astronomen Christiaan Huygens. Im Gegensatz zu diesen war Newton überzeugt, »dass der logisch einfachere« Raum-Begriff der Lagerungs-Qualität nicht genügen konnte, um dem Trägheitsprinzip und Bewegungsgesetz als Grundlage zu dienen. Newton »traf diese Entscheidung, trotzdem er das Unbehagen lebhaft« mitgefühlt haben musste, »welches das Widerstreben der beiden andern erzeugte«, so Einstein: »der Raum wird nicht nur als selbständiges Ding neben den körperlichen Objekten eingeführt, sondern es wird ihm im ganzen kausalen Gefüge der Theorie eine absolute Rolle zugeschrieben. Absolut ist diese

Exkurs

Das Gesetz der Trägheit und die Geburt der Physik

»Ein in Bewegung befindlicher Körper kommt zum Stillstand, sobald die Kraft, die ihn vorantreibt, nicht mehr in der für den Antrieb erforderlichen Weise wirken kann«, meinte der Philosoph Aristoteles in seiner Abhandlung *Physik* im 3. Jahrhundert vor Christus.

Die Ruhe ist gleichsam der natürliche Zustand eines Körpers und seine Bewegung erfordert einen Kraftaufwand. Diese Vorstellung ist intuitiv einleuchtend, zumal Bewegungen im Alltagsleben oft aus Tätigkeiten wie Schieben, Ziehen oder Heben resultieren. Und doch ist Aristoteles' Diktum grundfalsch und könnte die Physik über Jahrhunderte behindert haben.

Tatsächlich lehrt die Wissenschaft, »dass die am meisten in die Augen springende intuitive Erklärung oft gerade die falsche ist«, schreiben Einstein und sein Mitarbeiter Leopold Infeld in ihrem populärwissenschaftlichen Buch *Die Evolution der Physik* (1938, deutsch 1949). Es war Galileo Galilei, der zeigte, »dass man sich auf intuitive Schlüsse, die auf unmittelbare Beobachtung beruhen, nicht immer verlassen kann, da sie manchmal auf die falsche Spur führen.« Und so ist für Einstein und Infeld der Moment »recht eigentlich die Geburtsstunde der Physik«, in dem Galilei erkannte, dass die Geschwindigkeit selbst nicht anzeigt, »ob äußere Kräfte auf einen Körper einwirken oder nicht«, sondern dass vielmehr ein Körper in seinem Ruhezustand verharrt oder aber seine gleichförmige Bewegung fortsetzt, also geradlinig mit derselben Geschwindigkeit, so lange dem keine äußeren Kräfte entgegenwirken. Der Zustand bleibt gleich, bis eine Kraft ihn ändert. Mit Galileis Worten von 1638: »Jede Geschwindigkeit, die einem in Bewegung befindlichen Körper einmal verliehen wurde, bleibt absolut unverändert, solange die äußeren Ursachen für eine Beschleunigung oder Verzögerung fehlen«. Galileis Erkenntnis wurde später von Isaac Newton als das Gesetz der Trägheit formuliert.

Einstein und Infeld haben diese Revolution oder sogar Initialzündung der Physik so zusammengefasst: »Der Zusammenhang von Kraft und Geschwindigkeitsänderung – und nicht, wie man rein intuitiv glauben könnte, der Zusammenhang zwischen Kraft und Geschwindigkeit selbst – ist die Grundlage der klassischen Mechanik Newton'scher Prägung.«

Rolle insofern, als er (als Inertialsystem) zwar auf alle körperlichen Objekte wirkt, ohne dass diese auf ihn eine Rückwirkung ausüben. Die Fruchtbarkeit von Newtons System hat diese Skrupel für einige Jahrhunderte zum Schweigen gebracht.«

Tatsächlich galt der absolute Raum (wie auch die absolute Zeit) fortan als Bezugssystem physikalischer Beschreibungen, obwohl die Kritik von Leibniz nicht verstummte oder vergessen wurde. »Heute wird man zu jener denkwürdigen Diskussion sagen: Newtons Entscheidung war bei dem damaligen Stand der Wissenschaft die einzig mögliche«, meinte Einstein, doch »die spätere Entwicklung der Probleme hat über einen Umweg, den zu jener Zeit kein Mensch ahnen konnte, dem intuitiv begründeten, aber mit unzureichenden Argumenten gestützten Widerstande von Leibniz und Huygens Recht gegeben. Es hat schweren Ringens bedurft, um zu dem für die theoretische Entwicklung unentbehrlichen Begriff des selbständigen und absoluten Raumes zu gelangen. Und es hat nicht geringerer Anstrengung bedurft, um diesen Begriff nachträglich wieder zu überwinden – ein Prozess, der wahrscheinlich noch keineswegs beendet ist.«

Die Kontroverse zwischen dem, was man Relationismus versus Absolutismus nennen kann, entbrannte 1715 in einem berühmt gewordenen Briefwechsel zwischen Leibniz und Samuel Clarke. (Weil es Prioritäts- und Plagiatsstreitigkeiten darüber gab, ob Newton oder Leibniz die Infinitesimalrechnung erfunden hatte – vermutlich geschah es unabhängig voneinander –, ließ sich Newton nicht dazu herab, Leibniz persönlich zu antworten, auch wenn er sicherlich seinen Schüler Clarke beraten oder sogar einen Teil von dessen Formulierungen selbst verfasst hatte.) Leibniz argumentierte für den Relationismus mit der Ununterscheidbarkeit physikalischer Zustände (etwa der Lage zweier Körper im Raum) bei globalen Verschiebungen oder einer Vertauschung von West und Ost. Seinem Identitätsprinzip (»principium identitatis indiscernibilium«) zufolge bezeichnen A und B genau dann denselben Gegenstand, wenn sich A in allen Aussagen bei Erhaltung des Wahrheitswertes durch B ersetzen lässt. »Es gibt niemals in der Natur zwei Dinge, deren eines vollkommen so beschaffen wäre wie das andere und allwo es nicht möglich wäre, einen innerlichen Unterschied zu finden oder einen solchen, welcher sich auf einen innerlichen Vorzug gründet«, hatte Leibniz im ersten Kapitel seines Hauptwerks *Monadologie* (1714) geschrieben. Das opponierte gegen den Absolutismus und somit die Vorstellung eines absoluten Raums, wie ihn Newton 1687 in seiner *Principia* definiert hatte.

Newtons Eimer und Machs Attacke

Auch in Newtons physikalischem System ist nicht alles absolut. Gleichförmige Bewegungen sind relativ, also perspektivenabhängig. Ob und mit welcher Geschwindigkeit beispielsweise zwei Oldtimer fahren, lässt sich immer nur im Hinblick auf ein bestimmtes, aber beliebiges Bezugssystem sagen. Beschleunigte Bewegungen hingegen sind absolut, also unabhängig von jeder Perspektive. Gäbe es nur ein Raumschiff im ansonsten völlig leeren Weltraum, könnten die Raumfahrer nicht sagen, wohin und wie schnell sie sich bewegen und ob überhaupt; beschleunigen sie hingegen, dann merken sie dies, indem sie entgegen ihrer Bewegungsrichtung in ihre Sitze gedrückt werden. Newton zufolge macht sich eine Beschleunigung durch die dabei auftretenden Kräfte bemerkbar, und diese sind nicht relativ.

Newton veranschaulichte dies – auch als Argument für die Existenz eines absoluten Raums – mit einem berühmt gewordenen Gedankenexperiment: Gegeben sei ein mit Wasser gefüllter

Eimer, der an einem Seil hängt. Zunächst ist der Wasserspiegel flach. Beginnt man den Eimer zu drehen, bewegt er sich relativ zum Wasser. Durch die Reibung und Impulsübertragung fängt das Wasser dann an mitzurotieren; es bildet dabei eine paraboloide Hohlform aus, weil die Zentrifugalkraft das Wasser nach außen drängt. Diese Mulde in der Eimermitte ist am tiefsten, wenn Wasser und Eimer gleich schnell rotieren, obwohl sie dann doch relativ zueinander in Ruhe sind – und wenn der Eimer abrupt angehalten würde, bleibt die Mulde im trägen, weiterrotierenden Wasser auch noch kurz bestehen. »Auf diese Weise könnte man sowohl die Größe als auch die Richtung dieser kreisförmigen Bewegung in jedem unendlich großen leeren Raum finden, wenn auch nichts Äußerliches und Erkennbares sich dort befände«, meinte Newton. (Die Frage, woran das Seil im ansonsten leeren Raum befestigt ist, oder wie der Eimer gedreht wurde, sollte man hier übrigens besser nicht stellen ...) Kurzum: Die beschleunigte Bewegung – im Gedankenexperiment also die Rotation – ist Newton zufolge nur gegenüber dem absoluten Raum messbar; der Rotationsparaboloid des Wassers hängt nicht vom Eimer ab, sondern bezieht sich auf den absoluten Raum. Und umgekehrt: Weil sich bei der ausgebildeten Hohlform des Wassers die Wirkung von Kräften zeigt, muss es den absoluten Raum geben.

Der Wiener Experimentalphysiker, Sinnesphysiologe und Philosoph Ernst Mach war mit dieser Argumentation gar nicht einverstanden. »Es scheint, als ob Newton [...] noch unter dem Einfluss der mittelalterlichen Philosophie stünde«, lästerte er 1883 in seinem Buch *Die Mechanik in ihrer Entwickelung*. Den absoluten Raum hielt er für ein absolutes Hirngespinst. »Für mich gibt es überhaupt nur eine relative Bewegung, und ich kann darin einen Unterschied zwischen Rotation und Translation nicht machen«, schrieb er. Mach vertrat, wie vor ihm Leibniz, einen reinen Relationismus. Demnach existieren also nur relative

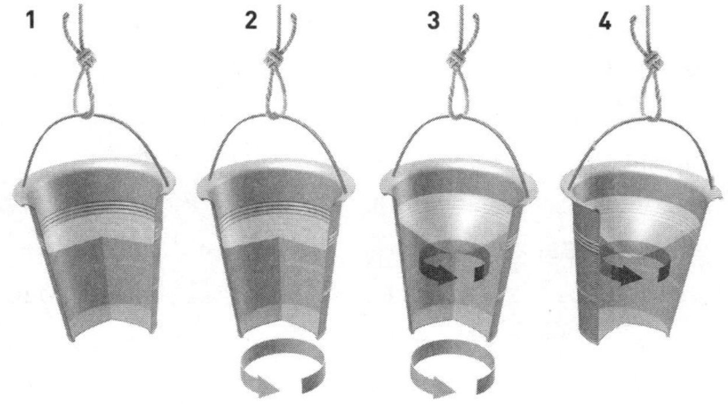

Eimer	in Ruhe	dreht sich	dreht sich	n Ruhe
Wasser	in Ruhe	in Ruhe	dreht sich	dreht sich
relative Rotation	nein	ja	nein	ja

Newtons Gedankenexperiment: Isaac Newton zufolge existiert ein absoluter Raum unabhängig von den Dingen darin. Dafür hat er folgendermaßen argumentiert: Die Oberfläche von Wasser in einem unbewegten Eimer ist flach (1). Das ist zunächst auch der Fall, wenn man den an einem Seil aufgehängten Eimer zu drehen beginnt (2). Doch dann dellt sich die Wasseroberfläche ein, weil die Zentrifugalkraft das Wasser an den Rändern nach oben drückt (3). Diese konkave Form zeigt, dass das Wasser rotiert, obwohl es bezüglich des sich gleich schnell drehenden Eimers in Ruhe ist. Daher muss das Wasser relativ zu etwas anderem rotieren: dem absoluten Raum. Die paraboloide Eindellung bleibt zudem noch kurz bestehen, wenn die Drehung des Eimers abrupt angehalten wird (4), bevor die Reibung die Rotation des Wassers wieder stoppt – im Kontrast zu (1) und (2). Die Form des Wassers kann also Newton zufolge nicht von der relativen Bewegung zum Eimer abhängen, sondern muss sich auf den absoluten Raum beziehen.

Bewegungen, keine absoluten; alles bezieht sich auf alles, doch ohne ein festes Fundament. (Im Gegensatz zu Leibniz, der philosophisch einen barock und bizarr anmutenden Gedankentempel aufbaute, ein kühn geschwungenes Luftschloss mit Myriaden von Monaden und einer prästabilierten Harmonie der besten aller möglichen Welten, gab es für Mach nur funktionale Abhängigkeiten zwischen Erfahrungen – und nicht einmal kausale Wechselwirkungen, sondern nur systematische oder systematisierbare Korrelationen.) Schon in den 1860er-Jahren verstand Mach die träge Masse als Widerstand gegen beschleunigende Kräfte und charakterisierte das mit dem Verhältnis zweier Massen m und Beschleunigungen a so: $m_1/m_2 = -a_2/a_1$.

Doch relativ zu was lässt sich dann die Rotation des Wassers feststellen, wenn es der Eimer nicht sein kann? Machs Antwort: Es sind alle anderen Massen im Weltraum. Er schlug vor, die Fixsterne als Referenzsystem zu betrachten, gegenüber dem alle Bewegungen relativ sind. Das Wasser im Eimer rotiert relativ zu den Gestirnen. Im Rotationsparaboloid macht sich der Einfluss aller Massen im All bemerkbar. Das Wasser hätte also eine flache Oberfläche, wenn der Raum ringsum leer wäre. Mach schrieb: »Der Versuch Newtons mit dem rotierenden Wassergefäß lehrt nur, dass die Relativdrehung des Wassers gegen die *Gefäßwände* keine merklichen Zentrifugalkräfte weckt, dass dieselben aber durch die Relativdrehung gegen die Masse der Erde und die übrigen Himmelskörper geweckt werden. Niemand kann sagen, wie der Versuch verlaufen würde, wenn die Gefäßwände immer dicker und massiger, zuletzt mehrere Meilen dick würden. Es liegt nur der eine Versuch vor, und wir haben denselben mit den übrigen uns bekannten Tatsachen, nicht aber mit unsern willkürlichen Dichtungen in Einklang zu bringen.«

Weil Mach zufolge alle Bewegungen relativ sind, ist die Aussage, dass das Wasser in Bezug auf die Fixsternsphäre rotiert doppeldeutig. Dabei muss man nämlich nicht annehmen, dass das Wasser rotiert und die Sterne in Ruhe sind. Die umgekehrte Sichtweise ist genauso möglich und richtig: Die Gestirne drehen sich um das ruhende Wasser. Auch dann muss die Wasseroberfläche gewölbt sein. Beide Deutungen des Newton'schen Eimers sind weder gedanklich noch experimentell unterscheidbar. Von einer beschleunigten Bewegung oder Rotation zu sprechen, ist

Eimer und Wasser rotieren
Erde und Fixsternsphäre in Ruhe

Eimer und Wasser in Ruhe
Erde und Fixsternsphäre rotieren

Machs Erwiderung: Ernst Mach meinte, der Raum existiert nur relativ zu den Dingen – ein leerer Raum wäre demnach eine unsinnige Vorstellung. Isaac Newtons Eimer-Gedankenexperiment versuchte Mach zu entkräften, indem er behauptete, das eingedellte Wasser rotiere nicht im absoluten Raum, sondern nur relativ zu den Sternen, deren Rückwirkung auf das Wasser Newton außer Acht gelassen habe. Albert Einstein wurde von Machs Argumentation inspiriert. Er hat sie sowohl für die Ausarbeitung der Allgemeinen Relativitätstheorie als auch für sein erstes kosmologisches Modell herangezogen, später allerdings wieder verworfen.

jedenfalls Mach zufolge nur dann sinnvoll, wenn das Bezugssystem mit angegeben wird. Die Kräfte, die laut Newton zwischen relativen und absoluten Bewegungen zu unterscheiden erlauben, wären damit lediglich ein Ausdruck der Asymmetrie des Bezugssystems, in dem kleine Körper wie Eimer in Bewegung, sehr große und schwere wie die Erde oder die Gestirne dagegen ruhend betrachtet werden. (Das hatte übrigens bereits der Philosoph George Berkeley in seinem 1721 publizierten Essay *De Motu* so gedacht.)

Falls Machs Argumentation – und somit der Relationismus – richtig ist, wäre die Trägheit also ein Gesamteffekt der Welt auf jeden einzelnen Körper. »Wenn wir daher sagen, dass ein Körper seine Richtung und Geschwindigkeit *im Raum* beibehält, dann liegt darin nur ein kurzer Bezug auf das *gesamte Universum*«, schrieb Mach. »Was würde aber aus dem Trägheitsgesetz, wenn der ganze Himmel in Bewegung käme und die Sterne durcheinander gingen?«, fragte er. »Allein im Falle einer Welterschütterung erfahren wir, dass alle Körper in den Trägheitsgesetzen [...] von Wichtigkeit sind.« Doch eine solche Welterschütterung lässt sich weder experimentell bewerkstelligen noch scheint die Natur in absehbarer Zeit den Physikern einen solchen hypothetischen Gefallen zu tun, um deren Neugier zu stillen. Wie und ob Messungen Machs Mutmaßungen jemals testen können, ist also sehr fraglich. Das war ihm selbstverständlich klar. »Wenngleich auch ich erwarte, dass astronomische Beobachtungen zunächst nur sehr unscheinbare Korrektionen notwendig machen werden, so halte ich es doch für möglich, dass der Trägheitssatz in seiner einfachen Newton'schen Form für uns Menschen nur örtliche und zeitliche Bedeutung hat«, hoffte er jedoch.

Einstein beseitigt mit Mach einen Mangel

Einstein hatte Machs Buch *Die Mechanik in ihrer Entwickelung* schon als Student mit Begeisterung gelesen. »Ernst Mach war es, der [...] an diesem dogmatischen Glauben rüttelte; dies Buch hat gerade in dieser Beziehung einen tiefen Einfluss auf mich als Student ausgeübt. Ich sehe Machs wahre Größe in der unbestechlichen Skepsis und Unabhängigkeit«, schrieb Einstein in seinen *Autobiographical Notes*. Nicht ohne eine Distanzierung in anderer Hinsicht: Damals hatte ihn »auch Machs erkenntnistheoretische Einstellung sehr beeindruckt, die mir heute als im Wesentlichen unhaltbar erscheint. Er hat nämlich die dem Wesen nach konstruktive und spekulative Natur alles Denkens und im Besonderen des wissenschaftlichen Denkens nicht richtig ins Licht gestellt und infolge davon die Theorie gerade an solchen Stellen verurteilt, an welchen der konstruktiv-spekulative Charakter unverhüllbar zutage tritt, zum Beispiel in der kinetischen Atomtheorie.« Für diese war eine der ersten Arbeiten Einsteins (1905) ja gerade eine wichtige Bestätigung. »Machs System besteht darin, dass er die Beziehungen zwischen experimentellen Daten untersucht; folgt man Mach, so ist Wissenschaft nichts anderes, als die Gesamtheit dieser Beziehungen. Das ist ein schlechter Gesichtspunkt; was Mach entwickelte, war ein Katalog und nicht ein System«, kritisierte Einstein 1922. »So gut Mach in der Mechanik war, so jammervoll war er als Philosoph. Seine Kurzsichtigkeit in Fragen der Wissenschaft führte ihn dazu, die Existenz von Atomen abzulehnen.« Doch obwohl Machs radikaler positivistischer Empirismus sicherlich zu kurz gedacht war, standen Mach und Einstein philosophisch nicht so weit auseinander, wie letzterer meinte. Denn Mach sprach auch vom »Erschauen« und von einer »Phantasieleistung« bei Entdeckungen und der Entwicklung wissenschaftlicher Theorien, was über einen »Katalog« weit hinausgeht und an Einsteins Formulierungen von Theorien als freien Schöpfungen des menschlichen Geistes erinnert.

Auch in seinem Nachruf auf Ernst Mach in der *Physikalischen Zeitschrift* nach dessen Tod im Februar 1916 betonte Einstein, dass Mach »ein Mann von seltener Selbständigkeit des Urteils« gewesen sei, der »die schwachen Seiten der klassischen Mechanik klar erkannt hat und nicht weit davon entfernt war, eine allgemeine Relativitätstheorie zu fordern, und dies schon vor fast einem halben Jahrhundert!« Einstein spekulierte, dass Mach, »als er jugendfrischen Geistes war«, sogar die Allgemeine Relativitätstheorie hätte vorwegnehmen könnten, wenn er damals schon von der Konstanz der Lichtgeschwindigkeit gewusst hätte.

Zwar schien sich Mach kurz vor seinem Tod von der Relativitätstheorie distanziert zu haben. Sie würde immer dogmatischer werden, kritisierte er im Vorwort zu seinen 1921 posthum erschienenen *Prinzipien der physikalischen Optik*. Doch dies war eine Fälschung seines auf die schiefe Bahn geratenen Sohnes, wie Gereon Wolters von der Universität Konstanz inzwischen nachgewiesen hat. Mach selbst, der Experimentalphysiker, Sinnesphysiologe, Philosoph, aber kein Theoretischer Physiker war, verbrachte seine letzten Lebensjahre schwer krank. Nach einem Schlaganfall 1898 war er halbseitig gelähmt und hatte große Sprachschwierigkeiten. Trotzdem nahm er noch an der zeitgenössischen Physik Anteil. Er ließ sich nach Hermann Minkowskis berühmtem Raumzeit-Vortrag über die Spezielle Relativitätstheorie diese von dem Physiker und Philosophen Philipp Frank erklären (der später Einsteins Lehrstuhl in Prag übernahm). Daraufhin kontaktierte Mach Einstein und sandte ihm eine Publikation. Der bedankte sich und lobte Machs *Mechanik*-Buch. Dieser schrieb erneut, worauf ihm Einstein am 17. August 1909 mitteilte: »Es freut mich sehr, dass Sie Vergnügen an der Relativitätstheorie haben.« Und er bezeichnete sich als Machs »verehrender Schüler«. Mach erwähnte die Spezielle Relativitätstheorie mehrfach positiv in Fußnoten zu einzelnen Neupublikationen seiner Aufsätze und interpretierte sie als Bestätigung seiner eigenen Auffassungen (unter anderem als Verteidigung gegen die harte, aber berechtigte Kritik von Max Planck). »Es kann keinen vernünftigen Zweifel daran geben, dass die Relativitätstheorie für den alten Mach als ein Geschenk des Himmels kam«, kommentiert Gereon Wolters.

1913 schrieb Einstein wieder an Mach und besuchte ihn sogar. Ab 1912 hatte er bei seinen Arbeiten zur Verallgemeinerung der

Relativitätstheorie nämlich Machs relationale Raum-Auffassung zur Erklärung der Trägheit angewandt – oder sich zumindest stark davon inspirieren lassen. In vielen Artikeln sowie in seinen späteren Büchern verwies Einstein immer wieder auf Machs Überlegungen. Einstein untersuchte eine vereinfachte Version von Newtons Eimer-Gedankenexperiment: die Auswirkung der Umgebung auf einen Massenpunkt in einer Hohlkugel. Er errechnete einen Einfluss (und nahm sogar schon Einsichten des 1918 entdeckten sogenannten Lense-Thirring-Effekts vorweg): Wenn sich eine große, massereiche Kugelschale vor einem der Einfachheit halber angenommenen festen Hintergrund dreht, dann käme es zu einer Präzession eines Bezugssystems im Mittelpunkt der Schale relativ zu dem Hintergrund, das heißt zu einer Richtungsänderung der Rotationsachse eines rotierenden Körpers. Einstein schloss daraus, dies lege »die Vermutung nahe, dass die ganze Trägheit eines Massenpunktes eine Wirkung des Vorhandenseins aller übrigen Massen sei«, die auf einer Wechselwirkung mit diesen anderen Massen beruht. Und er betonte, dies sei »ganz derjenige Standpunkt«, den Mach »in seinen scharfsinnigen Untersuchungen über den Gegenstand geltend gemacht hat«. Ähnlich drückte es Einstein bei einem Vortrag vor der Schweizerischen Naturforschenden Gesellschaft im September 1913 in Frauenfeld aus: »Insbesondere ergibt sich aus den Gleichungen die Auffassung, dass die Trägheit der Körper nicht eine Eigenschaft der einzelnen beschleunigten Körper allein, sondern eine Wechselwirkung, das heißt ein Widerstand gegen eine Relativbeschleunigung der Körper gegenüber den anderen Körpern sei – eine Auffassung, die bereits von Mach und anderen mit erkenntnistheoretischen Gründen vertreten wurde.« So würde »ein erkenntnistheoretischer Mangel beseitigt, der nicht nur der ursprünglichen Relativitätstheorie, sondern auch der Galilei'schen Mechanik anhaftet«.

Er sandte Mach auch die mit Marcel Grossmann verfasste *Entwurf*-Arbeit, »die nach unendlicher Mühe und quälendem Zweifel nun endlich fertig geworden ist«. Er hoffte auf einen Nachweis der Raumkrümmung durch Messung der Ablenkung des Lichts ferner Sterne bei einer Sonnenfinsternis und stellte Mach in Aussicht: So »erfahren Ihre genialen Untersuchungen über die Grundlagen der Mechanik [...] eine glänzende Bestätigung. Denn es ergibt sich mit Notwendigkeit, dass die *Trägheit* in einer Art *Wechselwirkung* der Körper ihren Ursprung hat, ganz im Sinne Ihrer Überlegungen zum Newton'schen Eimer-Versuch.« Im Dezember 1913 schrieb Einstein an Mach, »dass bei der Entwickelung der Theorie die Tiefe und Wichtigkeit Ihrer Untersuchungen über das Fundament der klassischen Mechanik offenkundig wird«. Und Einstein sah darin ein Argument gegen die konkurrierende Gravitationstheorie von Gunnar Nordström, die im Gegensatz zur Entwurftheorie Machs Idee nicht erfüllte. Machs erkenntnistheoretisches Argument sei »das Einzige, was ich zugunsten meiner neuen Theorie vorbringen kann«, schrieb Einstein an Mach, und brachte das gegen Newtons und Kants Raum-Auffassungen gleichermaßen in Anschlag: »Für mich ist es absurd, dem ›Raum‹ physikalische Eigenschaften zuzuschreiben. Die Gesamtheit der Massen erzeugt ein $g_{\mu\nu}$-Feld (Gravitationsfeld), das seinerseits den Ablauf aller Vorgänge, auch die Ausbreitung der Lichtstrahlen und das Verhalten der Maßstäbe und Uhren regiert. Das Geschehen wird zunächst auf vier ganz willkürliche raum-zeitliche Variable bezogen. Diese müssen dann, wenn den Erhaltungssätzen des Impulses und der Energie Genüge geleistet werden soll, derart spezialisiert werden, dass nur (ganz) lineare Substitutionen von einem berechtigten Bezugssystem zu einem anderen führen. Das Bezugssystem ist der bestehenden Welt mithilfe des Energiesatzes sozusagen angemessen und verliert seine nebulose apriorische Existenz.«

Die philosophischen Konsequenzen sind zwar nicht so eindeutig, wie es Einstein zunächst erschien. Im Rückblick betrachtet waren seine Überlegungen aber ein wichtiger Meilenstein auf dem Weg zur Allgemeinen Relativitätstheorie. »Es gelang Einstein mit Machs Hilfe, in den Trägheitseffekten eines rotierenden Systems wie dem Newton'schen Eimer den Fall eines stationären Gravitationsfeldes zu erkennen, das, obwohl selbst nicht zeitlich veränderlich, doch immerhin von bewegten Massen verursacht ist«, resümiert Jürgen Renn. Einstein hatte das als ein gravitationstheoretisches Analogon zum magnetostatischen Feld in der Elektrodynamik interpretiert, das ebenfalls als zeitabhängiges Feld von bewegten – hier elektrischen – Massen verursacht werden kann. So glückte es Einstein, eine Brücke zu einer Feldtheorie der Schwerkraft zu schlagen. »Während Versuche, Trägheitswechselwirkungen in die Physik einzuführen, wenig aussichtsreich waren, solange sie nur auf eine Neuformulierung der klassischen Mechanik hinausliefen, versprach die Kombination dieser Idee mit der Perspektive einer Feldtheorie der Gravitation mehr Erfolg. Denn diese Kombination macht es möglich, aus zwei schier unlösbaren Problemen eine überzeugende Antwort auf beide Probleme zu schmieden«, schreibt Renn. »Das eine Problem bestand in der praktisch hoffnungslosen Suche nach bislang unbekannten Wechselwirkungen zwischen bewegten Massen. Das andere Problem bestand in der ebenfalls ziemlich aussichtslosen Suche nach bis dahin unbekannten dynamischen Effekten einer Feldtheorie der Gravitation, die es doch in Analogie zu den dynamischen Effekten des Elektromagnetismus, wie Induktion oder elektromagnetischen Wellen, eigentlich geben musste. Kombinierte man dagegen beide Probleme, wie es Einstein tat, dann konnte man Trägheitskräfte als Beispiele für solche dynamischen Gravitationseffekte auffassen und hatte somit einen wichtigen Anhaltspunkt für den Aufbau einer Feldtheorie der Gravitation.«

Wie wichtig ist die ganze Welt?

Ein altes und bis heute kontrovers diskutiertes Problem ist, welchen Einfluss das Universum als Ganzes – also seine globale Struktur oder Materieverteilung – auf die lokalen physikalischen Gesetze hat. Muss man zuerst »alles« verstehen, um überhaupt etwas zu verstehen beziehungsweise Einzelheiten hier und jetzt zu verstehen? Oder lassen sich die lokalen Gegebenheiten mithilfe effektiver Theorien zumindest näherungsweise erklären, ohne dass andere raumzeitliche Bereiche berücksichtigt werden müssen, und könnte man im Extremfall sogar von den örtlichen Gesetzen aufs »Ganze« schließen?

Es ist nicht klar, ob oder inwiefern sich diese gegensätzlichen Betrachtungsweisen wechselseitig vollständig ausschließen. Ob man sie schematisch als »top-down-« und »bottom-up-Ansätze« wirklich gegeneinander ausspielen sollte. Und ob sie eine Form oder gar die Essenz der alten Kontroverse zwischen Reduktionismus und Holismus sind, ob sich also die Fülle der Erscheinungen wenigstens im Prinzip auf wenige Grundelemente zurückführen lässt, oder ob hingegen ausschließlich das Ganze das Wahre ist. Wäre letzteres der Fall, käme die Naturwissenschaft wohl nirgendwohin. Denn weder kann man alles auf einmal erfassen noch dürfte sich das »Ganze« jemals von einer winzigen Stelle in Raum und Zeit aus erkennen lassen. Methodisch ist eine gewisse Form des Reduktionismus daher unverzichtbar. Interessant wird es, ab wo und wann er an seine Grenzen stößt und wie es dann weitergeht.

Das Mach'sche Prinzip wäre eine solche Grenze. Den Begriff hat Einstein Mach zu Ehren 1918 in einem Artikel in den *Annalen der Physik* eingeführt, um die Trägheit durch den Einfluss des ganzen Universums zu erklären. Er sprach auch von der Relativität der Trägheit – nämlich bezogen auf alle Massen ringsum im All. Der durch den Metrik- oder Fundamentaltensor $g_{\mu\nu}$ beschriebene »Raumzustand«, also auch das Gravitationsfeld, das durch den Energie-Impuls-Tensor $T_{\mu\nu}$ der Materie bedingt wird, sei »*restlos* durch die Massen der Körper bestimmt«, definierte Einstein das Mach'sche Prinzip. Er verstand es als »eine Verallgemeinerung der Mach'schen Forderung [...], dass die Trägheit auf eine Wechselwirkung der Körper zurückgeführt werden müsse«. Und er bedauerte, es bislang nicht klar vom Relativitätsprinzip unterschieden zu haben, das er nun so definierte: »Die Naturgesetze sind nur Aussagen über zeiträumliche Koinzidenzen; sie finden deshalb ihren einzig natürlichen Ausdruck in allgemein kovarianten Gleichungen.« Einstein räumte auch gleich ein, das Mach'sche Prinzip würde »keineswegs von allen Fachgenossen geteilt«, er selbst jedoch empfände »seine Erfüllung als unbedingt notwendig« (in der Vorabversion, die als Druckfahne erhalten ist, war Einstein noch vorsichtiger und meinte nur, dass für ihn selbst »der eigentliche Reiz der Theorie mit diesem Prinzip steht und fällt«).

Ob Einstein sachlich berechtigt war, sich auf Mach zu beziehen, ist fraglich (und wurde von Wissenschaftsphilosophen wie John Norton auch mit guten Gründen bezweifelt). Einstein meinte den »Trägheitswiderstand«, den eine Masse m erfährt, für die gemäß Newtons Gesetz F = ma eine Kraft F erforderlich ist, um die Beschleunigung a zu bewirken. Mach hatte aber eher eine »kinematische Relativität« im Sinn: Wenn jede Bewegung nur relativ zu anderen ist, lässt sich keine absolute Bewegung definieren, kein Ruhezustand und keine gerade Linie. Mach zufolge ruht die Welt nicht auf externen Fundamenten, sondern ganz in sich selbst; nichts baut auf einem absoluten Raum auf. Das sah Einstein ganz ähnlich. Mach selbst hatte wohl keine klare Konzeption von dem, was Einstein nach seinem Tod das Mach'sche Prinzip nannte; und die Allgemeine Relativitätstheorie »verinnerlichte« dieses auch weit weniger, als Einstein zunächst dachte – sie beruht auch nicht darauf.

Tatsächlich ist die Aussage des Prinzips keineswegs deutlich und eindeutig. »Jedes Gespräch über das Mach'sche Prinzip verheddert sich schnell in Problemen, weil es notorisch schwierig ist, zwei Physiker – oder gar Philosophen – dazu zu bringen, dass sie miteinander übereinstimmen, was der präzise Inhalt des Prinzips ist, oder wie weit seine Gültigkeit reicht.« So hat der Physiker Julian Barbour die verwirrende und wohl auch verwirrte Situation einmal auf den Punkt gebracht, die inzwischen noch viel unübersichtlicher geworden ist. Mittlerweile gibt es mindestens 20 Formulierungen des Mach'schen Prinzips. Keine davon ist deckungsgleich mit einer anderen, und manche sind ziemlich sicher falsch.

Schon Machs genaue Auffassung ist unklar – ebenso, ob er an eine neue Art von Wechselwirkung zwischen den Körpern gedacht hatte, um die Trägheit zu erklären, oder ob es ihm vielmehr um eine neue Beschreibung der Bewegungen ging, frei vom vermeintlich metaphysischen Ballast des absoluten Raums. Auch später wurde das Mach'sche Prinzip nie zu einer quantitativen Theorie weiterentwickelt, die zum Beispiel erklärt, wie beziehungsweise warum die Massen im Universum die Trägheit der einzelnen Körper erzeugen.

Nach einer Deutung hat die Bewegung der Materie an einem Ort einen Einfluss darauf, was an einem anderen Ort als Inertialsystem beschrieben werden kann. Eine allgemeinere (und grobe) Formulierung lautet, dass die Trägheit an einer Stelle durch die Masse ringsum beeinflusst wird. Und eine weitere Version fasst das Mach'sche Prinzip als die Hypothese auf, nach der die Trägheitskräfte durch die Gesamtheit der im Universum vorhandenen Masse verursacht werden. Somit müsste die Trägheit eines Körpers verschwinden, wenn plötzlich sämtliche Materie ringsum im All von einem Dämon entfernt würde. Und eine kühne Generalisierung des Prinzips besagt, dass die lokalen physikalischen Gesetze von der großräumigen Struktur des Universums bedingt werden. Das steht im Gegensatz zu der heute vorherrschenden Auffassung, wonach eine effektive Feldtheorie lokal alles determiniert, sofern die Kausalität gilt (beziehungsweise wenn von Quanteneffekten abgesehen wird). Falls aber die Trägheit durch die kosmischen Massen induziert wird, können die physikalischen Gesetze des Universums symmetrischer sein als die lokalen (was die reduktionistische Weltauffassung stark begrenzen würde). Eine solche Bedeutung des Mach'schen Prinzips hatte Erwin Schrödinger bereits 1925 im Sinn; ab den 1970er-Jahren wurde sie dann besonders von Julian Barbour sowie von Hans-Jürgen Treder propagiert.

Einstein ging es vordringlich allerdings gar nicht um die Relativität der Bewegungen und der trägen Masse, sondern um die Relativität der Bezugssysteme. Dies ist der springende Punkt seiner Theorie. »Von allen denkbaren, relativ zueinander beliebig bewegten Räumen […] darf a priori keiner als bevorzugt angesehen werden, wenn nicht der dargelegte erkenntnistheoretische Einwand wieder aufleben soll. *Die Gesetze der Physik müssen so beschaffen sein, dass sie in Bezug auf beliebig bewegte Bezugssysteme gelten*«, schrieb er 1916 in seiner ersten Gesamtdarstellung der Allgemeinen Relativitätstheorie. »Diese Aussage ist die Apotheose des Relativitätsprinzips in seiner Funktion, Machs Forderung direkt und dynamisch in der fundamentalen Struktur der Theorie zu implementieren. Es ist der Omegapunkt, auf den Einstein methodisch fast neun Jahre lang hingearbeitet hatte«, meint Julian Barbour. »Doch zwei Jahre später musste Einstein einräumen, dass er nicht genügend klar unterschieden hatte zwischen dem Relativitätsprinzip und Machs Anforderungen, und daher führte er ein separates Mach'sches Prinzip ein.« Barbour kommentiert das mit einem Zitat aus der *Ode auf eine griechische Urne* des englischen Dichters John Keats von 1819: »Gehört sind Melodien süß, doch ungehört noch süßer«.

In seinem Artikel von 1918 verteidigte sich Einstein mithilfe des Mach'schen Prinzips auch gegen einen Einwand des Physikers Erich Justus Kretschmann. Er hatte bei Planck promoviert, arbeitete damals als Gymnasiallehrer und wurde später Professor für Theoretische Physik an den Universitäten Königsberg und Halle-Wittenberg. Er argumentierte 1917 in den *Annalen*, dass die allgemeine Kovarianz – also die Unveränderlichkeit der Gleichungen bei allen erdenklichen Koordinatentransformationen – physikalisch bedeutungsleer sei. Denn mit genügend mathematischem Aufwand könne man jede Theorie kovariant formulieren. Damit wäre Einsteins ursprüngliche Annahme widerlegt, nach der die Kovarianz das allgemeine Relativitätsprinzip (und ebenso das Mach'sche Prinzip) impliziert. Dieses Thema wird bis heute in der Wissenschaftstheorie kontrovers diskutiert. Einstein stimmte Kretschmann zu, betonte aber die »bedeutende heuristische Kraft« der Kovarianz-Forderung, die sich bei der Formulierung der Allgemeinen Relativitätstheorie ja bewährt habe und für eine große Vereinfachung sorge. (Einstein meinte sogar, Newtons Gravitationstheorie sei »zwar nicht theoretisch, aber praktisch« nicht allgemein kovariant formulierbar. Das war falsch, denn genau dies taten Élie Cartan und Kurt Friedrichs 1923 und 1927.)

Vor allem kam es Einstein mithilfe von Machs Prinzip darauf an zu zeigen, dass gemäß der Feldgleichungen der Gravitation kein »Raumzustand« ohne Materie möglich ist. Das Postulat des Mach'schen Prinzips »hängt offenbar aufs Engste mit der Frage nach der zeiträumlichen Struktur des Weltganzen zusammen«. Tatsächlich hatte es Einstein Ende 1916 dazu motiviert, das erste kosmologische Modell auf der Grundlage der Allgemeinen Relativitätstheorie zu entwickeln. »In der Gravitation suche ich nun nach den Grenzbedingungen im Unendlichen; es ist doch interessant, sich zu überlegen, inwiefern es eine *endliche* Welt gibt, das heißt eine Welt von natürlich gemessener endlicher Ausdehnung, in der wirklich alle Trägheit relativ ist«, schrieb er im Mai an Michele Besso. Diese *Kosmologischen Betrachtungen zur allgemeinen Relativitätstheorie* publizierte Einstein dann im Februar 1917 in den *Sitzungsberichten* seiner Akademie. Das war der Beginn der relativistischen Kosmologie, die – in wesentlich erweiterter Form – bis heute das Fundament für die Beschreibung der Entwicklung und Struktur des Universums ist.

Einstein beschrieb erstmals auf der strengen Grundlage einer physikalischen Theorie – die Grundidee selbst gab es schon früher – einen nichteuklidischen Kosmos, der endlich, aber unbegrenzt ist. Dieser Weltraum läuft in sich selbst zurück genau wie eine zweidimensionale Kugeloberfläche, nur dreidimensional (und nicht in einer vierten Raum-Dimension eingebettet). Könnte man immer »geradeaus« fliegen, würde man also irgendwann wieder an seinen Ausgangspunkt zurückkehren. Um dieses aufgrund nicht exakt gleichförmiger Materie-Verteilung instabil anmutende Universum statisch zu halten, musste Einstein die Kosmologische Konstante Λ einführen. Sie war nicht in seinen ursprünglichen Feldgleichungen integriert. Doch sie erwies sich später rein formal als unvermeidlich, obwohl sie Einstein noch als eine theoretisch »nicht gerechtfertige Erweiterung der Feldgleichungen« empfand, die er aber brauchte, »um eine quasistatische Verteilung der Materie zu ermöglichen«. Dieses statische Einstein-Universum löste das für ihn unlösbare Problem, notwendige Grenzbedingungen für die Gleichungen im Unendlichen einzuführen – denn es gibt hier gar keine räumliche Unendlichkeit. So konnten tatsächlich alle Massen im Weltraum auf alle anderen wirken, wie Mach es gefordert hatte.

Allerdings entwickelte sich die Kosmologie anders als Einstein dachte, so wichtig seine Überlegungen auch waren. Der

Weltraum ist nämlich nicht statisch, sondern er dehnt sich aus (seit dem Urknall, wie sich später auf der Basis der relativistischen Kosmologie sowie der astronomischen Messungen zeigte); und ob er endlich ist oder nicht, das gehört bis heute zu den spannendsten offenen Fragen. Auch die Idee, dass es keine leere Raumzeit gibt, ließ sich so nicht halten. Noch im gleichen Jahr, 1917, formulierte Willem de Sitter an der Universität Leiden, mit dem Einstein ausführlich diskutierte, ein konkurrierendes kosmologisches Weltmodell. Es ist unendlich, enthält keine Materie und beschreibt doch eine Raumzeit, die sogar dynamisch ist: Aufgrund der hier ebenfalls angenommenen Kosmologischen Konstante kontrahiert die Raumzeit erst und expandiert dann wieder (das wurde aber erst später klar). Einstein hielt dieses Modell zunächst für unphysikalisch, ja für selbstwidersprüchlich. Er musste sich aber bald eines Besseren belehren lassen und zugeben, dass es tatsächlich eine Lösung seiner Feldgleichungen darstellt. Die Metrik $g_{\mu\nu}$ ist also doch nicht vollständig bestimmt und bedingt durch den Energie-Impuls-Tensor $T_{\mu\nu}$. Und schließlich sah Einstein auch ein, dass die Allgemeine Relativitätstheorie gar nicht auf der Relativität der trägen Masse aufgebaut ist oder sie erfordert, sondern lediglich auf der Relativität der Bezugssysteme. In einem Brief aus dem Jahr 1954 meinte er sogar, »von dem Mach'schen Prinzip sollte man eigentlich überhaupt nicht mehr sprechen«.

Julian Barbour hat »als poetische Zusammenfassung der ganzen Geschichte von Einstein und dem Mach'schen Prinzip« noch einmal aus John Keats *Ode auf eine griechische Urne* zitiert: »Du Jüngling, unterm Baum, kannst vom Gesang / Nicht lassen, noch kann je dies Laub verwehn; / Kühn Liebender, nie, nie gelingt Dein Kuss, / Bist Du dem Ziel auch nah – doch sei nicht bang: / Sie kann nicht gehn, und wird Dir kein Genuss, / Liebst Du doch ewig und bleibt sie so schön!« So könnte man auch Einsteins Leidenschaft beschreiben, meint Barbour. »Und obwohl sie nie zur Verwirklichung kam, sind zwei außerordentlich starke und schöne Kinder daraus geboren worden: die Allgemeine Relativitätstheorie und die moderne relativistische Kosmologie.«

Ein Loch in der Wirklichkeit

Wie das Mach'sche Prinzip war auch Einsteins Lochbetrachtung sowohl ein Meilen- als auch ein Stolperstein auf dem Weg zur Allgemeinen Relativitätstheorie – und hat inzwischen eine geradezu metaphysische Bedeutung erlangt. Die – erst später und ein wenig missverständlich – so genannte Lochbetrachtung ist eine raffinierte und komplizierte Idee. Sie gilt einerseits als verblüffende Konsequenz der Allgemeinen Relativitätstheorie sowie deren Vorformen. Andererseits ist sie bis heute ein viel und kontrovers diskutiertes Argument in der Naturphilosophie, besonders im Zusammenhang mit Fragen zur Natur des Raums. Einstein hatte aber einen ganz praktischen Zweck damit verbunden.

Eigentlich wollte er, dass die Feldgleichungen der Gravitation – die das Ziel einer Verallgemeinerung der Speziellen Relativitätstheorie für gravitative und beschleunigte Systeme waren – in beliebigen Koordinatensystemen gelten. Diese freie Koordinatenwahl, die die Formulierung der Naturgesetze nicht von willkürlichen Gesichtspunkten abhängig macht, heißt allgemeine Kovarianz. Doch die Feldgleichungen, die Einstein mit Marcel Grossmann 1913 in seinem *Entwurf* der Allgemeinen Relativitätstheorie gefunden hatte, waren nur eingeschränkt kovariant. Sie galten nicht für alle Koordinatensysteme, sondern mussten für bestimmte Ausnahmen spezifiziert werden, um mathematische und physikalische Widersprüche zu vermeiden. Das erschien als Defizit des ganzen Ansatzes und stellte dessen Gültigkeit infra-

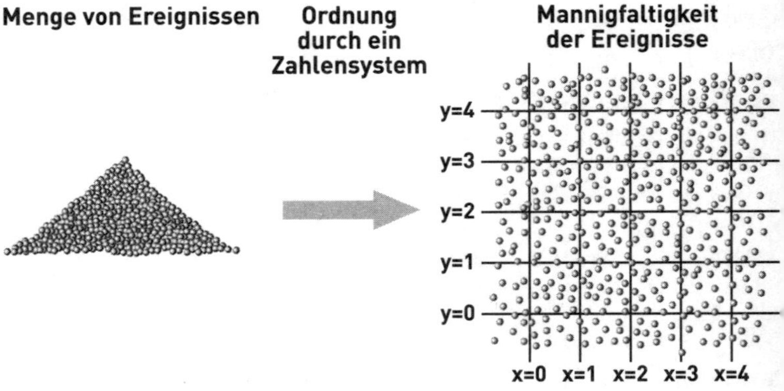

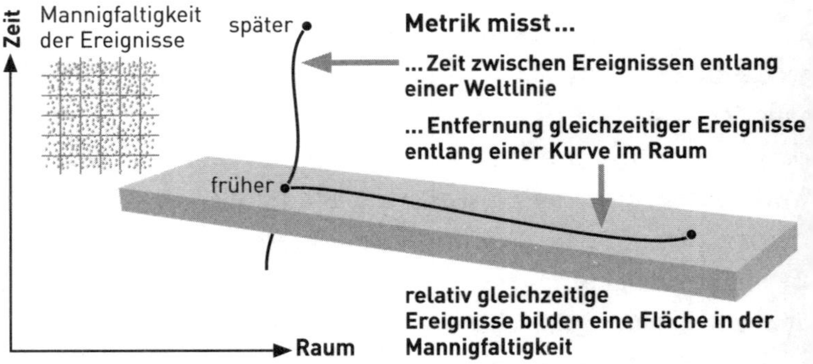

ge. Mit der Lochbetrachtung versuchte Einstein zu zeigen, dass die Feldgleichungen der Gravitation allerdings gar nicht allgemein kovariant sein können und die Entwurftheorie somit ein aussichtsreicher Kandidat war. Dabei ging es Einstein nicht um eine sophistische Rechthaberei, sondern er hatte eine verwirrende Entdeckung gemacht, die eine Reaktion erforderte. Und das war die Lochbetrachtung, die er im Sommer 1913 anstellte und dann in vier Publikationen erwähnte. In der vierten vom Mai 1914, dem letzten gemeinsamen Artikel mit Grossmann, heißt es unmissverständlich, dass eine »vollständige Bestimmung des

Mannigfaltigkeit und Metrik: Die Physik ist ein grandioser Versuch, mathematisch zu beschreiben, was es gibt und wo sich das wie verändert. In der Allgemeinen Relativitätstheorie geschieht dies sehr abstrakt mithilfe einer Mannigfaltigkeit und einer Metrik. Die Mannigfaltigkeit (oben) ist eine weitgehend unspezifische, ziemlich generelle Geometrie. Sie erlaubt es, beliebige physikalische Ereignisse zu bezeichnen. Das können mikroskopische Ereignisse sein, wie die Zustandsänderung eines Atoms oder die Streuung zweier sich begegnender Elektronen; aber auch makroskopische Ereignisse wie ein Meteoriteneinschlag auf dem Mond. (Nebenbei: Mathematiker haben verschiedene Arten von Mannigfaltigkeiten definiert, in der Allgemeinen Relativitätstheorie wird die pseudo-Riemann'sche verwendet, die nach Bernhard Riemann benannt ist, der das Konzept der Mannigfaltigkeiten 1854 eingeführt hatte; die pseudo-Riemann'sche Mannigfaltigkeit ist lokal euklidisch sowie differenzierbar, also stetig und kontinuierlich, nicht »löchrig« und topologisch komplex.) Spezifiziert werden die Ereignisse in der Relativitätstheorie durch die Metrik (auch metrisches Feld genannt, mathematisch repräsentiert durch den Metrik-Tensor). Die Metrik (unten) beschreibt die raumzeitlichen Abstände zwischen den Ereignissen und ihre Entwicklung, das heißt die Zahl der Dimensionen und die jeweiligen (relativen) Orte, Zeiten, Distanzen und Winkel, mithin die Vergangenheit und Zukunft der Objekte sowie deren Weltlinien. Die Metrik repräsentiert auch das gravito-inertiale Feld und damit Schwerkraft und Trägheit der Körper – und insofern auch deren »Quellen«, nämlich Energie und Impuls (Masse multipliziert mit der Geschwindigkeit).

Fundamentaltensors eines Gravitationsfeldes [...] durch ein allgemein-kovariantes Gleichungssystem unmöglich ist«.

Einsteins Voraussetzung war die Annahme, es gäbe in der »vierdimensionalen Mannigfaltigkeit einen Teil L, in welchem ein ›materieller Vorgang‹ nicht vorhanden« sei (so beschrieb er es mit Grossmann). Dies ist das »Loch« – also ein Gebiet in der Raumzeit, in dem sich keine Materie oder Strahlung befindet. (Mit einem Schwarzen Loch hat das gar nichts zu tun, obwohl die Thematik manchen Physikern und Philosophen zufolge ähnlich düster und undurchsichtig ist.) Und hier, beim Loch, steckt das Problem. Kovariante Gleichungen sollen ja die physikalische Realität in allen Koordinatensystemen repräsentieren. Die Lochbetrachtung zeigt, so dachte Einstein (irrtümlich!), dass auch der umgekehrte Fall möglich ist: Selbst wenn die Materieverteilung in der Raumzeit eindeutig feststeht, würden die Gleichungen die Geometrie der Raumzeit nicht eindeutig bestimmen; das heißt, es gäbe verschiedene, mit derselben Materieverteilung kompatible Realitäten.

Diese seltsame Konsequenz liegt darin begründet, dass die Feldgleichungen lokal sind: Die mathematische Funktion des Metrikfelds und seiner Ableitungen an jedem Punkt in der Raumzeit ist identisch mit den Quellen des Felds am jeweiligen Punkt – die Materieverteilung bestimmt also eindeutig die Metrik. Doch dort, wo ein »Loch« ist, wird die Geometrie nicht eindeutig festgelegt. Es sind an dieser Stelle viele verschiedene Geometrien denkbar, die alle mit der Materieverteilung ringsum und den entsprechenden Lösungen der Gleichungen verträglich sind. Das heißt, die Verteilung der Materie determiniert nicht, was im Loch ist. Unterschiede im Loch gehen nicht mit Unterschieden in der Umgebung einher – und das macht die Gleichungen unbestimmt. Dies würde also einen radikalen Indeterminismus in der Physik bedeuten und Voraussagen im Prinzip unmöglich machen. Kurzum, solche Gleichungen wären nicht viel wert.

Die Situation lässt sich vielleicht mit einer Analogie veranschaulichen: Es gibt viele Möglichkeiten, die dreidimensionale Erdkugel zweidimensional darzustellen – keine leichte Aufgabe für Kartographen, weil dabei immer die wahren Verhältnisse verzerrt werden. Ein platter Weltatlas ist eben keine wohlgerundete Welt. Trotzdem sind die Repräsentationen auf Karten sehr nützlich, weil sie die Erde zuverlässig abbilden und zur Orientierung dienen. Je nach Art der Projektion der Kugeloberfläche auf ein Rechteck erscheinen die Verhältnisse aber unterschiedlich. Das zeigt ein Vergleich der vielen Weltkarten. In der Mercator-Projektion beispielsweise sind Grönland und die Antarkti

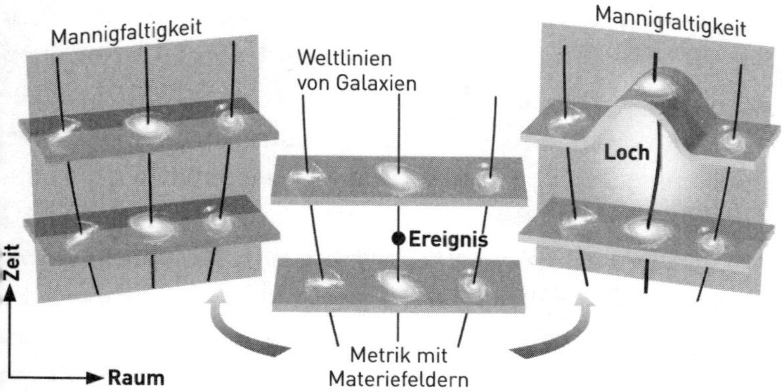

Die Lochbetrachtung: In der Relativitätstheorie werden physikalische Objekte und Prozesse als Weltlinien in der Raumzeit dargestellt, beispielsweise Galaxien in einem expandierenden Universum. Dabei werden Materiefelder und die Metrik auf einer Mannigfaltigkeit abgebildet. Dies kann auf verschiedene Weise geschehen. Da die Naturgesetze einer idealen Theorie unabhängig von der Wahl der Bezugssysteme beziehungsweise Koordinaten sind, lassen sich die einzelnen Beschreibungen ineinander überführen (»transformieren«). Diese generelle Kovarianz erfüllen die Feldgleichungen der Allgemeinen Relativitätstheorie tatsächlich. Dann könnte es aber eine materiefreie Region in der Raumzeit geben, ein »Loch«, wo die Gleichungen unbestimmt sind. Wenn die Materiefelder und Metrik außerhalb des Lochs, mit dem sie kontinuierlich (ohne Singularitäten) in Verbindung stehen, identisch sind mit einer Raumzeit ohne Loch, lässt sich kein Unterschied feststellen, obwohl die Koordinaten innerhalb des Lochs völlig anders sein könnten als in der Raumzeit ohne diese Leerstelle. Daraus hatte Einstein ursprünglich geschlossen, dass kovariante Feldgleichungen einen radikalen Indeterminismus in die Physik einführen würden – eine nicht akzeptable Willkür, die wissenschaftliche Eindeutigkeit und Vorhersagbarkeit unmöglich macht – und daher zu verwerfen sind. Später musste Einstein einräumen, dass er hier von einem Denkfehler getäuscht worden war. Allerdings wird die Lochbetrachtung bis heute kontrovers diskutiert, denn sie wirft grundlegende Fragen zur Natur der Raumzeit auf. Angenommen, »Lochtransformationen« sind physikalisch erlaubt (in der Grafik eine Überführung des linken Teilsbilds ins rechte und umgekehrt), weil sich die verschiedenen Repräsentationen der Welt empirisch nicht unterscheiden lassen – und daher dieselbe Realität abbilden?!? –, was ist dann, wenn beispielsweise eine Galaxie ein Ereignis an einem Raumzeitpunkt passiert? Vor der Transformation läuft die Weltlinie der Galaxie hindurch, aber danach?

überproportional groß, in der Lambert-Projektion erscheinen die nördlichsten und südlichsten Breiten hingegen förmlich an den Rand gedrückt. In dieser Analogie entspricht das Papier der Karte einer Mannigfaltigkeit, das Koordinatengitter darauf der Metrik und die Abbildungen der Kontinente den Materiefeldern. (Mithilfe des Koordinatengitters kann man beispielsweise erkennen, dass Grönland immer kleiner ist als Afrika, auch wenn das in manchen Projektionen anders erscheint.) Eine beliebige Projizierbarkeit entspricht der allgemeinen Kovarianz. Insofern nun aber die Arten der Projektionen der Kontinente auf das Papier beliebig kombiniert werden können, lässt sich aus der Kenntnis eines Teils der Karte nicht auf die gesamte Karte schließen. Aus dem Wissen von einem Bereich folgt nicht, wie die Karte in anderen Bereichen aussieht, diese restlichen Regionen sind also unbestimmt. Und genau das entspricht dem Problem mit den Feldgleichungen: Selbst wenn die gesamte Materieverteilung in der Raumzeit fixiert – also bekannt – ist, könnte etwa ein Gebiet nur so groß wie ein Fußball, das bloß eine Sekunde lang existiert völlig unbestimmt bleiben. Das ist eine bizarre Vorstellung.

Einsteins Konsequenz der Lochbetrachtung war daher, die Feldgleichungen zu beschränken. Und zwar so, dass die Uneindeutigkeit für materiefreie Regionen eliminiert wird und damit der Indeterminismus ausgeschlossen ist. Damit schien die eingeschränkte Kovarianz der Feldgleichungen von Einsteins und Grossmanns Entwurftheorie nicht mehr als Makel, sondern vielmehr zwingend zu sein. Dies rechtfertige nicht nur die Gleichungen, sondern bestärkte Einstein in der Überzeugung, auf dem richtigen Weg zu sein. Es war aber eine Sackgasse, wie er schließlich einsehen musste. Und die Lochbetrachtung hatte wesentlichen Anteil daran, dass er dies erst zweieinhalb Jahre später begriff. Einstein war sozusagen in ein intellektuelles Loch geraten und hatte lange gebraucht, um sich wieder herauszuarbeiten.

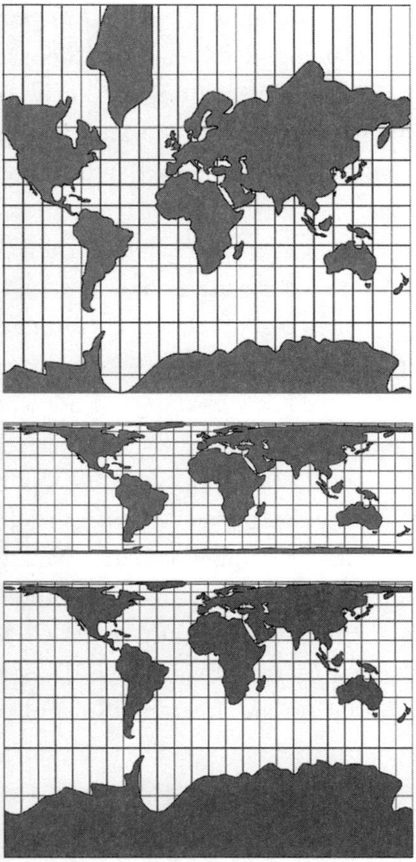

Ein vieldeutiges Problem der Uneindeutigkeit: Die dreidimensionale Weltkugel lässt sich auf einer zweidimensionalen Karte ganz unterschiedlich abbilden, was aber immer mit Verzerrungen einhergeht. Oben eine geometrische Projektion, die Gerhard Mercator 1569 erfunden hat, darunter eine von Johann Heinrich Lambert aus dem Jahr 1772 und ganz unten eine Kombination der beiden. Kennt man die mathematische Abbildungsvorschrift nicht, lässt sich aus einem Teil einer Karte nicht auf den Rest schließen. Verfolgt man beispielsweise auf der Hybridkarte (ganz unten) die Breitengrade von Norden nach Süden, ist anfangs unklar, ob man in eine Antarktis der Mercator- oder der Lambert-Projektion gelangt – die Situation ist unbestimmt. Ähnlich könnte es sich mit einer Beschreibung des Universums im Rahmen der Allgemeinen Relativitätstheorie verhalten, hat Einstein befürchtet. Das warf verwirrende Fragen auf: Sind die Gleichungen nicht determiniert, mithin unbrauchbar – und beschreiben sie überhaupt dieselbe Welt?

Mit der Formulierung allgemein kovarianter Feldgleichungen und somit der Vollendung der Allgemeinen Relativitätstheorie Ende 1915 beerdigte Einstein die Lochbetrachtung stillschweigend. Obwohl er sie als Argument gegen die Kovarianz in die Diskussion gebracht hatte – beziehungsweise als Begründung dafür, warum die Feldgleichungen der Entwurftheorie gar nicht kovariant sein konnten –, kam er in keiner seiner Publikationen mehr explizit darauf zurück. Da die Kovarianz nun aber erfüllt war, stellte sich schon die Frage, worin eigentlich der Irrtum der Lochbetrachtung bestand (denn wenn sie richtig gewesen wäre, dürften sich vollkommen koordinatenunabhängige Feldgleichungen ja nicht formulieren lassen).

Eine Antwort gab Einstein indirekt im März 1916 in seinem großen Überblicksartikel der Relativitätstheorie. Darin schrieb er: »Alle unsere zeiträumlichen Konstatierungen laufen stets auf die Bestimmung zeiträumlicher Koinzidenzen hinaus. Bestände beispielsweise das Geschehen nur in der Bewegung materieller Punkte, so wäre letzen Endes nichts beobachtbar als die Begegnungen zweier oder mehrerer dieser Punkte. Auch die Ergebnisse unserer Messungen sind nichts anderes als die Konstatierung derartiger Begegnungen materieller Punkte unserer Maßstäbe mit anderen materiellen Punkten beziehungsweise Koinzidenzen zwischen Uhrzeigern, Zifferblattpunkten und ins Auge gefassten, am gleichen Orte und zur gleichen Zeit stattfindenden Punktereignissen.« Dieses Punkt-Koinzidenz-Argument, wie es der Physiker John Stachel 1989 genannt hatte, war Einsteins Einwand gegen seine eigene Lochbetrachtung, obwohl er das nicht explizit schrieb. Er machte im Gegenteil aus der Not eine Tugend und rechtfertigte mit dem Punkt-Koinzidenz-Argument nun die Beliebigkeit der Koordinatenwahl. »Da sich alle unsere physikalischen Erfahrungen letzten Endes auf solche Koinzidenzen zurückführen lassen, ist zunächst kein Grund vorhanden, gewisse

Koordinatensysteme vor anderen zu bevorzugen, das heißt wir gelangen zu der Forderung der allgemeinen Kovarianz.«

Soweit die offizielle Verlautbarung, die damals wohl die wenigsten Fachkollegen richtig einordnen konnten. Überdies war sie, wie sich später zeigte, weder eindeutig zu interpretieren noch ausreichend. Eine Lesart legt nahe, dass die verschiedenen Geometrien im Loch für alle Punkt-Koinzidenzen übereinstimmen. Sämtliche mögliche Unterschiede sind also prinzipiell unbeobachtbar. Das beseitigt den Indeterminismus nicht – die Geometrien im Loch sind von der Materieverteilung in der Umgebung her ja noch immer unbestimmt –, aber es macht ihn harmlos. Er hat keine physikalischen Konsequenzen, die Gleichungen gewähren überall eindeutige und eindeutig testbare Voraussagen.

Übertragen auf die Analogie mit den Weltkarten bedeutet das: Es gibt verschiedene Darstellungen, aber nur die eine Welt. Und alle Darstellungen unterscheiden sich nicht hinsichtlich ihrer prinzipiellen Anwendbarkeit im Umgang mit der Welt. Wie man die Projektion (und mithin die Koordinaten) wählt, ist beliebig; das hat keinen physikalischen Gehalt; die Projektionen sind ganz artifiziell. Die Verhältnisse in der Welt bleiben eindeutig. Stuttgart liegt immer südlich von Hamburg und nicht am Meer.

Nichts an Einsteins Punkt-Koinzidenz-Argument ist falsch. In seiner publizierten Form erscheint es trotzdem unbefriedigend – nämlich irgendwie nicht ausreichend. Der Wissenschaftsphilosoph John Earman bringt die Unzufriedenheit so auf den Punkt: »Das ist ein grober Verifikationismus und eine ärmliche Konzeption der physikalischen Realität.« Denn es scheint, das Punkt-Koinzidenz-Argument fasst nur das als real auf, was sich prinzipiell beobachten lässt. Genau diese Auffassung vertritt der Positivismus oder Verifikationismus oder logische Empirismus. Diese philosophischen Varianten weisen tiefer oder weiter gehende Fragen nach der Wirklichkeit als überzogen oder unsinnig zurück. Sie haben Einstein daher an dieser Stelle auch gern für ihre Position vereinnahmt – nicht ohne seine Mitschuld, aber letztlich doch gegen seine Absicht und Überzeugung.

Der Wissenschaftsphilosoph Don Howard hat 1999 darauf hingewiesen, dass Einsteins Formulierung des Punkt-Koinzidenz-Arguments zweideutig ist. Zum einen kann man die Punkte als mathematische Abstraktion wie in der Geometrie verstehen; dann sind sie invariant, also in allen Koordinatensystemen dieselben, und insofern real (»point-coincidence«). Zum anderen lässt sich das Argument auf makroskopische Messinstrumente mit ihren Skalen, Nadeln und Zeigern beziehen (»pointer-coincidence«), sodass real ist, was beobachtet wird oder im Prinzip werden könnte. Diese zweite Deutung ist die verifikationistische und vereinbar mit dem »harmlosen«, weil unbeobachtbaren Indeterminismus. Die erste Interpretation genügt aber, um kovariante Gleichungen zuzulassen und kann zugleich eine deterministische Realität annehmen. Es reicht aus, dass die Punkte in den Feldgleichungen eindeutig und faktisch »fixiert« sind – man muss nicht zusätzlich noch annehmen, dass dies schon *alles* ist, was »real« existiert. So betrachtet zeigt das Punkt-Koinzidenz-Argument, dass es verschiedene Beschreibungen derselben Geometrie und derselben Punkte geben kann, die aber die Kovarianz nicht unterlaufen. »Allgemein kovariante Feldgleichungen können perfekt deterministisch sein«, bringt es der Wissenschaftshistoriker Michel Janssen auf den ... koinzidierten Punkt.

Dies ist es wohl auch, was Einstein meinte. Tatsächlich hat er sich zwar nicht in den Publikationen, jedoch privat zum Thema geäußert. Paul Ehrenfest und Michele Besso fragten ihn nämlich gleich nach dem triumphalen Erfolg mit den kovarianten Feldgleichungen, was denn nun mit der Lochbetrachtung falsch gewesen sei. Einstein gab ihnen brieflich Auskunft und formulierte dabei das Punkt-Koinzidenz-Argument, noch bevor er es in knapperer und anscheinend unpräziseren Form schließlich veröffentlicht hat.

Bereits am 26. Dezember 1915 schrieb Einstein an Ehrenfest: »Das physikalisch Reale an dem Weltgeschehen (im Gegensatz zu dem von der Wahl des Bezugssystem Abhängigen) besteht in *raumzeitlichen Koinzidenzen*. Real sind zum Beispiel die Schnittpunkte zweier verschiedener Weltlinien, beziehungsweise die Aussage, dass sie einander *nicht* schneiden. Diejenigen Aussagen, welche sich auf das physikalisch Reale beziehen, gehen daher durch keine (eindeutige) Koordinatentransformation verloren. Wenn zwei Systeme der $g_{\mu\nu}$ (beziehungsweise allgemein der zur Beschreibung der Welt verwandten Variablen) so beschaffen sind, dass man das zweite aus dem ersten durch bloße Raum-Zeit-Transformation erhalten kann, so sind sie völlig gleichbedeutend. Denn sie haben alle zeiträumlichen Punktkoinzidenzen gemeinsam, das heißt alles Beobachtbare. Diese Überlegung zeigt zugleich wie natürlich die Forderung der allgemeinen Kovarianz ist.«

Und in einem Brief vom 3. Januar 1916 an Besso erläuterte Einstein: »An der Lochbetrachtung war alles richtig bis auf den letzten Schluss. Es hat keinen physikalischen Inhalt, wenn in Bezug auf dasselbe Koordinatensystem *K* zwei verschiedene Lösungen *G(x)* und *G'(x)* existieren. Gleichzeitig zwei Lösungen in dieselbe Mannigfaltigkeit hineinzudenken, hat keinen Sinn und das System *K* hat ja keine physikalische Realität. Anstelle der Lochbetrachtung tritt folgende Überlegung. *Real* ist physikalisch nichts als die Gesamtheit der raumzeitlichen Punktkoinzidenzen. Wäre zum Beispiel das physikalische Geschehen aufzubauen aus Bewegungen materieller Punkte allein, so wären die Begegnungen der Punkte, das heißt die Schnittpunkte ihrer Weltlinien das einzig Reale, das heißt prinzipiell Beobachtbare. Diese Schnittpunkte bleiben natürlich bei allen Transformationen erhalten (und es kommen keine neuen hinzu), wenn nur gewisse Eindeutigkeitsbedingungen gewahrt bleiben. Es ist also das Natürlichste, von den Gesetzen zu verlangen, dass sie nicht *mehr* bestimmen als die Gesamtheit der zeiträumlichen Koinzidenzen. Das wird [...] bereits durch allgemein kovariante Gleichungen erreicht.«

Metaphysik des Raums

Damit war das Problem erledigt. Zumindest für Einstein. Doch ab 1979 kam es zu einer Art Revival der Lochbetrachtung – in der Fachliteratur inzwischen als Lochargument (»hole argument«) intensiv und keinesfalls abschließend diskutiert. Das geschah zunächst aus wissenschaftshistorischen Gründen. Die Forscher wollten aufklären, warum Einstein die Feldgleichungen der Gravitation erst 1915 formulieren konnte, obwohl er sie doch 1912 schon fast gefunden hatte. Ein Grund dafür war (wenn auch nicht der einzige), dass die Lochbetrachtung Einstein davon überzeugt hatte, die Bedingung der allgemeinen Kovarianz der Feldgleichungen aufzugeben, weil sie unerfüllbar schien. Erst als ihm klar wurde, dass die Gleichungen der Entwurftheorie nicht funktionierten und auch nicht repariert oder angepasst werden konnten, begann er mit der Suche von vorn und erkannte nach und nach, dass die allgemeine Kovarianz doch möglich und sogar nötig war. So gesehen wäre die Lochbetrachtung, als physikalische Sackgasse, lediglich von historischem Interesse. Dass dies jedoch nicht der Fall ist, zeigten vor allem die Physiker und Philosophen John Earman, John Norton und John Stachel – aufgrund derselben Vornamen manchmal auch John^3 genannt. Sie begriffen, dass die Lochbetrachtung grundlegende Fragen über Raum und Zeit aufwirft. Seither spielt sie in Arbeiten zur Naturphilosophie und Wissenschaftstheorie eine wichtige Rolle.

Die Hauptfrage, um die es hier geht, ist im (Ab)grund dieselbe, bei der schon Newton und Leibniz aufeinander prallten: Sind Raum und Zeit absolut oder relativ? Oder, mit Einsteins Worten auf den Raum bezogen: Ist er eine eigenständige Art »Behälter aller körperlichen Objekte« oder bloß eine abgeleitete »Lagerungs-Qualität der Körperwelt«? Wie so oft ist die Sachlage komplizierter, also kein einfaches »entweder – oder«, obwohl doch schon die Entscheidung zwischen diesen Alternativen schwer genug ist. Aber das macht das Problem ja umso spannender und faszinierender.

Es liegt nahe, die Raumzeit im Rahmen der Allgemeinen Relativitätstheorie als die Mannigfaltigkeit der Ereignisse zu interpretieren. Würde man die Metrik $g_{\mu\nu}$ hinzunehmen, hätte das unliebsame Konsequenzen: Denn sie beschreibt nicht nur die raumzeitlichen Verhältnisse (Längen, Zeitabstände, Winkel und so weiter), sondern auch das Gravitationsfeld. Aber dies geht mit Energie und Impuls einher (auch wenn, nebenbei bemerkt, die Beschreibung der Energie- und Impulsdichte des Gravitationsfelds in der Relativitätstheorie notorisch schwierige Probleme bereitet). Energie und Impuls sind jedoch charakteristische Eigenschaften der Materie und in wildem Austausch bei Ereignissen, etwa der Explosion eines Sterns. Und Materie erscheint ja gerade nicht als Teil der Raumzeit, sondern entweder in ihr (Newton) oder sie aufspannend (Leibniz, Mach). So gesehen, sollte die Mannigfaltigkeit – realistisch und nicht bloß mathematisch interpretiert –, eine eigene, unabhängige Existenz von der Metrik und den Materiefeldern besitzen. Sie wäre also eine Substanz, falls man es mit einem ehrwürdigen und nicht unproblematischen philosophischen Begriff bezeichnen möchte. Diese metaphysische oder ontologische Position (das Sein betreffend, also was existiert) hat der Philosoph Lawrence Sklar 1974 Substantivalismus genannt. Das Kunstwort ist ein Neologismus aus englisch »substantival« für substanziell existierend. Die Gegenposition davon ist ein Relativismus, der mit dem Relationismus à la Leibniz und Mach konform geht, aber die späteren Entwicklungen der Relativitätstheorie einschließt.

Dem Raumzeit- oder Mannigfaltigkeit-Substantivalismus zufolge gibt es die Raumzeit also an und für sich unabhängig davon, ob und was sich »in ihr« befindet. In diesem Sinn entspricht die Auffassung dem »Behälter«-Begriff der Raumzeit, den Einstein von dem Relationalismus der »Lagerungs-Qualität der Körperwelt« unterschieden hat. Allerdings ist der Substantivalismus nicht mit dem Absolutismus identisch, also Newtons Auffassung eines absoluten Raums und einer absoluten Zeit. Denn in der Relativitätstheorie sind Raum und Zeit nicht mehr getrennt, und sie sind – als Länge, Zeitdauer und Abfolge von Zeitpunkten – relativ zum Bezugssystem. Der Substantivalismus macht Einsteins Revolutionen also nicht rückgängig, sondern baut darauf auf. Doch während es zunächst für viele Philosophen und Physiker den Anschein hatte, dass von der Speziellen und Allgemeinen Relativitätstheorie ein Raumzeit-Relationismus impliziert wird, ist das nicht der Fall. Mit diesen Theorien ist auch ein Substantivalismus vereinbar. Der Wissenschaftstheoretiker Carl Hoefer hat ihn so definiert: »Ein zeitgenössischer Substantivalist denkt, dass die Raumzeit eine Art von Ding ist, welches im Einklang mit den Naturgesetzen unabhängig von materiellen Dingen (gewöhnliche Materie, Licht und so weiter) existieren kann, und das seine eigenen Eigenschaften besitzt über die Eigenschaften aller materiellen Dingen hinaus, die einen Teil von ihm einnehmen.« In diesem Sinn wäre die Raumzeit also eine eigenständige Substanz.

Aber ist die Raumzeit nun in der Art eigenständig, dass sie auch ohne Materiefelder und sogar ohne Metrik existieren kann? Das wäre genau genommen zwar kein Newton'scher Absolutismus, doch so absolut, wie es überhaupt geht. Einstein hatte sich immer wieder gegen diese Auffassung ausgesprochen. Als er 1921 gefragt wurde, was mit Raum und Zeit geschähe, wenn die Materie vernichtet würde, antwortete er, dann gäbe es auch keine Zeit und keinen Raum mehr. Ähnlich 1931, als ihn die *New York Times* folgendermaßen zitierte: »Vor meiner Theorie dachte man, dass leerer Raum übrig bliebe, wenn alle Materie aus dem Universum entfernt würde. Meine Theorie besagt, dass auch der Raum verschwindet, wenn man die gesamte Materie entfernt!« Das waren journalistische Äußerungen mit etwas fragwürdiger Quellenlage. Aber im fünften Anhang *Relativität und Raumproblem* zur 15. englischen Auflage seines kleinen »gemeinverständlich« geschriebenen und erstmals im Dezember 1916 erschienen Buchs *Über die spezielle und die allgemeine Relativitätstheorie* (die 16. deutsche Auflage erschien 1954 ebenfalls mit diesem Anhang) äußerte sich Einstein 1952 noch einmal sehr dezidiert. In der Klassischen Mechanik und Speziellen Relativitätstheorie hatte der Raum (beziehungsweise die Raumzeit) »eine selbständige Existenz gegenüber Materie beziehungsweise Feld. [...] Gemäß der Allgemeinen Relativitätstheorie dagegen hat der Raum gegenüber dem ›Raum-Erfüllenden‹, von den Koordinaten Abhängigen, keine Sonderexistenz.« Wenn man sich das Gravitationsfeld »weggenommen denkt«, dann bleibt »überhaupt *nichts* übrig, [...] einen leeren Raum, das heißt einen Raum ohne Feld, gibt es nicht.« Ähnlich schrieb Einstein 1953 im Vorwort zu Max Jammers Buch *Concepts of Space*: »Die Überwindung des absoluten Raumes beziehungsweise des Inertialsystems wurde erst dadurch möglich, dass der Begriff des körperlichen Objektes als Fundamentalbegriff der Physik allmählich durch den des Feldes ersetzt wurde. Unter dem Einfluss der Ideen von Faraday und Maxwell entwickelte sich die Idee, dass die gesamte physikalische Realität sich vielleicht als Feld darstellen lasse, dessen Komponenten von vier raum-zeitlichen Parametern abhängen. Sind die Gesetze dieses Feldes allgemein kovariant, das heißt an keine besondere Wahl des Koordinatensystems gebunden, so hat man die Einführung eines *selbständigen* Raumes nicht mehr nötig. Das, was den räumlichen Charakter des Realen ausmacht, ist dann einfach die Vierdimensionalität des Feldes. Es gibt dann keinen leeren Raum, das heißt keinen Raum ohne Feld.« (Dabei hatte Einstein doch spätestens 1918 in der kosmologischen Diskussion mit Willem de Sitter einräumen müssen, dass »leere« und sogar dynamische Raumzeiten Lösungen seiner Feldgleichungen sind – diese besitzen allerdings zwar keine Materiefelder, doch immer noch das Metrikfeld.)

Leibniz war der Meinung – der sich Mach später anschloss –, dass der Raum relational sein muss, weil es keinen Unterschied gäbe, wenn Westen und Osten vertauscht würden; alle Verhältnisse der Körper zueinander blieben dieselben. Für Newton machte das sehr wohl einen Unterschied, denn nun befänden sich die Körper ja an anderen Stellen im absoluten Raum; die beiden Situationen wären also physikalisch nicht identisch. Und ganz analog kommt es hier bei dieser Streitfrage nun zu einer Wiederauferstehung der Lochbetrachtung. Deren Grundidee bestand ja darin, dass sich die Metrik und Materiefelder unterschiedlich auf der Mannigfaltigkeit ordnen lassen. Der Relationist muss sagen, dass dies keine beobachtbare Differenz zur Folge hat, denn es bleiben – mit Einsteins späterem Argument – die Punkt-Koinzidenzen ja dieselben. Der Substantivalist muss dem widersprechen: Zwei raumzeitliche Situationen – eine mit, eine ohne Loch – wären nicht miteinander identisch, obwohl sie sich mathematisch durch die »Lochtransformation« ineinander überführen lassen. So könnte eine Weltlinie vor der Transformation durch einen Raumzeit-Punkt mit einem bestimmten Ereignis ziehen, danach jedoch daran vorbeilaufen. Das wären aber zwei verschiedene Sachverhalte. Allerdings hätte dies keinerlei beobachtbare Konsequenzen. Und das bringt den Substantivalismus in dieselbe Schwierigkeit wie den Absolutisten durch Leibniz' Argument: Substantivalismus und Absolutismus erscheinen schlicht als unnötig und überflüssig, insofern der Relationismus mit einer sparsameren Ontologie dasselbe leisten kann.

Dies ist genau die Stoßrichtung des neuen, wiederbelebten Locharguments. John Earman hat als Erster ausführlich dargelegt, dass das Lochargument gegen den Substantivalismus spricht, weil dieser die Existenz eines solchen Lochs erlaubt und somit einen unerwünschten Indeterminismus impliziert. Dies sei aber eine Frage der Physik und nicht der Ontologie. John Norton hat das Lochargument primär ontologisch angesiedelt und so formuliert: Wenn es zwei Verteilungen von Metrik- und Materiefeldern gibt, die durch eine Lochtransformation aufeinander bezogen sind, dann müssen Mannigfaltigkeit-Substantivalisten darauf bestehen, dass die beiden Systeme zwei verschiedene physikalische Systeme repräsentieren (im Gegensatz zu Einsteins Punkt-Koinzidenz-Argument). Diese physikalische Unterscheidung geht sowohl über die Beobachtungen als auch über die Theorie hinaus (jedenfalls die Allgemeine Relativitätstheorie; doch in alternativen Gravitationstheorien verhält es sich in der Regel genauso). Die Unterscheidung reicht weiter, weil die beiden Verteilungen der Metrik- und Materiefelder hinsichtlich jeder physikalischen Beobachtung oder Messung identisch sind, und weil die Gesetze der Theorie nicht zwischen den Raumzeit-Entwicklungen der Felder im Loch differenzieren können. Deshalb muss der Mannigfaltigkeit-Substantivalist eine unerwünschte Aufblähung der physikalischen Ontologie vertreten. Und diese Ansicht sollte verworfen werden, da die sparsamere Ontologie mit derselben Erklärungskraft zu bevorzugen ist.

Soweit das Argument. Inzwischen gibt es wohl mehr Interpretationen, Beihilfen und Einwände als Autoren, die darüber geschrieben haben (wie John Norton lakonisch anmerkt). Auch wurde das Lochargument in anderen Bereichen fruchtbar gemacht, beispielsweise in Diskussionen über die begrifflichen Grundlagen einer Theorie der Quantengravitation und in Analysen von mathematisch-physikalischen Prinzipien wie der sogenannten Eichfreiheit, die von grundlegender Bedeutung bei der Formulierung von Symmetrien der Naturgesetze ist. (Im Gegensatz zu Leibniz' Argument, das die Ununterscheidbarkeit auf »zu wenig« mathematischen Strukturen stützt, ist bei der Eichfreiheit ein »zu viel« an solchen Strukturen, und auch das hat die Lochbetrachtung erstmals verdeutlicht.) Diese Diskussionen sind sehr abstrakt und technisch, aber die Grundfrage bleibt alarmierend einfach: Was ist eigentlich real? (Und worin bestehen die »Kriterien« dafür?)

Auf solche grundlegenden philosophischen Fragen gibt es – natürlich – keinen Konsens in der Antwort. Nicht einmal im Rahmen einer eindeutigen Theorie wie der Allgemeinen Relativitätstheorie.

Eine Möglichkeit, auf die Herausforderung des Lochargumments zu reagieren, ist es, den Substantivalismus anzureichern. »Die differenzierbare Mannigfaltigkeit ist eine amorphe Menge von Punkten, nur definiert durch eine Topologie. Sie muss aufgehübscht werden durch eine Metrik, damit sie die Raumzeit repräsentieren kann«, schreibt der Physikhistoriker Michel Janssen und fasst damit die Einstellung einiger Wissenschaftsphilosophen zusammen. Dies hat aber die Konsequenz, dass Raumzeit und Materie nicht mehr »wesensverschieden« zu sein scheinen. Und das wiederum ist für manche die Lösung des Problems, für andere aber im Gegenteil seine Verschärfung.

»Keine Felder mehr in der Raumzeit: nur Felder auf Felder« hat der Physiker Carlo Rovelli Einsteins Revolution gedeutet. Und Einsteins Worte lassen sich durchaus so interpretieren. Dann kon stituiert die Metrik gleichsam Raumzeit und Gravitation und ist eng mit den Materiefeldern verbandelt. Die »Bühne« verschwindet und gesellt sich zu den Schauspielern. Die Raumzeit ist kein »Behälter«, sondern wird von den Feldern erst erzeugt. Genau in diese Richtung strebt auch der Versuch einer Tieferlegung der Fundamente in einigen Ansätzen einer Quantengravitationstheorie. Beispielsweise der Schleifen-Quantengravitation, die Rovelli mit entwickelt hat.

Andererseits müssen die Felder nicht das letzte Fundament bleiben – und in den Quantengravitationstheorien sind sie es auch nicht unbedingt, schon gar nicht als klassische kontinuierliche Felder. Manche Philosophen sehen sogar nur Strukturen und mithin Relationen als real an. Wobei sich die Frage stellt, »was« die Strukturen oder Relationen eigentlich konstituiert (andere Strukturen?), und ob es hier nicht zu einer Verwechslung von Beschreibungen kommt mit dem, was beschrieben wird. John Stachel jedenfalls hat für eine neue philosophische Deutung argumentiert, die er Dynamischer Struktureller Realismus nennt. »In der Physik, denke ich, lehrt das Lochargument hauptsächlich, dass jede künftige fundamentale Theorie, etwa eine Version der Quantengravitation, unabhängig von einem Raumzeit-Hintergrund sein sollte. In der Philosophie der Raumzeit führt mich das dazu, einen ›dritten Weg‹ einzuschlagen, der sich unterscheidet sowohl von den traditionellen absolutistischen als auch relationistischen Positionen.« Stachel differenziert zwischen inneren (internen) und äußeren (externen) Relationen, nämlich intrinsischen oder essentiellen Eigenschaften einerseits und extrinsischen andererseits. Beide hängen von der vorausgesetzten Theorie ab.

Hier kommt wieder Einsteins Punkt-Koinzidenz-Argument ins Spiel. Ihm zufolge hat ein Koordinatensystem auf einer differenzierbaren Mannigfaltigkeit ohne ein metrisches Tensorfeld (in einem »Loch«) keine intrinsische Bedeutung. (Die allgemeine Kovarianz besagt ja gerade, dass die Raumzeit-Koordinaten bloße Konventionen sind, um Ereignisse zu benennen, aber keinen physikalischen Gehalt haben.) Eine Interpretation, die Einsteins verifikationistische Formulierung im Übersichtsartikel von 1916 nahelegt, lautet: Wenn Punkte allein auf einer Mannigfaltigkeit individuiert werden, unabhängig von Feldern darauf, dann gibt es zwar verschiedene Raumzeiten; doch dies ist ein harmloser Indeterminismus, weil er keine empirischen Konsequenzen hat. Einsteins Briefe an Besso und Ehrenfest lassen sich aber auch anders und stärker interpretieren: Die Identität eines Punktes besteht in der Summe der Eigenschaften, die ihm zugeschrieben werden können, also durch die Metrik und die Materiefelder; ansonsten ist er nicht identifizierbar und individuierbar; er hat keine intrinsischen Eigenschaften, und es existieren auch keine Relationen zu anderen Punkten ohne eine Metrik. Er ist dann, wie Janssen und Stachel meinen, nur »so«, aber nicht »dieser«.

Um die »Soheit« von der »Diesheit« zu unterscheiden, wurden schon im Mittelalter (unter anderem von Johannes Duns Scotus) zwei Begriffe geprägt: Quidditas und Haecceitas (von lateinisch »quid« und »heac« für »was« beziehungsweise »dieses«). Die Quidditas beschreibt alle Entitäten derselben Natur oder einer Klasse, die Haecceitas greift einzelne davon individuell heraus, individuiert also innerhalb der Quidditas. (Nebenbei bemerkt: Gemäß des Leibniz'schen Identitätsprinzips reicht die Quidditas nicht aus. Aber von der Haecceitas wurde sie bis zur Entwicklung der Quantenphysik in der naturwissenschaftlichen Praxis gar nicht unterschieden. Diese seltsame Theorie lehrte jedoch, dass Elementarteilchen keine intrinsischen Eigenschaften haben, dass sie also nur Quidditas besitzen, aber keine Haecceitas. So ist ein Teilchen mit der Elementarladung e, der Masse m_e und dem Spin ½ ein Elektron, aber einzelne Elektronen sind nicht unterscheidbar.) Diese für Nichtphilosophen vielleicht etwas drollige Unterscheidung ist durchaus nützlich und klärend. Zum Beispiel haben Objekte der Geometrie (etwa Dreiecke) im Gegensatz zu denen der Algebra (etwa reelle Zahlen) nur Quidditas, keine Haecceitas. Und so verhält es sich John Stachel zufolge auch für Raumzeit-Punkte – und das würde dann das Locharg ument widerlegen und einen raffinierteren Substantivalismus aufrecht erhalten. Die Raumzeit-Punkte wären dann real (beziehungsweise sogar fundamental), aber nicht individuell; und es gäbe keinen Indeterminismus, nur verschiedene Beschreibungsweisen.

Im wissenschaftsgeschichtlichen Rückblick betrachtet, ist es ein Merkmal des physikalischen Fortschritts, dass er oft mit einer Verallgemeinerung der naturgesetzlichen Beschreibungen einhergeht – und damit auch einer Verminderung der in der Welt als grundlegend betrachteten Strukturen. Die Theorien von Raum, Zeit und Gravitation sind ein gutes Beispiel.

Aristoteles hielt den Raum für absolut und anisotrop (also nicht in alle Richtungen gleichartig). Denn er postulierte einen speziellen Ort, den Erdmittelpunkt, wohin alles natürlicherweise hinstrebt, was sublunar ist, das heißt sich inner- beziehungsweise unterhalb der Mondbahn befindet. Jenseits des Mondes galten Aristoteles zufolge andere Gesetze; sie bedingen die Kreisförmigkeit der Bahnen sämtlicher Gestirne, die sich alle um die Erde bewegen sollten. Dieser Geozentrismus, den erst Kopernikus, Kepler und Galilei überwanden, war ein Gipfel des Anthropozentrismus, in dem sich die selbstverliebten Menschen anmaßten, dass sich alles um sie drehe. Aber das war (und ist leider) nicht das einzige Problem. Die Vorstellung eines Weltzentrums, das sich auf alles auswirkt ohne zurückzuwirken, empfand Einstein als hässlich, wie er 1954 in einem Brief an Michele Besso schrieb. Und diese Asymmetrie störte ihn auch bei Inertialsystemen. So ist es auch in Newtons Kosmologie eines zwar isotropen und unendlichen, aber immer noch absoluten Raums – einer passiven Bühne, auf den nichts einzuwirken vermag. Das erscheint umso eigenartiger, weil von Newton ja das Gegenwirkungsprinzip stammt: »actio est reactio« (Aktion gleich Reaktion). Diesem berühmten dritten Newton'schen Axiom zufolge gibt es keine Wirkung ohne Gegenwirkung. (Aus moderner Sicht handelt es sich hier um die Impulserhaltung innerhalb eines geschlossenen Systems, die der Homogenität des Raums entspricht, wie es bereits Einstein ansatzweise fand und in der Allgemeinheit dann 1918 die Mathematikerin Emmy Noether bewiesen hat.) Im Gegensatz zu Newtons Physik sowie auch der Speziellen Relativitätstheorie beschreibt die Allgemeine Relativitätstheorie eine Wechselwirkung zwischen Raumzeit und Masse-Energie. Diesen Aspekt betonte Einstein immer wieder als großen Vorzug (obwohl seine ursprünglichen, bis mindestens 1913 bestehenden Erwartungen gegenteilig waren). So kritisierte Einstein noch 1954 im zweiten Anhang des Buchs mit seinen Princeton-Vorlesungen das alte Raum-Konzept, das »dem Raum als solchem eine Rolle im System der Physik zuerteilt, die ihn vor den übrigen Elementen der physikalischen Beschreibung auszeichnet: Er wirkt bestimmend auf alle Vorgänge, ohne dass diese auf ihn zurückwirken; eine solche Theorie ist zwar logisch möglich, aber andererseits doch recht unbefriedigend.« Diese Asymmetrie hat die Allgemeine Relativitätstheorie überwunden. Und die nächste Generalisierung könnte eine Theorie der Quantengravitation bringen, indem sie Raum, Zeit, Masse und Energie auf dieselben Entitäten reduziert – dann gäbe es vielleicht nur eine Art Raumzeit-Staub, aus dem alles besteht. (In der String- oder M-Theorie wird spekuliert, die könnte eine Klasse von eindimensionalen schleifenartigen Gebilden sein, den fundamentalen Strings, deren Schwingungsformen die Elementarteilchen bilden und vielleicht sogar die Raumzeit aufbauen.)

Tiefer Raum: Das Weltall erscheint größtenteils leer, ist es aber gar nicht. Diverse Felder durchziehen das Universum, darunter das gravito-inertiale Feld, das der Allgemeinen Relativitätstheorie zufolge sogar den Raum mitbedingt. Löcher und Lichter – im Foto der über zwei Milliarden Lichtjahre ferne Galaxienhaufen Abell 68 im Sternbild Füchschen – sind da sekundär.

Mit der Allgemeinen Relativitätstheorie wurde der Raum, zuvor ein bloßer Träger der Ereignisse, zu einer dynamischen Entität mit kausalem Einfluss. Damit einher ging die Erkenntnis, dass die Metrik $g_{\mu\nu}$ nicht nur ein fundamentales autonomes Element der objektiven Realität zu sein scheint, sondern auch kausal wirksam ist – nicht nur bei der Bewegung der Körper, sondern entgegen einer weiteren Erwartung Einsteins auch dann, wenn gar keine Materiefelder anwesend sind. Nicht alle Gravitationsfelder stammen also von materiellen Quellen, sie können zusätzlich und unabhängig existieren. Das bedeutet aber, dass das Mach'sche Prinzip nicht erfüllt ist. Und nur mit diesem wären *alle* Bewegungen gleichermaßen relativ. Daher musste Einstein letztlich einsehen, dass er sein ursprüngliches Ziel nicht erreicht hatte: ein verallgemeinertes Relativitätsprinzip durch die Generalisierung der Speziellen Relativitätstheorie, sodass gleichförmige und beschleunigte Bewegungen gleichermaßen beobachterabhängig sind. Es bleibt ein wesentlicher Unterschied. Beschleunigte Bewegungen, zum Beispiel Rotationen, sind also doch in einer bestimmten Hinsicht absolut.

Spätestens 1920 akzeptierte Einstein dies zähneknirschend und sprach stattdessen von einer relativen Existenz des Gravitationsfelds. Das klingt für heutige Physiker oft befremdlich, weil es nach moderner Auffassung keinen Dissens geben kann, ob ein Gravitationsfeld vorhanden ist oder nicht; das hängt nur davon ab, ob der Riemann'sche Krümmungstensor in der Beschreibung vorkommt oder verschwindet. Trotzdem war Einsteins Auffassung nicht falsch, wie Michel Janssen betont: Zwei Beobachter in nichtgleichförmiger Bewegung zueinander können beide behaupten, in Ruhe zu sein, solange sie darin übereinstimmen, dass sie nicht übereinstimmen, ob ein Gravitationsfeld vorhanden ist oder nicht.

Der Hintergrund dafür ist das Äquivalenzprinzip der Allgemeinen Relativitätstheorie. Gemäß diesem grundlegenden Postulat entspricht ein homogenes Gravitationsfeld einer gleichmäßigen Beschleunigung in einer flachen Raumzeit – das heißt, beides ist nicht unterscheidbar. Testteilchen durchlaufen unabhängig von ihrer Zusammensetzung oder anderer Beschaffenheit dieselbe Fallkurve, wenn anfänglich ihr Ort und ihre Geschwindigkeit übereinstimmen. Was Galilei und Newton lediglich konstatieren konnten, erklärt die Relativitätstheorie (nämlich durch eine naturgesetzliche Symmetrie: die sogenannte Lagrange-Dichte ändert sich nicht beim Wechsel der Koordinaten). Das Äquivalenzprinzip drückt also eine Wesensgleichheit von Gravitation und Trägheit aus, ganz wie es Einsteins »glücklichster Gedanke« 1907 im Berner Patentamt schon suggerierte. Gravitation und Trägheit sind Manifestationen desselben Felds – des metrischen oder gravito-inertialen Felds $g_{\mu\nu}$. Verschiedene Beobachter können es quasi unterschiedlich »aufspalten« hinsichtlich der trägen und gravitativen Komponenten in verschiedenen Koordinatensystemen. Das ist relativ. Das macht jedoch nicht alle Bewegungen relativ. Gleichförmige und beschleunigte Bewegungen bleiben »absolut« verschieden. Einstein konnte sein Relativitätsprinzip der Speziellen Relativitätstheorie also entgegen seiner Zielsetzung und Erwartung nicht auf alle beliebigen Bewegungen ausweiten.

Darauf beruht letztlich auch die Erklärung bestimmter verwirrender Phänomene – etwa der Altersdifferenzen der Zwillinge im Zwillingsparadoxon und der gewölbten Form des Wassers in Newtons rotierendem Eimer. Beides sind Inertialeffekte. Je nach Beobachterstandpunkt lassen sie sich unterschiedlich beschreiben, und daraus resultiert die Schwierigkeit. Auch wenn dabei der jeweils postulierbare Zustand der »Ruhe« relativ ist, gilt diese Relativität nicht im Hinblick auf die beschleunigte Bewegung. Entscheidend ist, ob der Körper einer Geodäte folgt oder nicht, also der kürzesten Verbindungslinie zwischen zwei Punkten. Und darauf basiert die scheinbare Paradoxie: Die beschleunigte Bewegung im Rahmen eines Raumzeit-Koordinatensystems, in dem das System, das sich auf einer Geodäte bewegt, in Ruhe bleibt (nämlich der auf der Erde zurückgebliebene Zwilling beziehungsweise die Fixsterne um den rotierenden Eimer), kann aus der Perspektive eines anderen Koordinatensystems als Kombination von inertialen und gravitativen Effekten verstanden werden; in diesem anderen System wähnen sich die rasch bewegten Systeme

(Raumfahrer und drehender Eimer) in Ruhe, sie befinden sich aber *nicht* auf Geodäten. Beide Beschreibungen sind möglich und sinnvoll, aber nicht symmetrisch, wie die Paradoxie suggeriert. Dies klingt kompliziert. Und das ist es auch. Andernfalls hätten sich die Verständnisprobleme ja gar nicht gestellt. Der ins All reisende Zwilling altert also langsamer, weil er sich nicht auf einer Geodäte bewegt. Und das rotierende Wasser bildet eine Mulde, weil es sich relativ zu einer Geodäte dreht (und nicht, weil es das relativ zum Hintergrund der Sterne tut). Objekte erfahren eine Kraft, wenn sie nicht einer Geodäte der Raumzeit folgen – also nicht in einem Inertialsystem sind oder frei fallen. Bei geradlinigen Beschleunigungen wirkt diese Kraft als Andruck, bei Rotationen als Fliehkraft (und als sogenannter Lense-Thirring-Effekt).

Das Fazit aus all diesen verwickelten Überlegungen ist, dass es auch im Rahmen der Allgemeinen Relativitätstheorie absolute Bewegungen gibt; diese gehen aber nicht zwingend mit einer Verabsolutierung von Raum und Zeit einher. Die Opposition zwischen Newton und Leibniz war also zu eindimensional. Obwohl der Substantivalismus gewisse Ähnlichkeiten mit Newtons Absolutismus hat und der Relativismus Leibniz' Relationismus ähnelt, sind sie nicht identisch. Es ist möglich, ein Absolutist hinsichtlich der beschleunigten Bewegungen zu sein und zugleich ein Relationist oder Relativist bezüglich der Raumzeit-Ontologie. Das ist vermutlich die Interpretation, die mit der Allgemeinen Relativitätstheorie am besten übereinstimmt. Wenn der Relativismus im Hinblick auf das gravito-inertiale Feld wahr ist, dann kann die Raumzeit keine Substanz sein, obwohl sie kausal effektiv ist. In diesem Sinn hatten im Rückblick also beide Recht: Newton mit seinem Gedankenexperiment des absolut rotierenden Eimers – und Leibniz mit seiner Idee, dass eine Ost-West-Vertauschung aller Körper die Welt unverändert lässt und der Raum also nicht absolut ist. »Dann endet der Streit mit einem Unentschieden«

sagt Michel Janssen. »Man kann aber auch argumentieren, dass sich die Debatte seit dem 17. Jahrhundert so stark verändert hat, dass es nicht besonders sinnvoll ist, hier nachträglich Gewinner und Verlierer zu benennen.«

Der neue Äther der Relativitätstheorie

Obwohl und weil die Diskussion über die Natur des Raums inzwischen sehr differenziert und kompliziert ist, tappen die Physiker und Philosophen immer noch im Dunkeln herum – zumindest im Schatten, die das Licht der Erkenntnis von Einsteins revolutionärer Umwälzung der physikalischen Grundlagen eben auch geworfen hat. Seine Bemerkung, »dass die Allgemeine Relativitätstheorie eine viel tiefere Abänderung der Lehre von Raum und Zeit mit sich bringt als die Spezielle Relativitätstheorie«, ist sicherlich unstrittig. So schrieb er in einer 1925 erschienenen Neuauflage des Physik-Bandes der enzyklopädischen Buchreihe *Die Kultur der Gegenwart,* herausgegeben von dem Historiker und Publizisten Paul Hinneberg. (Damals wurde Physik noch als wesentlicher Teil der Kultur begriffen, das ist heutzutage weder in den kulturellen Bildungsprogrammen noch in den Lehrplänen der Schulen selbstverständlich.) Einstein ging in seinem Beitrag auch auf das Gravitations- beziehungsweise Metrikfeld ein und brachte dabei die grundlegende Bedeutung seiner Erkenntnisse zum Ausdruck, über die er sich erst wenige Jahre zuvor klar geworden war – also erst einige Zeit nach der erfolgreichen Formulierung seiner Feldgleichungen. Nun interpretierte er das Gravitationsfeld als einen physikalischen Raumzustand, »der gleichzeitig Gravitation, Trägheit und Metrik bestimmt. Hierin liegt die Vertiefung und die Vereinheitlichung, welche die Grundlage der Physik durch die Allgemeine Relativitätstheorie erfahren hat.«

Anders als in allen Vorstellungen und Theorien über Raum und Zeit zuvor, einschließlich Newtons Mechanik, bildet die Raumzeit der Relativitätstheorie keinen passiven Hintergrund für die Materie und Energie, sondern geht mit diesen eine aktive Partnerschaft ein; sie ist keine starre Bühne, auf der sich das Drama der Welt vollzieht, sondern ein mächtiger Mit- und Gegenspieler. Die Raumzeit wird durch ein dynamisches Feld bestimmt, das am physikalischen Geschehen teilhat. Es verursacht dieses Geschehen mit, welches sich umgekehrt wiederum auf das Feld auswirkt. Dieses Metrikfeld $g_{\mu\nu}$, kurz die Metrik genannt, charakterisiert zugleich die Geometrie der Raumzeit. Und es bedingt und bestimmt zwei Phänomene, für die die Klassische Physik zwei getrennte Kräfte postuliert hat: die Schwerkraft, die die wechselseitige Anziehung von (schweren) Massen bewirkt, sowie Trägheitskräfte, die bei beschleunigten Bewegungen von (trägen) Massen in Erscheinung treten, beispielsweise als Fliehkraft in einem Karussell. Der Allgemeinen Relativitätstheorie zufolge sind Schwerkraft und Trägheit also »wesensverwandt«. Obwohl sie ganz verschieden anmuten, sind sie Manifestationen ein und desselben Felds, das mitunter auch gravito-inertiales Feld genannt wird.

Die grandiose Leistung der Allgemeinen Relativitätstheorie besteht darin, dieses zuvor unbekannte Feld sowie seine Dynamik und Auswirkungen zu beschreiben. Zugleich ist es Einstein dabei gelungen, Schwerkraft und Trägheit zu vereinheitlichen – ähnlich wie magnetische und elektrische Kräfte in der Theorie des Elektromagnetismus als zwei unterschiedliche Aspekte eines einzigen Felds erklärt werden. (Entgegen seiner ursprünglichen Erwartung gelang es ihm also nicht, ein Feld aufs andere zu reduzieren, nämlich die Trägheit auf die Schwerkraft, und damit auch alle Bewegungen gleichermaßen relativ zu machen, sondern er unifizierte schließlich die beiden Felder.) Gemäß der Allgemeinen Relativitätstheorie wird der Raum also von einem gravito-inertialen Feld erfüllt – oder, je nach philosophischer Interpretation, *ist* sogar dieses Feld. Daher sprach Einstein auch von einem »neuen Äther« der Relativitätstheorie. Dies hat er besonders klar und verständlich in seiner Vorlesung *Äther und Relativitätstheorie* zum Ausdruck gebracht, die der Berliner Julius-Springer-Verlag als kleine Schrift separat publizierte. Einstein hielt diese Vorlesung 1920, als er zum Außerordentlichen Professor an der Universität Leiden berufen wurde. (Das war eine Art temporäre Gast- und Forschungsprofessur, seine Stelle in der Preußischen Akademie behielt er.) Dorthin hatte er seit längerem intensive Kontakte, besonders zu Lorentz, Ehrenfest und de Sitter. Auf Lorentz' Bitte hin verglich Einstein in seiner Antrittsvorlesung den neuen mit dem »alten« Äther, wie ihn Newton, Maxwell, Lorentz selbst und viele andere irrtümlich als Träger der elektromagnetischen Erscheinungen verstanden hatten.

Einstein betonte, dass der Raum von elektromagnetischen Feldern durchsetzt sei, die man sich als Kraftlinien vorstellen könne, die aber nicht raumzeitlich lokalisierbar sind. »Sie dürfen nicht als aus Teilchen bestehend gedacht werden, die sich einzeln durch die Zeit hindurch verfolgen lassen«, sagte er. »In der Sprache Minkowskis drückt sich dies so aus: Nicht jedes in der vierdimensionalen Welt ausgedehnte Gebilde lässt sich als aus Weltfäden zusammengesetzt auffassen.« Mit der Speziellen Relativitätstheorie ist es also nicht vereinbar, dass ein Äther »aus zeitlich verfolgbaren Teilchen« konstituiert wird. Ein Äther, der keinen Bewegungszustand besitzt, wäre damit jedoch nicht ausgeschlossen. Hinsichtlich der elektromagnetischen Felder, die »als letzte, nicht weiter zurückführbare Realitäten« erscheinen, sei der Äther aber eine »leere Hypothese«. Es ist schlicht überflüssig, ein homogenes, isotropes Medium zu postulieren, als dessen Zustände die elektrischen Ladungsdichten und Feldstärken aufzufassen wären. Das elektromagnetische Feld genügt sich gleichsam selbst.

Dann nannte Einstein aber ein »wichtiges Argument« für die Existenz eines – neuen – Äthers. »Den Äther leugnen, bedeutet letzten Endes annehmen, dass dem leeren Raume keinerlei physikalische Eigenschaften zukommen. Mit dieser Auffassung stehen die fundamentalen Tatsachen der Mechanik nicht im Einklang.« Rotationen sind real, wie ja schon Newtons Gedankenexperiment mit dem gedrehten Wassereimer deutlich machen sollte. Er hat diese beschleunigten Bewegungen auf einen absoluten Raum bezogen, er hätte diesen aber ebensogut »Äther« nennen können, meinte Einstein; »wesentlich ist ja nur, dass neben den beobachtbaren Objekten noch ein anderes, nicht wahrnehmbares Ding als real angesehen werden muss, um die Beschleunigung beziehungsweise die Rotation als etwas Reales ansehen zu können.«

Machs Lösung, die Beschleunigung nicht gegen den absoluten Raum, sondern die Gesamtheit der Massen im All anzunehmen, lehnte Einstein nun jedoch ab. Denn »ein Trägheitswiderstand gegenüber relativer Beschleunigung ferner Massen setzt unvermittelte Fernwirkung voraus«. Insofern würde das Mach'sche Prinzip, von dem sich Einstein hier schon zu distanzieren begann, die alten Probleme der Newton'schen Gravitationstheorie wieder aufwerfen. Für eine Nahwirkung muss es also ein Medium geben, das die Trägheits- und auch Schwerewirkungen vermittelt. Einstein erwies hier Mach weiterhin die Referenz: »Der Mach'sche Gedanke findet seine volle Entfaltung in dem Äther der Allgemeinen Relativitätstheorie.« Dieser neue Äther darf nicht mit dem alten elektromagnetischen verwechselt oder gleichgesetzt werden. Er ist das Metrikfeld.

Und dann sagte Einstein einen wichtigen Satz, der die neue »aktive« Raumzeit-Auffassung betont: »Dieser Mach'sche Äther *bedingt* nicht nur das Verhalten der trägen Massen, sondern *wird* in seinem Zustand *auch bedingt* durch die trägen Massen.« Einsteins Schlussfolgerungen sind weitreichend. Seine Allgemein-

Vorbilder und Freunde: Wie Newton von sich sagte, stand auch Einstein »auf den Schultern von Riesen«, ohne die seine Forschungen weder möglich noch überhaupt ein Thema gewesen wären. Von links oben: Isaac Newton (1643–1727), James Clerk Maxwell (1831–1879), Ernst Mach (1838–1916), Max Planck (1858–1947), Hendrik Antoon Lorentz (1853–1928) und Paul Ehrenfest (1880–1933). Die ersten fünf waren erklärtermaßen seine Vorbilder in der Physik, mit den letzten drei genannten stand er in regem wissenschaftlichen Austausch und in freundschaftlicher Verbundenheit.

Relativitätstheorie habe die »Auffassung, dass der Raum physikalisch leer sei, wohl endgültig beseitigt. Damit ist aber auch der Ätherbegriff wieder zu einem deutlichen Inhalt gekommen, freilich zu einem Inhalt, der von dem des Äthers [...] des Lichtes weit verschieden ist. Der Äther der Allgemeinen Relativitätstheorie ist ein Medium, welches selbst aller mechanischen und kinematischen Eigenschaften bar ist, aber das mechanische (und elektromagnetische) Geschehen mitbestimmt.«

Dieser »Gravitationsäther« ist nicht, wie der alte Äther, absolut – was er auch im Rahmen der Speziellen Relativitätstheorie noch wäre, in der die Raumzeit alias Minkowski-Metrik noch als passive Bühne galt. Sondern er ist »in seinen örtlich variablen Eigenschaften durch die ponderable Materie bestimmt«, also die wägbare Materie mit Masse. Jede Nahwirkungstheorie setze »kontinuierliche Felder voraus, also auch die Existenz eines Äthers«. Einstein beendete seinen Vortrag in Leiden mit dieser Zusammenfassung: »Nach der Allgemeinen Relativitätstheorie ist der Raum mit physikalischen Qualitäten ausgestattet; es existiert also in diesem Sinne ein Äther. Gemäß der Allgemeinen Relativitätstheorie ist ein Raum ohne Äther undenkbar; denn in einem solchen gäbe es nicht nur keine Lichtfortpflanzung, sondern auch keine Existenzmöglichkeit von Maßstäben und Uhren, also auch keine räumlich-zeitlichen Entfernungen im Sinne der Physik.«

Die Zeit, Einsteins Sorge und das emporkriechende Bewusstsein

»Zwar regte die Relativitätstheorie mehr philosophische Kommentare an und übte mehr Einfluss auf die Mainstream-Philosophie aus als jede andere wissenschaftliche Theorie – mit Ausnahme vielleicht der Gravitationstheorie von Isaac Newton. Aber es ist eine bemerkenswerte Tatsache, dass ihre Wirkung auf die Metaphysik eher marginal blieb«, sagt Simon Saunders, ein Philosoph an der Oxford University. Doch es gibt eine große Ausnahme: die gute alte Zeit. Sie ist auch nicht mehr das, was sie einmal war, könnte man kalauern.

Fest steht: Die Relativitätstheorie hat die Vorstellungen, Begriffe, Theorie und sogar Praxis der Zeit umgewälzt wie kaum etwas anderes. Das machte die Zeit aber nur teilweise verständlicher, überwiegend vertiefte es ihre Rätsel eher. Und schon einige der Rätselfragen sind aufgrund ihrer metaphorischen Ausdrucksweise problematisch: »Fließt« die Zeit aus der Zukunft durch die Gegenwart in die Vergangenheit, oder schiebt sich die Schnittstelle der Gegenwart gleichsam voran? Warum hat die Zeit überhaupt eine Richtung, woher kommt und wohin geht sie? Ist es sinnvoll, vom Vergehen der Zeit zu sprechen? Wie schnell vergeht sie dann – eine Sekunde pro Sekunde etwa? Und was soll dieses mysteriöse »Jetzt« sein, dieser Schnitt der Gegenwart, der die für unveränderlich erachtete Vergangenheit von der als offen und nebulös erlebten Zukunft trennt?

Das sind nicht nur physikalische, sondern auch metaphysische Fragen. Einstein dachte immer wieder über die Bedeutung seiner Theorien nach. So berichtet der Philosoph Rudolf Carnap, dass Einstein einmal zu ihm sagte, das Problem des »Jetzt« mache ihm ernsthafte Sorgen. »Er erklärte, dass das Erleben des Jetzts etwas sehr Besonderes für den Menschen bedeutet, etwas wesentlich Verschiedenes von der Vergangenheit und der Zukunft, dass aber dieser wichtige Unterschied in der Physik nicht vorkommt und nicht vorkommen kann. Dass sich diese Erfahrung von der Wissenschaft nicht erfassen lässt, war für ihn eine Sache schmerzlicher, aber unvermeidbarer Resignation.«

1952 betonte Einstein im fünften Anhang seines Buchs *Über die spezielle und die allgemeine Relativitätstheorie*, dass es natürlicher erscheint, die physikalische Realität als ein vierdimensionales Sein zu denken statt wie bisher als Entwicklung eines dreidimensionalen Seins – »das ›Jetzt‹ verliert für die räumlich ausgedehnte Welt seine objektive Bedeutung«. Und im März 1955 schrieb er, kurz bevor er selbst starb, in einem Kondolenzbrief anlässlich des Todes seines Freundes Michele Besso: »Für uns gläubige Physiker hat die Scheidung zwischen Vergangenheit, Gegenwart und Zukunft nur die Bedeutung einer wenn auch hartnäckigen Illusion.«

Wenn die Zeit also gar nicht objektiv, sondern nur im Bewusstsein existiert (ähnlich wie Kant dachte), mithin bloß eine Illusion ist, dann gäbe es in Wirklichkeit gar keinen Ablauf von Ereignissen. Sie wären lediglich eine irrige subjektive Empfindung – obwohl man das schwer glauben kann, da man doch häufig viel zu wenig Zeit hat oder aber furchtbare Langeweile in endlosen geschäftlichen Sitzungen und verwandtschaftlichen Verpflichtungsveranstaltungen oder ängstlich auf seinen Alterungsprozess starrt.

Der Mathematiker Hermann Weyl hat diese »atemporale« Konsequenz der Relativitätstheorie schon früh betont. In seinem Buch *Philosophie der Mathematik und Naturwissenschaft* beschrieb er sie bereits 1927 ziemlich pathetisch: »Der Schauplatz der Wirklichkeit ist nicht ein stehender dreidimensionaler Raum, in dem die Dinge in zeitlicher Entwicklung begriffen sind, sondern die vierdimensionale Welt, in welcher Raum und Zeit unlöslich miteinander verwachsen sind. Diese objektive Welt geschieht nicht, sondern sie ist – schlechthin; ein vierdimensionales Kontinuum, aber weder Raum noch Zeit. Nur vor dem Blick des in den Weltlinien der Leiber emporkriechenden Bewusstseins ›lebt‹ ein Ausschnitt dieser Welt ›auf‹ und zieht an ihm vorüber als räumliches, in zeitlicher Wandlung begriffenes Bild.«

Wenn es in diesem Zusammenhang nicht so paradox klänge, könnte man sagen, dass Weyl mit dieser Beschreibung seiner Zeit voraus war. Andererseits haben die Vorstellungen einer quasi zeitlosen Welt oder der Zeit als vierte Dimension auch eine lange Tradition. Die Idee, dass die Welt sich nicht entwickelt, sondern gleichsam als Ganzes und »auf einmal« da ist, besitzt – wiederum paradox ausgedrückt – eine längere, ganz eigene Geschichte. Und wenn es ein Wesen gäbe, das außerhalb der Zeit existierte (wie es der Bischof Augustinus von Hippo von Gott glaubte), könnte es gewissermaßen die Welt von Anfang bis Ende und in ihrer Totalität auf einmal überblicken.

Schauplatz der Leiber: Wenn Raum und Zeit nicht getrennt existieren, sondern als Einheit, stellt sich auch die Frage nach dem Leben der Menschen neu. Sind sie eingravierte Weltlinien in einem Blockuniversum oder schattenhafte Zeitchimären in Raumschnitten? Das Acrylgemälde *Stadien* stammt von Diana Altenburg.

Wissenschaftliche Glaubwürdigkeit erhielten die Vorstellungen von der vierten Dimension Zeit allerdings erst 1908 durch Hermann Minkowskis Raumzeit-Formalismus. Weder Lorentz noch Einstein hatten zuvor das Raum-Konzept direkt attackiert. Aber aus der Perspektive der Speziellen Relativitätstheorie gibt es keinen absoluten Raum, sondern unendlich viele Räume – ähnlich wie eine unendliche Zahl zweidimensionaler Ebenen in einem dreidimensionalen Volumen gedacht werden kann. Die Vereinigung von Raum und Zeit, das ist die erstaunliche Lehre der Relativitätstheorie, führt zu einem vierdimensionalen Raumzeit-Block. Mit Minkowskis Worten: »Die dreidimensionale Geometrie wird zu einem Kapitel in der vierdimensionalen Physik.« Einstein schrieb dazu, Minkowski »verwandelt damit gewissermaßen die Lehre von den Veränderungen (Dynamik) im Dreidimensionalen in eine Art Statik des Vierdimensionalen.« Raum und Zeit sind gewissermaßen Schatten der Raumzeit.

Jahrzehnte vor Minkowski, Einstein und Weyl hat der Psychologe und Philosoph William James eine solche unveränderliche vierdimensionale Realität »Blockuniversum« genannt – und lehnte sie ab. In seinem Essay *The Dilemma of Determinism* von 1884 kritisierte er die Vorstellung des Determinismus, die der Idee eines freien Willens widerspräche. Denn der Determinismus behauptet, »dass die Bereiche des Universums, die bereits feststehen, absolut darüber verfügen, was aus den anderen Bereichen werden soll. In der Gebärmutter der Zukunft liegen nicht verschiedene Möglichkeiten verborgen. [...] Das Ganze steckt in jedem einzelnen Teil und ist zu einer absoluten Einheit verschweißt, zu einem Eisenblock, in dem keine Zweideutigkeit oder ein Schatten einer Veränderung sein kann.«

Eternalismus oder Perdurantismus: In der zeitgenössischen Philosophie wird die Auffassung eines an sich unveränderlichen Raumzeit-Blocks als Eternalismus oder Perdurantismus bezeichnet (lateinisch »aeternus«: ewig). Das ist keine naturwissenschaftliche Position, sondern eine metaphysische oder ontologische. Sie soll aber mit naturwissenschaftlichen Erkenntnissen im Einklang stehen – und wurde in ihrer neuen Form ja sogar davon inspiriert. Das Hauptargument dafür ist schließlich eine physikalische Erfahrungstatsache: die Relativität von Zeitspannen, Längen und der Gegenwart im Rahmen der Relativitätstheorie. Einstein sympathisierte offenbar mit dem (erst später so genannten) Eternalismus. Dessen Kerngedanken lauten:

› Alle Zeitpunkte und ihre Bezugssysteme sind gleich wirklich.

› Zeit ist eine reale vierte Dimension analog zu den drei Raumdimensionen.

› Zukunft und Vergangenheit sind ebenfalls wirklich.

› Objekte existieren nicht nur in der Gegenwart, sondern auch in Vergangenheit und Zukunft (sie sind raumzeitlich ausgedehnt).

Sie bilden (vereinfacht, weil eindimensional ausgedrückt) eine Weltlinie im Blockuniversum.

Dem Eternalismus zufolge sind Objekte räumlich wie zeitlich – genauer »raumzeitlich« – ausgedehnt. Das ist wie bei einem Fahrrad, das in einer Türöffnung abgestellt wurde. Auch das Fahrrad besteht ja aus zusammenhängenden räumlichen Teilen, die sich diesseits und jenseits der Tür befinden: das Hinterrad beispielsweise noch draußen, das Vorderrad schon im Hausflur. Zudem besteht das Fahrrad aus zeitlichen »Teilen«, etwa einem Stadium mit Reifenpanne, einer Phase mit einem Mädchen auf dem Gepäckträger und generell einer zunehmenden Zahl an Rostflecken in eine »Richtung« der Fahrrad-Weltlinie. Dies sollte freilich nicht als eine temporale Abfolge interpretiert werden, sondern allenfalls wie ein Zahlenstrahl. Die Alltagssprache tut sich sehr schwer mit dieser Weltdeutung. Aber das ist nicht deren Problem, sondern ihr wesentlicher Punkt: Wandel, Werden und Vergehen haben ihre gewöhnliche Bedeutung nur in der dreidimensionalen Welt, nicht im vierdimensionalen Eternalismus.

(Sprachphilosophische Nebenbemerkung: Nach eternalistischer Auffassung ist die Zeit also dem Raum zumindest insofern analog, als das Jetzt ontologisch genauso wenig ausgezeichnet ist wie das Hier. Demnach dürfte bei der Analyse von situativen, irreduzibel indexikalischen Sätzen zwischen zeitlichen und räumlichen Bestimmungen kein Unterschied gemacht werden: Ein kontextabhängiger Satz wie »hier und jetzt regnet es« bedeutet dann zwar stets und überall dasselbe, sein Wahrheitswert variiert aber von Zeit zu Zeit und von Ort zu Ort.)

Es wird im Eternalismus natürlich nicht die subjektive Erscheinung des Wandels bestritten, also eine phänomenale Zeit im Erleben, jedoch die bewusstseinsunabhängige Realität des Wandels, also eine objektive Zeit. (Ähnlich wie ein bestimmter Geschmack wäre »Zeit« dann eine »sekundäre Qualität«, nichts physikalisch Grundlegendes.) Das wirft jedoch eine weitere Schwierigkeit auf: Wie kann aus objektiver Zeitlosigkeit subjektive und intersubjektive Zeitlichkeit entstehen? Wie kommt es zum »emporkriechenden« temporalen Bewusstsein? Eine Antwort darauf lässt sich wohl nicht im Rahmen der Physik formulieren sondern allenfalls durch die Neuropsychologie – kombiniert vielleicht mit darwinistischen Erklärungsansätzen.

Die »Raum-Analogie« der Blockuniversumszeit darf nicht zu weit getrieben werden. Wenn man die Zeit als »vierte Dimension« beschreibt, heißt das nicht, sie einfach zu verräumlichen (das ist nur bei Stephen Hawkings berüchtigter »imaginärer Zeit« der Fall, mit der die ominöse Urknall-Singularität eliminiert werden soll). Denn in der Relativitätstheorie wird zwischen Raum und Zeit sehr wohl ein Unterschied gemacht – etwa dadurch, dass die Zeit-Komponente mit dem umgekehrten Vorzeichen der drei Raum-Komponenten in die Metrik eingeht (was bei der imaginären Zeit nicht so ist). Auch existieren nach wie vor Eigenzeiten und somit durch Uhren mess- und vergleichbare zeitliche Abfolgen, das heißt eine Zeit aus der jeweiligen Beobachterperspektive. Insofern stellt eine zeitartige Kurve in der Allgemeinen Relativitätstheorie ein zeitliches Nacheinander unabhängig von der Einführung eines Bezugssystems dar.

Der Eternalismus hat aber auch beträchtliche Probleme:

› Wie kommt es in einem ewig-statischen Blockuniversum zur Zeitempfindung? Wieso werden Gegenwärtigkeit und eine Zeitrichtung erlebt? Warum wird nicht alles auf einmal erfahren?

› Hat Bewusstsein überhaupt eine physikalische Wirklichkeit, wenn seine Zeitlichkeit eine Illusion ist? (Existiert Bewusstsein gewissermaßen unabhängig von Materie und Energie?)

› Auch wenn die Vergangenheit fixiert erscheint – was geschehen ist, ist geschehen und lässt sich nie mehr ändern –, wird die Zukunft als offen erlebt. Warum ist das eine Täuschung?

Isaac Newtons Absolutismus

Albert Einsteins Blockuniversum (Raumzeit)

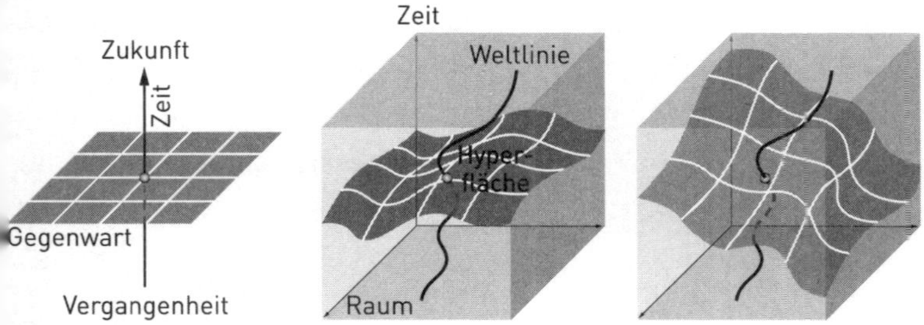

Veränderte Zeit: In Isaac Newtons absoluter Zeit kann man sich überall im Universum Uhren aufgestellt denken, die für beliebige Beobachter synchron laufen; der Zeitpunkt eines »Jetzts« sollte universell sein. Gemäß Albert Einsteins Relativitätstheorie ist Zeit untrennbar mit dem Raum verbunden; sie erscheint bei hohen Geschwindigkeiten oder starken Schwerefeldern gedehnt, und sie ist für unterschiedliche Beobachter verschieden. Deshalb existiert keine objektive Simultaneität, sondern eine unendliche Menge von »Hyperflächen« beobachterrelativer Gleichzeitigkeiten, die alle zusammen zur Raumzeit gehören. In diesem »Blockuniversum« sind die Weltlinien der Beobachter von Anfang bis Ende fixiert.

- Wird der Determinismus, demzufolge alles »vorherbestimmt« beziehungsweise unwiderruflich kausal bedingt ist, nicht durch den absoluten Zufall widerlegt, den die andere große Theorie der Physik beschreibt, die Quantenmechanik? (Einstein hatte sich ein Leben lang gegen diese schiere Zufälligkeit atomarer Prozesse ausgesprochen – die Welt sei kein Würfelspiel.) »Durchlöchert« denn der Zufall den Block nicht und kreiert neue indeterminierte Weltlinien aus dem Nirgendwo?
- Ist das Blockuniversum letztlich nicht bloß eine abstrakte, idealisierte, philosophisch überstrapazierte Beschreibung, die lediglich auf bestimmten – sehr großen – Skalen vernünftig und angemessen ist, weil hier entsprechende Vereinfachungen und Mittelungen möglich und erfolgreich sind? Ist die Physik überhaupt vollständig? Wo bleibt der freie Wille?

Präsentismus: Die große ontologische Gegenposition zum Eternalismus wird Präsentismus genannt (lateinisch »praesens«: anwesend, gegenwärtig). Seine Hauptaussagen sind:
› Nur die Gegenwart existiert.
› Vergangenheit und Zukunft sind nicht real (oder nur als Erinnerung und Vorstellung).

Damit handelt man sich allerdings ebenfalls schwerwiegende Probleme ein.
› Im Präsentismus sind Aussagen über Ereignisse in der Vergangenheit und Vermutungen über die Zukunft sinnlos beziehungsweise ohne einen Wahrheitsgehalt, weil ihnen ja nichts in der Welt korrespondiert, das sie wahr (oder falsch) machen würde. So gesehen gab es weder einen Urknall noch Dinosaurier noch eine bemannte Landung auf dem Mond.
› Laut Relativitätstheorie existiert keine universelle Simultaneität (Zeitdilatation, Lorentz-Kontraktion, Zwillings-Paradoxon). Was in einem Bezugssystem gegenwärtig ist, kann in einem anderen, gleichberechtigten vergangen oder zukünftig sein. Wird eine solche Relativierung der Gegenwart nicht akzeptiert, käme es zu einer noch viel drastischeren Relativierung der Existenz.

Possibilismus: Wenn zwei sich streiten, freut sich der dritte. In diesem Fall ist das eine weitere ontologische Position, die sich aber nicht in erster Linie als Kompromiss versteht, obwohl sie Züge davon besitzt, sondern als Alternative. Sie heißt Possibilismus (lateinisch »possibilis«: möglich). Ihre zentralen Thesen sind:
› Die Gegenwart existiert und trägt die Keime künftiger Möglichkeiten in sich.
› Das ist mit einem absoluten Zufall vereinbar, erzwingt diese Annahme jedoch nicht.
› Die Vergangenheit ist faktisch und fixiert (und kann somit auch Gegenstand wahrer Aussagen sein), doch die Zukunft ist offen

möglich und unbestimmt. Im früheren Newton'schen Bild der Zeit würde sich die Gegenwart als Weltfläche der Simultaneität in die noch nicht reale Zukunft schieben, den Block der fixierten Vergangenheit unter sich lassend. Im Possibilismus entwickelt sich die Zukunft jedoch nicht in raumzeitlichen Schichten, die sich quasi nach und nach auf den Block des vergangenen Universums stapeln, sondern überall mit separaten Hier-und-Jetzt-Punkten. Zuweilen wird deshalb von einem »wachsenden« oder sich »kristallisierenden Blockuniversum« gesprochen.

Der Possibilismus ist somit weniger »sparsam«, aber auch weniger radikal wie der Präsentismus. Allerdings hat er wie dieser das Problem, erklären zu müssen, wie die Möglichkeit der Zukunft aus der Wirklichkeit der Gegenwart hervorgeht – und außerdem, inwiefern die Vergangenheit »bleiben« soll. Zwar gibt es hier ein echtes Werden, doch Probleme wie das der Existenz-Relativierung sind weiterhin ungelöst, die der Eternalismus gerade zu überwinden verspricht. Wie der Präsentismus passt auch der Possibilismus nicht oder nur mit Zusatzannahmen zur Speziellen Relativitätstheorie. Dieser Nachteil geht aber mit dem Vorteil einher, dass es keinen Widerspruch zur phänomenologischen Intuition der Alltagserfahrung gibt.

Im wachsenden Blockuniversum ist Platz für einen absoluten Zufall, der nicht nur auf dem subjektiven Unwissen beruht – dem relativen Zufall –, sondern objektiv im Universum herrscht und nicht von grundlegenderen Vorgängen verursacht wird. Als ein solcher absoluter Zufall gelten Quantenprozesse, etwa der Zerfall eines radioaktiven Atoms. Diese Sichtweise herrscht heute in der Physik vor, auch wenn sie keineswegs erwiesen ist. Deterministen wie Einstein – mit seinem Diktum »Gott würfelt nicht« – nehmen zwar an, dass der Spuk eines Tages vorübergehen wird, dass man also Prozesse finden könnte, die als »verborgene Variablen« den Zufall bestimmen. Doch dies ist keineswegs ausgemacht.

Zufällige Quantenereignisse sind allerdings nicht notwendigerweise ein K.o.-Kriterium für den Eternalismus, auch wenn sie einige physikalische Klimmzüge erfordern, die viele Wissenschaftler nicht zu machen bereit sind: Zum einen kann man sich eine »Überlagerung« oder »Aufspaltung« aller möglichen Blockuniversen vorstellen – in Anlehnung an die »Vielwelten«-Interpretation der Quantenphysik. Hier würden in dieser Superposition von Blöcken alle Möglichkeiten ausgeschöpft und wirklich sein. Zum anderen wurde über eine Art vierdimensionalen Atomismus spekuliert – im Blockuniversum verteilte Punktmengen beziehungsweise gestückelte Weltlinien, die ein Quantenteilchen darstellen, das der quantenphysikalischen Unbestimmtheitsrelation zufolge nur einen unscharfen, statistischen Gesetzen gehorchenden und insofern zufälligen Aufenthaltsort besitzt. Schließlich ist auch denkbar, dass auf mikroskopischer Ebene andere Gesetze herrschen, die gleichsam unterhalb der Perspektive der Auflösungsgrenze des Blockuniversums regieren. Der »Eisenblock« würde dann etwas wabern und fluktuieren, könnte man ihn ganz genau von außen inspizieren, aber diese Kleinigkeiten würden am Gesamtbild nichts ändern. Doch das sind alles nur Mutmaßungen und Spekulationen. Die Frage, ob es einen absoluten Zufall gibt oder nicht, bleibt offen. Aber dem erbarmungslosen Fortschreiten der Zeit, so scheint es, kann niemand entrinnen.

Der Staub der Zeit

Die Diskussion zwischen Eternalisten, Präsentisten und Possibilisten ist noch überwiegend offen. Zumal die einzelnen Positionen weiter differenziert werden können und nicht erschöpfend sind. Doch die Zeit-Problematik reicht noch tiefer: Blickt man genauer in die temporalen Abgründe, dann erübrigen sich die

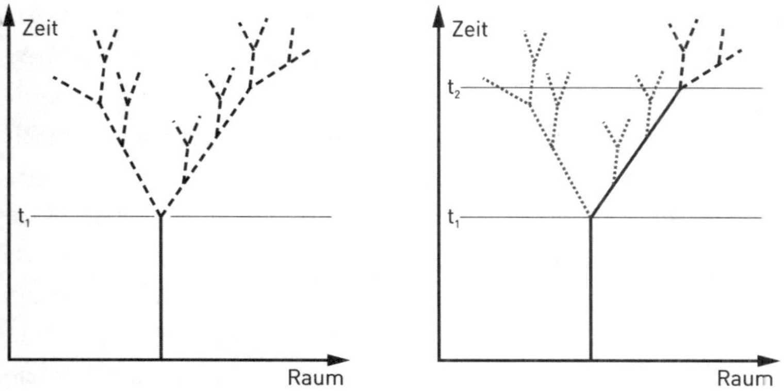

— geschehenes Ereignis ····· mögliches, aber nicht geschehenes Ereignis
-- mögliches Ereignis

Wachsendes Blockuniversum: Die Hypothese von der sich entwickelnden Raumzeit ist eine Alternative zum statischen Raumzeit-Blockuniversum. Hier ist nur die Vergangenheit determiniert beziehungsweise fixiert. Die Zukunft dagegen erscheint als ein Spielraum der Möglichkeiten, von der in jedem Zeitpunkt jedoch nur eine realisiert wird. Es ist umstritten, ob eine »offene Zukunft« existiert sowie ein absoluter Zufall, der das deterministische Geschehen unterbricht oder ganz obsolet macht und sich nicht darauf reduzieren lässt, dass Beobachter diese Zukunft nicht kennen.

Kontroversen vielleicht sogar. Denn »Zeit« könnte auf eine noch viel radikalere Weise eine Illusion sein, als Eternalisten es meinen.

Der Physiker John Archibald Wheeler, der Einstein noch persönlich kennenlernte, als er an der Princeton University forschte, und der später bahnbrechende Arbeiten zur Relativitäts- und Quantentheorie geleistet und grundlegende Begriffe wie »Quantenschaum«, »Schwarzes Loch« und »Wurmloch« geprägt hat, sprach von einer Prägeometrie, die der Welt zugrunde liegen könnte. Er bezeichnete die Physik einmal als »ein magisches Fenster«: »Es zeigt uns den Schein, der hinter der Wirklichkeit liegt – und die Wirklichkeit, die hinter dem Schein liegt. Die Physik reicht viel weiter, als man sich früher vorstellen konnte. Wir sind nicht mehr damit zufrieden, nur Elementarteilchen, Kraftfelder oder gar Raum und Zeit zu verstehen. Heute verlangen wir von der Physik Einsichten in das Sein der Dinge selbst. So können wir wohl sagen, dass wir erst verstehen werden, wie einfach das Universum ist, sobald wir erkennen, wie seltsam es ist.«

Die Allgemeine Relativitätstheorie ist nicht das letzte Wort der fundamentalen physikalischen Weltbeschreibung, sondern muss mit der anderen Säule der modernen Physik kombiniert werden, der Quantentheorie. Obwohl beide Theorien exzellent mit experimentellen Daten übereinstimmen, widersprechen sie sich nämlich, sind also auf eine prinzipielle Weise miteinander unvereinbar. Das markiert eine schwere Krisensituation der Theoretischen Physik. Sie lässt sich nur deshalb oft ignorieren, weil für die allermeisten Beschreibungen nur entweder die eine oder die andere Theorie benötigt wird. Wenn es aber um die Erklärung des Urknalls geht oder um das Innere der ominösen Schwarzen Löcher, um die Vereinheitlichung der Naturkräfte sowie Energie und Materie oder um so exotische Themen wie Wurmlöcher, Zeitreisen und Paralleluniversen, dann sind beide Theorien gleichermaßen nötig und ihre Verknüpfung wird unerlässlich. Das ist keineswegs nur ein akademisches Glasperlenspielchen.

Eine Theorie der Quantengravitation – so der Sammelbegriff für verschiedene Ansätze, die Relativitäts- und Quantentheorie vereinheitlichen – verspricht also, zentrale Rätsel der modernen Physik und Kosmologie knacken zu können. Doch sie ist noch weitgehend ein Desiderat. Immerhin gibt es bereits Näherungslösungen. Die wichtigste ist die Wheeler-DeWitt-Gleichung, die in den 1960er-Jahren von den Physikern John A. Wheeler und Bryce DeWitt formuliert wurde. Sie beschreibt hypothetisch das ganze Universum einschließlich seiner Geometrie. In der einfachsten, abgekürzten Form lautet sie (beziehungsweise ihre Zwangsbedingung): $H\psi = 0$. (Dabei steht H für den sogenannten

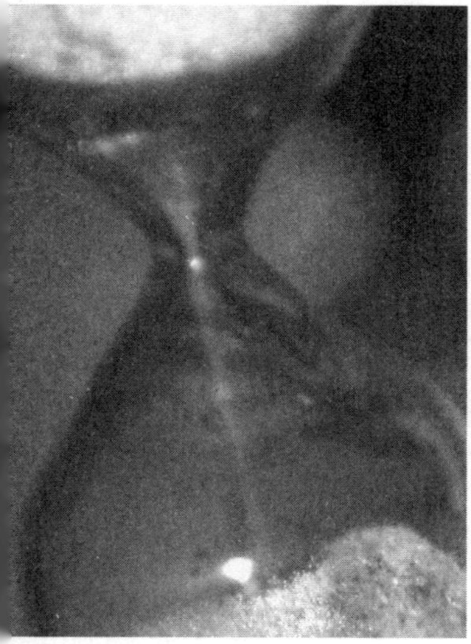

Sand der Zeit: Das Leben rinnt dahin, und die Zeit selbst löst sich auf – in der Physik zunehmend auch die Vorstellung von ihr als eigenständige Entität. Doch ob hartnäckige Illusion oder Strom ohne Wiederkehr: Im Alltag sind wir vorübergehend gleichermaßen Herr und Knecht unserer Zeit. Die Sanduhr symbolisiert diese Ambivalenz eindrucksvoll, denn einerseits läuft sie unerbittlich ab, andererseits kann man sie wieder umdrehen.

Hamilton-Operator und ψ für die Wellenfunktion des Univer-ums.) Erstaunlicherweise enthält die Gleichung keinen Zeitparameter. Das wird als wichtiger Hinweis darauf gedeutet, dass die Zeit nicht fundamental, sondern emergent ist, also abgeleitet und nachgeordnet. (Beispielsweise könnte sie von der Ausdehnung des Weltraums konstituiert werden sowie von der sogenannten Dekohärenz der Quantenprozesse, durch die erst die klassischen Eigenschaften der uns vertrauten Welt entstehen – aber das ist ein weites Feld.)

Hinzu kommt, dass es eine kleinste Längen- und Zeitskala zu geben scheint, die schon 1899 von Max Planck beschriebene Planck-Skala. Unterhalb von ihr müsste die kontinuierliche Raumzeit-Struktur aufgrund von Quanteneffekten zusammenbrechen. Die Skala ist winzig – sie liegt bei 10^{-43} Sekunden und 10^{-33} Zentimetern –, aber sie könnte bedeuten, dass die Raumzeit hier diskret wird, also gequantelt. Die Planck-Skala legt somit

Exkurs

Eine Ordnung der Zeiten

Ein Grund für die verwirrende Komplexität der Zeit-Thematik ist, dass es keinen einheitlichen Zeit-Begriff gibt, und dass die verschiedenen Begriffe auch noch in unterschiedlichen Relationen zueinander stehen. Es wäre daher naiv, auf eine universelle Theorie der Zeit zu hoffen. Insofern ist »Zeit« – genauer: unsere Vorstellung von der Zeit – immer relativ zu bestimmten Systemen und Erklärungsabsichten. Trotzdem sind diese verschiedenen Begriffe nicht völlig willkürlich und beliebig. Es gibt sogar eine hierarchische Ordnung zwischen ihnen (siehe Tabelle). Die zeigt sich daran, dass die jeweiligen Theorien – beziehungsweise die Zeit-Konzepte in den unterschiedlichen Theorien – wie russische Puppen ineinander geschachtelt sind, wobei die Theorien umso fundamentaler werden, je weiter »innen« sie stecken (also je weiter unten sie in der Tabelle stehen). Und umgekehrt sind die Phänomene umso komplexer, je weiter »außen« sich die Theorien befinden, die sie beschreiben. Hierarchisch sind diese Eigenschaften also, weil komplexeren Systemen auch die Zeit-Eigenschaften der einfacheren, aber allgemeineren Systeme zugeschrieben werden können. So umfasst der alltägliche Zeit-Begriff, der auf den menschlichen Gehirnen basiert (aber auch auf den sozialen Beziehungen und kulturellen Faktoren insgesamt), ebenfalls Merkmale wie die Gerichtetheit und Eindeutigkeit der Zeit, wie sie in der Thermodynamik oder Mechanik vorkommen. Denn die Gesetzmäßigkeiten der Thermodynamik und Mechanik gelten auch für biologische Systeme, aber nicht umgekehrt. Allerdings verschwinden bestimmte Merkmale auf fundamentaleren Beschreibungsebenen. Das Konzept der Zeit in der Klassischen Mechanik wird in der Speziellen und Allgemeinen Relativitätstheorie überwunden (ist allenfalls ein approximativer Spezialfall). Und es gibt gute Gründe anzunehmen, dass eine Theorie der Quantengravita

nahe, dass es Raumzeit-»Atome« geben könnte – vielleicht auch Zeit-»Quanten«, zuweilen Chrononen genannt. Das spricht für einen körnigen Unterbau der Welt. Auf der allerkleinsten Skala tion, die sowohl die Welt des Allerkleinsten als auch die des Allergrößten einheitlich beschreiben beziehungsweise Quantenphysik und Allgemeine Relativitätstheorie auf eine gemeinsame Basis stellen soll, gar keinen Zeit-Parameter mehr enthält – eine äußerst radikale Vorstellung.

Zeit-Begriff	**Eigenschaft**	**Wissenschaft**
alltägliche und soziale Zeit	von Sprache, Gedächtnis, Gemeinschaften und Kulturen	Linguistik, Neurowissenschaft, Soziologie, Geschichte
präsentische Zeit	Gegenwart	Biologie
thermodynamische Zeit	Richtung, Irreversibilität	Thermodynamik
newton'sche Zeit	Eindeutigkeit	Klassische Mechanik
relativistische Zeit	Bezugssystem-abhängigkeit	Spezielle Relativitätstheorie
kosmische Zeit	räumliche Globalität	Kosmologie
Eigenzeit	zeitliche Globalität	Relativitätstheorie: Weltlinien
Uhren-Zeit	Metrik	Relativitätstheorie: Uhren
Parameterzeit	Eindimensionalität	Relativitätstheorie: Koordinaten
Zeitlosigkeit	keine	Quantengravitation

Hierarchische Zeit: Es existiert kein einheitlicher Zeit-Begriff, sondern unterschiedliche Konzepte, die immer allgemeiner und »inhaltsärmer« werden und vielleicht wie russische Puppen ineinander geschachtelt werden können. Mehr dazu im Text. Die Tabelle ist nicht vollständig und darf auch nicht zu genau genommen werden, weil sowohl die Merkmale als auch die Beziehungen untereinander nicht so scharf umrissen und klar sind, wie es hier vielleicht den Anschein hat.

sind Raum und Zeit also nicht glatt, wie die Klassische Physik von Newton bis Einstein lehrte, sondern quantisiert – ähnlich wie ein Foto, das aus der Ferne glatt und ebenmäßig erscheint, von Nahem betrachtet jedoch aus Pixeln besteht oder separat gedruckten Bildpunkten.

Auf der Planck-Skala werden Raum und Zeit gewissermaßen schaumartig wabernd und ununterscheidbar, Wheeler sprach von »Prägeometrie« und »Quantenschaum«. Das passt auch zu der 1927 von Werner Heisenberg entdeckten Unschärferelation: Ihr zufolge sind Energie und Zeit nicht jeweils beliebig genau bestimmbar und bestimmt; dasselbe gilt für Ort und Impuls (Masse mal Geschwindigkeit).

Was die Planck-Skala bedeutet, ist allerdings nicht völlig klar. Fest steht nur, dass hier eine Theorie der Quantengravitation unerlässlich wird. Es scheint zudem, dass Raum und Zeit gar nicht grundlegend, sondern aus fundamentaleren Entitäten zusammengesetzt sind (Spin-Netzwerke oder Strings und Branen oder andere ein- oder zweidimensionale Gebilde). Die Herausforderungen für die Theoretischen Physiker sind enorm und die Konsequenzen noch nicht absehbar. Wahrscheinlich wird selbst die »gute alte Zeit« dabei nicht unbeschadet herauskommen. Sie könnte sich im Rauschen auf den kleinsten Skalen der Natur völlig auflösen, wo es keine eindeutigen, regelmäßigen Oszillationen und also auch keine »Uhren« mehr gibt. Die verstörenden Konsequenzen der Relativitätstheorie, welche die Zeit auf eine »vierte Dimension« reduziert und mit dem Raum zu einer Einheit verschmolzen hat, lassen sich in einer Quantentheorie der Gravitation allerdings nicht rückgängig machen, sondern werden sich vielmehr fortsetzen. Die Relativitätstheorie zeigte, dass es keine Hintergrund-Raumzeit gibt – also keine Bühne, auf der sich die Dinge autonom bewegen. Es existiert daher auch keine Zeit, entlang der alles fließt. Das dürfte erst recht für eine Quantengravitationstheorie gelten. Dann müsste die Welt auf ihrer fundamentalen Ebene aber ohne einen Begriff der Zeit beschrieben werden. Auch wenn die gegenwärtigen Ansätze zu einer Theorie der

Quantengravitation noch weitgehend spekulativ sind, machen sie doch deutlich, wie richtig und fast schon prophetisch die Überlegungen des 2008 verstorbenen John Archibald Wheeler zu einer Prägeometrie waren. Die Raumzeit hätte demnach selbst nur eine schattenhafte, gespenstische Existenz. Alles wäre aus kaum vorstellbaren, winzigen, abstrakten und sonderbaren Strukturen zusammengewürfelt oder -gesponnen.

Abhay Ashtekar, der die Schleifen-Quantengravitation maßgeblich mitentwickelt hat, welche die Welt samt Raumzeit aus eindimensionalen Strukturen zusammengebaut beschreibt – den Spin-Netzwerken –, zitiert in diesem Zusammenhang gern Vladimir Nabokov: »Der Raum ist ein Schwärmen in den Augen, die Zeit ein Singen in den Ohren.« Ashtekars Kollege Carlo Rovelli hält die Zeit ebenfalls für ein Truggebilde: »Auch wenn ich es nicht beweisen kann, bin ich überzeugt, dass Zeit nicht existiert. Ich glaube, dass es eine Möglichkeit gibt, das Funktionieren der Natur zu beschreiben, ohne die Begriffe Zeit und Raum zu benutzen. ›Raum‹ und ›Zeit‹ werden nur innerhalb gewisser Näherungen sinnvoll bleiben – so wie der Begriff ›Wasseroberfläche‹ seine Bedeutung verliert, wenn wir auf die Atome des Wassers im Detail schauen: Sieht man genau genug hin, gibt es so etwas wie eine Wasseroberfläche nicht. Ganz ähnlich verhält es sich mit Zeit und Raum: Es sind nur makroskopische Näherungen – Illusionen, die unser Bewusstsein geschaffen hat, um die Realität zu verstehen.«

Licht auf krummen Touren

Dass die Relativitätstheorie nicht nur Erkenntnisgrenzen überwand, sondern auch die Grenzen der Länder mit ihrer kleinkarierten, aber umso gefährlicheren Politik, wurde in der Zeit nach dem Ersten Weltkrieg deutlich: Im nationalistischen Deutschland erfolgte der Sturz der Gravitationstheorie Isaac Newtons. Doch es war ein Engländer, Arthur Stanley Eddington von der Cambridge University, der die Botschaft aus Berlin weltweit bekannt machte und zu ihrer ersten triumphalen Bestätigung verhalf – und zwar, weil er als Pazifist vom Kriegsdienst verschont blieb.

Bereits 1911 hatte Einstein berechnet, dass Lichtstrahlen ferner Sterne, die am Sonnenrand vorbeiziehen, durch die Gravitation der Sonne verbogen werden. Er sagte einen Ablenkwinkel von 0,875 Bogensekunden voraus. (Bemerkenswerterweise und ohne Einsteins Wissen war fast derselbe Wert bereits früher im Rahmen von Isaac Newtons Gravitationstheorie für Lichtteilchen berechnet worden: um 1784 von Henry Cavendish und 1801 von Johann Georg von Soldner, publiziert 1804.) 1913 konsultierte Einstein den Astronomen George Ellery Hale, der ihm aber keine Hoffnungen machte, dass Teleskopaufnahmen sonnennahe Sterne am Taghimmel genau genug abbilden können. Der Berliner Astronom Erwin Freundlich – ein glühender Anhänger der Relativitätstheorie und in regem Briefwechsel mit Einstein – beschloss daher zu versuchen, die Lichtablenkung während der totalen Sonnenfinsternis vom 21. August 1914 zu messen, und reiste mit einer Expedition auf die Krim. Im gerade ausgebrochenen Ersten Weltkrieg wurde das Team jedoch gefangen genommen und die Ausrüstung konfisziert. Eine britische Gruppe unter Leitung von William Wallace Campbell kam zwar ungeschoren davon, konnte wegen einer dichten Wolkendecke südlich von Kiew aber keine Aufnahmen machen. Das alles war insofern sogar ein Glück für Einstein, weil er erst ein gutes Jahr später mit der Vollendung der Allgemeinen Relativitätstheorie erkannte, dass er die Krümmung der Raumzeit nicht berücksichtigt hatte und der Ablenkwinkel doppelt so groß sein muss wie zuvor berechnet. Dies war auch etwas einfacher zu messen. Aber die Turbulenzen der Erdatmosphäre blieben ein großer Störfaktor.

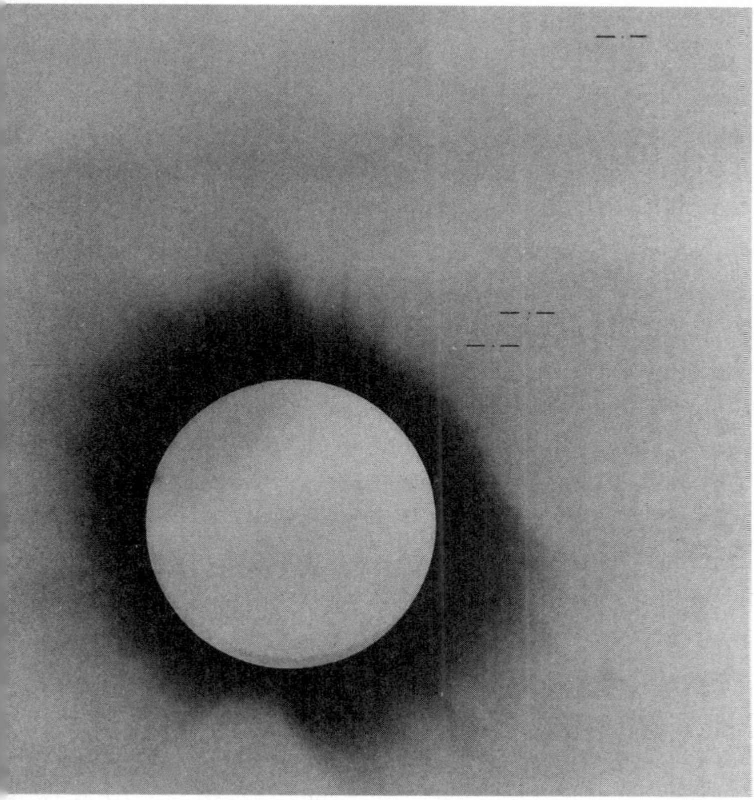

Venn der Tag zur Nacht wird: Die totale Sonnenfinsternis vom 29. Mai 1919, ıufgenommen in Sobral, Brasilien. Anhand dieses Fotos und neun weiterer ieß sich erstmals die Lichtablenkung einiger Sterne am Himmel (hier drei contrastverstärkt zwischen den Strichen) im solaren Gravitationsfeld messen - im Einklang mit der Voraussage der Allgemeinen Relativitätstheorie.

Eddington kannte Einsteins neue Voraussage der Lichtablenkung (über Willem de Sitter) und beschloss 1917, sie zu überprüfen. Eine totale Sonnenfinsternis am 29. Mai 1919 bot dazu Gelegenheit. Von der Insel Principe vor der Küste von Spanisch-Guinea fotografierte Eddington den Himmel und bestimmte die Position der sonnennahen Sterne. Außerdem geschah das bei einer paral-lelen Expedition unter der Leitung von Andrew Crommelin vom Greenwich Observatory in Sobral, im Norden Brasiliens. Edding-ton hatte zunächst Pech mit dem Wetter – und Crommelin mit einem der Teleskope, das sich erwärmte und unscharfe Bilder lieferte. Trotzdem gelangen den Astronomen insgesamt zwei be-ziehungsweise acht brauchbare Fotos mit fünf beziehungsweise sieben Sternen nahe der vom Mond abgedeckten Sonnenscheibe.

Ergebnis: Die gemessene Lichtablenkung von 1,60 plus/minus 0,30 beziehungsweise 1,98 plus/minus 0,12 Bogensekunden rela-tiv zu Vergleichsaufnahmen einige Monate zuvor war in Einklang mit Einsteins Voraussage – und signifikant größer, als es New-tons Gravitationstheorie forderte. Dies gab Crommelin am 6. November 1919 auf einer Sitzung der Royal Astronomical Society bekannt. Vorläufige Resultate kursierten nach einem Vortrag Ed-dingtons Anfang September bei einer astronomischen Tagung in Bournemouth schon einige Wochen vorher. »Dieses Resultat ist eine der größten Errungenschaften des menschlichen Denkens«, kommentierte der Sitzungsvorsitzende der Royal Astronomical Society Joseph John Thomson, der für die Entdeckung des Elek-trons 1906 den Physik-Nobelpreis erhalten hatte.

Als die Londoner *Times* am nächsten Tag unter dem Titel *Re-volution in Science* ausführlich darüber berichtete, wurde Einstein quasi über Nacht zum Star. Und das auch jenseits des Atlantiks, als die *New York Times* am 10. November verkündete: »Lichter am Himmel alle schief.« In Deutschland dauerte es länger. Aber am 14. Dezember veröffentlichte die *Berliner Illustrierte Zeitung* ein großes Porträtfoto Einsteins auf der Titelseite, proklamierte »Eine neue Größe der Weltgeschichte« und stellte ihn mit Koper-nikus, Kepler und Newton in eine Reihe. Einsteins Bekanntheit war bald so groß, dass er die eingehende Post nicht mehr be-wältigen konnte und noch ein Jahr später an Marcel Grossmann

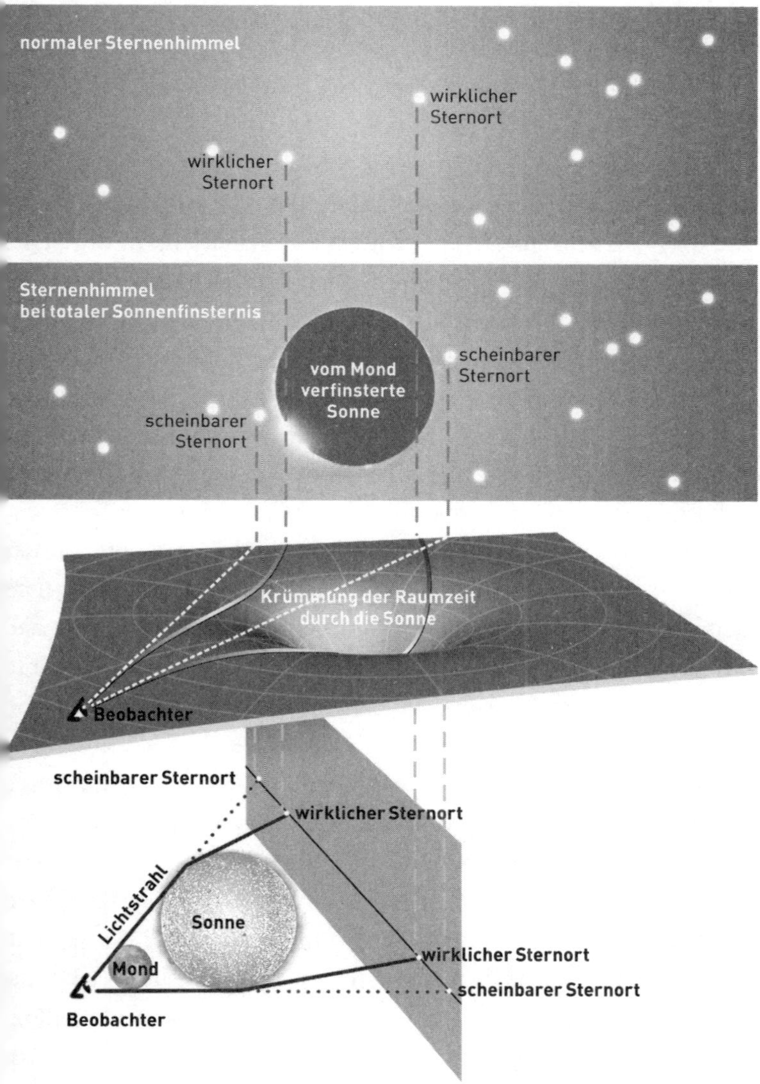

Auf der schiefen Bahn: Albert Einstein hat entdeckt, dass Masse die Raumzeit krümmt. Dadurch kann sich Licht nicht »geradlinig« ausbreiten, sondern muss der Gravitationsgeometrie folgen. Dieser Effekt wurde erstmals 1919 bei einer Sonnenfinsternis beobachtet: Sterne nahe am Sonnenrand erschienen geringfügig am Himmel »versetzt«. In der Grafik ist der Raum als zweidimensionales »Gummituch« veranschaulicht und seine Krümmung durch die Masse der Sonne als »Delle« darin.

schrieb: »Gegenwärtig debattiert jeder Kutscher und jeder Kellner, ob die Relativitätstheorie richtig sei.«

Zwar waren die Messfehler noch groß (spätere Wiederholungsanalysen der Fotoplatten bestätigten die ersten Auswertungen übrigens sehr gut). Es hätte nicht viel gefehlt, dann wäre Einsteins Voraussage durchgefallen. Doch seither haben zahlreiche Messungen die Lichtablenkung im Gravitationsfeld nachgewiesen, wobei weitere Sonnenfinsternis-Fotos bis 1973 die Messgenauigkeit kaum steigerten. Mit exakten Positionsbestimmungen von fernen Radiogalaxien an ganz unterschiedlichen Orten am Himmel haben Astronomen beispielsweise 1991 die Lichtablenkung mit einer Präzision von 0,2 Prozent ermittelt, mithilfe der beiden leuchtkräftigen Quasare 3C273 und 3C279, die immer am 8. Oktober nahe bei der Sonne stehen, auf 0,1 Prozent. Und weltweit zusammengeschaltete Radioteleskope können selbst den nur 0,004 Bogensekunden betragenden Ablenkwinkel 90 Grad von der Sonne entfernt messen und haben anhand von über 500 Radioquellen die Allgemeine Relativitätstheorie 2004 auf 0,00: Prozent genau verifiziert. Auch Astrometrie-Satelliten, die Sternorte präzise bestimmen, sind nützlich. 1997 ergab die Auswertung der Daten des europäischen Satelliten Hipparcos eine Bestätigung auf 0,3 Prozent. Der 2013 gestartete Nachfolger Gaia wird dies bald noch um das Hundertfache verbessern, weil er eine Milliarde Sternpositionen auf teils nur fünf Millibogensekunden genau lokalisieren kann, sagt der an der Mission beteiligte Sergei Klioner von der Technischen Universität Dresden. Auch die Lichtablenkung durch Jupiter wird Gaia messen, wobei die Abplattung des Gasplaneten berücksichtigt werden muss; gravitomagnetische Effekte aufgrund der Bewegung Jupiters um die Sonne sollten ebenfalls nachweisbar sein (und vielleicht sogar indirekt sehr langwellige Gravitationswellen mithilfe der Position von Quasaren). Die Gaia-Datenauswertung ist also auf die Re

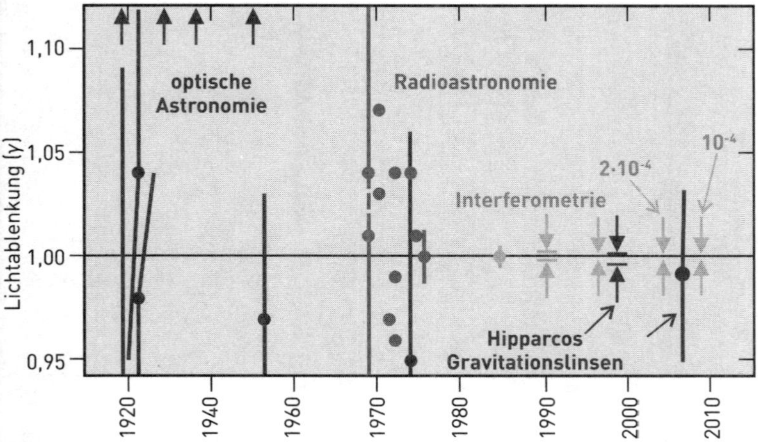

Die gravitative Lichtablenkung im Test: Gravitation krümmt die Raumzeit, und Licht folgt dieser Geometrie auf Geodäten, was zu einer Abweichung von Geraden führt. Das wird durch den Wert γ ausgedrückt, der vom Ablenkwinkel, dem Abstand und der Masse der Gravitationsquelle abhängt; die Zahlen an der y-Achse haben die dimensionslose Einheit (1 + γ)/2. Für die Allgemeine Relativitätstheorie gilt γ = 1. Die astronomischen Daten bestätigten sie bereits mit einer Genauigkeit von bis zu 0,001 Prozent – eine gewaltige Verbesserung seit den ersten Messungen bei der Sonnenfinsternis 1919.

lativitätstheorie angewiesen, umgekehrt dient sie auch zu deren Überprüfung.

Die Krümmung der Raumzeit kann sogar bewirken, dass das Licht nicht nur auf die schiefe Bahn gerät, sondern regelrecht aufgespalten und im Extremfall – in der Umgebung Schwarzer Löcher – um 180 Grad zurückgebogen wird. Die Aufspaltung erzeugt Geisterbilder am Himmel. Denn bei einem solchen Gravitationslinseneffekt beeinflusst eine Galaxie im Vordergrund die Bahn des Lichts einer fernen Urgalaxie dahinter so, dass diese nicht nur oft heller erscheint, sondern mitunter auch doppelt, vierfach (Einstein-Kreuz) oder, noch häufiger zu sehen, bogenartig verzerrt. Seit 1979 wurden Hunderte solcher Geisterbilder

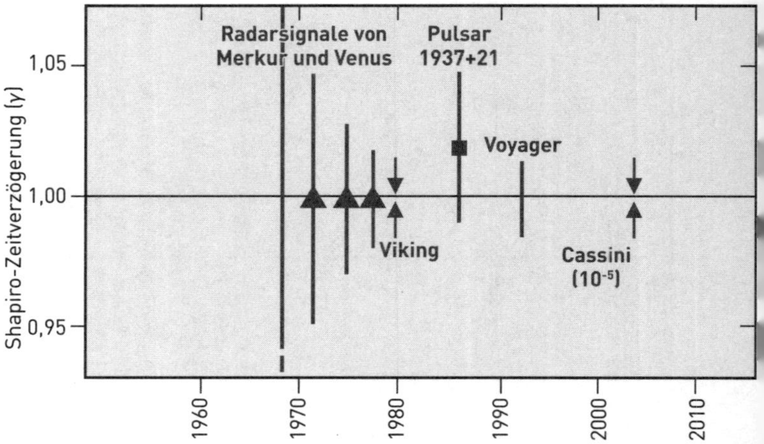

Die Shapiro-Zeitverzögerung im Test: Sie ist eine Folge der gekrümmten Raumzeit genau wie die Lichtablenkung und wird mit demselben Wert γ ausgedrückt – beziehungsweise hier an der y-Achse wieder (1 + γ)/2. Der 1964 von Irwin Shapiro beschriebene Effekt beruht auf einem verlängerten Weg und somit einer erhöhten Signallaufzeit von Funksignalen, die von einer Raumsonde nahe am Rand einer Schwerkraftquelle (der Sonne) vorbei zur Erde gesendet werden. Auch mit Radarechos von Planeten und anhand der Radiostrahlung von Pulsaren wurde der Effekt gemessen.

fotografiert. Astronomen können damit sogar Distanzen bestimmen. Stehen Vorder- und Hintergrundgalaxie vom Beobachter aus betrachtet exakt hintereinander, wird das Licht der Hintergrundgalaxie zu einem sogenannten Einstein-Ring aufgefächert. Gleich einer kosmischen Fata Morgana umgibt er die Vordergrundgalaxie, die wie eine Streulinse wirkt.

Arthur Eddington hat den Gravitationslinseneffekt 1920 beschrieben. Doch Einstein hatte ihn schon 1912 erkannt. Das wurde erst 1997 klar, als die Wissenschaftshistoriker Jürgen Renn, Tilman Sauer und John Stachel sein damaliges Notizbuch analysierten. Einsteins frühe Einsicht zeigt die Bedeutung qualitativen Denkens für die Entwicklung wissenschaftlicher Theorien:

Auslotung des solaren Schwerefelds: Die besten Daten zur Shapiro-Zeitverzögerung stammen bislang von der Raumsonde Cassini aus dem Jahr 2002 und 2003. Damals war sie auf dem Weg zum Saturn und hielt auf zwei Frequenzbändern mit der Erde Funkkontakt; im Minimum passierten die Signale den Sonnenrand in nur 1,6 Sonnenradien Abstand.

Einstein konnte das einfache Modell bereits aufstellen und seine Schlüsse ziehen, bevor er die Allgemeine Relativitätstheorie vollständig formuliert hatte. »Wichtiger als die mathematische Ausarbeitung war sein Vorgehen, ganz verschiedene Gebiete der Physik in einen gedanklichen Zusammenhang zu bringen, in diesem Fall Gravitationstheorie und geometrische Optik«, schrieben die Forscher. Über die prinzipiell mögliche Existenz der Ringe veröffentlichte Einstein auf Drängen des Elektroingenieurs Rudi W. Mandl 1936 einen Artikel; er glaubte aber nicht, dass sie jemals beobachtet werden könnten.

Weitere Tests haben die Voraussagen der Allgemeinen Relativitätstheorie mit einer Präzision von weniger als einem Prozent Abweichung bestätigt. Dazu zählen:

Exkurs

Im Bann der solaren Gravitationsmulde

Die Krümmung der Raumzeit lässt sich durch die Ablenkung von elektromagnetischen Strahlen im Gravitationsfeld messen, beispielsweise von Sternen oder Radiogalaxien, die sich nahe beim Sonnenrand befinden. Der Ablenkwinkel beträgt $\theta = (1 + \gamma)/2 \cdot (4GM_S/c^2d) \cdot (1 + \cos\Phi)/2$. Dabei ist d die Entfernung, mit der die Strahlung an der Sonne vorbeizielt, M_S die Masse der Sonne, G die Gravitationskonstante, c die Lichtgeschwindigkeit und Φ der Winkel zwischen der Richtung des auf die Erde treffenden Photons und der Sichtlinie Erde–Sonne. Für einen Lichtstrahl, der direkt am Sonnenrand entlang läuft, vereinfacht sich die Formel zu $\theta = (1 + \gamma)/2 \cdot 1{,}7505$ Bogensekunden, weil d dem Sonnenradius entspricht und $\Phi \approx 0$. Für die Allgemeine Relativitätstheorie gilt $\gamma = 1$; konkurrierende Gravitationstheorien können einen anderen γ-Wert haben. (Der Parameter hat übrigens nichts mit dem γ-Faktor der Speziellen Relativitätstheorie zu tun.) Radioastronomische Messungen mithilfe von Quasaren ergaben $\gamma = 1$ bereits auf 0,1 Prozent genau. – Passiert der Lichtstrahl den Sonnenrand in ein beziehungsweise zwei Sonnenradien Entfernung, verringert sich der Ablenkwinkel auf 0,9 beziehungsweise 0,6 Bogensekunden. (Das ist winzig: Eine Bogensekunde entspricht 0,026 Millimeter auf einer fotografischen Glasplatte bei einem Teleskop, wie Eddington es benutzte; steht die Lichtquelle 45 Grad über dem Horizont, kann die Luftunruhe schon zwei Bogensekunden an Unschärfe ausmachen, hinzu kommen Temperatur- und Druckdifferenzen.)

Wie erst 1964 der Radioastronom Irwin I. Shapiro erkannte, gibt es einen komplementären Effekt, wenn elektromagnetische Strahlung zwischen der Erde und einem Ziel hinter der Sonne ausgetauscht wird, knapp am Sonnenrand vorbei. Zum Beispiel Radarechos von Merkur oder Ve-

› Messungen der Periheldrehung von Merkur. Sie sind bereits auf 0,01 Prozent genau. Und die Helioseismologie zeigt, dass die Sonnenschwingungen auf dieser Größenordnung nicht stören.

nus sowie der Funkverkehr zwischen Erde und fernen Raumsonden. Weil diese Radiowellen ebenfalls der Krümmung des solaren Gravitationsfelds folgen, sind sie etwas länger unterwegs als in der flachen Raumzeit. Diese Shapiro-Zeitverzögerung beträgt $t \approx (1 + \gamma)/2 \cdot GM_S/c^2 \cdot (240 - 20 \ln(d^2/r))$ Millisekunden für sonnennahe Passagen. Dabei gibt d die Distanz der Strahlen vom Sonnenrand in Sonnenradien an, r die Entfernung zur Strahlenquelle (Planet oder Raumsonde) in Astronomischen Einheiten (Entfernung Sonne–Erde = 1) und ln steht für den natürlichen Logarithmus. Mithilfe der Raumsonde Cassini auf dem Weg zum Saturn konnte die Shapiro-Zeitverzögerung die Allgemeine Relativitätstheorie ($\gamma = 1$) auf 0,01 Prozent präzise bestätigen. Noch eine Größenordnung besser ginge es mithilfe von Laserstrahlen zum Mars, wenn dort ein Spiegel aufgestellt würde, der sie zur Erde reflektieren kann.

Nicht nur Strahlen loten die Geometrie der gekrümmten Raumzeit aus, auch massereiche Körper tun dies. Planeten, die ihren Stern umrunden, erfahren in dessen »Gravitationsmulde« eine Präzession ihrer Ellipsenbahn um den Winkel $\varphi = 6\pi GM/c^2a(1 - e^2) \approx 3\pi r_S/a(1 - e^2)$. Dabei ist M die Gesamtmasse beider Körper, a die große Halbachse der elliptischen Bahn und e deren Exzentrizität; bei einem großen Massenunterschied genügt es, den Schwarzschild-Radius $r_S = 2GM/c^2$ des massereicheren Körpers zu berücksichtigen (2,96 Kilometer für die Sonne). Für den Merkur ergibt sich daraus eine Periheldrehung von 43 Bogensekunden pro Jahrhundert (zusätzlich zu anderen Effekten). Dies berechnen zu können, war Einsteins erster Triumph mit der Allgemeinen Relativitätstheorie, denn diese Verschiebung des sonnennächsten Bahnpunkts war zuvor schon recht genau gemessen worden (die Angaben schwankten zwischen 41 und 45 Bogensekunden pro Jahrhundert).

Messungen des Äquivalenzprinzips für massereiche Körper mithilfe des Lunar Laser Ranging. Sie sind auf bis zu 1 zu 10^{12} genau. Jährlich vergrößert sich der mittlere Abstand von Erde und

Mond um etwa 3,8 Zentimeter. Dies und weitere Bahnparameter des Systems Erde–Mond lassen sich inzwischen mithilfe von Laserstrahlen messen, die von der Erde auf ihren Trabanten geschickt und von dort zurückgespiegelt werden. Die Astronauten der Apollo-Missionen 11, 14 und 15 haben nämlich drei Reflektoren auf dem Mond stationiert; zwei weitere befinden sich auf den 1970 und 1973 gelandeten automatischen Lunochod-Fahrzeugen. Zwar können pro Laserpuls nur wenige reflektierte Photonen wieder auf der Erde empfangen und identifiziert werden (wegen der Auffächerung und atmosphärischen Absorption bloß eines von 10^{21}, wobei der Strahl auf dem Mond einen zwei Meter großen Fleck abdeckt und das Lichtecho auf der Erde einen 20 Kilometer großen Bereich). Doch das reicht aus. Dank immer besserer Laser, Teleskope und Detektoren konnte die Präzision beträchtlich gesteigert werden: von etwa 20 Zentimetern Distanz-Genauigkeit 1969 auf jetzt etwa einen Millimeter binnen zehn Minuten. »Es ist das einzige noch laufende Experiment der Apollo-Ära. Und es ist erstaunlich, dass es 40 Jahre gedauert hat, bis die Bodenstationen die Begrenzung durch die Reflektoren erreicht haben, obwohl deren Qualität inzwischen lediglich zehn Prozent des ursprünglichen Reflexionsvermögens beträgt«, sagt Stephen M. Merkowitz vom NASA Goddard Space Flight Center in Greenbelt, Maryland. Mittlerweile sind 40 Erdstationen am Lunar Laser Ranging beteiligt, Pionier war das McDonald Laser Ranging System in Texas; inzwischen ist das 3,5-Meter-Teleskop des Apache Point Observatory in der Präzision führend. Mit weiteren und größeren Reflektoren auf dem Mond würde sich die Genauigkeit noch einmal um knapp das Zehnfache erhöhen lassen. In die Modellrechnungen gehen etwa 170 verschiedene Parameter ein (zum Beispiel die Massen von Planeten im Sonnensystem und die irdischen Kontinentalverschiebungen). Ohne die Relativitätstheorie wären die Messdaten nicht erklärbar.

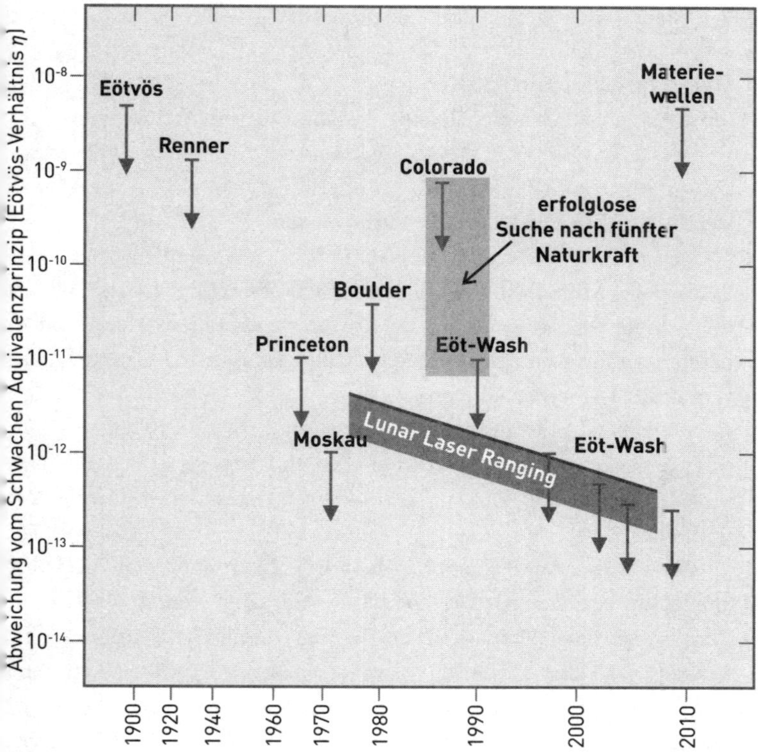

Das Schwache Äquivalenzprinzip im Test: Es besagt, dass Körper unabhängig von der Art ihrer Zusammensetzung und inneren Struktur gleich schnell fallen. Gemessen wird der Unterschied η der Fallbeschleunigung a_1 und a_2 zweier Testmassen: $\eta = (a_1 - a_2)/(a_1 + a_2)/2$. Bis zu einer Genauigkeit von 1 zu 10^{13} wurden keine Abweichungen gefunden. Führend ist die »Eöt-Wash«-Gruppe um Eric Adelberger an der University of Washington in Seattle, deren Name den Pionier Loránd Eötvös ehrt.

Messungen der Konstanz von Newtons Gravitationskonstante mithilfe von Raumsonden zum Mars ergaben, dass sie sich seit dem Urknall vor 13,7 Milliarden Jahren um höchstens ein Prozent geändert haben kann. Das schränkt den Spielraum alternativer

Exkurs

Drei Äquivalenzprinzipien

Einsteins »glücklichster Gedanke«, die Äquivalenz der schweren und trägen Masse, hat sich nicht nur als Wegzeiger zur Allgemeinen Relativitätstheorie erwiesen, sondern auch als unerwartet kompliziert. Inzwischen werden nämlich drei Varianten unterschieden:

› **Das Schwache Äquivalenzprinzip** bezeichnet die Universalität des freien Falls. Körper fallen in einem Gravitationsfeld gleich schnell und unabhängig von ihrer Masse, der Art ihrer Zusammensetzung und inneren Struktur, wenn elektromagnetische Einflüsse und Gezeiteneffekte vernachlässigt werden können.

› **Einsteins Äquivalenzprinzip** besagt zusätzlich noch, dass die Messungen weder von der Geschwindigkeit des Bezugssystems abhängen (Lokale Lorentz-Invarianz) noch von dessen Ort und Zeit (Lokale Positions-Invarianz).

› **Das Starke Äquivalenzprinzip** berücksichtigt außerdem die Selbstgravitation beziehungsweise -energie U (also der innere gravitative Zusammenhalt eines Körpers neben den Kern- und elektromagnetischen Kräften). Das lässt sich mithilfe zweier massereicher Objekte wie Erde und Mond testen, hat Kenneth Nordtvedt von der Montana State University in Bozeman 1968 erkannt. Dabei wird das Verhältnis von schwerer

Schwerkrafttheorien mit einer variierenden Gravitationskonstante beträchtlich ein.

› Messungen der mitrotierenden Bezugssysteme um die Erde. Dieser 1918 von Josef Lense und Hans Thirring von der Universität Wien beschriebene Effekt ist äußerst schwierig nachzuweisen. Es gelang mithilfe der Gyroskope an Bord des eigens dafür gebauten Satelliten Gravity Probe B unter der Leitung von Francis Everitt, Stanford University. Unabhängig davon glückte es auch Ignazio Ciufolini, Universität Rom, und seinen Kollegen mit Laserstrah und träger Masse M_G und M_I beider Körper verglichen: $M_G/M_I = 1 + \eta U/Mc^2$, wobei Mc^2 die gesamte Massenenergie des Körpers bezeichnet und η eine dimensionslose Zahl (das sogenannte Eötvös-Verhältnis). Für $\eta = 0$ sind das Starke Äquivalenzprinzip und somit die Allgemeine Relativitätstheorie gültig. Die (per definitionem negative) Selbstenergie der Erde beträgt $(U/Mc^2) = -4{,}64 \cdot 10^{-10}$, die des Mondes $-1{,}90 \cdot 10^{-11}$. Ist $\eta \neq 0$, dann fallen Erde und Mond unterschiedlich schnell um die Sonne, was mit Laserstrahlen gemessen werden könnte – aber auf bislang 0,04 Prozent genau nicht wurde.

Leonard Schiff von der Stanford University hatte um 1960 vermutet, dass aus dem Schwachen Äquivalenzprinzip das von Einstein folgt, doch ist dies unbewiesen (und in einigen Sonderfällen widerlegt). Klar ist, dass eine Verletzung des Schwachen Äquivalenzprinzips die Ungültigkeit der beiden anderen impliziert. Das Starke enthält das Schwache Äquivalenzprinzip sowie als Spezialfall auch Einsteins Äquivalenzprinzip, wenn lokale Gravitationskräfte ignoriert werden können. Fast jede andere metrische Gravitationstheorie außer der Allgemeinen Relativitätstheorie postuliert zusätzliche Felder neben der Metrik und verletzt daher das Starke Äquivalenzprinzip. Würden Abweichungen von diesem entdeckt, wäre Einsteins Theorie widerlegt.

len zu den beiden 1976 und 1992 gestarteten LAGEOS-Satelliten (Laser Geodynamics Satellite). Alle Messungen des Lense-Thirring-Effekts sind bislang nur auf etwa 20 Prozent genau. Mit dem 2012 gestarteten LARES (Laser Relativity Satellite) könnte in den 2020er-Jahren aber ein Prozent Präzision erreicht werden. Wie LAGEOS ist auch LARES passiv, ein reiner Laser-Reflektor; der rund 36 Zentimeter große und fast 400 Kilogramm schwere Körper aus einer Wolfram-Legierung und 92 Spiegeln ist übrigens das dichteste Objekt im Sonnensystem.

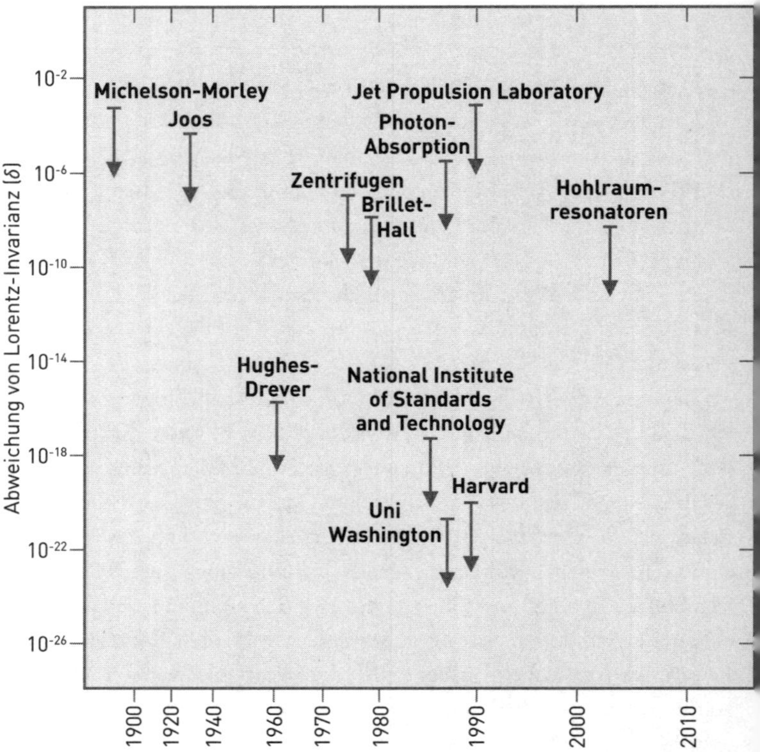

Die Lokale Lorentz-Invarianz im Test: Hier wird nach Abweichungen δ der Lichtgeschwindigkeit c abhängig von Richtung, Ort und Geschwindigkeit der Quelle gesucht: $\delta = 1/c^2 - 1$. Solche Abweichungen würden die Spezielle Relativitätstheorie verletzen und werden von verschiedenen Kandidaten der Quantengravitation sowie einer neuen Physik jenseits des Standardmodells der Elementarteilchen vorausgesagt. Noch gibt es dafür keine Indizien.

› Messungen der Gravitationsrotverschiebung. Dies hatte Einstein schon 1911 angeregt – und gehofft, dass dieser Effekt sich rasch im Sonnenspektrum würde nachweisen lassen. Doch das dauerte aufgrund der störenden Turbulenzen auf der Sonne bis 1962 und gelang selbst in den 1990er-Jahren nicht genauer als auf zwei Prozent. Mit Atomuhren ist die Verlangsamung der Zeit im Schwerefeld – die der Gravitationsrotverschiebung entspricht – hingegen viel einfacher und präziser messbar, besonders bei großen Höhenunterschieden; hier interferiert allerdings die Zeitdilatation

Im Schlepptau der Raumzeit: Rotierende Massen ziehen die Raumzeit um sich herum geringfügig mit. Das bewirkt eine winzige Ablenkung von frei schwingenden Pendeln oder sich drehenden Kugeln. Um den sogenannten Lense-Thirring-Effekt – eine Winkelablenkung von nur 0,04 Bogensekunden im Erdorbit – zu messen, wurde 2004 der 750 Millionen Dollar teure Satellit Gravity Probe B gestartet (nach ersten Entwicklungsarbeiten bereits 1963!). Er wurde auf den Stern IM Pegasi ausgerichtet. Zunächst hatte er die viel stärkere Ablenkung von 6,6 Bogensekunden durch die Raumzeitkrümmung des irdischen Gravitationsfelds auf besser als 0,5 Prozent genau nachgewiesen. Für den Lense-Thirring-Effekt war die Datenanalyse aufgrund unerwarteter Störquellen extrem schwierig. 2011 gelang der Nachweis – allerdings nicht mit einer Präzision von einem Prozent, wie geplant, sondern nur mit 20.

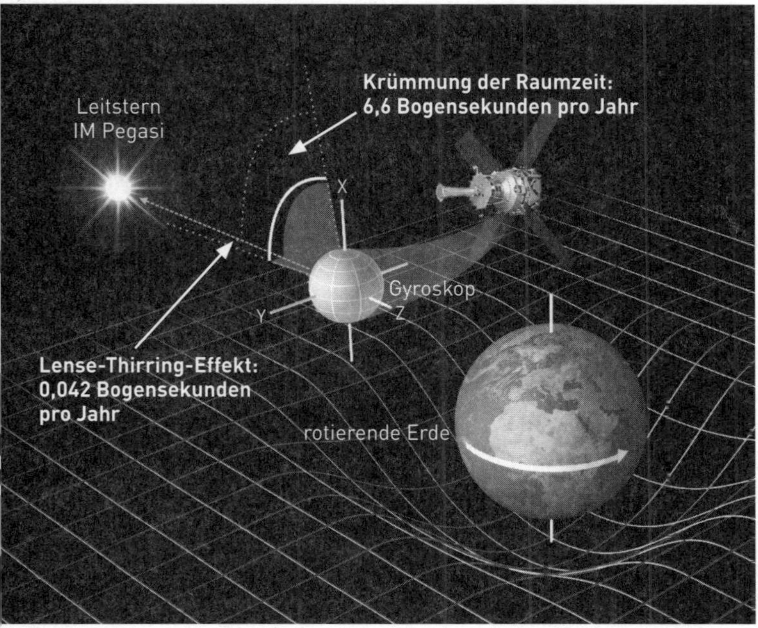

durch schnelle Bewegungen. Im Oktober 1971 flogen Joseph C. Hafele von der Washington University in St. Louis und Richard Keating vom US Naval Observatory mit zwei Cäsium-Atomuhren in entgegengesetzten Richtungen um die Erde (mit mehreren Zwischenstopps) und verglichen anschließend ihre Zeitmessung mit der einer baugleichen, zuvor synchronisierten Uhr in Washington. Die Uhren in den Flugzeugen waren um 59 plus/minus 10 beziehungsweise 273 plus/minus 7 Nanosekunden schneller gelaufen als ihr Pendant im Labor – im Einklang mit der Voraussage der Relativitätstheorie (Genauigkeit von fünf bis zehn Prozent). 1976 verbesserte der Satellit Gravity Probe A, der mit einer Atomuhr in eine bis zu 10.000 Kilometer hohe Erdumlaufbahn geschossen wurde, die Präzision beträchtlich. Bob Vessot und Martin Levine vom Smithsonian Astrophysical Observatory gaben nach vierjähriger Datenauswertung eine Übereinstimmung mit der Allgemeinen Relativitätstheorie bei einer Unsicherheit von nur 0,007 Prozent bekannt. Das ACES-Experiment (Atomic Clock Ensemble in Space) an Bord der Internationalen Raumstation soll ab 2016 die Gravitationsrotverschiebung auf 1 zu 10^6 genau nachweisen.

Inzwischen sind derartige Messungen keine Grundlagenphysik mehr, sondern buchstäblich All-Tag: durch die Satellitennavigation. Diese wäre ohne die Berücksichtigung der Speziellen und Allgemeinen Relativitätstheorie unbrauchbar, weil viel zu ungenau. Pro Tag würde die Ortung um 2,2 beziehungsweise rund zehn Kilometer abweichen, wenn die beiden Zeitdilatationen unberücksichtigt blieben. Bereits nach drei Tagen wüsste ein Navi nicht mehr, ob es in Düsseldorf oder Köln steht. Ohne Einstein könnte man allenfalls noch eine größere Stadt finden, aber kein einzelnes Haus mehr und schon gar keine Katze, die sich irgendwo in der Wohnung versteckt (falls sie ein Halsband mit GPS-Sender trägt).

Auch auf der Erde wird die gravitative Zeitdilatation seit 1960 immer genauer gemessen. Pro Höhenmeter beträgt der Unterschied zwar nur 10^{-16} Sekunden – im Verlauf eines Jahres geht eine Uhr auf einem Tisch also drei Milliardstel Sekunden schneller als eine anfangs exakt synchronisierte auf dem Boden – das entspricht gerade einmal 44 Sekunden über das Alter des Universums summiert. »Ein Mensch, der 80 Jahre lang in der obersten Etage des Empire State Buildings wohnt, ist am Ende seines Lebens um rund eine 10.000stel Sekunde älter als sein Zwillingsbruder, der dieselbe Zeit im Erdgeschoss verbracht hat«, veranschaulicht es der Physiker und Wissenschaftsjournalist Thomas Bührke. »Wie soll man das messen?« Antwort: mit optischen Atomuhren. Sie haben mittlerweile eine Ganggenauigkeit in der Größenordnung von 10^{-18} erreicht und lassen sich über Glasfasern auch verbinden (bei Unsicherheiten von 10^{-19} dabei ist das kein Problem, Laser-Links zu Satelliten sind allerdings einen Faktor 1000 ungenauer). Da sie sich relativ zueinander in Ruhe befinden, gibt es auch keine störende Zeitdilatation durch die Spezielle Relativitätstheorie. Somit können inzwischen Höhenunterschiede zentimetergenau bestimmt werden! Und das über Hunderte von Kilometern hinweg, wie es zurzeit unter anderem die Physikalisch-Technische Bundesanstalt in Braunschweig und das Laboratoire de Physique des Lasers in Paris testen. Das wird die Erdvermessung in eine Präzisionsära führen (und hat die Allgemeine Relativitätstheorie bereits 2010 auf 0,0000007 Prozent bestätigt). Die tektonische Plattenverschiebung lässt sich schon jetzt auf einen Zentimeter pro Jahr orten; und die Höhendefinition ist noch immer international nicht einheitlich (das Normalnull Deutschlands liegt beispielsweise 27 Zentimeter über dem der Schweiz, was schon einmal beim Bau einer Grenzbrücke für Chaos gesorgt hatte). Außerdem wird sich wohl in den nächsten Jahren ein neuer Zeitstandard etablieren (Definition der Sekunde), der an der

Exkurs

Gravitative Zeitdehnung und Rotverschiebung

Im Bann der Schwerkraft vergrößern sich die Wellenlängen von Strahlungsquellen und Uhren gehen langsamer. Das wurde erstmals 1959 von Robert Pound und seinem Studenten Glen A. Rebka an der Harvard University gemessen. Die gravitative Rotverschiebung führt zu einem effektiven optischen Dopplereffekt mit einer Wellenlängen-Änderung $\Delta\lambda$ gegenüber der Ruhewellenlänge λ_0 von $\Delta\lambda/\lambda_0 = 2Gm_E l/4c^2 r_E$; dabei bezeichnen m_E und r_E Masse und Radius der Erde, l die Höhendifferenz, die das Licht vom Erdboden zum höher gelegenen Detektor überwinden muss, G Newtons Gravitationskonstante und c die Lichtgeschwindigkeit. Beim Experiment von Pound und Rebka betrug der Höhenunterschied 22,5 Meter, sodass die vorausgesagte Rotverschiebung einer Eisen-57-Spektrallinie $\Delta\lambda/\lambda_0 = 4{,}9 \cdot 10^{-15}$ betrug – im Einklang mit den Messungen (Ungenauigkeit: zunächst zehn Prozent, in einem späteren Experiment 1964 von Pound und Joseph L. Snider besser als ein Prozent). Der Wert für die viel massereichere Sonne ist $2{,}1 \cdot 10^{-6}$ (wie schon von Einstein ausgerechnet) und für einen Weißen Zwergstern von der Masse der Sonne, aber nur dem Radius der Erde, um einen Faktor 100 größer. Misst man umgekehrt die gravitative Rotverschiebung seiner Spektrallinien und kennt die Masse des Weißen Zwergs (weil er Teil eines Doppelsternsystems ist), dann kann man seinen Radius ausrechnen.

Aus der gravitativen Rotverschiebung lässt sich die gravitative Zeitdilatation ermitteln, da die Zeit über eine Frequenz ν definierbar ist und $\nu = c/\lambda$. Diese Zeitdehnung Δt einer verlangsamten Uhr mit der Entfernung r vom Zentrum einer Masse m eines Körpers vom Radius $r_S = 2Gm/c^2$ relativ zur Zeit t_0 eines Beobachters fern vom Gravitationsfeld ist $\Delta t(r) = \Delta t_0\sqrt{1 - r_S/r}$. ($r_S$ ist übrigens der schon 1916 von dem Potsdamer Astrophysiker Karl Schwarzschild definierte Schwarzschild-Radius, der auch die Größe eines statischen Schwarzen Lochs angibt, und r ist strenggenommen die radiale Schwarzschild-Koordinate.) Befindet sich beispielsweise eine Raumsonde Δt = ein Jahr lang r = 35 Kilometer entfernt von einem Schwarzen Loch mit zehn Sonnenmassen, vergehen währenddessen für die Astronauten in einem fernen Raumschiff Δt_0 = 2,5 Jahre. (Ein kühner Forscher anstelle der Raumsonde könnte die Expedition aufgrund der enormen Gezeiteneffekte beim Schwarzen Loch nicht überleben.) Für eine kreisförmige Umlaufbahn muss der Orbitalradius größer als $3r_S/2$ sein, und die gravitative Zeitdehnung für eine Uhr im Orbit beträgt $\Delta t(r) = \Delta t_0\sqrt{1 - 3r_S/2r}$.

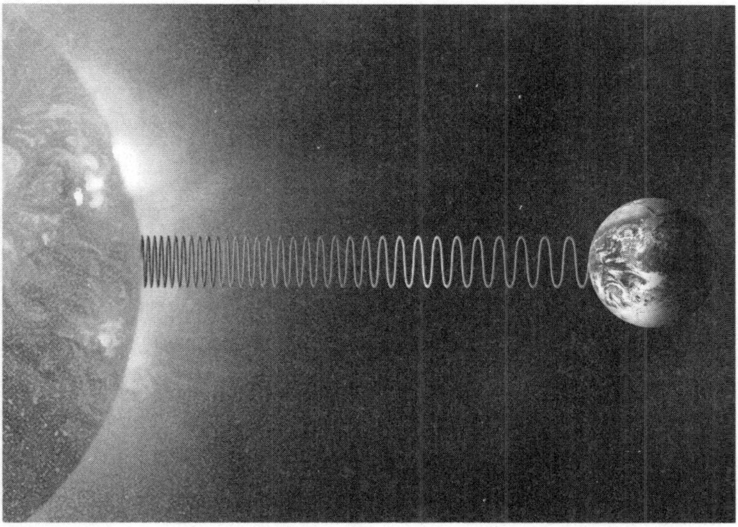

Errötetes Licht: Die Wellenlänge der Strahlung im Schwerefeld vergrößert sich geringfügig. Diese Gravitationsrotverschiebung – in der Grafik stark übertrieben dargestellt – hat Albert Einstein schon vor der Vollendung seiner Allgemeinen Relativitätstheorie vorausgesagt. Bestätigt wurde der Effekt durch Messungen des Sonnenspektrums nach vielen vergeblichen Versuchen allerdings erst 1962 und 1973 – und 1991 dann auf zwei Prozent genau.

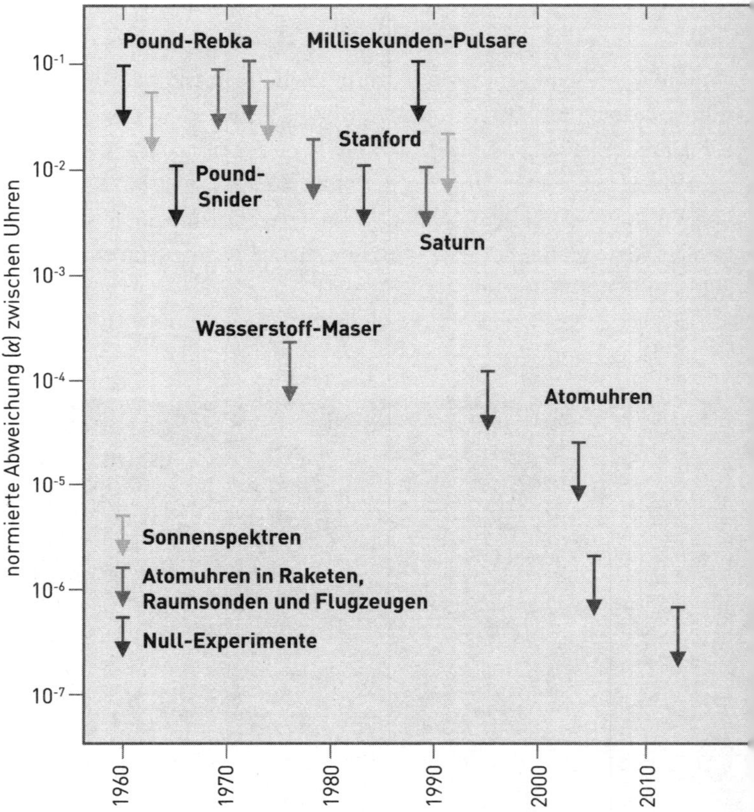

Die Lokale Positions-Invarianz im Test: Hier wird die Verlangsamung vor Uhren in einem Gravitationsfeld gemessen (Gravitationsrotverschiebung), quantitativ ausgedrückt mit dem Parameter α. Es gilt $\Delta\nu/\nu = (1 + \alpha)\Delta U/c^2$, wobei ΔU und $\Delta\nu$ die Unterschiede im Gravitationspotenzial beziehungsweise in der Frequenz synchronisierter Uhren ausdrücken.

Relativitätstheorie nicht vorbeikommt. Auch eine viel genauere Gravitationskarte der Erde wird möglich sein und dabei helfen, Bodenschätze und Wasservorkommen zu lokalisieren. Und mit GPS lässt sich bereits messen, dass die Erdachse um 15 Meter in einem Zeitraum von zwölf Jahren schwankt, was Rückschlüsse auf ihre innere Massenverteilung zulässt. »Die Relativitätstheorie hat den Bereich täglicher praktischer Anwendungen erreicht: internationale Standards, Navigation und Geodäsie«, fasst es Claus Lämmerzahl von der Universität Bremen zusammen.

Einsteins Erkenntnis in der Erdumlaufbahn: Gemäß der Relativitätstheorie gehen Uhren in einem Gravitationsfeld und bei schneller Bewegung langsamer. Diese beiden Effekte lassen sich mit hochpräzisen Atomuhren anhand der relativen Frequenzänderungen messen und spielen auch bei der Satellitennavigation eine entscheidende Rolle. Sie müssen deswegen ständig berücksichtigt werden, damit die Systeme GPS (Global Positioning System) aus den USA, GLONASS aus Russland (»Globalnaja nawigazionnaja sputnikowaja sistema« für »Globales Satellitennavigationssystem«) und Galileo aus Europa (noch im Aufbau) zuverlässig funktionieren. Bei einer Höhe von 3170 Kilometern über dem Meer (9550 Kilometer vom Erdmittelpunkt entfernt) kompensieren sich die gegenläufigen Auswirkungen der Schwerkraft und der Geschwindigkeit im Orbit gerade. Daher ist die Frequenzveränderung Null in der Grafik so definiert, dass sich hier die Effekte der Speziellen und Allgemeinen Relativitätstheorie auf den Zeitablauf exakt ausgleichen. Die Uhren auf der Internationalen Raumstation gehen gegenüber der Erde etwas nach, die Uhren der GPS- und geostationären Satelliten dagegen vor. Bei den knapp 14.000 Kilometer pro Stunde schnellen und 20.000 Kilometer hohen GPS-Satelliten sind das täglich 46 Millionstel Sekunden.

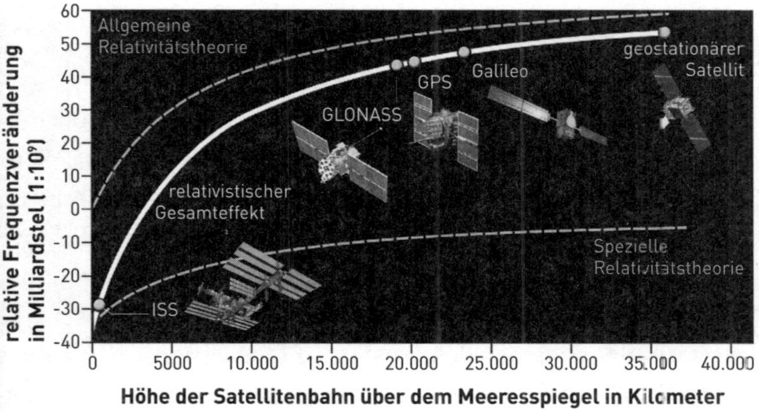

Exkurs

Vier Phasen der Relativitätstheorie-Tests

Clifford M. Will von der University of Florida in Gainesville unterscheidet vier Phasen in der Geschichte der experimentellen Relativitätstheorie:

› Genesis (1887 bis 1919) mit den Michelson-Morley- und Eötvös-Experimenten als Voraussetzungen der Allgemeinen Relativitätstheorie sowie den Messungen der Merkur-Periheldrehung und der Lichtablenkung im solaren Schwerefeld als Bestätigungen,

› Winterschlaf (1920 bis 1960), weil hier die theoretischen Forschungen die experimentellen Anstrengungen weit überflügelten,

› Goldene Ära (1960 bis 1980) mit spektakulären Messungen von der Gravitationsrotverschiebung bis zu Neutronensternen, das heißt vielen Tests der Relativitätstheorie – auch im Vergleich zu alternativen Ansätzen – mithilfe von Atomuhren, Radio- und Laserastronomie, Raumsonden und kryogenen Hohlraumresonatoren,

› Starke Gravitationsfelder (ab 1980). Sie werden meistens auf zweierlei Weise definiert. Zum einen mit der dimensionslosen Quantität $\epsilon \sim GM/Rc^2$, wobei G die Gravitationskonstante, M und R eine charakteristische Massen- und Distanzskala des Phänomens und c die Lichtgeschwindigkeit bezeichnen. Am Horizont eines Schwarzen Lochs oder des expandierenden Weltraums ist $\epsilon \sim 1$ und bei Neutronensternen $\epsilon \sim 0{,}2$. Schwache Gravitationsfelder wie im Sonnensystem haben $\epsilon < 10^{-5}$. In der Teilchenphysik wird gern die Riemann'sche Krümmung auf

»Ein Jahrhundert nach der Entstehung der Allgemeinen Relativitätstheorie haben wir gelernt, sie als Goldstandard für das Sonnensystem und viele astrophysikalische Phänomene zu nutzen und mit der gekrümmten Raumzeit zu leben«, sagt Clifford M. Will von der University of Florida. »Das Ziel besteht nun darin, nach einer möglichen Physik jenseits von Einstein zu suchen, die auf kosmologischen Skalen, in starken Gravitationsfeldern oder durch Effekte der Quantengravitation in Erscheinung tritt.« Geeine bestimmte Längenskala l bezogen, etwa die Teraelektronenvolt-Skala im Energiebereich der gegenwärtigen Teilchenbeschleuniger oder die Planck-Skala: $GM/R^3c^2 \sim l^2$. Hier könnten neue Effekte wie Extradimensionen, die Vereinheitlichung von Kräften und die Quantengravitation zum Vorschein kommen. Auf Größenskalen von 10^{-6} bis 10^{11} Meter ist die Allgemeine Relativitätstheorie ausgezeichnet geprüft und bestätigt; auf kleineren sowie galaktischen und kosmischen bleibt es spannend. Spätestens auf der Planck-Skala unterhalb der Planck-Länge $l_{Pl} = \sqrt{\hbar G/c^3} = 1{,}616 \cdot 10^{-33}$ Zentimeter und der Planck-Zeit $t_{Pl} = \sqrt{\hbar G/c^5} = l_{pl}/c = 5{,}390 \cdot 10^{-44}$ Sekunden versagt eine klassische kontinuierliche Raumzeit-Theorie ($\hbar$ ist das Planck'sche Wirkungsquantum).

Im Fokus der Forschung ist nun, inwiefern die Voraussagen der Allgemeinen Relativitätstheorie auch ihre Gültigkeit behalten bei starken Gravitationsfeldern von Schwarzen Löchern und Pulsaren, bei Tests der Lorentz-Invarianz und des Äquivalenzprinzips, bei den Gravitationswellen (nur zwei Arten, die sich lichtschnell ausbreiten), auf kosmischen Skalen sowie im Hinblick auf Quanteneffekte. So könnten Gravitationswellen zeigen, ob Schwarze Löcher als einzige Merkmale wirklich nur Masse und Drehimpuls haben und einen Ereignishorizont als Außengrenze ohne Wiederkehr besitzen, wie es die Relativitätstheorie voraussagt – alternativen Gravitationstheorien zufolge sollten sie noch mehr Eigenschaften haben beziehungsweise strenggenommen gar nicht existieren.

fragt, worauf er wetten würde, welches Experiment als erstes eine Abweichung von der Allgemeinen Relativitätstheorie erbringt, antwortet er: »Es wird in absehbarer Zeit keines kommen. Ich habe kein Problem damit, wenn die Theorie völlig klassisch bleibt und der Quantentheorie widerspricht, solange es keine zugänglichen Effekte gibt. Das ist eine Schwierigkeit der Quantengravitation und ihrer Überprüfbarkeit, nicht der Relativitätstheorie. Aber ich habe Interesse an den fundamentalen Fragen.«

Symphonien der Raumzeit

Die Kiste kalifornischen Weines, die Kip Thorne kaufen musste, ist längst getrunken. 1981 hatte er mit seinem Freund Jeremiah Ostriker, Kosmologe an der Princeton University, gewettet, dass bis zum 1. Januar 2000 mindestens zwei Forschergruppen etwas bislang Unerhörtes belauschen würden – Gravitationswellen. Doch die Detektoren waren noch nicht so weit. Und kommen erst jetzt an die kritische Schwelle. Thorne freilich ist mit dem Wispern des Weltalls schon lange bestens vertraut. Als Professor für Theoretische Physik am California Institute of Technology (Caltech) in Pasadena gehört er zu den führenden Erforschern der kosmischen Erschütterungen. Er nennt sie »Kräuselungen der Raumzeit«. »So wie die Schallwellen eine Symphonie zum Publikum tragen, verschlüsselte Informationen von einem Orchester, so bringen die Kräuselungen der gekrümmten Raumzeit verschlüsselte Botschaften vom Universum zu uns«, sagt er. Dieser kosmischen Musik hat er, heute Nachfolger auf dem Lehrstuhl des legendären Nobelpreisträgers Richard Feynman, einen guten Teil seines Lebens gewidmet. »Gravitation und Relativitätstheorie haben mich schon in der Jugend gepackt. Mit etwa 13 Jahren las ich Bücher darüber. Seither hat das Thema nie an Faszination für mich verloren. Bereits als Student wurde mir klar, dass Gravitationswellen das ideale Mittel sein müssten, um aus der theoretischen Disziplin der raumzeitlichen Krümmung eine Beobachtungswissenschaft zu machen.«

Thorne spricht mit leiser, zurückhaltender Stimme, hat aber, wenn von Gravitationswellen die Rede ist, Gewichtiges zu sagen. Und das nicht nur, weil er dieses 1916 von Albert Einstein vorhergesagte Phänomen schon seit Jahrzehnten erforscht, sondern auch, weil es von wahren Schwergewichten im Kosmos ausgelöst wird. Denn die Deformationen des Raumzeitgefüges entstehen beispielsweise, wenn zwei Schwarze Löcher miteinander kollidieren. Bis zu 40 Prozent ihrer Masse werden dabei in Form von Gravitationswellen abgestrahlt. In der Millisekunde des Verschmelzens werden 10^{52} Watt freigesetzt – so viel wie durch die Leuchtkraft aller Sterne im beobachtbaren Universum in diesem Moment.

Gravitationswellen breiten sich wie elektromagnetische Strahlung mit Lichtgeschwindigkeit aus. Dabei durchlaufen sie den Raum wie ein Erdbeben und können Materie durchdringen, ohne nennenswert abgeschwächt zu werden. Doch die Oszillationen sind sehr, sehr schwach: Selbst wenn gerade eine Wellenfront von Milliarden Kilowatt durch unsere Körper liefe, würden wir nichts bemerken. Der Grund liegt in der extremen »Steifheit« des Raumes. Einstein hat erkannt, dass der Raum durch Materie gekrümmt werden kann, und dass die Schwerkraft sich als diese Krümmung beschreiben lässt. Dies wird häufig mit einem Gummituch verglichen, das von Massekonzentrationen – beispielsweise Sterne – ausgebeult wird. In Wirklichkeit ist der Raum jedoch unvorstellbare 10^{43}-mal steifer als ein Gummituch (oder 10^{32}-mal steifer als Stahl). Gravitationswellen machen sich daher nur als winzige Stauchungen und Streckungen bemerkbar. »Dabei werden die Abstände senkrecht zur Ausbreitungsrichtung abwechselnd in eine Dimension gedehnt und in die andere zusammengepresst. Die Effekte liegen typischerweise in einer Größenordnung von 1 zu 10^{21}«, rechnet Kip Thorne gerne vor. Das bedeutet, dass eine Streckenlänge vom Abstand Erde–Sonne lediglich um die Größe eines Atomkerns schwanken würde. Und genau darin liegt das Problem.

Obwohl der Nachweis der Gravitationswellen in der Theorie einfach ist – benötigt wird nur eine Testmasse und ein Messgerät für die Vibrationen –, erscheint er in der Praxis also beinahe unmöglich. Dennoch hat der amerikanische Ingenieur und Phy-

Exkurs

Einstein und die Gravitationswellen

1916 hatte Einstein etwas entdeckt, das er zuvor selbst nicht akzeptierte, dann doch und später wieder nicht: Gravitationswellen. Die Bezeichnung geht auf eine Arbeit von Henri Poincaré aus dem Jahr 1905 zurück und beruht auf einer Idee von Hendrik Antoon Lorentz fünf Jahre zuvor. Doch erst im Rahmen der Allgemeinen Relativitätstheorie ließ sie sich in eine mathematische Form bringen und als physikalisch testbare Hypothese formulieren. Dass die Raumzeit schwingen kann, ist einerseits sehr verwunderlich – es klingt andererseits aber logisch, wenn man eine dynamische Raumzeit akzeptiert und die Gravitation als Feld beschreibt, analog zum elektromagnetischen, das ja auch schwingt. Trotzdem meinte Einstein im Februar 1916 in einem Brief an Karl Schwarzschild noch, dass es im Rahmen der Allgemeinen Relativitätstheorie keine Gravitationswellen geben könne. Aber er blieb beharrlich genug, weiter darüber nachzudenken – und veröffentlichte wenige Monate später nach einer neuen linearen Näherungsrechnung den gegenteiligen Schluss. 2016 hat also die Voraussage, dass Gravitationswellen existieren, ihr 100-jähriges Jubiläum.

Allerdings enthielt Einsteins Rechnung zwei Fehler. Einen korrigierte er noch vor dem Druck. Auf den anderen machte ihn Gunnar Nordström 1917 aufmerksam. Es könne keine drei linearisierten Wellenformen geben, wie Einstein zunächst dachte, sondern nur zwei. Und dass sie keine Energie transportierten, wie Einstein verwundert festgestellt hatte, war ein bloßer Koordinaten-Effekt. Am 31. Januar 1918 reichte Einstein dann einen

siker Joseph Weber von der University of Maryland in College Park bereits Ende der 1950er-Jahre damit begonnen, über eine direkte Messung der raumzeitlichen Kräuselungen nachzudenken. In den frühen 1960er-Jahren baute er die ersten Detektoren: Aluminiumzylinder von zwei Meter Länge, einem halben Meter Durchmesser und über einer Tonne Gewicht, die zufällig gerade die richtige Resonanzfrequenz haben, um auf relativ »laute«

weiteren Artikel in den *Sitzungsberichten* seiner Akademie ein. Mit dem schlichten Titel: *Über Gravitationswellen.* Da seine frühere Darstellung »nicht genügend durchsichtig und außerdem durch einen bedauerlichen Rechenfehler verunstaltet« sei, müsse er »nochmals auf die Angelegenheit zurückkommen«, schrieb er. In der neuen Arbeit formulierte er die berühmte Quadrupol-Formel für die Energie der Gravitationswellen, die noch heute verwendet wird. (Der Artikel enthielt aber wieder einen Fehler, um einen Faktor zwei, der dann 1922 von Arthur Eddington korrigiert wurde.) Bemerkenswerterweise hatte schon Max Abraham im Rahmen seiner eigenen Gravitationstheorie argumentiert, dass es keine Dipol- und Monopol-Wellen geben könne, wenn Impuls und Masse erhalten sind; das ist analog dazu, wie die Erhaltung der elektrischen Ladung impliziert, dass keine Emission magnetischer Monopole möglich ist.

1936 kam Einstein mit seinem Assistenten Nathan Rosen wieder auf das Thema zurück und glaubte nun nachweisen zu können, dass doch keine Gravitationswellen existierten. Sie schickten ihren Artikel an die Zeitschrift *Physical Review.* Ihr Herausgeber stutzte jedoch und leitete den Text an den Kosmologen Howard Percy Robertson zur Überprüfung weiter. Der fand Fehler, Einstein wurde informiert und publizierte einen veränderten Artikel mit gegenteiliger Schlussfolgerung 1937 – aber woanders, weil er pikiert war, dass sein Text ohne sein Wissen anonym geprüft worden war. Der systematische wissenschaftliche Begutachtungsprozess von Publikationen, heute Standard, war damals erst im Entstehen.

kosmische Quellen anzusprechen. Wenn eine Gravitationswelle quer durch einen solchen Zylinder läuft, werden seine Enden um eine Winzigkeit zusammengedrückt und auseinandergezogen. Mithilfe piezoelektrischer Kristalle auf der Oberfläche des Zylinders, die eine elektrische Spannung erzeugen, wenn sie einem Druck oder Zug ausgesetzt sind, versuchte Weber diese unmerklichen Oszillationen nachzuweisen (1969, 1987 und 1996 glaubte er sogar, Signale gemessen zu haben). Dies war eine unmögliche Aufgabe, wie Thorne und Wladimir Braginski von der Universität Moskau später erkannten, denn quantenmechanische Effekte überlagern jedes Signal.

Inzwischen ließ sich die Empfindlichkeit der als »Bars« bezeichneten Detektoren zwar um ein Tausendfaches steigern, und selbst das Quantenrauschen kann unter bestimmten Umständen unterdrückt oder rechnerisch eliminiert werden. Verschiedene Zylinder sowie in alle Richtungen lauschende kugelförmige Instrumente in Italien, Holland, Brasilien, Japan, China, der Schweiz und den USA könnten schon einen heftigen Ausbruch von Gravitationswellen in der Milchstraße nachweisen oder hätten es gekonnt. Doch solche Ereignisse sind extrem selten – und nichts wurde bislang gemessen.

Teurer und technisch aufwendiger, aber auch wesentlich empfindlicher sind die als »Beams« bezeichneten Laser-Interferometer-Detektoren. Die Idee geht auf die russischen Physiker Mikhail Gertsenshtein und Vladislav I. Pustovoit (1962) zurück. Unabhängig davon schlug sie 1972 auch Rainer Weiss vom Massachusetts

Die Ordnung der Oszillationen: Gravitationswellen sind periodische Dehnungen und Stauchungen der Raumzeit, die sich als charakteristische winzige Änderungen von Abständen bemerkbar machen. In der Grafik werden sie schematisch durch eine entsprechende Versetzung von Testteilchen dargestellt; die Schwingungsebene liegt jeweils in der Fläche dieser Seite, die Welle bewegt sich in Richtung der z-Koordinate (in den ersten drei Teilgrafiken auf den Betrachter hin, in den drei weiteren innerhalb der Seitenebene). Metrische Gravitationstheorien sagen bis zu sechs solcher Schwingungsarten (»Polarisationen«) voraus. Die Allgemeine Relativitätstheorie ist die einfachste metrische Theorie und erlaubt nur zwei Polarisationen (oben), wie Einstein bereits 1918 entdeckte. Würden Gravitationswellendetektoren auch anders polarisierte Oszillationen messen (zum Beispiel die dritte, die in masselosen Skalar-Tensor-Theorien vorkommen), dann wäre die Relativitätstheorie widerlegt. Um das zu messen, sind mindestens vier Detektoren nötig.

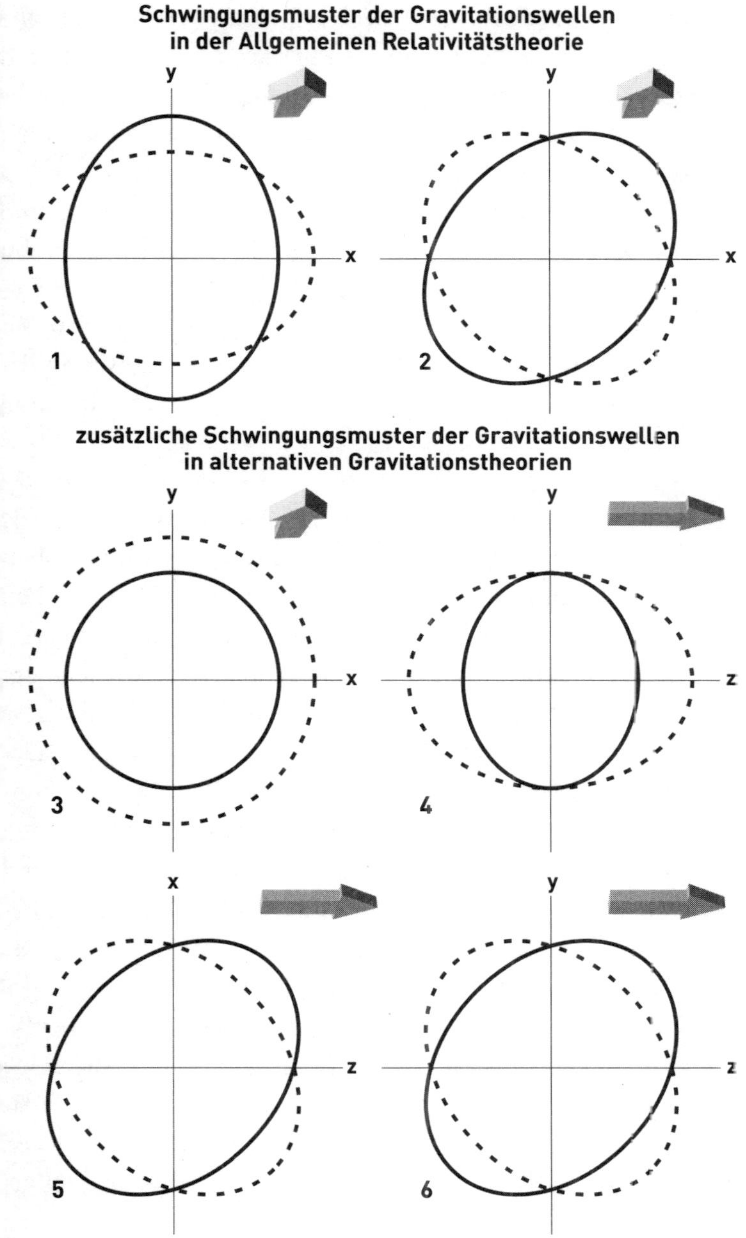
Schwingungsmuster der Gravitationswellen
in der Allgemeinen Relativitätstheorie
y
x
1
y
x
2
zusätzliche Schwingungsmuster der Gravitationswellen
in alternativen Gravitationstheorien
y
x
3
y
z
4
x
z
5
y
z
6

Institute of Technologie (MIT) vor und startete damit die Entwicklung. (Der in Berlin geborene Physiker trug übrigens auch maßgeblich zur Erforschung der Kosmischen Hintergrundstrahlung aus der Frühzeit des Universums mit dem COBE-Satelliten bei, dem Cosmic Background Explorer.) Den ersten Prototyp haben Robert Forward und seine Kollegen in den 1970er-Jahren an den Hughes Research Laboratories im kalifornischen Malibu gebaut (Forward machte sich auch als Autor von elf Science-Fiction-Romanen einen Namen). Weitere Testanlagen folgten in den 1980er-Jahren am Caltech, an den Universitäten Glasgow und Tokio sowie am Max-Planck-Institut für Quantenoptik in Garching bei München.

»Drei Massen hängen erschütterungsfrei an den Endpunkten und dem Eckpunkt einer L-förmigen Vorrichtung«, erläutert Thorne das Messprinzip. »Wenn eine Gravitationswelle von oben oder unten durch die Anlage läuft, werden die beiden Strecken des L abwechselnd gedehnt und gestaucht. Die Längendifferenzen können mit Interferometrie gemessen werden.« Dabei jagt ein Laserstrahl durch einen Strahlteiler, der auf der Eckmasse in der Mitte der L-förmigen Konstruktion angebracht ist. Der Strahlteiler spaltet den Strahl, indem er nur die Hälfte der Photonen durchlässt, die andere ablenkt. Die beiden Strahlen laufen durch die Vakuumröhren entlang der beiden Schenkel des L und werden an ihrem Ende von Spiegeln, die an den Testmassen befestigt sind, zum Strahlteiler zurückgeworfen. Ein Teil des Lichts gelangt dann in einen Photodetektor. Die Anlage ist so eingestellt, dass sich die überlagernden Laserstrahlen im Photodetektor durch Interferenz gerade auslöschen. Dehnt und staucht eine Gravitationswelle die Abstände zwischen den Testmassen vorübergehend geringfügig, ändert sich auch das Interferenzmuster. Dann gelangt ein Teil des Laserstrahls in den Detektor und erlaubt Rückschlüsse über die Veränderung der Messstrecke.

Das Prinzip ist also dasselbe wie beim Michelson-Morley-Interferometer, mit dem Ende des 19. Jahrhunderts – vergeblich – nach dem Lichtäther gesucht wurde. Nur galt damals der Raum als absolut unveränderlich, während die Lichtgeschwindigkeit als variabel angenommen wurde. Heute ist es genau umgekehrt. Durch kilometerlange L-Schenkel sowie ein vielfaches Hinundherreflektieren der Laserstrahlen kann die Messstrecke viel größer gewählt werden als bei den Zylindern. Dadurch lässt sich die Empfindlichkeit beträchtlich steigern. Und die Interferometer haben noch einen weiteren Vorteil: »Zylinder sprechen nur auf Gravitationswellen einer engen Bandbreite an, sodass ein Xylophon vieler verschiedener Zylinder notwendig wäre, um das gesamte Spektrum der Gravitationswellen zu empfangen«, sagt Thorne. »Die Testmassen eines Interferometers auf der Erde reagieren dagegen auf alle Frequenzen von mehr als einer Schwingung pro Sekunde mit einer leichten Pendelbewegung, sodass das Interferometer eine große Bandbreite besitzt und drei oder vier solche Instrumente ausreichen, um die Symphonie der Gravitationswellen vollständig aufzufangen.«

Thorne hatte sich bereits Mitte der 1970er-Jahre für den Bau von »Beam«-Detektoren eingesetzt (wobei er ursprünglich dachte und in seinem Lehrbuch *Gravitation* von 1973 sogar vorrechnete, dass dieses Prinzip nicht funktionieren kann). Nachdem Prototypen die prinzipielle Machbarkeit erwiesen hatten, wurde die Anlage 1992 in den USA genehmigt und begonnen. Gründer waren Kip Thorne, Ronald Drever und Rainer Weiss. Das inzwischen über 620 Millionen Dollar teure Projekt erhielt den Namen LIGO – Laser Interferometer Gravitational-Wave Observatory – und besteht aus zwei Interferometern mit jeweils zwei L-förmig angeordneten Vakuumröhren von vier Kilometer Länge. Gebaut und betrieben werden die beiden rund 3000 Kilometer voneinander entfernten Anlagen hauptsächlich vom Caltech und MIT.

Die Standorte befinden sich bei Hanford im US-Bundesstaat Washington und bei Livingston in den Wäldern von Louisiana.

LIGO erfordert mit über 900 Beteiligten die Organisation eines Großunternehmens. »Der Wechsel von einem unabhängigen Arbeitsstil zu einer straff organisierten Arbeitsform ist schmerzlich«, gibt Thorne zu, der als Einzelgänger eigentlich lieber in der Dachstube seines Hauses an der Lösung abstrakter physikalischer Probleme knobelt. »Wenn es jedoch gelingt, Gravitationswellen zu entdecken und ihre Botschaft zu entschlüsseln, werden die Freude und die Aufregung darüber die Erinnerung an die negativen Aspekte sicherlich rasch verdrängen.«

Die erste Forschungsphase von LIGO dauerte von 2002 bis 2010. Sie sollte demonstrieren, dass die hochempfindliche Technik funktionierte. Und das gelang. Jede Entdeckung wäre ein krönender Bonus gewesen. Doch LIGO maß nichts. (Es gab nur zwei große Gravitationswellen-Alarme, 2007 und 2010, die allerdings absichtlich zu Übungszwecken von einer dreiköpfigen Gruppe der Forscherkollaboration in das Computersystem eingespielt wurden, um das weitere Vorgehen und die Überprüfungsprozeduren zu testen.) »Wir sagten immer, mit dem initialen LIGO wäre eine Entdeckung möglich und mit Advanced LIGO wahrscheinlich«, erinnert sich Barry Barish vom Caltech, LIGO-Chefwissenschaftler seit 1994, an die Verhandlungen zur Finanzierung des gravitativen Lauschpostens. Advanced LIGO ist ein »upgrade« des Detektors um eine Größenordnung in der Empfindlichkeit. Das verzehnfacht also ungefähr die Entfernung messbarer Quellen und vertausendfach somit das Suchvolumen.

LIGO hätte das zarte Zittern der Raumzeit bei einer Kollision zweier Neutronensterne wohl bis aus einer Entfernung von 65 Millionen Lichtjahren erspüren können. Wenn Advanced LIGO startet – nach ersten Testläufen ab September 2015 mit immer höherer Empfindlichkeit 2016 bis 2018 –, wird das Observatori-

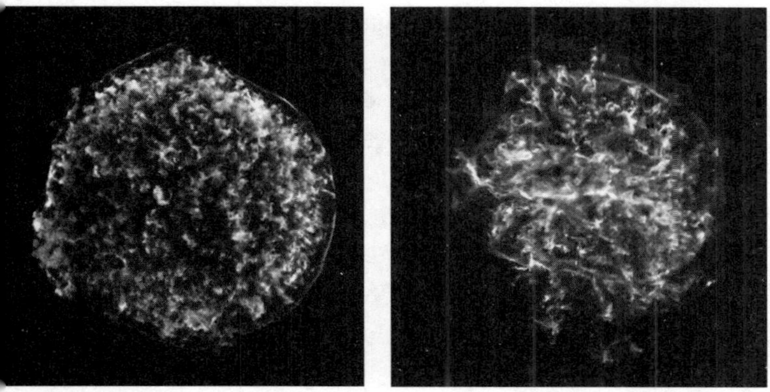

Sternentrümmer: Röntgenaufnahmen von Supernova-Überresten zeigen die Relikte explodierter massereicher Sterne. Links Tycho im Sternbild Kassiopeia, rund 13.000 Lichtjahre entfernt (im November 1572 unter anderem von dem dänischen Astronomen Tycho Brahe beobachtet). Rechts G292.0+1.8 mit einer Distanz von 20.000 Lichtjahren im Sternbild Zentaur. Wenn die Riesensterne nicht exakt symmetrisch detonieren, was aufgrund innerer Turbulenzen unwahrscheinlich ist, strahlen sie Gravitationswellen ab. Diese Oszillationen der Raumzeit sind aber bis zu 10 Millionen Mal schwächer, als noch Ende des 20. Jahrhunderts mit Simulationsrechnungen abgeschätzt, und daher wohl nur von Supernovae in der Milchstraße messbar – ein sehr seltenes Ereignis.

um solche kosmischen Karambolagen noch aus Distanzen von 500 Millionen Lichtjahren und mehr vernehmen können. Das müsste mehrmals im Jahr der Fall sein, schätzen die Astronomen. Allerdings war der Optimismus schon einmal zu groß. »Als wir LIGO konzipierten, waren Supernovae die einzigen Quellen, mit denen wir wirklich rechneten«, erinnert sich Rainer Weiss, einer der Väter der Beam-Detektoren. »Wir dachten, wir könnten eine pro Jahr erhaschen, vielleicht sogar zehn jährlich.« Doch dann zeigten Computersimulationen, dass die freigesetzte Gravitationsenergie bei den Sternexplosionen viel geringer ist, als ursprünglich gedacht. Eine Supernova müsste schon relativ nahe sein, damit sich die von ihr ausgelöste Raumzeit-Erschütterung messen ließe. Dann erkannten die Physiker aber, dass kollidierende Neutronensterne viel bessere Gravitationswellen-Quellen sind. Sie senden ein deutliches, leicht identifizierbares Signal in dem Frequenzbereich, in dem LIGO die größte Sensitivität hat.

Advanced LIGO zeichnet sich durch zahlreiche Verbesserungen aus. Zum einen werden Störsignale aus der Umgebung besser ausgefiltert. Sie sind ein großes Problem, vor allem bei Livingstone, wo eine Autobahn und Eisenbahnschienen wenige Kilometer entfernt vorbeiziehen und den Boden vibrieren lassen. Züge hatten LIGO anfänglich sogar regelrecht ausgeschaltet. Auch Holzfällerarbeiten erwiesen sich als äußerst lästig, sind aber nur temporär. Das Rauschen der Störquellen wird unter anderem dadurch radikal reduziert, dass die zentnerschweren Spiegel, die die Laserstrahlen reflektieren, mehrstufig an Glaszylinder und Metallplatten aufgehängt sind, sodass die unerwünschten Schwingungen extrem gedämpft werden. Außerdem setzt Advanced LIGO nun viel stärkere Laser ein (200 Watt) und »recycled« deren Licht zusätzlich, was die Empfindlichkeit weiter steigert. (Man kann aber nicht beliebig viel Photonen in den Strahlengang pumpen, weil sonst zu viel »weißes Rauschen« entsteht, das jedes Signal überlagern würde.) Auch mit ganz bodenständigen Problemen mussten sich die Techniker herumschlagen. In Hanford gab es Materialermüdungen bei den Spiegeln und zwei mussten ersetzt werden. Und in Livingston nisteten Wespen bei der Anlage, und ihre chlorhaltigen Exkremente – die teilweise auf gefressene giftige Spinnen zurückgehen – erzeugten winzige Lecks in den Vakuumröhren, durch die die Laserstrahlen flitzen.

LIGO ist der größte, aber nicht der einzige Gravitationswellendetektor. Weitere Projekte sind im Aufbau oder laufen schon:

› VIRGO – ein französisch-italienischer Detektor mit drei Kilometer Armlänge im italienischen Cascina bei Pisa, der 2007 in

Betrieb ging, bislang nichts gemessen hatte, gegenwärtig verbessert wird und 2016 oder 2017 wieder anlaufen soll; er hat etwa 75 Prozent der Empfindlichkeit von Advanced LIGO. VIRGO ist sozusagen die kleine Schwester von LIGO. Der Name bezieht sich auf das Sternbild Jungfrau (lateinisch Virgo), wo sich der Virgo-Galaxienhaufen befindet – aufgrund seiner Nähe und Größe die wahrscheinlichste Quelle für Gravitationswellen von Neutronenstern-Kollisionen.

› GEO600 – eine deutsch-britische Anlage mit 600 Meter Armlänge bei Ruthe, 25 Kilometer südlich von Hannover, die ab 2002 im Testbetrieb lief und seit 2005 regulär misst. Ausgestattet ist GEO600 mit einem 3-Watt-Laser und 18 Zentimeter großen Spiegeln. Diverse neue Höchstleistungstechnologien wurden und werden hier ausprobiert, die Pionierfunktion für größere Anlagen haben. Solange LIGO und VIRGO noch im Neuaufbau sind, ist GEO600 das empfindlichste Gravitationswellenohr der Erde. Käme es in der Zwischenzeit beispielsweise zu einer Supernova oder einem Gammaburst in der Andromeda-Galaxie, hätte GEO600 Glück und würde den ambitionierteren Kollegen die Erstentdeckung wegschnappen.

› TAMA300 – ein 300-Meter-Interferometer des japanischen Nationalen Astronomie-Observatoriums in Mitika bei Tokio, das zwischen 1995 und 2003 hauptsächlich zu Testzwecken betrieben wurde. Nachfolger ist ...

› KAGRA (Kamioka Gravitational Wave Detector) – wie VIRGO eine drei-Kilometer-Anlage in der unterirdischen Kamioka-Mine in Japan; der Detektor kostet etwa 200 Millionen US-Dollar – kaum mehr als 500 Meter U-Bahn in Tokyo, wie die KAGRA-Website betont – und könnte ab 2018 messen (ursprünglich war 2009 anvisiert worden).

› LIGO Indien – eine dritte LIGO-Anlage, die für etwa 350 Millionen Dollar ab frühestens 2022 in Indien starten könnte, um

Exkurs

Die Quellen der Wellen

Es werden verschiedene Klassen von Gravitationswellen-Quellen unterschieden: Bursts, periodische Wellen und ein stochastischer Hintergrund.

Bursts sind kurze Emissionen von Gravitationswellen, die nur Sekundenbruchteile andauern, aber mehr Energie abstrahlen können als unsere Sonne in Form von Wärme während ihrer gesamten Existenz. Weil Bursts hohe Frequenzen besitzen (über 10 Hertz), sind sie mit erdgebundenen Detektoren messbar. Erzeugt werden sie von kosmischen Katastrophen:

› Explosion eines Sterns als Supernova und Kollaps seines Zentralbereichs zu einem Neutronenstern oder Schwarzen Loch. – Häufigkeit: wenige Ereignisse pro Jahr im Umkreis von 10 Millionen Lichtjahren.

› Kollaps eines Sternhaufens zu einem galaktischen Schwarzen Loch. – Häufigkeit: wenige Ereignisse pro Jahr im beobachtbaren Universum.

› Kollision zweier Sterne oder Schwarzer Löcher nach einer spiralförmigen Verengung ihrer Umlaufbahn. – Häufigkeit: einige Ereignisse pro Jahr im Umkreis von 100 Millionen Lichtjahren.

› Kollision eines Sterns oder Schwarzen Lochs mit einem galaktischen Schwarzen Loch.

Periodische Gravitationswellen haben niedrige Frequenzen (10^{-5} bis 10 Hertz) und können wegen den seismischen Störungen auf der Erde

---

die beiden amerikanischen Detektoren zu unterstützen. Komponenten dafür wurden bereits gebaut und lagern in Hanford. Grünes Licht für den Bau gibt es aber noch nicht.

› In Europa wird auch über ein 10-Kilometer-Interferometer aus drei in einem Dreieck angeordneten Armen nachgedacht, das Einstein-Teleskop. Das ist noch ein Wunschtraum. Dessen Realisierung würde vielleicht 1,5 Milliarden Euro kosten und erfolgt sicherlich nicht, bevor LIGO & Co. nicht Gravitationswellen gemessen haben. Erste Projektstudien unter Beteiligung der Europäischen Kommission gibt es aber schon.

nur vom Weltraum aus nachgewiesen werden. Dazu ist ein Satelliten-Interferometer mit Millionen Kilometer Basislänge nötig, das mit Lasern Abstandsänderungen von 20 Billionstel Metern misst. Die langwellige Gravitationsstrahlung hat diverse Ursprünge:

› Doppelsterne, die sich umkreisen,
› rotierende Neutronensterne (Pulsare),
› Vibrationen von Neutronensternen.

Der stochastische Gravitationswellenhintergrund hat Frequenzen unter 10^{-5} Hertz und entsteht durch die Überlagerung vieler ferner periodischer Vorgänge sowie schwacher oder weit entfernter Einzelereignisse. Dazu gehören:

› Gravitationsbremsstrahlung, die entsteht, wenn zwei Sterne mit hoher Geschwindigkeit aneinander vorbeifliegen,
› Kollisionen der ersten Sterne im Universum und die Bildung primordialer Schwarzer Löcher,
› Vorgänge (»Phasenübergänge«) im sehr frühen Universum, die zur Bildung von null- bis dreidimensionalen Störungen im Raumzeitgefüge geführt haben (sogenannte Magnetische Monopole, Kosmische Strings, Domänengrenzen oder Texturen),
› Relikte des Urknalls selbst.

Die Fülle der Anlagen ist nicht in erster Linie eine Folge von Konkurrenzdenken bei der Jagd auf die Raumzeit-Kräuselungen. Obwohl für den ersten direkten Nachweis ein Nobelpreis lockt. Die Konkurrenz ist zugleich eine Kooperation. Die Forscher tauschen ihre Messdaten aus und haben bei den gleichzeitigen Kampagnen von LIGO, VIRGO und GEO600 eng zusammengearbeitet. Das ist auch notwendig. Denn es braucht mindestens zwei Detektoren, um Messfehler auszuschließen, und einen dritten, um die Richtung möglicher Quellen anzupeilen. Will man auch die Theorie der Gravitationswellen selbst testen – also die Allgemei-

Das Spektrum der Gravitationswellen: Es verteilt sich über den ganzen Himmel und reicht von wenigen Kilometer großen Wellenlängen bis zu solchen vom Ausmaß des beobachtbaren Universums (im Gegensatz dazu sind elektromagnetische Wellen viel kleiner als ihre Quelle). Ihre Intensität (»Spannung«) ist noch schwer abschätzbar, und für die einzelnen Wellenlängen-Bereiche werden ganz unterschiedliche Messmethoden benötigt: Detektoren auf der Erde (wie LIGO: Laser Interferometer Gravitational-Wave Observatory), im Weltall (wie LISA: Laser Interferometer Space Antenna) und sogar »natürliche« Detektoren in Form eines Netzwerks von Pulsaren (PTA: Pulsar Timing Array), wie es mit dem künftigen Radioastronomie-Observatorium SKA (Square Kilometre Array) gemessen werden soll (Gravitationswellen ändern nämlich den Abstand zwischen Erde und Pulsaren geringfügig und beeinflussen damit die Ankunftszeiten der Pulse in einer charakteristischen Weise). Für LISA beziehungsweise die abgespeckte »evolved« Version eLISA sind drei Satelliten nötig, die mit Laserstrahlen über eine Million Kilometer hinweg kommunizieren und Längenveränderungen auf einen Milliardstel Millimeter genau messen müssten. Der Start ist für frühestens 2028 geplant, wenn die aktuelle Testmission LISA-Pathfinder erfolgreich ist. Der Bereich zwischen PTA und LISA könnte im Prinzip auch erkundet werden – mithilfe der Astroseismologie, das heißt dem Nachweis von Schwingungen normaler Riesensterne. Das ist bereits möglich, aber nicht in der relevanten Größenordnung von 0,1 Millimeter pro Sekunde. Auch in der Kosmischen Hintergrundstrahlung aus dem frühen Universum könnten Gravitationswellen einen »Abdruck« in Form bestimmter Polarisationsmuster hinterlassen haben (nicht in der Grafik eingezeichnet, viel weiter links). Danach wird gesucht. Eine mit großem Rummel verkündete »Entdeckung« 2014 (durch das BICEP2-Instrument am Südpol) ist von Staub im Vordergrund der Milchstraße nur vorgetäuscht worden.

ne Relativitätstheorie gegenüber ihren Konkurrenten, die zusätzliche Formen von Gravitationswellen voraussagen –, ist noch ein vierter Detektor nötig. Daher werden Astronomie und Grundlagenphysik gleichermaßen von den Detektoren profitieren. Aber auch die Entwicklung hochpräziser und stabiler Laser sowie von optischen und elektronischen Geräten wird durch die Ingenieurskunst der Detektorbauer vorangetrieben.

Eine skurrile Erfindung en passant gelang David Blair von der University of Western Australia bei Perth. Er hat entdeckt,

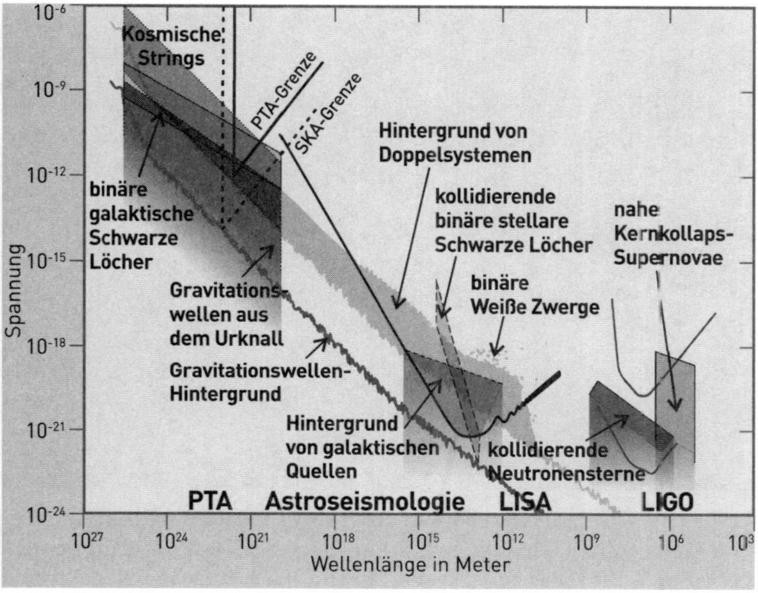

dass in einem Isolator gegen Vibrationen auch ganz andere Anwendungspotenziale schlummern. Das Gerät besteht aus einer 30 Zentimeter langen Aluminiumplatte, die in einem Titanrahmen aufgehängt ist und auf 0,1 Millionstel Millimeter genau ausgerichtet wird. Mit einem optischen Sensor kann dieser Abstand ständig überprüft werden, um die seismischen Störungen zu erfassen. Blairs verblüffende Erkenntnis: Mit dem Gerät lässt sich noch zehn Kilometer von der Küste entfernt die Höhe der Meereswellen mit einer Ungenauigkeit von nur zehn Prozent bestimmen – so gut wie mit Bojen auf dem Meer. Das ist nicht nur für Surfer interessant, sondern auch für Tsunami-Warnungen.

Thorne interessiert die Wellen aus dem Weltraum freilich mehr: »Sie erlauben den besten Nachweis, dass Schwarze Löcher wirklich existieren, und die genaueste Überprüfung von Einsteins

Kreisel im All: Ein Doppelsystem aus zwei umeinander kreisenden Neutronensternen ist ein ideales natürliches Labor für Überprüfungen der Allgemeinen Relativitätstheorie. Denn die kompakten, ausgebrannten Sternleichen rotieren äußerst rasch und emittieren entlang ihrer Magnetfeldachse Radiowellen. Überstreicht ein solcher Strahlungskegel das irdische Beobachtungsfeld (ähnlich wie ein Wassersprenger im Garten), dann lassen sich die regelmäßigen »Radiopulse« als kosmische Präzisionsuhren nutzen und geben genaue Auskunft über die Bahnparameter der Neutronensterne.

Gravitationsgesetzen. Sie werden es uns vielleicht sogar ermöglichen, dem Moment des Urknalls zu lauschen und neue physikalische Theorien zu testen, die die damals vereinigten Naturkräfte beschreiben. Gravitationswellen sind ein völlig neues Fenster zum All und werden uns wie die in den 1930er-Jahren entdeckten kosmischen Radiowellen ganz neue Einsichten ins Universum ermöglichen.« Der Vergleich ist sogar eine Untertreibung. Fast alles, was vom Universum bekannt ist, haben bislang elektromagnetische Wellen verraten – von der Radio- bis zur Gammastrahlung. Mit Gravitationswellen werden wir den Kosmos nicht mehr nur sehen, sondern erstmals quasi auch hören können.

Trotz der verlorenen Kiste Wein ist Kip Thorne noch immer davon überzeugt, dass der direkte Nachweis der kosmischen Kräuselungen unmittelbar bevorsteht. Befragt, was ihn über all die Jahre zu seiner Forschung angetrieben hat und noch immer motiviert, und was ihn bei dem großen technischen Aufwand zum Nachweis der Gravitationswellen am meisten beeindruckt, antwortet er: »Es ist die erstaunliche Fähigkeit des menschlichen Geistes, trotz aller Widrigkeiten und Schwierigkeiten Kenntnis über die vielschichtige Natur unseres Universums und Einblick in die tiefgreifende Einfachheit, Eleganz und Schönheit der ihm zugrundeliegenden Gesetze zu erlangen.«

Die Häufigkeit, Stärke, Entfernung und Natur all dieser Quellen sind noch weitgehend unbekannt. Und die größten Überraschungen lassen sich sowieso kaum abschätzen, wenn man neues Land betritt, betont Karsten Danzmann. »Wahrscheinlich kommen die Gravitationswellen, die wir aufspüren werden, hauptsächlich von Quellen, an die wir nicht gedacht oder deren Stärke wir unterschätzt haben.«

Rotierende Ruinen

Das beste indirekte Indiz für die Existenz von Gravitationswellen sowie das erste Beispiel für relativistische Effekte starker Schwerefelder ist ein 21.000 Lichtjahre fernes exotisches Objekt im Sternbild Adler namens PSR 1913+16. Russell Hulse und sein Doktorvater Joseph Taylor haben es mit dem 300 Meter großen Arecibo-Radioteleskop auf Puerto Rico 1974 entdeckt und seine Bedeutung für die Überprüfung der Relativitätstheorie erkannt. 1993 erhielten sie dafür den Physik-Nobelpreis. PSR 1913+16 ist der erste bekannte Doppelpulsar – ein System aus zwei Neutronensternen, die sich alle 7 Stunden und 45 Minuten auf stark elliptischen Bahnen umlaufen. Neutronensterne sind die kollabierten Kerne ausgebrannter Riesensterne, deren Hülle als Supernova ins All explodierte. Einer der beiden Sternruinen von PSR 1913+16 ist ein Pulsar, dessen Radiostrahlung wie der Lichtkegel eines Leuchtturms periodisch das Sonnensystem überstreicht und somit von irdischen Astronomen gemessen werden kann. Der Pulsar rotiert rund 17-mal pro Sekunde.

Mit dem Arecibo-Teleskop wurden die Ankunftszeiten der Radiosignale zunächst auf etwa 20 Millionstel Sekunden exakt gemessen (später wurde die Präzision noch um das Zehnfache gesteigert). Die Regelmäßigkeit der »Pulsfolgen« machen Pulsare zu hochgenauen Uhren. Damit wird es möglich, das Zwei-Körper-System nicht bloß mit den nur näherungsweise gültigen Gesetzen von Kepler und Newton zu beschreiben, sondern auch subtile Effekte der Allgemeinen Relativitätstheorie zu berücksichtigen. Neben fünf klassischen Parametern wie Bahnexzentrizität und -periode, die nun mit einer Genauigkeit von besser als 1 zu 1 Million bekannt sind, lassen sich auch acht verschiedene relativistische Messgrößen bestimmen – und das über mittlerweile viele Jahrzehnte. Dies hat es erstmals ermöglicht, die Allgemeine Relativitätstheorie für starke Gravitationsfelder zu testen. Ergebnis: Die Messungen stimmen exzellent mit den Voraussagen überein.

Noch wichtiger war der Nachweis, dass die Orbitalperiode von PSR 1913+16 um etwa 75 Millionstel Sekunden pro Jahr abnimmt. Das bedeutet: Die beiden Himmelskörper tanzen immer schneller umeinander in einer immer enger werdenden Umlaufbahn. Diese schrumpft um mehr als 3 Millimeter pro Umlauf oder um rund 3,5 Meter jedes Erdjahr, sodass die beiden Neutronensterne in ungefähr 300 Millionen Jahren miteinander kollidieren werden. Die Ursache für die Abnahme der Orbitalgeschwindigkeit ist, dass beschleunigte Massen eben Energie in Form von Gravi-

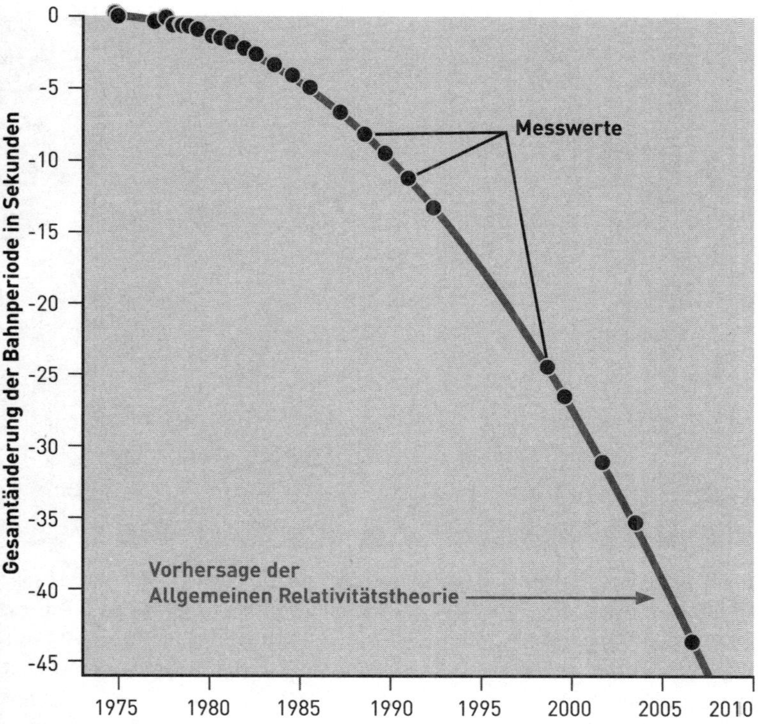

Schrumpfende Bahn: Weil Körper, die sich umkreisen, Gravitationswellen abstrahlen, spiralisieren sie langsam aufeinander zu. Bei Paaren der ultrakompakten Neutronensterne ist dieser Effekt besonders stark. Er wurde beim 1974 entdeckten Doppelpulsar PSR 1913+16 im Sternbild Adler mit höchster Präzision gemessen (Punkte in der Grafik; die Fehlerbalken sind viel kleiner als die Punkte hier). Die Daten stimmen exakt mit den Voraussagen der Allgemeinen Relativitätstheorie überein (Kurve). Das ist nicht nur eine ihrer besten Bestätigungen für starke Schwerkraftfelder, sondern auch der erste indirekte Nachweis von Gravitationswellen. (Die Lücke der Messwerte Mitte der 1990er-Jahre geht auf die damalige Abschaltung des Arecibo-Radioteleskops zurück, das renoviert und leistungsfähiger gemacht wurde.)

tationswellen abstrahlen – analog zur Emission elektromagnetischer Strahlung bei der Krafteinwirkung auf geladene Teilchen.

Natürliche Gravitationswellendetektoren: Mit drei oder vier Dutzend sehr stabil rotierender, über den Himmel verteilter Pulsare lassen sich im Prinzip Gravitationswellen mit Wellenlängen von Dutzenden Lichtjahren aufspüren. Diese sollten bei der Verschmelzung supermassereicher Schwarzer Löcher nach der Kollision von Galaxien freigesetzt werden. Dafür müssen allerdings jahrelang die Pulsfrequenzen mit einer Präzision von besser als einer Zehnmillionstel Sekunde registriert werden. Doch ein solches Pulsar Timing Array zur Weltraumüberwachung könnte mit einer im Bau befindlichen Riesenanlage von zusammengeschalteten Radioteleskopen, dem Square Kilometre Array in Südafrika und Australien, im Lauf der nächsten Jahrzehnte erfolgreich sein. Messversuche mit bestehenden Teleskopen gibt es bereits.

Die Messungen stimmen mit der Voraussage der Allgemeinen Relativitätstheorie bereits auf 0,2 Prozent genau überein.

2003 gelang Radioastronomen sogar die Entdeckung eines Doppelsystems, in dem beide Körper als Pulsare in Erscheinung treten: PSR J0737-3039 im Sternbild Achterdeck des Schiffs, rund 4000 Lichtjahre entfernt. Die beiden 1,3 Sonnenmassen schweren Neutronensterne rotieren alle 23 Millisekunden beziehungswei-

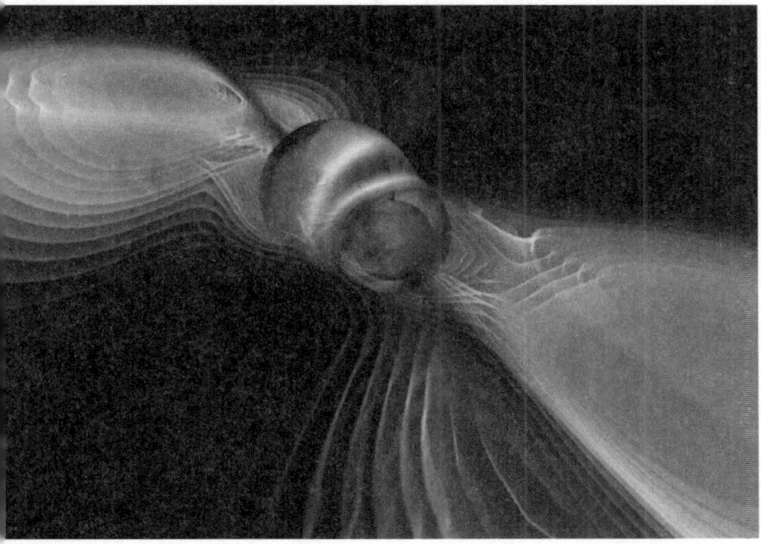

Welten im Zusammenstoß: Bei der Verschmelzung zweier Neutronensterne oder Schwarzer Löcher wird die Raumzeit brachial erschüttert. Im Bild eine Computersimulation der dabei freigesetzten Gravitationswellen.

se 2,8 Sekunden und kreisen in 900.000 Kilometer Abstand mit ungefähr einer Million Kilometer pro Stunde alle 147 Minuten umeinander. Durch die Erzeugung der Gravitationswellen nähern sie sich um 2,5 Meter pro Jahr. Die Drehung ihres inneren Bahnpunkts ist so stark, dass er alle 21 Jahre einen Kreis beschreibt (zum Vergleich: eine komplette analoge Periheldrehung des Merkur benötigt über 200.000 Jahre). Erstmals konnte außerdem die relativistische Präzession der Achse eines der Neutronensterne gemessen werden. Und weil die Pulsare bei jedem Umlauf fast exakt hintereinander stehen, lässt sich auch die Laufzeitverlängerung des hinteren Radiosignals in der gekrümmten Raumzeit genau messen (Shapiro-Effekt): Sie beträgt 110 Millisekunden. Alle Messungen zusammen passen ausgezeichnet zur

Allgemeinen Relativitätstheorie, teils auf 0,03 Prozent (eine Größenordnung besser als beim Hulse-Taylor-Pulsar!), und bringen einige alternative Gravitationstheorien bereits in Schwierigkeiten oder haben sie widerlegt. (Jacob Bekensteins TeVeS-Theorie beispielsweise – dazu später – ist manchen Physikern zufolge schon falsifiziert oder muss sehr spezielle Annahmen machen.) »Der Doppelpulsar PSR J0737-3039 ist der bislang beste Beweis für die Existenz von Gravitationswellen«, fassen Michael Kramer und Norbert Wex vom Max-Planck-Institut für Radioastronomie in Bonn zusammen, die genaue Analysen dazu veröffentlicht haben.

Doppel-Neutronensterne sind also ein hervorragendes Argument für die Existenz der Gravitationswellen. Sie sind auch die plausibelsten Kandidaten für die erste direkte Messung der Raumzeit-Kräuselungen. Ihre Energieleistung ist gewaltig. Von einem rasant rotierenden Paar aus der Entfernung des Galaktischen

Fazit

Im Schatten der Raumzeit – Übersicht und Ausblick

- Mit der Allgemeinen Relativitätstheorie hat Einstein zwar eine neue Vorstellung der Raumzeit begründet, aber auch viele physikalische und naturphilosophische Fragen aufgeworfen, die der Formalismus seiner Theorie nicht beantworten kann. Die Diskussionen und Klärungsversuche halten bis heute an.
- Ob der Raum eine Art »Behälter« ist, in dem sich die Dinge befinden, oder allein durch die Beziehung zwischen diesen konstituiert wird, ist in der Debatte zwischen Substantivalismus und Relationismus/Relativismus nach wie vor umstritten. Als reine Mannigfaltigkeit kann er nicht unabhängig bestehen, als Teil des Metrikfelds wäre er unauflöslich mit der Gravitation verkoppelt. Dieses Feld muss es allerdings auch in einem »materiefreien« Universum geben. Das läuft Einsteins Erwartungen zuwider. Und beschleunigte Bewegungen konnte er auch nicht als

Zentrums kommt auf der Erde eine Leistungsdichte von 100.000 Watt pro Quadratmeter an – das 70-fache des Sonnenlichts. Trotzdem wird eine Strecke so groß wie der Erddurchmesser dabei nur um einen Hundertmillionstel Millimeter gestaucht und gedehnt, dem Zehntel der Größe eines Atoms, und das etwa 100-mal pro Sekunde. Kollidieren die Neutronensterne, setzen sie kurz zuvor so viel Gravitationswellen-Energie frei wie die Sonne an elektromagnetischer Strahlungsenergie in einer Jahrmilliarde. Die letzten 15 Umläufe vor dem Crash ereignen sich in einer Fünftelsekunde. Um das zu erwartende Signal zu simulieren, brauchte ein Forscherteam um Luciano Rezzolla (inzwischen an der Universität Frankfurt am Main) sechs Wochen Rechenzeit mit einem Supercomputer. Wenn LIGO & Co. diese Signale aufspüren, wird das ein Triumph sein – für die experimentelle wie die theoretische Kunstfertigkeit gleichermaßen.

---

vollkommen relativ erweisen; sie sind von gleichförmigen nach wie vor »absolut« unterschieden.

› Auch die Natur der Zeit ist ungeklärt – und rätselhafter als jemals zuvor. Im Präsentismus existiert nur die Gegenwart, im Eternalismus ein unveränderliches Raumzeit-Blockuniversum, im Possibilismus eine fixe Vergangenheit und offene Zukunft, in vielen Ansätzen zur Quantengravitation lösen sich Zeit und Raum förmlich auf.

› Trotz der offenen Fragen steht die Allgemeine Relativitätstheorie besser da als jemals zuvor. Viele raffinierte Messungen haben ihre Voraussagen bereits mit großer Präzision bestätigt. Es gibt bislang keinen einzigen experimentellen Test, der sie infrage stellt.

› Die nächste große Herausforderung ist, die bereits 1916 von Einstein beschriebenen Gravitationswellen direkt nachzuweisen. Sie werden ein völlig neues Fenster zum Kosmos aufstoßen.

Die Suche nach der Einheit

Einsteins schwieriges Erbe

Eine »Weltformel«, die alles erklärt – zumindest alles Grundlegende – ist der Traum vieler Physiker. Einstein träumte mit und musste kapitulieren. Doch das Abenteuer geht weiter. Die Relativitätstheorie wird es nicht unbeschadet überstehen.

Phantasie oder Physik? Weltformel-Vorschläge zur Quantengravitation machen die Raumzeit körnig oder zerbrechen sie sogar förmlich.

»Man hat als Mensch gerade noch so viel Verstand mitbekommen, dass man von seiner intellektuellen Ohnmacht dem Seienden gegenüber eine deutliche Vorstellung erlangen kann. Die Welt des Menschengetriebes würde schöner aussehen, wenn diese Demut allen mitgeteilt werden könnte.«

Albert Einstein

Die letzte Schlacht

Sicherlich begann Einsteins wissenschaftliche Kreativität und Rastlosigkeit in den 1920er-Jahren nachzulassen – nach zwei Jahrzehnten voller fast übermenschlicher intellektueller Kraftakte. Er wurde älter, Krankheiten plagten ihn, administrativen Verpflichtungen konnte er trotz seiner beneidenswerten beruflichen Stellung nicht aus dem Weg gehen; hinzu kam die zeitfressende Bürde des Ruhms, aber auch die politischen Anfeindungen und die im Niedergang der Weimarer Republik immer häufiger wuchernden Brutalitäten überall. Einstein begann sich politisch mehr und mehr zu engagieren, traf sich auch mit Staatsmännern wie Rathenau und Stresemann, später Churchill und Roosevelt. Trotzdem gab er die Wissenschaft niemals auf. Es verging wohl kein Monat ohne produktive Grübeleien, Rechnungen, Notizen, Briefe und der Arbeit an neuen Publikationen. Schon vor der Übersiedlung in die USA, aber dort dann immer intensiver, widmete er sich der Suche nach einer Einheitlichen Feldtheorie, wie er sie nannte. Also nach einer Theorie, die den Elektromagnetismus und die Gravitation als zwei Seiten derselben Medaille auffasst. An diesem Ziel arbeitete er bis an sein Lebensende. Noch am Tag vor seinem Tod sah er sich Berechnungen an.

An dieser gewaltigen Herausforderung ist Einstein gescheitert (und alle anderen, die sie annahmen – seine Zeitgenossen, aber auch jeder, der ihm in dieser Art von physikalischem Großprojekt bis heute folgte –, haben das Ziel ebenfalls nicht erreicht). Dies wurde häufig als tragisch interpretiert oder als Verschleuderung der Geisteskraft, als Verbohrtheit und Altersstarrsinn oder schlicht als Zeitverschwendung. Nichts davon trifft zu. Es gibt keine Erfolgsgarantie in der Grundlagenforschung, die stets ins Ungewisse führt, und kein ernsthaftes Nachdenken ist vergeblich. Selbst aus Irrwegen und Sackgassen kann man lernen ... und anderen die falschen Fährten ersparen.

»Nichts in Einsteins wissenschaftlicher Laufbahn war tragisch, wenn auch ein Teil seines Werks unvergesslich sein wird, während ein anderer der Vergessenheit anheimfällt«, betonte Abraham Pais in seiner Einstein-Biographie. »Jedenfalls war Einsteins Motivation ausschließlich physikalischer Natur, als er sich an die Realisierung seines Programms für eine Einheitliche Feldtheorie machte.« Pais hatte ihn manchmal in Princeton vom Institut nach Hause begleitet. Einstein diskutierte stets gern und leidenschaftlich. »Ich habe ihn in Erinnerung: engagiert, immer klar. Er verlor auch niemals sein Gefühl für das wissenschaftliche Gleichgewicht«, schrieb Pais im Rückblick. »Die hervorstechendsten Charakteristika seiner Arbeitsweise unterschieden sich in diesen Jahren kaum von früheren Zeiten: seine Hingabe [...], sein Enthusiasmus und die Fähigkeit, ohne Leid, Bedauern oder Zaudern eine Strategie zu verwerfen und fast sofort mit einer anderen zu beginnen.« Und: »In all diesen 30 Jahren wusste er stets genau, was er wollte, aber er tappte im Dunkeln, welche Methoden er anwenden sollte. Auf seiner späteren wissenschaftlichen Reise war er wie ein Reisender, der häufig gezwungen ist, sein Transportmittel zu wechseln, um seinen Bestimmungsort zu erreichen. Er kam niemals an.«

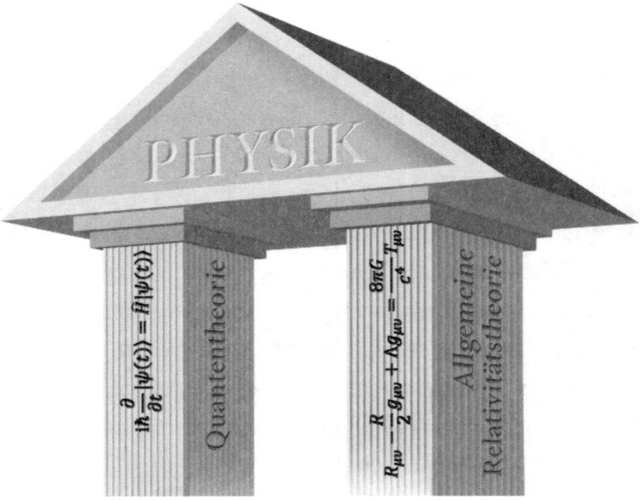
PHYSIK
$i\hbar\frac{\partial}{\partial t}|\psi(t)\rangle = \hat{H}|\psi(t)\rangle$
Quantentheorie
$R_{\mu\nu} - \frac{R}{2}g_{\mu\nu} + \Lambda g_{\mu\nu} = \frac{8\pi G}{c^4}T_{\mu\nu}$
Allgemeine
Relativitätstheorie

PHYSIK
Quantentheorie
Allgemeine Relativitätstheorie

Der Palast der Physik: Die moderne Physik steht gleichsam auf zwei Säulen. Eine ist die Quantentheorie – besonders wichtig: die Schrödinger-Gleichung – für das submikroskopische Reich; die andere ist die Allgemeine Relativitätstheorie mit Einsteins Feldgleichungen, die Raum, Zeit, Schwerkraft, Materie und Energie im Universum insgesamt beschreibt. Allerdings widersprechen sich diese beiden grundlegenden Erklärungsansätze, obwohl sie experimentell außerordentlich gut abgesichert sind. Daher hat das Gebäude der Theoretischen Physik zurzeit keinen festen Stand. Doch Wissenschaftler unternehmen große Anstrengungen, um die verwirrende Situation zu überwinden und ein tragfähiges Fundament zu errichten: eine Theorie der Quantengravitation, die die Quanten- und Relativitätstheorie miteinander vereinigt beziehungsweise als Spezialfälle oder Näherungslösungen enthält. Sie steht in der Tradition von Einsteins Traum einer Einheitlichen Feldtheorie.

Die Aufgabe war nicht nur zu groß, selbst für Einstein. Sie stellte sich damals auch schlicht zu früh. Die Zeit war noch nicht reif. Einstein und seine Kollegen konnten keinen Erfolg haben – unter anderem, weil sich die Quantenphänomene einer klassischen Beschreibung widersetzen und weil neue subatomare Kräfte und Teilchen entdeckt wurden. Allerdings lassen sich auch diese durch eigene Feldtheorien beschreiben: Quantenfeldtheorien. Sie sind die Grundlage des Standardmodells der Elementarteilchenphysik. Und so ist es bis heute der Wunschtraum und die große Herausforderung vieler Theoretischer Physiker geblieben, eine Art von alles vereinigender Feldtheorie zu finden, eine »Theorie von Allem« oder »Weltformel«, wie sie oft etwas missverständlich und unbescheiden genannt wird. Diese würde idealerweise alle Naturkräfte einheitlich beschreiben, ebenso Raum, Zeit und Materie. Und sie würde die Relativitätstheorie mit der Quantenphysik vereinen – eine außerordentlich schwierige Partnervermittlung, weil sich die Theorien in ihren Grundannahmen widersprechen und nicht ohne Veränderungen kompatibel gemacht werden können.

Die modernen Hypothesen zu einer Theorie der Quantengravitation, wie inzwischen der Oberbegriff lautet, etwa Loop Quantum Gravity und Stringtheorie, stehen strategisch wie vom Anspruch her in der Fortsetzung des Traums von Einstein. Wobei dieser allerdings jede Art von Quantentheorie nur als effektive vorläufige Theorie gelten ließ und auf eine tiefere Grundlage stellen wollte. (Ein etwas bescheideneres Ziel seit den 1970er-Jahren, eine unifizierte Theorie der Starken, Schwachen und Elektromagnetischen Kraft ohne die Schwerkraft, wird in direkter Tradition zu Einsteins »Unified Field Theory« übrigens als »Grand Unified Theory« bezeichnet; davon gibt es mehrere exzellent ausgearbeitete Kandidaten, doch niemand weiß, ob einer davon die Natur korrekt beschreibt.)

Einstein und die Philosophie

»Ist nicht die ganze Philosophie wie in Honig geschrieben? Es schaut wunderbar aus, wenn man es betrachtet, aber wenn man ein zweites Mal hinschaut, ist alles weg. Es bleibt ein Brei«, meinte Einstein einmal. Aber in einem anderen Brief verteidigte er die Philosophie auch: Sie »gleicht einer Mutter, die alle übrigen Wissenschaften geboren und ausgestattet hat. Man darf sie in ihrer Nacktheit und Armut daher nicht geringschätzen, sondern muss hoffen, dass etwas von ihrem Don-Quixote-Ideal auch in ihren Kindern lebendig bleibe, damit sie nicht in Banausentum verkommen.«

Das Verhältnis zwischen Philosophie und Wissenschaft ist seit jeher ambivalent. Wobei »*die* Philosophie« vielleicht keine nützliche Abstraktion ist, denn die einzelnen Denker und Werke sind extrem heterogen in Verständlichkeit, Zielrichtung, Gedankentiefe, Argumentationsform und Inhalt. »Oft und gewiss nicht ohne Berechtigung ist gesagt worden, dass der Naturwissenschaftler ein schlechter Philosoph sei. Warum sollte es also nicht auch für den Physiker das Richtigste sein, das Philosophieren dem Philosophen zu überlassen?«, fragte Einstein in seinem 1936 veröffentlichten ausführlichen Artikel *Physik und Realität* (nachgedruckt im posthumen Sammelband *Aus meinen späten Jahren*). Und er gab die folgende Antwort: »In einer Zeit, in welcher die Physiker über ein festes, nicht angezweifeltes System von Fundamentalbegriffen und Fundamentalgesetzen zu verfügen glaubten, mag dies wohl so gewesen sein, nicht aber in einer Zeit, in welcher das ganze Fundament der Physik problematisch geworden ist, wie gegenwärtig. In solcher Zeit des durch die Erfahrung erzwungenen Suchens nach einer neuen, solideren Basis kann der Physiker die kritische Betrachtung der Grundlagen nicht einfach der Philosophie überlassen, weil nur er selber am besten weiß und fühlt, wo ihn der Schuh drückt«. Mindestens in Umbruchzeiten hat Philosophie also sehr wohl einen Wert auch für die Wissenschaftler selbst, insofern sie nämlich ihre Grundannahmen und Begriffe reflektieren müssen. Und das war in der Umbruchzeit des frühen 20. Jahrhunderts mit den Relativitäts- und Quantentheorien besonders radikal der Fall. Es zeichnet Einstein aus, hier nicht nur an vorderster Front forschend mitgewirkt, sondern diese Umbrüche auch populärwissenschaftlich verständlich gemacht und philosophisch reflektiert zu haben – und das auf seine eigene, unverwechselbare Weise.

»Einstein nahm die Philosophie ernst«, betonte der Wissenschaftstheoretiker und -historiker John Norton. »Er las sie und schrieb darüber, korrespondierte mit Philosophen, blieb aber pragmatischer Physiker. Er integrierte sehr bewusst philosophische Analysen in seine physikalischen Theoriebildungen« – auch, um neue theoretische Ansätze zu finden und sie zu verteidigen. Der Philosoph Gerald Holton meinte sogar: »Nach seinen Veröffentlichungen und Briefen zu schließen, betrachtete es Albert Einstein als eine seiner wichtigsten Aufgaben, seine Ansichten über die Philosophie der Naturwissenschaften immer wieder zu formulieren und auszuarbeiten.«

Einstein war schon in seiner Jugendzeit philosophisch interessiert, las als 13-Jähriger die *Kritik der reinen Vernunft* von Immanuel Kant, pflegte in Bern mit Freunden einen regelmäßigen, langjährigen Philosophenkreis, wo eifrig diskutiert und gelesen wurde (unter anderem Baruch de Spinoza, den Einstein später mit Begeisterung rezipierte, David Hume, John Stuart Mill, Ernst Mach und Henri Poincaré). Er wies mehrfach darauf hin, dass Philosophie eingefahrene Vorurteile zu überwinden oder zumindest zu erkennen hilft. Er stand über die Jahrzehnte hinweg mit Philosophen in Kontakt, darunter so bedeutenden wie Moritz Schlick, Hans Reichenbach, Rudolf Carnap und Karl Popper. Er war in und neben seiner physikalischen Arbeit auch selbst ein Philosoph, obschon weder akademisch institutionalisiert noch zu einer gewissen Schule oder Doktrin zählend. Wie im Leben, so war er auch im Denken ein Individualist, ein »Einspänner«, wie er gerne sagte. Er beharrte nicht auf bestimmten Ansichten, sondern wechselte seine philosophische Ausrichtung mehrfach. Er bezeichnete sich 1949 sogar einmal als »skrupelloser Opportunist«, weil er je nach seinen wissenschaftlichen Ausrichtungen und Zielen das zusammenstellte und übernahm, was ihm nützlich erschien: »Ein solcher Wissenschaftler muss [...] dem systematischen Epistemologen als eine Art skrupelloser Opportunist erscheinen: Er erscheint als ein *Realist* insoweit, als er die Welt unabhängig von den Vorgängen der Wahrnehmung zu beschreiben sucht; als ein *Idealist* insoweit, als er Konzepte und Theorien als freie Erfindungen des menschlichen Geistes betrachtet (nicht logisch ableitbar aus dem, was empirisch gegeben ist); als *Positivist* insoweit, als er seine Konzepte und Theorien nur in dem Maße für gerechtfertigt hält, wie sie eine logische Repräsentation von Beziehungen im Bereich sinnlicher Erfahrung darstellen. Er könnte sogar als *Platoniker* oder *Pythagoräer* erscheinen insoweit er den Gesichtspunkt logischer Einfachheit als unentbehrliches und effektives Werkzeug für seine Forschungen sieht.«

In den jungen Jahren war er vom Empirismus und Positivismus beeinflusst, was sich teilweise auch in seinen physikalischen Arbeiten niederschlug. Er sympathisierte aber auch mit Ansichten des Konstruktivismus, Konventionalismus und Holismus (à la Pierre Duhem). Später näherte er sich, trotz mancher Differenzen, einigen Auffassungen Kants wieder an. Und ein paar Bemerkungen klingen beinahe schon wie ein mathematischer Platonismus. Andererseits blieb Einstein gerade in der Diskussion um Quantenphänomene ein beinharter Realist, der nicht glauben wollte, dass der Mond nur existiert, wenn ihn jemand betrachtet.

Und er betonte trotz seiner enorm theoretischen und teils spekulativen Physik immer die Notwendigkeit des Kontakts mit der »Realität«, also eine experimentelle Überprüfbarkeit und prinzipielle Widerlegbarkeit wissenschaftlicher Hypothesen.

»Eine Theorie kann […] als unrichtig erkannt werden, wenn in ihren Deduktionen ein logischer Fehler ist, oder als unzutreffend, wenn eine Tatsache mit einer ihrer Folgerungen nicht in Einklang ist. Niemals aber kann die *Wahrheit* einer Theorie erwiesen werden. Denn niemals weiß man, dass auch in Zukunft keine Erfahrung bekannt werden wird, die ihren Folgerungen widerspricht; und stets sind noch andere Gedankensysteme denkbar, welche imstande sind, dieselben gegebenen Tatsachen zu verknüpfen«, schrieb Einstein in seinem kurzen Essay *Induktion und Deduktion in der Physik*, der am 25. Dezember 1919 im *Berliner Tageblatt* veröffentlicht wurde. Diese Widerlegbarkeit attestierte Einstein ausdrücklich auch seiner Allgemeinen Relativitätstheorie – und ihr ganz besonders. Im Monat zuvor schrieb er in der Londoner *Times*: »Der Hauptreiz der Theorie liegt in ihrer logischen Geschlossenheit. Wenn eine einzige aus ihr gezogene Konsequenz sich als unzutreffend erweist, muss sie verlassen werden; eine [bloße] Modifikation erscheint ohne Zerstörung des ganzen Gebäudes unmöglich.« Und er glaubte nicht, dass dieses Gebäude ewig Bestand haben würde. »Mögen wir aus der Natur nach dem Gesichtspunkt der Einfachheit einen Komplex herausheben, wie wir wollen, nie wird seine theoretische Behandlung sich endgültig als zutreffend (genügend) erweisen«, bemerkte Einstein gegenüber dem Mathematiker Felix Klein bereits 1917 in einem Brief und verwies auf Newtons Gravitationstheorie, die »ungenügend« war und von der Allgemeinen Relativitätstheorie überwunden wurde. An die Stelle des Newton'schen Gravitationspotenzials »treten die Funktionen $g_{\mu\nu}$ […]. Aber ich zweifle nicht«, schrieb Einstein, »dass einmal der Tag kommen wird, an dem auch diese Auffassungsweise einer prinzipiell anderen wird weichen müssen, aus Gründen, die wir heute noch nicht ahnen. Ich glaube, dass dieser Prozess der Vertiefung der Theorie keine Grenze hat.« Und bei einem Besuch im holländischen Leiden notierte Einstein 1922 in ein Erinnerungsbuch: »Der theoretisch arbeitende Naturforscher ist nicht zu beneiden, denn die Natur, oder genauer gesagt: das Experiment, ist eine unerbittliche und wenig freundliche Richterin seiner Arbeit. Sie sagt zu einer Theorie nie ›ja‹ sondern im günstigsten Falle ›vielleicht‹, in den meisten Fällen aber einfach ›nein‹. [...] Wohl jede Theorie wird einmal ihr ›nein‹ erleben, die meisten schon bald nach ihrer Entstehung.«

Diese dezidierte Vorläufigkeit jedes Wissens und die Falsifizierbarkeit jeder wissenschaftlichen Theorie, die heute seriöserweise eine Selbstverständlichkeit sein dürfte, hat vor allem der Philosoph Karl Popper und die von ihm begründete Philosophie des kritischen Rationalismus seit den 1930er-Jahren bekannt gemacht. Wie die Zitate belegen, hat Einstein dies noch früher betont (und Popper war davon auch beeinflusst).

Fischerei, Vereinheitlichung und eine bessere Welt

Einsteins Motivation für die Einheitliche Feldtheorie war keine der Krisenbewältigung. Es gab keine zwingende Notwendigkeit, eine solche Theorie anzustreben, denn sie wurde nicht von experimentellen Anomalien oder verheerenden logischen Widersprüchen gefordert, wie es war, bevor beispielsweise die Spezielle Relativitätstheorie, die Quantenmechanik und die Quantenfeldtheorie entwickelt wurden. Wie schon bei der Allgemeinen Relativitätstheorie trieb Einstein die Sehnsucht nach einer theoretischen Vereinheitlichung und Tieferlegung der Fundamente.

Auch die Entwicklung der Allgemeinen Relativitätstheorie trieb Einstein nicht deshalb voran, weil er rätselhafte experimentelle Tatsachen zu erklären anstrebte. Außer der Periheldrehung des Merkurs gab es keine; und diese wurde nicht als schwere Krise empfunden. Ebenso war die Motivation für die Spezielle Relativitätstheorie im Wesentlichen keine empirische. Das Nullresultat des Michelson-Morley-Experiments zur Ätherwind-Messung bot zwar eine wichtige Stütze, aber nicht den entscheidenden Anlass. Allerdings wurde der Widerspruch zwischen Klassischer Mechanik und Elektrodynamik durchaus als schwere Krise betrachtet, auch von Einstein. Diesem ging es vor allem um physikalische Kohärenz: um eine widerspruchsfreie, möglichst umfassende und einheitliche wissenschaftliche Beschreibung der Welt. Dabei waren für ihn Eleganz und Einfachheit der Theorie wichtige Erfolgskriterien beziehungsweise Leitlinien seines Denkens.

Selbstverständlich sind das keine Rechtfertigungen für die Wahrheit einer physikalischen Theorie – Einstein hat dies auch nie behauptet. Letztlich muss immer die »Befragung der Welt« die Antwort auf die Neugier der Forscher geben, also Beobachtung und Experiment. Gedankengebilde sind wichtig, schön und gut, jedoch kein Garant für Erkenntnis. Allerdings gäbe es ohne sie auch keine von Hypothesen getriebene, ins Offene zielende Forschung.

Trotz mancher romantischen Verklärung hat der Philosoph und Schriftsteller Novalis (Friedrich von Hardenberg) diesen wichtigen Aspekt der wissenschaftlichen Methode bereits 1798 sehr modern gesehen: »Hypothesen sind Netze, nur der wird fangen, der auswirft.«

Dieses theoriegeleitete Verfahren der Wahrheitssuche wurde später beispielsweise von dem Wissenschaftstheoretiker Karl Raimund Popper betont und präzisiert, der das Novalis-Zitat als Motto seinem Buch *Die Logik der Forschung* (1934) vorangestellt

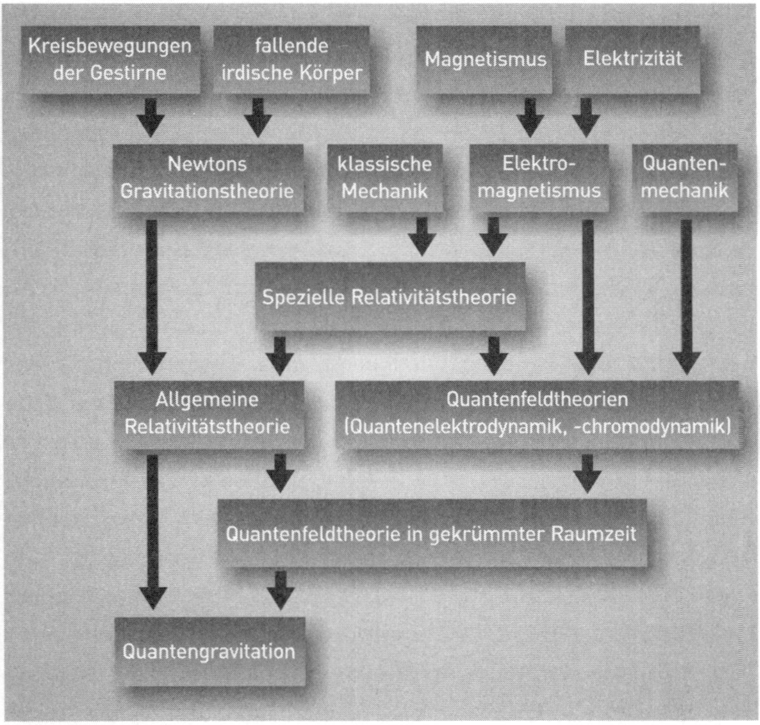

Weg zur Weltformel: Viele Durchbrüche in der Physik beruhen auf einer einheitlichen Beschreibung unterschiedlicher Phänomene und einer Vereinigung separater Hypothesen, Gesetze oder Theorien in einer umfassenderen Theorie. Diese Arbeit, die Isaac Newton mit seiner Gravitationstheorie begonnen hat, ist noch nicht vollendet. Denn eine zusammenhängende Theorie von Raum und Zeit sowie aller Kräfte und Materieformen fehlt bislang. Kandidaten für eine solche »Weltformel«, die auch die Quantentheorie und Allgemeine Relativitätstheorie im Rahmen einer Theorie der Quantengravitation verbindet, sind die String- oder M-Theorie sowie die Schleifen-Quantengravitation.

hat. Darin schreibt er auch, dass die Forscher »die Maschen des Netzes immer enger zu machen« versuchen, um so »die Welt« einzufangen, denn »das Ziel der theoretischen Wissenschaft«, so

Popper, »ist es, *erklärende Theorien* zu finden (möglichst *wahre* erklärende Theorien), das heißt, Theorien, die bestimmte strukturelle Eigenschaften der Welt beschreiben und uns erlauben, mithilfe von Randbedingungen die zu erklärenden Effekte zu deduzieren«. Dabei wird die Wahrheit (metaphysisch) realistisch verstanden, ist also gefunden, nicht bloß erfunden oder konstruiert.

Das meinte auch Novalis, denn direkt im Anschluss an seine Netz-Metapher fragt er rhetorisch: »Ist nicht Amerika selbst durch eine Hypothese gefunden?« Die Hypothesen aber sind zunächst durchaus Fantasie, wie Novalis ebenfalls betont hat: »Der echte Hypothetiker ist kein anderer, als der Erfinder, dem vor seiner Erfindung oft schon dunkel das entdeckte Land vor Augen schwebt – und nur durch freie Vergleichung – durch mannigfache Berührung und Reibung seiner Ideen mit der Erfahrung endlich die Idee trifft, die sich negativ zur positiven Erfahrung verhält, dass beide dann auf immer zusammenhängen – und ein neues himmlisches Licht die zur Welt gekommene Kraft umstrahle.«

Popper sah das, obschon er es nie so pathetisch beschrieben hat, sehr ähnlich: »Methode von Versuch und Irrtum: Es ist die Methode, kühne Hypothesen aufzustellen und sie der schärfsten Kritik auszusetzen, um herauszufinden, wo wir uns geirrt haben.« Und: »Unser Wissen ist ein kritisches Raten, ein Netz von Hypothesen, ein Gewebe von Vermutungen.« Mit anderen Worten: Genesis und Geltung einer Theorie sind strikt zu unterscheiden – wie also jemand zu seinen Hypothesen kommt, ist unerheblich für die Frage, ob sie zutreffen.

Das war auch Einsteins Meinung, der viel auf »Intuition« setzte und starrsinnig bestimmte Hypothesen oder »Prinzipien« verfolgen konnte, doch immer der Empirie beziehungsweise kritischen experimentellen Prüfung das letzte Wort zugestand. Tatsächlich kann er in seiner wissenschaftstheoretischen Grundhaltung dem von Popper begründeten kritischen Rationalismus und hypothetischen Realismus zugerechnet werden. Die beiden hatten auch miteinander korrespondiert, und Einstein gehört zu den von Popper am häufigsten zitierten Denkern.

Andere wissenschaftstheoretische Gemeinsamkeiten sind ebenfalls belegbar. So sagte Einstein 1933 in einer Vorlesung in Oxford, dass es das oberste Ziel aller Theorien sei, die irreduziblen Grundelemente so einfach und wenig wie möglich zu machen, ohne jedoch hinter eine angemessene Repräsentation der einzelnen Erfahrungswerte zurückzufallen. (Das wurde oft verkürzt paraphrasiert als »Mache die Dinge so einfach wie möglich – aber nicht einfacher.«) Ähnlich Popper: »Wissenschaft ist die Kunst der systematischen großen Vereinfachung – die Kunst herauszufinden, was wir zu unserem Vorteil vernachlässigen können.« In dieser Kunst bestand eines der Erfolgsrezepte von Einsteins physikalischen Erkenntnissen.

Auch die Vorläufigkeit des Wissens beziehungsweise der für wahr gehaltenen Aussagen haben Einstein und Popper häufig betont. Noch in seinen letzten Lebensjahren blickte Einstein immer bescheiden auf seine intellektuellen Glanztaten zurück und betonte, dass deren Grundlagen keineswegs sicher seien, sondern durch neue Annahmen – sowie besonders durch Beobachtungen und Experimente – erschüttert, widerlegt oder umgebaut werden könnten. Und er versuchte ja sein ganzes wissenschaftliches Leben lang, bewährte Theorien zu revidieren – auch und vor allem seine eigenen. Die Spezielle Relativitätstheorie überwand die Klassische Mechanik. Die Allgemeine Relativitätstheorie tat dies auf eine andere Weise ebenfalls, doch sie begrenzte auch die Spezielle Relativitätstheorie (die Einstein mit der temporären Hypothese einer variablen Lichtgeschwindigkeit sogar ab 1911 zu modifizieren bereit war). Mit seinen Vorschlägen zu einer Einheitlichen Feldtheorie ging Einstein wiederum über die Allgemeine Relativitätstheorie hinaus, der allenfalls der Sonderstatus eines Grenzfalls geblieben wäre, wenn sich Einsteins großes Ziel erfüllt hätte. Auch mit seinen Beiträgen zur Quantenphysik unterminierte Einstein klassische Konzepte – und wurde dann zum schärfsten und geistreichsten Kritiker der sich entwickelnden Quantenmechanik. Ähnlich kritisch und selbstkritisch waren seine Beiträge zu Gravitationswellen, zur Kosmologie und zu den Singularitäten, wie sie im Urknall und in den Schwarzen Löchern drohen (Einstein hatte noch die Anfänge dieser erst später so bezeichneten Themen mitverfolgt und sogar dazu publiziert).

Für Popper war die Vorläufigkeit des Wissens ein nicht nur theoretisch elementarer, sondern auch ethischer Grundsatz. (Ohne, dass er deshalb einen »realistischen« Begriff der Wahrheit aufgegeben hätte oder die Vorstellung, sich ihr approximativ annähern zu können.) »Mit dem Idol der Sicherheit, auch der graduellen, fällt eines der schwersten Hemmnisse auf dem Weg der Forschung; hemmend nicht nur für die Kühnheit der Fragestellung, hemmend auch für Strenge und Ehrlichkeit der Nachprüfung. Der Ehrgeiz, recht zu behalten, verrät ein Missverständnis, nicht der *Besitz* von Wissen, von unumstößlichen Wahrheiten macht den Wissenschaftler, sondern das rücksichtslose kritische, das unablässige *Suchen* nach Wahrheit«, schrieb Popper. Und: »Die wahre Ignoranz ist nicht der Mangel an Wissen, sondern die Verweigerung, es zu erwerben.«

Der von Popper wesentlich mitbegründete Falsifikationismus – viele Aussagen lassen sich nicht absolut verifizieren, also bestätigen oder »wahr machen«, doch sehr wohl widerlegen; und wissenschaftliche Hypothesen und Theorien müssen prinzipiell widerlegbar sein, darin besteht ein wesentliches Abgrenzungskriterium zu nichtwissenschaftlichen Aussagen – hat eine Bedeutung weit über die Erforschung der Natur hinaus. Er sollte auch gesellschaftlich relevant sein, besonders politisch. Wie in der Wissenschaft sollte das Prinzip von »Versuch und Irrtum« eingesetzt werden, damit durch Korrekturen Verbesserungen möglich sind. Dem dürfen keine vermeintlichen Sicherheiten übergeordnet werden, die doch nur autoritäre Dogmen wären oder sich unfehlbar dünkende Ideologien. Das unterscheidet dann auch eine offene von einer geschlossenen Gesellschaft, wie Popper es ausführte. Oder eine menschliche Gemeinschaft von einem Terrorregime, selbst wenn es sich noch so verlockend utopisch verkleidet. »Der Versuch, den Himmel auf Erden einzurichten, erzeugt stets die Hölle. Dieser Versuch führt zu Intoleranz, zu religiösen Kriegen und zur Rettung der Seelen durch die Inquisition.«

Wörter und Wirklichkeiten

Einstein besaß sogar ein »erkenntnistheoretisches Credo«, wie er es nannte. Dieses formulierte er in seinen *Autobiographical Notes* (die zuerst in dem von Paul Arthur Schilpp 1949 herausgegebenen Buch *Albert Einstein: Philosopher-Scientist* erschienen sind), einem mit 67 Jahren geschriebenen »Nekrolog« zu Lebzeiten, wie Einstein schmunzelnd anmerkte. Statt groß auf sein Leben einzugehen, sprach er von seinen Gedanken sowie wissenschaftlichen Einsichten und Fragestellungen. Schon auf den ersten Seiten findet sich diese philosophische Überzeugung: »Ich sehe auf der einen Seite die Gesamtheit der Sinnen-Erlebnisse, auf der anderen Seite die Gesamtheit der Begriffe und Sätze«. Die Beziehung letzterer ist für Einstein »logischer Art« (so würde man das heute nicht mehr sagen), nicht so die zu ersteren. »Die Begriffe und Sätze erhalten ›Sinn‹ beziehungsweise ›Inhalt‹ nur durch ihre Beziehung zu Sinnen-Erlebnissen. Die Verbindung der letzteren mit den ersteren ist rein intuitiv, nicht selbst von logischer Natur. Der Grad der Sicherheit, mit der diese Beziehung beziehungsweise intuitive Verknüpfung vorgenommen werden kann, und nichts anderes, unterscheidet die leere Phantasterei von der wissenschaftlichen ›Wahrheit‹. Das Begriffssystem ist eine Schöpfung des Menschen samt den syntaktischen Regeln, welche die Struktur der Begriffssysteme ausmachen. Die Begriffssysteme sind zwar an sich logisch gänzlich willkürlich, aber gebunden durch das Ziel, eine möglichst sichere (intuitive) und vollständige Zuordnung zu der Gesamtheit der Sinnen-Erlebnisse zuzulassen; zweitens erstreben sie möglichste Sparsamkeit in Bezug auf ihre logisch unabhängigen Elemente (Grundbegriffe und Axiome), das heißt nicht definierte Begriffe und nicht erschlossene Sätze. Ein Satz ist richtig, wenn er innerhalb eines logischen Systems nach den akzeptierten logischen Regeln abgeleitet ist. Ein System hat Wahrheitsgehalt, entsprechend der Sicherheit und Vollständigkeit seiner Zuordnungs-Möglichkeit zu der Erlebnis-Gesamtheit. Ein richtiger Satz erborgt seine ›Wahrheit‹ von dem Wahrheits-Gehalt des Systems, dem er angehört.«

Dieser letzte Gedanke, vielleicht die Quintessenz des Credos, widerspricht nicht unbedingt einer Korrespondenztheorie der Wahrheit (Sätze können Tatsachen repräsentieren), aber bestimmt einer naiven Interpretation von einer solchen. Die Beziehung ist viel subtiler und indirekter als bei einer platten Abbildung von Welt und Sprache beziehungsweise Erfahrung und Erkenntnis. Hier kommen auch konventionalistische, holistische (ganzheitliche) und kohärentistische Aspekte zum Tragen (»das Wahre ist das Ganze«), wie sie später etwa der Philosoph Willard Van Orman Quine ausgearbeitet hatte (und Poincaré sowie Duhem schon zuvor).

»Alle Begriffe, auch die Erlebnis-nächsten, sind vom logischen Gesichtspunkte aus freie Setzungen«, betonte Einstein einen Absatz später. Diese Gedanken führten Überlegungen fort, die er schon 1936 in seinem Essay *Physik und Realität* dargelegt hatte (worin es auch heißt: »Alle Wissenschaft ist nur eine Verfeinerung des Denkens des Alltags«). Schon die Annahme einer realen Außenwelt ist eine »Setzung«, wie Einstein betonte (von naivem Realismus also keine Spur). Damit zusammenhängend sei auch die »Bildung des Begriffes« von körperlichen Objekten »eine freie Schöpfung des menschlichen (oder tierischen) Geistes«. Trotzdem wirken sie »fester und unabänderlicher [...] als das einzelne Sinneserlebnis, dessen Charakter der Illusion oder Halluzination gegenüber doch nie vollkommen gesichert erscheint. Andererseits aber haben jene Begriffe und Relationen, insbesondere die Setzung realer Objekte, überhaupt einer ›realen‹ Welt nur insoweit Berechtigung, als sie mit Sinneserlebnissen verknüpft sind, zwischen welchen sie gedankliche Verknüpfungen erschaffen.« Dass diese Ordnung der Sinneserlebnisse im Denken überhaupt gelingt, ist Einstein zufolge »eine Tatsache, über die wir nur staunen, die wir aber niemals werden begreifen können. Man kann sagen: Das ewig Unbegreifliche an der Welt ist ihre Begreiflichkeit.«

»Ich halte es aber für unrichtig, die logische Unabhängigkeit der Begriffe gegenüber den Sinneserlebnissen zu verschleiern; es handelt sich nicht um eine Beziehung wie die der Suppe zum Rindfleisch, sondern eher wie die der Garderobennummer zum Mantel«, schrieb Einstein im selben Essay. Und ähnlich plastisch relativierte er die freie Setzbarkeit von Grundbegriffen und -beziehungen: »Mit der Freiheit ist es aber nicht weit her; sie ist nicht ähnlich der Freiheit eines Novellen-Dichters, sondern vielmehr der Freiheit eines Menschen, dem ein gut gestelltes Worträtsel aufgegeben ist. Er kann zwar jedes Wort als Lösung vorschlagen, aber es gibt wohl nur *eines*, welches das Rätsel in allen Teilen wirklich auflöst.«

Außerdem reflektierte Einstein über die Relation zwischen den Begriffssystemen und der Wissenschaft: »Ziel der Wissenschaft ist erstens die möglichst vollständige begriffliche Erfassung und Verknüpfung der Sinneserlebnisse in ihrer ganzen Mannigfaltigkeit, zweitens aber die Erreichung dieses Zieles *unter Verwendung eines Minimums von primären Begriffen und Relationen* (Streben nach möglichst logischer Einheitlichkeit des Weltbildes beziehungsweise logischer Einfachheit seiner Grundlagen)«.

Das ist wohl zu apodiktisch formuliert. Es entspricht aber Einsteins Selbstverständnis. »Mein eigentliches Forschungsziel war stets die Vereinfachung und Vereinheitlichung des physikalischen theoretischen Systems«, hatte er 1932 in einem Fragebogen an die wissenschaftliche Gesellschaft der Leopoldina geschrieben. Und in einem Brief vom August 1949 sagte er: »Mein wissenschaftliches Werk ist begründet in einem unwiderstehlichen Verlangen, die Geheimnisse der Natur zu verstehen, und durch keine andern Gefühle.« An seinen Kollegen Cornelius Lanczos schrieb Einstein im Januar 1938 sogar: »Vom skeptischen Empirismus etwa Mach'scher Art herkommend, hat das Gravitationsproblem mich zu einem gläubigen Rationalisten gemacht, das heißt zu einem, der die einzige zuverlässige Quelle der Wahrheit in der mathematischen Einfachheit sucht.« Und vier Jahre später betonte er ihm gegenüber noch einmal seine »Einstellung zur Physik«: »Glaube an Erfassbarkeit der Realität durch etwas logisch Einfaches und Einheitliches«.

Strategien der Wahrheitssuche

Seine Sehnsucht nach Wahrheit und Motivation zur Wahrheitssuche hat Einstein recht plastisch und psychologisch in seiner *Rede zum 60. Geburtstag von Max Planck* mit dem Titel *Prinzipien der Forschung* zum Ausdruck gebracht, die er 1918 in Berlin hielt. »Zunächst glaube ich mit Schopenhauer, dass eines der stärksten Motive, die zur Kunst und Wissenschaft hinführen, eine Flucht ist aus dem Alltagsleben mit seiner schmerzlichen Rauheit und trostlosen Öde, fort aus den Fesseln der ewig wechselnden eigenen Wünsche. Es treibt den feiner Besaiteten aus dem persönlichen Dasein heraus in die Welt des objektiven Schauens und Verstehens; es ist dies Motiv mit der Sehnsucht vergleichbar, die den Städter aus seiner geräuschvollen, unübersichtlichen Umgebung nach der stillen Hochgebirgslandschaft unwiderstehlich hinzieht, wo der weite Blick durch die stille reine Luft gleitet und sich ruhigen Linien anschmiegt, die für die Ewigkeit geschaffen scheinen. Zu diesem negativen Motiv aber gesellt sich ein positives. Der Mensch sucht in ihm irgendwie adäquaterweise ein vereinfachtes und übersichtliches Bild der Welt zu gestalten und so die Welt des Erlebens zu überwinden, indem er sie bis zu einem gewissen Grad durch dies Bild zu ersetzen strebt. Dies tut der Maler, der Dichter, der spekulative Philosoph und der Naturforscher, jeder in seiner Weise. In dieses Bild und seine Gestaltung verlegt er den Schwerpunkt seines Gefühlslebens, um so Ruhe und Festigkeit zu suchen, die er im allzu engen Kreis des wirbelnden und persönlichen Erlebens nicht finden kann.« Als »höchste Aufgabe der Physiker« betrachtete Einstein dann (und das wird natürlich nicht jeder Physiker so sehen) »das Aufsuchen jener allgemeinsten elementaren Gesetze, aus denen durch reine Deduktion das Weltbild zu gewinnen ist. Zu diesen elementaren Gesetzen führt kein logischer Weg, sondern nur die auf Einfühlung in die Erfahrung sich stützende Intuition. Bei dieser Unsicherheit der Methodik könnte man denken, dass beliebig viele, an sich gleichberechtigte Systeme der Theoretischen Physik möglich wären; diese Meinung ist auch prinzipiell gewiss zutreffend. Aber die Entwicklung hat gezeigt, dass von allen denkbaren Konstruktionen eine einzige jeweilen sich als unbedingt überlegen über alle anderen erwies. Keiner, der sich in den Gegenstand wirklich vertieft hat, wird leugnen, dass die Welt der Wahrnehmungen das theoretische

System praktisch eindeutig bestimmt, trotzdem kein logischer Weg von den Wahrnehmungen zu den Grundsätzen der Theorie führt.«

Hier klingen bereits viele Gedanken an, die Einstein immer wieder formuliert und vertieft hat: die intuitive Theoriebildung, die Suche nach Einfachheit und den grundlegenden Prinzipien, die Unterbestimmtheit der Theorien durch die Daten, aber auch die Bedeutung der Erfahrung bei deren Selektion und die Zuversicht, sich gleichwohl einer eindeutigen, objektiven Wahrheit anzunähern.

Einstein sah dabei auch Parallelen zur Kunst. »Das Gemeinsame am künstlerischen und wissenschaftlichen Erleben« charakterisierte er auf die Bitte eines Zeitschriftenherausgebers zur Modernen Kunst im Januar 1921 folgendermaßen: »Wo die Welt aufhört, Schauplatz des persönlichen Hoffens, Wünschens und Wollens zu sein, wo wir uns ihr als freie Geschöpfe bewundernd, fragend, schauend gegenüberstellen, da treten wir ins Reich der Kunst und Wissenschaft ein. Wird das Geschaute und Erlebte in der Sprache der Logik nachgebildet, so treiben wir Wissenschaft, wird es durch Formen vermittelt, deren Zusammenhänge dem bewussten Denken unzugänglich, doch intuitiv als sinnvoll erkannt sind, so treiben wir Kunst. Beiden gemeinsam ist die liebende Hingabe an das Überpersönliche, Willensferne.«

In der Physik unterschied Einstein bei der Wahrheitssuche im Wesentlichen zwei verschiedene Vorgehensweisen beziehungsweise »Theorien verschiedener Art«. Er nannte sie in einem Artikel in der Londoner *Times* Ende 1919 konstruktive und Prinzip-Theorien. Erste bauen aus einfachen Elementen Theorien über komplexere Phänomene, starten mit einem relativ simplen formalen Schema. Zweitere gehen analytisch, nicht synthetisch vor; ihre Bausteine als Basis und Ausgangspunkt sind nicht hypothetisch konstruiert, sondern empirisch entdeckt, sind allgemeine Charakteristiken natürlicher Prozesse, sind Prinzipien, die mathematisch formulierte Kriterien anregen, denen die einzelnen Vorgänge oder theoretischen Repräsentationen davon genügen müssen. Einstein arbeitete mit beiden Ansätzen, auch wenn er den prinzipiellen Theorien den theoretischen Vorzug gab. Seine Erklärung des Photo-Effekts von 1905 war in diesem Sinn eine konstruktive Theorie, die Allgemeine Relativitätstheorie mit ihrer »logischen Perfektion und Sicherheit der Fundamente« eher eine prinzipielle. Auch eine Einheitliche Feldtheorie sollte derart aufgebaut sein; mangels klarer Prinzipien entsprach die »praktische« Arbeit der Theoretiker aber eher der konstruktiven Vorgehensweise. (Ob die Unterscheidung beider Theorie-Arten einen großen Nutzen hat, ist unter Wissenschaftstheoretikern aber umstritten; weitreichend durchgesetzt hat sie sich nicht.)

Nicht deckungsgleich mit den konstruktiven versus prinzipiellen Theorien, aber darauf beziehbar, ist die Unterscheidung von physikalischen versus mathematischen Strategien bei der Aufstellung einer Theorie. Erstere geht gewissermaßen vom Bekannten zum Unbekannten, zweitere versucht es genau umgekehrt. Unter diesem Gesichtspunkt haben Wissenschaftshistoriker wie John Norton, Jürgen Renn, Tilman Sauer und Michel Janssen die Genesis der Allgemeinen Relativitätstheorie analysiert. Sie konnten klar nachweisen, dass Einstein beide Strategien anwandte und natürlich zum selben Resultat führen wollte. Doch weil es immer wieder gewaltige Probleme gab, wechselte Einstein zwischen beiden Strategien auch hin und her. Die physikalische betonte die Gültigkeit des Erhaltungssatzes von Energie und Impuls sowie das Korrespondenzprinzip der gesuchten Feldgleichungen mit Newtons Gravitationstheorie. Die mathematische dagegen suchte nach den passenden Tensoren und einer Erfüllung der Kovarianz. Einstein schmiedete aus beiden Strategien also »eine Doppelstrategie, die ihm schließlich eine erfolgreiche Integration des Wissens ermöglichte, das der Formulierung der Allgemeinen Relativitätstheorie zugrunde lag«, wie es Jürgen Renn ausdrückt. »Einsteins Pendeln zwischen beiden Strategien ist für seine gesamte Auseinandersetzung mit dem Gravitationsproblem in den Jahren 1912 bis 1915 charakteristisch«. Allerdings stellte Einstein seinen schließlich erzielten Durchbruch – nicht völlig korrekt – nicht »als das Ergebnis einer Konvergenz von physikalischer und mathematischer Strategie dar, sondern als einen ausschließlichen Erfolg der letzteren.« Diese Einseitigkeit hatte weitreichende Konsequenzen für Einsteins Forschungsprogramm der Einheitlichen Feldtheorie, wie unter anderem der Wissenschaftshistoriker Jeroen van Dongen nachgewiesen hat. Weil Einstein den Durchbruch zur Allgemeinen Relativitätstheorie letztlich als Erfolg der mathematischen Strategie ansah, vertraute er auf sie auch bei seinen weiteren Forschungen. Ob er sich dies mehr selbst einredete, innerlich, oder es eher als Rechtfertigung benutzte, äußerlich, oder beides, ist schwer zu sagen. Mangels Material für die physikalische Strategie ist ihm wohl auch nichts anderes übrig geblieben. (Hätte er die Quantentheorie ernster genommen, wäre das womöglich anders gewesen – oder er hätte aufgegeben.)

Prinzipien und freie Erfindungen

In seiner Antrittsrede vor der Preußischen Akademie der Wissenschaften mit dem Titel *Prinzipien der theoretischen Physik* hatte Einstein 1914 die Bedeutung von Prinzipien (er sagte damals oft »Prinzipe«) als Leitplanken der Theoriebildung betont. Das geschah vor dem Hintergrund seines Ringens um die Allgemeine Relativitätstheorie, die er ja genau mithilfe solcher Prinzipien entwickelt hat. »Die Methode des Theoretikers bringt es mit sich, dass er als Fundament allgemeine Voraussetzungen, sogenannte Prinzipe, braucht, aus denen er Folgerungen deduzieren kann. Seine Tätigkeit zerfällt also in zwei Teile. Er hat erstens jene Prinzipe aufzusuchen, zweitens die aus den Prinzipien fließenden Folgerungen zu entwickeln«, sagte Einstein. »Für die Erfüllung der zweiten Aufgabe erhält er auf der Schule ein treffliches Rüstzeug. Wenn also die erste seiner Aufgaben auf einem Gebiet beziehungsweise für einen Komplex von Zusammenhängen bereits gelöst ist, wird ihm bei hinreichendem Fleiß und Verstand der Erfolg nicht fehlen.« Doch die andere Aufgabe, »die Prinzipe aufzustellen, die der Deduktion als Basis dienen sollen, ist von ganz anderer Art. Hier gibt es keine erlernbare, systematisch anwendbare Methode, die zum Ziele führt. Der Forscher muss vielmehr der Natur jene allgemeinen Prinzipe gleichsam ablauschen, indem er an größeren Komplexen von Erfahrungstatsachen gewisse allgemeine Züge erschaut, die sich scharf formulieren lassen. Ist diese Formulierung einmal gelungen, so setzt eine Entwicklung der Folgerungen ein, die oft ungeahnte Zusammenhänge liefert, welche über das Tatsachengebiet, an dem die Prinzipe gewonnen sind, weit hinausreichen. Solange aber die Prinzipe, die der Deduktion als Basis dienen können, nicht gefunden sind, nützt dem Theoretiker die einzelne Erfahrungstatsache zunächst nichts; ja, er vermag dann nicht einmal mit einzelnen empirisch ermittelten allgemeineren Gesetzmäßigkeiten etwas anzufangen. Er muss vielmehr im Zustand der Hilflosigkeit den einzelnen Resultaten der empirischen Forschung gegenüber verharren, bis sich ihm Prinzipe erschlossen haben, die er zur Basis deduktiver Entwicklungen machen kann.«

Während die Prinzipien, die Einstein für die Spezielle und Allgemeine Relativitätstheorie aufgestellt hatte, letztlich zum Erfolg führten, war dieser seinen späteren Forschungen nicht mehr beschieden. Zwar ging Einstein auch dann immer wieder von – wechselnden – Grundannahmen aus. Doch keine erwies sich als konzise genug, als tragfähig oder fruchtbar – oder auch nur von der empirisch gestützten Konkretheit etwa des Äquivalenzprinzips. Das war sicherlich ein Grund, wenn auch nicht der einzige oder entscheidende, warum die Arbeit an einer Einheitlichen Feldtheorie immer wieder in Sackgassen führte, stecken blieb und letztlich fruchtlos war. »Ich glaube, man müsste – um wirklich vorwärts zu kommen – wieder ein allgemeines, der Natur abgelauschtes Prinzip finden«, schrieb Einstein hellsichtig bereits 1922 an Hermann Weyl. Diese Diagnose ist wohl bis heute gültig. Denn genau daran, am Fehlen eines wegweisenden Leitgedankens, mangelt es auch den Versuchen, eine tragfähige Theorie der Quantengravitation zu finden. Trotzdem vertraute Einstein auf die Kraft der mathematischen Forschungsstrategie (es blieb ihm bei der Suche nach einer Einheitlichen Feldtheorie ja auch nichts anderes übrig.)

Einsteins veränderte Ausrichtung wird durch den Vergleich zweier Zitate besonders deutlich. 1917 schrieb er in einem Brief an Felix Klein (der mit ihm über die konforme Invarianz der Maxwell-Gleichungen diskutierte): »Es scheint mir doch, dass Sie den Wert reiner formaler Gesichtspunkte sehr überschätzen. Dieselben sind wohl sehr wertvoll, wenn es gilt, eine *schon gefundene Wahrheit* endgültig zu formulieren, aber sie versagten fast stets als heuristische Hilfsmittel.« Drei Jahrzehnte später setzte er den Akzent genau umgekehrt. »Eine Theorie kann an der Erfahrung geprüft werden, aber es gibt keinen Weg von der Erfahrung zur Aufstellung einer Theorie: Gleichungen von solcher Kompliziertheit wie die Gleichungen des Gravitationsfeldes können nur dadurch gefunden werden, dass eine logisch einfache mathematische Bedingung gefunden wird, welche die Gleichungen völlig oder nahezu determiniert«, schrieb er in seinen *Autobiographical Notes*. »Hat man aber jene hinreichend starken formalen Bedingungen, so braucht man nur wenig Tatsachen-Wissen für die Aufstellung der Theorie; bei den Gravitationsgleichungen ist es die Vierdimensionalität und der symmetrische Tensor als Ausdruck für die Raumstruktur, welche zusammen mit der Invarianz bezüglich der kontinuierlichen Transformationsgruppe die Gleichungen praktisch vollkommen determinieren.« Das ist wieder die Betonung der mathematischen Strategie, der er auf die Entwicklung der Allgemeinen Relativitätstheorie zurückblickend den Vorzug gegenüber der physikalischen gab. Jetzt legte er das Schwergewicht auf die »innere Vollkommenheit« einer Theorie (die natürlich den Erfahrungstatsachen nicht widersprechen darf, was durch »künstliche zusätzliche Annahmen« der Theorie aber im Prinzip immer gewährleistet werden könnte; »Selbstimmunisierung« nannten Wissenschaftstheoretiker dies später). Einstein betonte also etwas, das »man kurz aber undeutlich als ›Natürlichkeit‹ oder ›logische Einfachheit‹ der Prämissen« bezeichnet. Auch wenn das schwierig zu beschreiben ist und sich »nicht einfach um eine Art Abzählung der logisch unabhängigen Prämissen (wenn eine solche überhaupt eindeutig mögliche wäre)« handeln kann, wie er schrieb. In einem Brief vom Dezember 1952 an einen Philosophiestudenten brachte Einstein seine Vorliebe zur Theorie-geleiteten Forschung noch einmal auf den Punkt: »Es stimmt, dass die Wahrheit ohne eine empirische Basis nicht zu fassen ist. Je tiefer wir jedoch in sie eindringen und je umfangreicher und umfassender unsere Theorien werden, desto weniger empirisches Wissen braucht es, um diese Theorien zu bestimmen.«

Der Umschwung in Einsteins Ausrichtung wird besonders deutlich in seiner Spencer Lecture (benannt nach dem Philosophen, Biologen und Soziologen Herbert Spencer), die er 1933 an der Oxford University hielt. Sie ist unter dem Titel *Zur Methodik der theoretischen Physik* neben vielen andere Vorträgen und Artikeln in seinem Sammelband *Mein Weltbild* abgedruckt (1934 erstmals in Amsterdam erschienen). In dieser Vorlesung richtete

Einstein sein »Hauptaugenmerk auf die Beziehung des theoretischen Inhaltes zur Gesamtheit der Erfahrungstatsachen«, also »den ewigen Gegensatz der beiden unzertrennlichen Komponenten unseres Wissens, Empirie und Ratio«. Letztere geht vor allem auf die griechische Antike als »die Wiege der abendländischen Wissenschaft« zurück. »Hier wurde zum ersten Mal das Gedankenwunder eines logischen Systems geschaffen, dessen Aussagen mit solcher Schärfe auseinander hervorgingen, dass jeder der bewiesenen Sätze jeglichem Zweifel entrückt war – Euklids Geometrie. Dies bewunderungswürdige Werk der Ratio hat dem Menschengeist das Selbstvertrauen für seine späteren Taten gegeben.« Und Einstein machte hier eine verdeckte biographische Anmerkung: »Wen dies Werk in seiner Jugend nicht zu begeistern vermag, der ist nicht zum theoretischen Forscher geboren.« Dieses Buch, das er mit etwa zwölf Jahren las, und zuvor ein Kompass, den ihm sein Vater schenkte, waren es nämlich, was ihn für die Wissenschaft begeistert hatte. Einstein betonte dann die zweite »Grunderkenntnis, die bis zu Kepler und Galilei nicht Gemeingut der Philosophen geworden war«: »alles Wissen über die Wirklichkeit geht von der Erfahrung aus und mündet in ihr. Rein logisch gewonnene Sätze sind mit Rücksicht auf das Reale völlig leer.«

Mit diesem wichtigen Punkt griff Einstein einen Aspekt aus seiner berühmten Rede *Geometrie und Erfahrung* auf, die er 1921 in Berlin gehalten hatte. »Insofern sich die Sätze der Mathematik auf die Wirklichkeit beziehen, sind sie nicht sicher, und insofern sie sicher sind, beziehen sie sich nicht auf die Wirklichkeit«, sagte er damals (wohl auch eine Anspielung auf und gegen Kant). Das war seine Antwort auf die bis heute viele Philosophen und Physiker beunruhigende Frage: »Wie ist es möglich, dass die Mathematik, die doch ein von aller Erfahrung unabhängiges Produkt des menschlichen Denkens ist, auf die Gegenstände der

Wirklichkeit so vortrefflich passt. Kann denn die menschliche Vernunft ohne Erfahrung durch bloßes Denken Eigenschaften der wirklichen Dinge ergründen?« Die axiomatische Methode der Mathematik machte ja deutlich, »dass durch sie das Logisch-Formale vom sachlichen beziehungsweise anschaulichen Gehalt sauber getrennt wurde« und allein »den Gegenstand der Mathematik« bildet, »nicht aber der mit dem Logisch-Formalen verknüpfte anschauliche oder sonstige Inhalt.« So gesehen sagt die reine Theorie eben nichts über die Welt aus, wenn die empirische Anbindung fehlt.

In der Spencer-Vorlesung setzte Einstein seinen Akzent aber gerade anders: »Ein fertiges System der Theoretischen Physik besteht aus Begriffen, Grundgesetzen, die für jene Begriffe gelten sollen, und aus durch logische Deduktion abzuleitenden Folgesätzen. Diese Folgesätze sind es, denen unsere Einzelerfahrungen entsprechen sollen; ihre logische Ableitung nimmt in einem theoretischen Buch beinahe alle Druckseiten in Anspruch. [...] Die logisch nicht weiter reduzierbaren Grundbegriffe und Grundgesetze bilden den unvermeidlichen, rational nicht erfassbaren Teil der Theorie. Vornehmstes Ziel aller Theorie ist es, jene irreduziblen Grundelemente so einfach und so wenig zahlreich als möglich zu machen, ohne auf die zutreffende Darstellung irgendwelcher Erfahrungsinhalte verzichten zu müssen.« Allerdings führt kein empirisch zwingender, kein durch Induktion und Abstraktion der Erfahrungsinhalte geleiteter Weg zu den Theorien, wie Einstein immer wieder betonte, auch an dieser Stelle (und in der Hinsicht widersprach er Empiristen und Rationalisten in der wissenschaftsphilosophischen Tradition gleichermaßen).

»Wenn es nun wahr ist, dass die axiomatische Grundlage der Theoretischen Physik nicht aus der Erfahrung erschlossen, sondern frei erfunden werden muss, dürfen wir dann überhaupt hoffen, den richtigen Weg zu finden? Noch mehr: Existiert dieser richtige Weg nicht nur in unserer Illusion?«, fragte Einstein in seiner Spencer-Vorlesung. Und seine oft zitierte Erwiderung ist es auch, die einen platonischen Anklang hat, obschon er damit nicht einer reinen Ideenlehre das Wort redete. »Hierauf antworte ich mit aller Zuversicht, dass es den richtigen Weg nach meiner Meinung gibt und dass wir ihn auch zu finden vermögen«, sagte Einstein. »Nach unserer bisherigen Erfahrung sind wir nämlich zum Vertrauen berechtigt, dass die Natur die Realisierung des mathematisch denkbar Einfachsten ist. Durch rein mathematische Konstruktion vermögen wir nach meiner Überzeugung diejenigen Begriffe und diejenige gesetzliche Verknüpfung zwischen ihnen zu finden, die den Schlüssel für das Verstehen der Naturerscheinungen liefern. Die brauchbaren mathematischen Begriffe können durch Erfahrung wohl nahegelegt, aber keinesfalls aus ihr abgeleitet werden. Erfahrung bleibt natürlich das einzige Kriterium der Brauchbarkeit einer mathematischen Konstruktion für die Physik. Das eigentlich schöpferische Prinzip liegt aber in der Mathematik. In einem gewissen Sinn halte ich es also für wahr, dass dem reinen Denken das Erfassen des Wirklichen möglich sei, wie es die Alten geträumt haben.«

Dieser Passus hatte für einige Verwunderung und Verwirrung gesorgt. Vor allem, wenn er isoliert zitiert wird. Im Kontext von Einsteins Philosophie der Theoretischen Physik ist er jedoch verständlich und sogar konsequent. Man sollte ihn nur nicht überinterpretieren. »Dieser Passus suggeriert eine quasiplatonistische Ontologie«, kommentiert der Wissenschaftstheoretiker Bernulf Kanitscheider. »Der Zusatz ›quasi‹ ist wichtig«, betont er, weil Einstein bei seiner Suche nach einer Einheitlichen Feldtheorie natürlich nicht »auf eine Validierung durch die Erfahrung verzichten konnte und wollte. Der hier zum Ausdruck kommende Rationalismus betrifft die Überzeugung von der Existenz einer letztlich einfachen mathematischen Grundstruktur der Welt, welche mit ausreichend schöpferischer formaler Phantasie für den Menschen auch erfassbar ist.«

Dass dies ein Leitgedanke für die Suche nach einer Einheitlichen Feldtheorie war, wird aus der weiteren Vorlesung deutlich. Zunächst rechtfertigte ihn Einstein durch den Erfolg der Allgemeinen Relativitätstheorie, den er hier wiederum auf die mathematische, nicht die physikalische Strategie zurückführte. Und er erwähnte seine Versuche mit seinem Assistenten Walther Mayer, eine künftige Feldtheorie mithilfe sogenannter Semivektoren zu formulieren und die Eigenschaften von Elektronen und Protonen abzuleiten (was er bald darauf wieder aufgab). Er schloss diese Überlegung mit einem weiteren Bekenntnis zum Prinzip der Einfachheit, nämlich »dass all diese Bildungen und deren gesetzliche Verknüpfungen sich nach dem Prinzip des Aufsuchens der mathematisch einfachsten Begriffe und deren Verknüpfungen gewinnen lassen. In der Beschränktheit der mathematisch existierenden einfachen Feldarten und einfachen Gleichungen, die zwischen ihnen möglich sind, liegt die Hoffnung des Theoretikers begründet, das Wirkliche in seiner Tiefe zu erfassen.«

In der Spencer-Vorlesung gab Einstein also seiner Hoffnung Ausdruck, man könne durch rein mathematische Konstruktionen in der Lage sein, physikalische Konzepte und die zugrunde liegenden Gesetze zu erkennen. »Der Skeptiker wird sagen, ›es mag sein, dass dieses Gleichungssystem vom logischen Standpunkte aus vernünftig ist, aber das beweist noch nicht, dass dieses System der Natur entspricht‹«, formulierte Einstein selbst den naheliegenden Einwand noch einmal 1950 in einem Aufsatz in der Zeitschrift *Scientific American*. Und räumte sogleich unumwunden ein: »Du hast recht, lieber Skeptiker. Nur die Erfahrung allein kann die Wahrheit beweisen.« Trotzdem beharrte er darauf, wie er in den *Autobiographical Notes* schrieb: »Eine Theorie ist desto eindrucksvoller, je größer die Einfachheit ihrer Prämissen ist, je verschiedenartigere Dinge sie verknüpft, und je weiter ihr Anwendungsbereich ist.«

1952 arbeitete Maurice Solovine – ein langjähriger Freund schon aus den Zeiten des Philosophenzirkels »Akademie Olympia« in Bern – an einer französischen Übersetzung eines Texts von Einstein. Er hatte ein paar Verständnisschwierigkeiten und wollte mehr wissen. Das war ein Glück, denn Einstein antwortete mit einer Skizze und Erläuterungen, die seine wissenschaftstheoretische Auffassung prägnant zusammenfassten. Er unterschied dabei drei Ebenen: (1) ein System der Axiome, (2) die daraus gefolgerten Sätze und (3) die Mannigfaltigkeit der unmittelbaren Sinneserlebnisse, die »Gesamtheit der Erfahrungstatsachen«.

Wieder betonte Einstein, dass Theorien freie Erfindungen des Denkens seien, eine kreative Leistung der mathematischen und physikalischen Intuition. Dies ist die mathematische Forschungsstrategie. Sie markiert den einigermaßen wunderlichen und sogar irrationalen Sprung von den Sinneserlebnissen (3) zu den Axiomen (1). Dieser Sprung ist frei, aber nicht beliebig. Die physikalische Strategie hingegen, auf die Einstein bezeichnenderweise hier gar nicht einging, wäre eine Art Abstraktion von (3) zu (1), also eigentlich die bewährte empirisch-induktive Methode. Diese hat sich ja wissenschaftlich durchaus als erfolgreich erwiesen. Aber eben nicht immer und überall. In seinem Ressort sah Einstein – im Gegensatz zu seinen früheren Auffassungen und Interessen – kaum mehr Verwendung für sie. In einem Brief an Michele Besso schrieb er: »Es gibt aber keinen logischen Weg, der vom empirischen Material zu dem allgemeinen Prinzip führt, auf das sich dann die logische Deduktion stützt. […] Je weiter die Theorie voranschreitet, desto deutlicher wird es, dass man die Grundgesetze nicht induktiv aus Erfahrungstatsachen finden kann (zum Beispiel die Feldgleichungen der Gravitation oder die Schrödinger-Gleichung der Quantenmechanik.)«

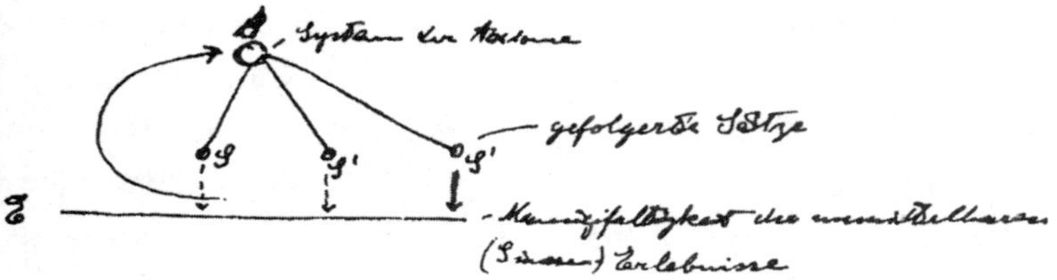

Das Solovine-Schema: In einem Brief an seinen langjährigen Freund Maurice Solovine vom 7. Mai 1952 hat Einstein seine Ansicht zur wissenschaftlichen Theoriebildung sehr pointiert zusammengefasst. Das war zwar nicht für den Druck bestimmt und insofern »ins Unreine« geschrieben. Es bringt aber Einsteins Auffassung konzise auf den Punkt und macht auch die Einseitigkeiten und Tücken deutlich. Einstein schrieb, er sähe die Sache so – und skizzierte ein Schema mit drei Ebenen sowie Beziehungen dazwischen. Er erläuterte dies folgendermaßen: »(1) Die E (Erlebnisse) sind uns gegeben. (2) A sind die Axiome, aus denen wir Folgerungen ziehen. Psychologisch beruhen die A auf E. Es gibt aber keinen logischen Weg von E zu A, sondern nur einen intuitiven (psychologischen) Zusammenhang, der immer ›auf Widerruf‹ ist. (3) Aus A werden auf logischem Wege Einzel-Aussagen S abgeleitet, welche Ableitungen den Anspruch auf Richtigkeit erheben können. (4) Die S werden mit den E in Beziehung gebracht (Prüfung aus der Erfahrung). Diese Prozedur gehört genau betrachtet ebenfalls der extra-logischen (intuitiven) Sphäre an, weil die Beziehung der in den S auftretenden Begriffe zu den Erlebnissen E nicht logischer Natur sind. Diese Beziehung der S zu den E ist aber (pragmatisch) viel weniger sicher als die Beziehung der A zu den E. (Beispiel der Begriff Hund und die entsprechenden Erlebnisse). Wäre solches Entsprechen nicht mit großer Sicherheit erzielbar (obwohl nicht logisch fassbar), so wäre die logische Maschinerie für das ›Begreifen der Wirklichkeit‹ völlig wertlos (Beispiel Theologie). – Die Grundessenz ist der ewig problematische Zusammenhang alles Gedanklichen mit dem Erlebbaren (Sinnen-Erlebnisse).«

Die kreative Erfindung neuer Hypothesen, Theorien und Axiomensysteme ist allerdings nur ein Aspekt – ein Ausgangspunkt der Forschung, aber nicht ihr rationaler Kern. Der steckt in der Ableitung von empirisch überprüfbaren Aussagen (2), was zurück auf die Ebene der Erfahrungen führt. Scheitern die Voraussagen, müssen die Hypothesen revidiert werden. Das kann durch eine

Ergänzung oder Modifikation geschehen, oder durch einen völlig neuen Ansatz. Wieder sind also kreative Sprünge nötig. Es ist eine Art Erkenntnisspirale, kein Einweg-Prozess. Und es gibt oft rivalisierende Theorien, die auf dieselben oder auch andere Sätze schließen. Prinzipiell am einfachsten ist es dann, wenn es direkte, experimentell überprüfbare Aussagen gibt, die sich widersprechen (»experimentum crucis«). In der Regel ist der Forschungsprozess aber komplizierter. Und nicht abzuschließen, sondern »hypothetisch, niemals völlig endgültig, immer Zweifeln und Fragen unterworfen«, wie Einstein betonte. Die Darstellung in den Lehrbüchern unterschlägt den kreativen Sprung meistens und geht entweder rein axiomatisch von den Voraussetzungen über die Deduktion der Sätze zur empirischen Prüfung – oder schließt auch eine induktive Abstraktion von der Empirie zur Theorie mit ein. Ein Fortschritt der Wissenschaft besteht dann darin, die Zahl der verifizierten Sätze zu erhöhen, das Axiomensystem zu erweitern und im günstigsten Fall mit anderen, getrennten Systemen in einem größeren, übergeordneten System zu integrieren. Darin besteht auch die Strategie der Vereinheitlichungen physikalischer Theorien und somit Einsteins Versuchen, eine Theorie zu finden, die über die Allgemeine Relativitätstheorie hinaus reicht.

Suche nach einer Einheitlichen Feldtheorie

Erstmals im Titel eines wissenschaftlichen Artikels verwendete Einstein die Bezeichnung »Einheitliche Feldtheorie« 1925. Sie tauchte aber schon in einem halben Dutzend seiner Veröffentlichungen zuvor auf. Und sie kam in der Überschrift von zehn weiteren wissenschaftlichen Aufsätzen vor. »Insgesamt schrieb Einstein mehr als 40 Fachbeiträge über das Thema. Das ist ungefähr ein Viertel seines Œuvres an Forschungsartikeln und etwa die Hälfte seiner wissenschaftlichen Produktion, die nach 1920 publiziert wurde«, resümiert der Physikhistoriker Tilman Sauer.

Ziel war ein tiefes Erfassen der Welt – »der ganzen Physik als eine organische Einheit, von der sich ohne großen Bedeutungsverlust kein Teil von irgendeinem anderen trennen lässt«, wie es Sauer ausdrückt, »ein holistisches Verständnis. Isolierte Phänomene durch allgemeine Naturgesetze zu erklären, war ein valider Aspekt dieser Anstrengung, aber er betraf nur unseren Verstand. Die menschliche Vernunft dagegen, um eine Unterscheidung der Philosophie des Deutschen Idealismus aufzugreifen, strebt ein Verständnis der Natur als Ganzes an, einschließlich des menschlichen Lebens und Handelns. Von dieser Perspektive her ergaben sich Einsteins politische Einmischungen aus derselben Weltsicht wie es in seinen späteren Jahren mit der Einheitlichen Feldtheorie der Fall war.« So lässt sich vielleicht auch verstehen, warum er auf seiner felsenfesten Überzeugung beharrte. Trotz der vielen Rückschläge und Enttäuschungen sowie einer zunehmenden wissenschaftlichen Isolation – und ohne einer Lösung wirklich näher zu kommen.

Schon in seiner Vorlesung *Äther und Relativitätstheorie* an der Universität Leiden im Jahr 1920 hatte Einstein sein nächstes großes Ziel im Blick: das Nebeneinander von Gravitation und Elektromagnetismus zu einem echten Mit- und Ineinander zu bringen. »Die Isoliertheit dieser beiden Gebiete führt zu keinen Konflikten oder Paradoxa. Es gab keine Rätsel wie den Michelson-Morley-Versuch, keine eigenartigen Koinzidenzen wie die Gleichheit von schwerer und träger Masse. Trotzdem schien es physikalisch vernünftig und reizvoll, die Frage zu stellen, ob die einzigen beiden Kraftfelder der Natur, beide ihrem Charakter nach mit langer Reichweite, einen gemeinsamen Ursprung haben«, beschrieb Abraham Pais die Motivation. Dies wurde bei Einstein damals zunächst nur angedeutet, doch die zwar friedliche Koexistenz, aber auch wechselseitige, kaltschultrige Reserviertheit der beiden Theorien weckte sein Verkupplungsbedürfnis.

Einstein betonte, dass die künftige Rolle des neuen »Äthers« unklar sei. »Wir wissen, dass er die metrischen Beziehungen im raumzeitlichen Kontinuum, zum Beispiel die Konfigurationsmöglichkeiten fester Körper sowie die Gravitationsfelder bestimmt; aber wir wissen nicht, ob er am Aufbau der die Materie konstituierenden elektrischen Elementarteilchen einen wesentlichen Anteil hat.« Er rekapitulierte, dass die damalige Physik trotz aller Vereinheitlichungen noch zwei grundverschiedene Arten von Entitäten annehmen muss, »zwei begrifflich vollkommen voneinander getrennte, wenn auch kausal aneinander gebundene Realitäten, nämlich Gravitationsäther und elektromagnetisches Feld oder – wie man sie auch nennen könnte – Raum und Materie«. Und auch das nur, wenn die Elementarteilchen der Materie »nichts anderes sind als Verdichtungen des elektromagnetischen Feldes« – eine durchaus populäre, aber alsbald sich als falsch herausstellende Hypothese.

Einstein dachte weit voraus: »Natürlich wäre es ein großer Fortschritt, wenn es gelingen würde, das Gravitationsfeld und das elektromagnetische Feld zusammen als ein einheitliches Gebilde aufzufassen. Dann erst würde die von Faraday und Maxwell begründete Epoche der Theoretischen Physik zu einem befriedigenden Abschluss kommen. Es würde dann der Gegensatz Äther – Materie verblassen und die ganze Physik zu einem ähnlich geschlossenen Gedankensystem werden wie Geometrie, Kinematik und Gravitationstheorie durch die Allgemeine Relativitätstheorie«, formulierte Einstein seine physikalische Utopie. Aber er war kritisch und realistisch genug, schon damals zu erkennen, dass sich »die Möglichkeit nicht unbedingt abweisen« lässt, »dass die in der Quantentheorie zusammengefassten Tatsachen der Feldtheorie unübersteigbar Grenzen setzen können.«

Neben dem Ziel, die beiden Felder zu vereinheitlichen, gab es noch das Problem der Materie (beide Schwierigkeiten sind logisch unabhängig voneinander, wurden damals aber gerne aufeinander bezogen, weil die Zuversicht bestand, beide zusammen zu lösen und womöglich überhaupt nur gemeinsam lösen zu können.) Die Feldgleichungen der Allgemeinen Relativitätstheorie spezifizieren die Natur der Materie nämlich kaum. (In der Kosmologie wird sie oft gemittelt als eine Art Flüssigkeit oder Staub beschrieben, was auf großräumigen Skalen näherungsweise auch gut ausreicht.) Der Energie-Impuls-Tensor auf der rechten Seite der Feldgleichungen ist bloß eine effektive Beschreibung – und so grob, dass sehr viel darunter zusammengefasst werden kann, ohne die Details zu berücksichtigen. »Nur der Umstand, dass die wahren Gesetze des elektromagnetischen Feldes für sehr intensive Felder noch nicht hinreichend bekannt sind, zwingt uns vorläufig dazu, die wahre Struktur dieses Tensors bei der Darstellung der Theorie unbestimmt zu lassen«, betonte Einstein 1921 in seinen Princeton-Vorlesungen. Man muss also keine genaue Theorie der Materie haben, um die gravitativen Auswirkungen ihrer Masse zu berechnen. (Dieser scheinbare Nachteil ist, und zwar gerade auch aus heutiger Sicht, viel eher ein Vorteil, weil es die Anwendbarkeit der Theorie ermöglicht, und zwar besonders fürs große Ganze des Makrokosmos, ohne gleich viel über den Mikrokosmos wissen zu müssen.)

Einstein hat dies in seinen *Autobiographical Notes* 1949 so verdeutlicht: »Die rechte Seite ist eine formale Zusammenfassung aller Dinge, deren Erfassung im Sinne einer Feldtheorie noch problematisch ist. Natürlich war ich keinen Augenblick darüber im Zweifel, dass diese Fassung nur ein Notbehelf war, um dem allgemeinen Relativitätsprinzip einen vorläufigen geschlossenen Ausdruck zu geben. Es war ja nicht wesentlich *mehr* als eine Theorie des Gravitationsfeldes, das einigermaßen künstlich von einem Gesamtfelde noch unbekannter Struktur isoliert wurde.« In diesem Sinn ist die Allgemeine Relativitätstheorie vorläufig und in ihrem Geltungsbereich beschränkt. Falls überhaupt etwas von ihr »möglicherweise endgültige Bedeutung beanspruchen kann, so ist es die Theorie des Grenzfalles des reinen Gravitationsfeldes und dessen Beziehung zu der metrischen Struktur des Raumes«, meinte Einstein.

Die Jagd beginnt

Die ersten Arbeiten zu einer Einheitlichen Feldtheorie publizierten Gustav Mie 1912 und Ernst Reichenbacher 1916; sie schlossen aber die Allgemeine Relativitätstheorie noch nicht ein. Auf Mies Theorie der Materie baute David Hilbert ab Ende 1915 auf; er integrierte sofort Einsteins Gravitationstheorie, an deren Entwicklung er zum Schluss noch regen Anteil genommen und sogar konkurrierend mitgewirkt hatte. Zwischen 1918 und 1923 entstanden dann drei verschiedene Ansätze, die durchaus richtungsweisend waren und die weitere Entwicklung dieses Forschungsbereichs auch beeinflusst hatten – wenngleich anders, als zunächst beabsichtigt. Diese drei Ansätze wurden von Hermann Weyl, Theodor Kaluza und Arthur S. Eddington erarbeitet.

Bis dahin war Einstein also nicht selbst tätig gewesen beim Versuch, das elektromagnetische und das gravito-inertiale Feld zu vereinheitlichen; er reagierte vielmehr auf die anderen Versuche, stand mit allen drei Wissenschaftlern in Briefkontakt und arbeitete Kaluzas Ansatz später weiter aus.

»Ihre Untersuchung interessiert mich gewaltig, zumal ich mir oft schon das Gehirn zermartert habe, um eine Brücke zwischen Gravitation und Elektromagnetik zu schlagen«, hatte Einstein schon im November 1915 an Hilbert geschrieben. Und Weyl gegenüber bemerkte er 1918: »Auch ich habe schon manches ausgedacht, zusammengebraut, aber immer wieder den Kopf resigniert sinken lassen.« Und zwei Jahre später meinte er zu Paul Ehrenfest, er habe »keinen Fortschritt mehr gemacht. Noch immer steht das elektrische Feld unverbunden da.«

Im Wesentlichen gab es zunächst zwei Strategien: Einerseits die Ausdehnung der Raumzeit von vier auf fünf Dimensionen (das war Kaluzas Idee), andererseits eine Verallgemeinerung der Riemann'schen Geometrie (damit begann Weyl, Eddington griff dies auf). Beide Strategien werden neben wenigen weiteren bis heute verfolgt, wenn auch in einem anderen Rahmen und Kontext. Viele der Grundideen sind also bereits damals entwickelt worden.

Hermann Weyl begann 1918 damit, eine Einheitliche Feldtheorie auf der Grundlage einer allgemeineren Geometrie und eines sogenannten Eichprinzips zur Festlegung von Größenverhältnissen auszuarbeiten (Maßstäben wie bei der Spurweite einer Eisenbahn, daher auch die Bezeichnung). So wollte er die unerklärte, aber empirisch gut bestätigte Erhaltung der elektrischen Ladung ableiten. »Machen wir keine weitere Voraussetzung, so bleiben die einzelnen Punkte der Mannigfaltigkeit in metrischer Hinsicht vollständig gegeneinander isoliert. Ein metrischer Zusammenhang von Punkt zu Punkt wird erst dann in sie hineingetragen, wenn *ein Prinzip der Übertragung der Längeneinheit von einem Punkte P zu seinem unendlich benachbarten* vorliegt«, schrieb er an Einstein. »Ich bin verwegen genug, zu glauben, dass die Gesamtheit der physikalischen Erscheinungen sich aus einem einzigen universellen Weltgesetz von höchster mathematischer Einfachheit herleiten lässt.« Es sei ihm gelungen, Elektrizität und Gravitation aus einer gemeinsamen Quelle herzuleiten. »Es ergibt sich ein völlig bestimmtes Wirkungsprinzip, das im elektrizitätsfreien Fall auf Ihre Gravitationsgleichungen führt, im gravitationsfreien dagegen Gleichungen ergibt, die *in erster Näherung* mit den Maxwell'schen übereinstimmen.« (Im allgemeinsten Fall waren die Gleichungen allerdings vierter Ordnung.)

Einstein lobte Weyls Arbeit als »Genie-Streich ersten Ranges« und meinte, ihre »Tiefe und Kühnheit« müsse »jeden Leser mit Bewunderung erfüllen«. Er blieb jedoch skeptisch und schrieb an Weyl, dass er die »Grundhypothese der Theorie leider nicht annehmbar« fände. Die formale Meisterleistung würde nicht mit der physikalischen Wirklichkeit übereinstimmen. Im Gegensatz zur bekannten Physik einschließlich der Relativitätstheorie könnten in Weyls Theorie Uhren und Maßstäbe nicht überall gleich funktionieren, das heißt die Maßangaben wären nicht einheitlich. »Uhren und Maßstäbe müssten erst als Lösungen auftreten; im Fundament der Theorie kommen sie nicht vor«, müsse Weyl sagen. Doch wenn das, was mit einer Uhr oder einem Maßstab gemessen wird, »ein von der Vorgeschichte, dem Bau und dem Material Unabhängiges ist, so muss diese Invariante als solche auch in der Theorie eine ganz fundamentale Rolle spielen. Wenn aber die Art des wirklichen Naturgeschehens nicht so wäre, so gäbe es keine Spektrallinien und keine wohldefinierten chemischen Elemente.« Das Schicksal von starren Körpern sollte also nicht von ihrer Vorgeschichte abhängen, sonst »würde es Natrium-Atome und Elektronen in allen Größen geben müssen«, wie Einstein sich ausdrückte.

»Ihre Ablehnung der Theorie fällt für mich schwer ins Gewicht«, antwortete Weyl. »Aber mein eigenes Hirn bewahrt noch den Glauben an sie.« Seine Geometrie sei die wahre, die der Allgemeinen Relativitätstheorie zugrundeliegende Riemann'sche dagegen nur ein Spezialfall; ihr Gebrauch habe »lediglich historische Gründe« und »keine sachlichen.« Und Weyl hatte noch ein weiteres Argument: Seine Theorie führe »auf einheitliche Weise und zwingend zu dem kosmologischen Gliede, das bei Einstein nur eine ad hoc gemachte Annahme war« – die Kosmologische Konstante wäre sogar beteiligt bei einer natürlichen »Eichung« durch den Krümmungsradius des Weltraums. »Das Elektron könnte nicht wissen, wie groß es sein sollte, wenn es nicht etwas hätte, an dem es sich messen könnte«, kommentierte Arthur Stanley Eddington in seinem Buch *Space, Time and Gravitation* (1920). Darin kritisierte er allerdings auch, dass Weyl »vom falschen Ende her« arbeite (weil dessen Geometrie sich nicht auf wirklichen Raum bezieht); doch sein brillanter Ansatz sei »fraglos der größte Fortschritt der Relativitätstheorie seit Einsteins Arbeiten«.

Letztlich ließ sich Weyls Theorie nicht halten. Doch obwohl sie ganz am Anfang der Versuche stand, die Allgemeine Relativitätstheorie mit dem Elektromagnetismus zu verbinden, war sie rückblickend vielleicht der wichtigste Vorschlag zu einer Einheitlichen Feldtheorie. Denn mit der Idee der Eichinvarianz hatte Weyl eine intellektuelle Pionierarbeit für die Physik geleistet. Und die hat sich – allerdings erst Jahrzehnte später – als ungeheuer fruchtbar erwiesen. Der Physik-Nobelpreisträger Chen Ning Yang zählte sie auf einer Konferenz 2002 in Paris sogar zu den wichtigsten Grundgedanken der Physik des 20. Jahrhunderts. Der Beschreibung aller Naturkräfte im Standardmodell der Elementarteilchenphysik liegt nämlich die Eichinvarianz als eine sogenannte lokale Symmetrie zugrunde. Auch Einstein bewunderte Weyls geniale Idee. Im Hinblick auf eine Einheitliche Feldtheorie hielt er sie aber nur für einen schönen Rahmen ohne Inhalt, doch »der Gedanke müsse zu Ende gedacht werden«, wie er Weyl schrieb. Und in einem Brief 1918 an seinen ehemaligen Studenten Walter Dällenbach meinte er: »Jedenfalls bin ich mit Weyl überzeugt, dass Gravitation und Elektrizität zu einem Einheitlichen sich verbinden lassen müssen, nur glaube ich, dass die richtige Verbindung noch nicht gefunden ist.«

Arthur Eddington ging – von Weyl inspiriert und ebenfalls wie dieser – nicht von einer Metrik aus, sondern begann seine affine Theorie 1921 mit einem allgemeinen Zusammenhang und einer Eichinvarianz, wie die mathematischen Fachbegriffe lauten (er verwendete auch einen asymmetrischen Ricci-Tensor). Dadurch wurde die Materie inhärent in die Geometrie eingebaut und das Elektron erschien als Krümmung. Die Gleichungen hatten 54 Komponenten, was Lorentz von »überflüssigen Quantitäten« zu mäkeln veranlasste. Einstein war erst zurückhaltend, reagierte dann aber begeistert und wollte Eddingtons Ansatz fortsetzen, weil dieser keine Feldgleichungen formuliert hatte. Im Februar 1923 schrieb Einstein, noch auf einer Schiffsreise von Japan, einen Artikel. Darin fasste er zusammen: »Der Wunsch, das Gravitationsfeld und das elektromagnetische Feld als Wesenseinheit zu begreifen, beherrscht in den letzten Jahren das Streben der Theoretiker. [...] Von einem logisch einleuchtenden Standpunkt her sollte nur die Konnektion als fundamentale Größe benutzt werden und die Metrik eine daraus abgeleitete Größe sein. [...] Dies tat Eddington.« Im Mai kommentierte er gegenüber Weyl allerdings schon skeptischer: »Darüber steht das marmorne Lächeln der unerbittlichen Natur, die uns mehr Sehnsucht als Geist verliehen hat.« Einstein verfasste noch zwei weitere Artikel zu Eddingtons Ansatz und lobte, dass dieser »zu einer von Willkür fast freien Theorie führt, welche unserem bisherigen Wissen über Gravitation und Elektrizität gerecht wird und beide Feldarten in wahrhaft vollendeter Weise vereinigt.« Eddington erhielt auch Teilchenlösungen mit negativer und positiver Ladung. Allerdings hatten sie, im Gegensatz zu Elektron und Proton, dieselbe Masse. Das war ein Problem, das auch keine spätere Theorie lösen konnte. Es war zudem das falsche Ziel, wie dann klar wurde. Denn weder sind die beiden die einzigen Teilchenarten, wie man dachte, noch ist das Proton elementar (es besteht aus kleineren Bau-

Auf der Suche nach tieferen Fundamenten: Wie Einstein strebten auch andere Physiker nach einer Einheitlichen Feldtheorie und relativistischen Kosmologie; sie waren in einem engen, teils hitzigen Gedankenaustausch mit ihm. Von oben links: Willem de Sitter (1872–1934), Arthur Stanley Eddington (1882–1944), Hermann Weyl (1885–1955), Élie Cartan (1869–1951), Wolfgang Pauli (1900–1958) und Erwin Schrödinger (1887–1961).

steinen, den Quarks). Schon damals kritisierte Wolfgang Pauli diese Bestrebungen hellsichtig. Im September 1923 schrieb er an Eddington: »Ich glaube nun überhaupt nicht, dass dieses Problem der elektrischen Elementarteilchen von irgend einer Theorie gelöst werden kann, die den Begriff der kontinuierlich variierenden Feldstärken, die gewissen Differentialgleichungen genügen, auf die Gebiete im Innern der Elementarteilchen anwendet.« Und nach seiner Begründung für diese Einschätzung schloss er: »Deswegen halte ich im Gegensatz zu Ihnen und Einstein die Erfindung der Mathematiker, dass man auch ohne Linienelement auf einen affinen Zusammenhang eine Geometrie gründen kann, zunächst für die Physik bedeutungslos.«

Kompromisslosigkeit, Schweinerei und Bierideen

Es gab und gibt kein einheitliches Vorgehen bei der Suche nach einer Verallgemeinerung der Relativitätstheorie und zur Einheitlichen Feldtheorie. Es wurden zu Einsteins Zeiten, und auch von ihm, im Wesentlichen drei Strategien verfolgt. Es sind Anreicherungen beziehungsweise Modifikationen der Feldgleichungen seiner Allgemeinen Relativitätstheorie und Ausarbeitungen auf der Grundlage allgemeinerer Geometrien als der Riemann'schen. 1954 hat Einstein folgende Übersicht gegeben (im zweiten Anhang seines Buchs *Grundzüge der Relativitätstheorie*):

› »Erhöhung der Dimensionszahl des Kontinuums«, also der Raumzeit: Es könnte mehr als drei Raum-Dimensionen geben. Diese Idee wurde erstmals 1919 von Theodor Kaluza vorgeschlagen – und von Einstein zunächst nicht ernst genommen, dann aber selbst ausprobiert. »In diesem Falle hat man zu erklären, warum das Kontinuum *scheinbar* auf vier Dimensionen beschränkt ist«, betonte Einstein. Hierzu wurde vorgeschlagen – 1926 von Oskar Klein und darauf aufbauend seit den 1970er-Jahren im Rahmen der Stringtheorie –, dass die Extradimensionen »kompaktifiziert« sind, also quasi aufgerollt, das heißt winzig klein und daher weder für die Sinne noch für die besten Experimente bislang erkennbar. Oder sie sind zwar groß (vielleicht sogar unendlich groß und gekrümmt), aber nur für die Schwerkraft zugänglich, die deshalb auch viel schwächer ist als die anderen Naturkräfte, weil sie gleichsam abfließen kann. So mag sich eine fünfte Dimension um Haaresbreite von der Alltagswelt entfernt befinden und ist der Materie doch für immer verschlossen.

› Zusätzliche Felder: Dadurch würde der Energie-Impuls-Tensor auf der rechten Seite der Feldgleichungen abgewandelt. Den Energie-Impuls-Tensor $T_{\mu\nu}$ sah Einstein als Schwachstelle der Relativitätstheorie, weil er keine geometrische Signifikanz besitzt, sondern nur als Quelle der Gravitation fungiert. »So wie Mie seiner konsequenten Elektrodynamik eine Gravitation angeklebt hatte, die nicht organisch mit jener zusammenhing, ebenso hat Einstein seiner konsequenten Gravitation eine Elektrodynamik (das heißt die gewöhnliche Elektrodynamik) angeklebt, die mit jener nicht viel zu tun hatte«, brachte Arnold Sommerfeld das Problem auf den Punkt. »Natürlich weiß ich, dass der Zustand der Theorie, wie ich ihn hingestellt habe, ein nicht befriedigender ist, abgesehen davon, dass die Materie unerklärt bleibt«, gab Einstein zu. Daher sympathisierte er mit der Strategie, ihn zu ersetzen, etwa als Feldkonfigurationen (Solitonen) oder Raumkrümmungen (John Wheeler sprach später von »Geonen«, sein Ansatz funktionierte aber auch nicht).

› »Einführung von Feldgleichungen höherer (Differentiations-)Ordnung«: Auch diese mathematische Aufrüstung der Gleichungen hat inzwischen einige Beliebtheit, etwa in Gestalt der f(R)-Theorien, und könnte zugleich kosmologische Probleme lösen.

Einstein warnte jedoch: »Nach meiner Ansicht sollten solche Komplikationen und deren Kombinationen erst dann in Betracht gezogen werden, wenn dafür physikalisch-empirische Gründe vorliegen.« Das sehen die Theoretiker heute etwas entspannter und basteln munter ihre Modelle. Dass diese sich aber letztlich an den physikalischen Beobachtungen und Experimenten zu bewähren haben und nur so überprüft und bestätigt werden können, ist unstrittig.

1922 verfasste Einstein die erste eigene Arbeit zur Suche nach einer Einheitlichen Feldtheorie. 1925 hatte er einen konkreten Vorschlag (mit 80 Fundamentalfeldern!), den er zunächst enthusiastisch öffentlich machte, aber alsbald wieder verwarf. »Nach unablässigem Suchen in den letzten zwei Jahren glaube ich, nun die wahre Lösung gefunden zu haben«, schrieb er in der Einleitung mit unberechtigtem Optimismus. Bald kamen ihm aber Bedenken. In drei Briefen an Ehrenfest wird der Niedergang besonders deutlich: »Sehr schön, aber zweifelhaft«, schrieb Einstein im ersten; »Nun zweifle ich aber wieder sehr an der Wahrheit« im zweiten; und im Dritten bereits die Kapitulation – der Ansatz »taugt nichts«.

Dieser Wechsel von Aufbruchsstimmung über begeisterte Ausarbeitungen und selbstkritische Prüfungen zur enttäuschten Kapitulation wiederholte sich noch mehrmals. Im Einzelnen sind Einsteins Bemühungen um eine Einheitliche Feldtheorie wissenschaftshistorisch nur ansatzweise erschlossen, denn seine rund 50 Publikationen hierzu zeigen nur die Spitze des Eisbergs. In seinem Nachlass, den seine langjährige Sekretärin Helen Dukas archiviert hatte, befinden sich rund 43.000 Dokumente, die nun im Albert-Einstein-Archiv an der Universität Jerusalem aufbewahrt werden und mikroverfilmt sind (seither wurden noch weitere 20.000 Dokumente zusammengetragen). Nach Dukas' Tod 1982 sind hinter einem Aktenschrank in Princeton rund 1750 handschriftliche Manuskripte entdeckt worden, überwiegend nur einzelne, undatierte Seiten – fast ausschließlich Berechnungen. Ihre Erschließung wird Forscher noch lange beschäftigen.

Trotzdem ließ sich Einstein nicht beirren und arbeitete unverdrossen weiter. Und das, obwohl er letztlich keine physikalischen Ergebnisse erzielte, keine neuen Effekte vorhersagte und nicht einmal die klassischen Grenzfälle für schwache Felder verlässlich aus den neuen Ansätzen herleiten konnte. Umso größer war das

Jahr	Einsteins bevorzugter Ansatz
1919–1922	Eichtheorie (Hermann Weyl), fünfdimensionales Modell (Theodor Kaluza), Affine Theorie (Arthur S. Eddington)
1923	Affine Theorie (Arthur S. Eddington)
1923	Überdeterminierung der Gleichungen
1925	metrisch-affine Geometrie
1927	spurfreie Gleichungen
1927	fünfdimensionales Modell (real)
1928–1931	Fernparallelismus (mit Torsion)
1931	Semivektoren
1938–1941	fünfdimensionales Modell (projiziert)
1944	Bivektoren
1945–1955	asymmetrischer Tensor

Vergebliche Versuche: Einstein probierte immer wieder neue Ideen aus, um eine Einheitliche Feldtheorie von Gravitation und Elektromagnetismus zu finden. Er hatte in Berlin wie in Princeton nie Doktoranden, arbeitete aber gerne mit Postdocs zusammen – auch an einer Verallgemeinerung der Relativitätstheorie. Zu seinen Mitarbeitern gehörten Valentine Bargmann, Peter Bergmann, Bannesh Hoffmann, Leopold Infeld, Bruria Kaufman, Walther Mayer, Nathan Rosen und Ernst Gabor Straus.

öffentliche Interesse – nicht, weil die Menschen Einsteins Überlegungen nachvollziehen konnten, sondern weil er längst zum Popstar avanciert war. (Charlie Chaplin soll zu ihm einmal gesagt haben: »Mir wird applaudiert, weil mich jeder versteht, und Ihnen, weil Sie niemand versteht.«) So titelte die *New York Times* 1949: »Neue Einstein-Theorie liefert den Schlüssel zum Universum«; und wenige Jahre später: »Einstein bietet eine neue Theorie zur Vereinheitlichung der Gesetze des Kosmos an«. Es wurden Abhandlungen von ihm ausgestellt und nachgedruckt, obwohl nur wenige Physiker sie überhaupt begreifen konnten. Einstein ignorierte den Wirbel so gut wie möglich und las normalerweise nichts, was über ihn geschrieben wurde. Auch lehnte er Interviews ab und bat Helen Dukas, aufgrund der Vorläufigkeit und Unausgegorenheit seiner Arbeiten den Reportern zu sagen: »Kommen Sie in 20 Jahren wieder.«

Obwohl ein Ziel Einsteins darin bestand, die Natur der Materie besser zu verstehen – er versuchte vergeblich, Elementarteilchen mit entgegengesetzter Ladung, aber ungleicher Masse abzuleiten, als ein Modell für Elektronen und Protonen –, lehnte er die von ihm mitbegründete führende Theorie der Materie mehr und mehr ab, die Quantenmechanik. Zu unbehaglich fand er deren obskur anmutenden Konsequenzen und vor allem ihre Wahrscheinlichkeitsgesetze mit absolut zufälligen Quanteneffekten. »Ich glaube weniger als je an die wesentlich statistische Natur des Geschehens und habe beschlossen, das bisschen Arbeitskraft, das mir noch gegeben ist, in vom gegenwärtigen Treiben unabhängiger Weise nach meinem eigenen Gusto zu verwenden«, schrieb er 1928 an Paul Ehrenfest. Und im Jahr darauf meinte er gegenüber Cornelius Lanczos, dass zwischen seinem »›reaktionären Standpunkt‹, der eine vollständige feldtheoretische Beschreibung auf Grund der normalen Raum-Zeit-Struktur erstrebt, und dem wahrscheinlichkeitstheoretischen (statistischen) Standpunkt ein Kompromiss [...] nicht mehr möglich« sei. In den 1920er- und 1930er-Jahren kritisierte er die Quantenphysik noch mit luziden Argumenten, aber dann verlor er allmählich den Anschluss an die Entwicklungen; sie interessierten ihn nicht mehr vordringlich. Dabei hegte er lange die Hoffnung, den Indeterminismus der Quantentheorie durch eine Einheitliche Feldtheorie erklären und wieder auf ein tieferes, deterministisches Fundament stellen zu können. »Meine Bemühungen, die Allgemeine Relativitätstheorie durch Verallgemeinerung der Gravitationsgleichungen zu vervollständigen, verdanken ihre Entstehung zum Teil der Vermutung, dass eine vernünftige allgemein relativistische Feldthe-

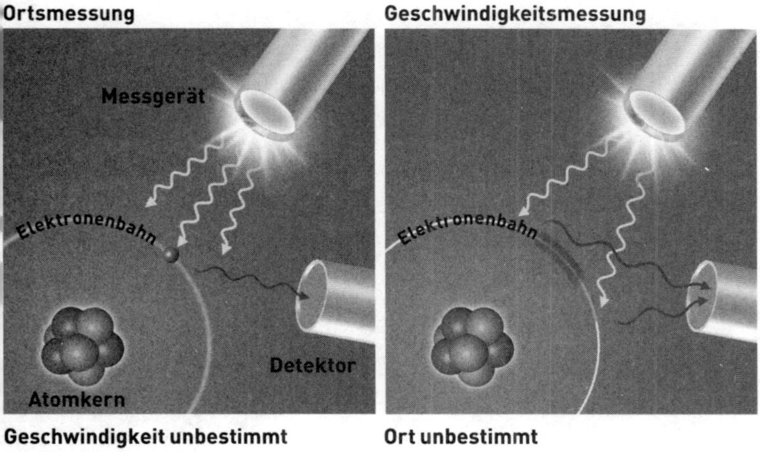

Unhintergehbare Unschärfe: Gemäß der von Werner Heisenberg 1927 entdeckten Unbestimmtheits- oder Unschärferelation lassen sich einige physikalische Eigenschaften in der Quantenwelt nicht beliebig präzise messen – und sind auch in der Natur nicht genau festgelegt. Das gilt zum Beispiel für den Ort eines Teilchens und seine Geschwindigkeit (genauer: seinen Impuls, also das Produkt von Masse und Geschwindigkeit).

orie vielleicht den Schlüssel zu einer vollkommeneren Quantentheorie liefern könne«, schrieb er 1952 in der Festschrift zum 60. Geburtstag des Quantenphysikers und Nobelpreisträgers Louis de Broglie (dessen Dissertation zu den Materiewellen Einstein 1924 sehr unterstützt hatte). Allerdings wurde damals auch umgekehrt versucht, das Gravitationsfeld zu quantisieren – die bis heute anhaltende Forschungsrichtung. Pionier war Léon Rosenfeld, der mit de Broglie, Born und Pauli geforscht hatte, bevor er 1930 eine Professur an der Universität Lüttich erhielt; im selben Jahr erschien sein Artikel *Zur Quantelung der Wellenfelder* in den *Annalen der Physik*.

Auch andere Physiker und Mathematiker arbeiteten in den 1930er- bis frühen 1960er-Jahren an Einheitlichen Feldtheorien.

Welle contra Teilchen: Passiert ein Partikel, egal ob Licht oder Materie, einen Spalt, dann hinterlässt es dahinter auf einem Schirm oder im Detektor ein Signal (1 und 2). Sind beide Spalten offen, kommt es jedoch zu einer Überlagerung (Interferenz) wie bei Wellen (gemessene Situation im Teilbild 4 im Gegensatz zum nie beobachteten Muster in 3). Das ist selbst dann der Fall, wenn die – vermeintlichen? – Teilchen »eins ums andere« auf den Doppelspalt geschossen werden. Wieso diese Interferenz oder Superposition entsteht, ist rätselhaft.

Sie standen aber alle im Schatten Einsteins, obwohl dieser eigentlich keine neuen Ideen produzierte, von denen Physiker und Mathematiker konzeptuell profitiert hätten; er war eben sehr prominent. In Paris gab es eine produktive Gruppe um André Lichnerowicz und Marie-Antoinette Tonnelat, in Bloomington, Indiana, forschte Václav Hlavatý und in Dublin der Quantenphysiker Erwin Schrödinger, der 1926 die berühmte Schrödinger-Gleichung formuliert hatte, aber wie Einstein skeptisch gegenüber dieser

Bizarre Quantenwelt: Im Doppelspalt-Experiment (links) scheint ein einzelnes Teilchen beide Wege zu nehmen – das ist, als würde ein Skifahrer mit einem Bein links und mit einem Bein rechts an einem Baum vorbeisausen. Warum ist das in der Alltagswelt nie zu beobachten?

»neuen Physik« eingestellt war. Schrödinger unterhielt einen langen Briefwechsel mit Einstein und versuchte wie dieser mit einer affinen Geometrie weiter zu kommen; 1947 verkündete er mit einigem Pressetrubel (und dem Ziel einer Gehaltserhöhung) an der Royal Irish Academy einen Durchbruch, der aber von Einstein reserviert kommentiert wurde und nicht viel Neues gegenüber dessen eigenen Überlegungen aus dem Jahr 1925 brachte. Schrödinger verstaute dann alle Unterlagen in einem Ordner mit der Beschriftung »Die Einstein Schweinerei«; aber ein Jahr später begann er von neuem, an einer Einheitlichen Feldtheorie zu arbeiten. All diesen Anstrengungen war weder Erfolg noch größere Beachtung beschieden. Wolfgang Pauli hielt sich mit seiner kritischen Meinung wie üblich nicht zurück und kommentierte, dass »alle ›Einheitlichen Feldtheorien‹ auf Bierideen basiert sind

– insbesondere ist es eine typische Bieridee der großen Herren Einstein und Schrödinger, den symmetrischen und den antisymmetrischen Teil eines Tensors zusammenzuaddieren«.

»Mit Einsteins Tod geriet die Suche nach einer Einheitlichen Feldtheorie von Gravitation und Elektromagnetismus in den Hintergrund«, fasste der Astronom George C. McVittie die spätere Situation zusammen. Während es damals zu einer wahren Renaissance der Allgemeinen Relativitätstheorie kam, wurde Einsteins Erbe mehr oder weniger ad acta gelegt. Die vielen heterogenen Ansätze hatten zu nichts geführt, die Situation war unübersichtlich und kaum mehr erfolgversprechend. »Es ist leicht, sich in den vielen konstruktiven Möglichkeiten der zugrundeliegenden Geometrie zu verlieren«, schrieb Hubert Goenner. Der Theoretische Physiker an der Universität Göttingen hat eine umfassende Studie zur Geschichte der Einheitlichen Feldtheorien verfasst. »Einsteins verschiedene Versuche zeigen, dass er nicht ein striktes Programm über eine längere Zeit verfolgt hat. Er scheint gegen externe Einflüsse resistent gewesen zu sein, wie beispielsweise die modischen Versuche, das Meson in die eine oder andere Einheitliche Feldtheorie einzugliedern. Ob Einsteins Forschung zur gemischten Geometrie in seinem letzten Jahrzehnt als ›erleuchtete Beharrlichkeit‹ oder ›einseitige Starrköpfigkeit‹ beschrieben werden sollte, liegt im Auge des Betrachters.«

Einstein betonte in seinen späten Jahren, dass weitere Bedingungen für eine Feldtheorie erfüllt sein müssen, da sie sonst »noch nicht vollkommen bestimmt« wäre. Zum einen sei »die Festsetzung von Grenzbedingungen unerlässlich«, wie man sie etwa in den kosmologischen Modellen braucht, um die Gleichungen überhaupt anwenden zu können. Zum anderen müsse man Singularitäten ausschließen. »Es scheint mir nicht vernünftig, in einer Kontinuumstheorie Punkte (beziehungsweise Linien und so weiter) einzuführen, in denen die Feldgleichungen nicht

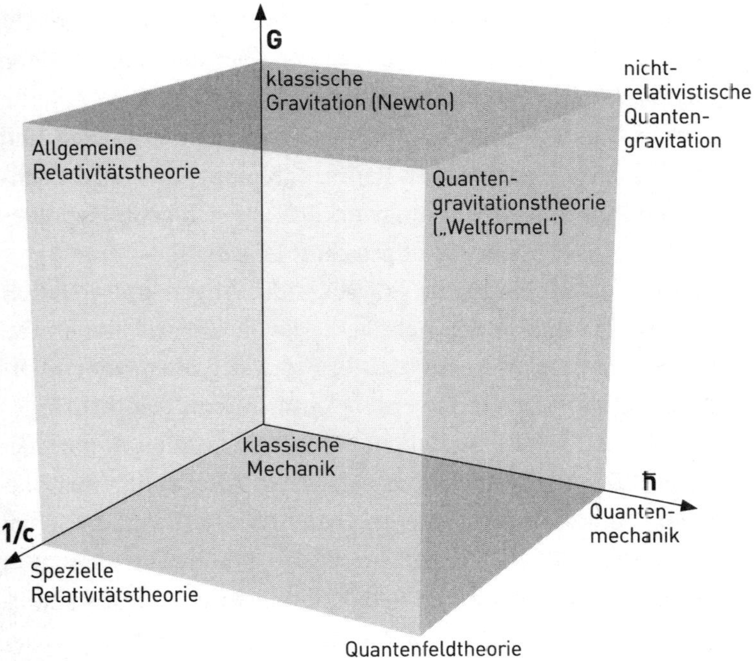

Kubistische Physik: Bereits 1936 hat Matvei P. Bronstein in Leningrad über den Zusammenhang der grundlegenden Theorien und Naturkonstanten nachgedacht – Newtons Gravitationskonstante G, die Lichtgeschwindigkeit c und und das Planck'sche Wirkungsquantum ħ. Er hat eine geschickte didaktische Darstellung ersonnen, um die Übergänge zu klassifizieren, wenn eine dieser Naturkonstanten vernachlässigt wird (gegen Null geht) – oder zwei. John Stachel nannte sie 2003 den Bronstein-Würfel. Eine Theorie der Quantengravitation müsste alle Konstanten enthalten. Bronstein wurde 1938 als 31-Jähriger im stalinistischen Terror ermordet.

gelten«, schrieb Einstein. Solche Singularitäten sind Bereiche, wo die Feldgleichungen zusammenbrechen – was sie strenggenommen indeterministisch werden lässt. Das ist, wie noch zu Einsteins Lebzeiten deutlich wurde, im Urknall der Fall sowie im Zentrum der (erst später so genannten) Schwarzen Löcher, den kollabierten Kernen massereicher, explodierter Sterne. Die Allgemeine Relativitätstheorie versagt hier. Aber die Singularitäten sind Artefakte der Theorie und keine realen Objekte in der Natur. Eine umfassendere Theorie sollte sie daher nicht enthalten und müsste erklären, was in diesen Raumzeitregionen höchster Dichte, Temperatur und Krümmung wirklich vor sich geht. Hypothesen hierzu gibt es bereits, aber gesichert ist keine.

Schließlich stellt sich die Frage, ob die Allgemeine Relativitätstheorie überhaupt der richtige Typ von Theorie ist, um all diese Herausforderungen zu meistern und sich entsprechend erfolgreich modifizieren zu lassen. Sie kann »nur als Feldtheorie gedacht werden. Sie hätte sich nicht entwickeln können, wenn man an der Auffassung festgehalten hätte, dass die Realität aus materiellen Punkten besteht, die unter dem Einfluss von zwischen ihnen wirkenden Kräften sich bewegen«, betonte Einstein 1954 ebenfalls. »Zweifellos hat die Relativitätstheorie die Selbständigkeit des Feldbegriffs zur Voraussetzung.« Das gilt definitionsgemäß auch für die Quantenfeldtheorien, die die Materie beschreiben und mit der Allgemeinen Relativitätstheorie in einer Quantengravitationstheorie aufgehen sollen. Aber es ist keineswegs sicher, dass eine Einheitliche Theorie von Raum, Zeit und Materie eine Feldtheorie sein muss. Die Quantentheorie mag darauf einen Hinweis geben: Wenn nämlich nicht nur Strahlungs- und Materiefelder quantisiert sind, sondern auch die Raumzeit selbst – eine äußerst radikale Vorstellung, die aber in manchen spekulativen Theorien der Quantengravitation unvermeidlich ist –, dann wird eine notwendige Voraussetzung der Feldtheorien geradezu untergraben. »Man kann gute Argumente dafür anführen, dass die Realität überhaupt nicht durch ein kontinuierliches Feld dargestellt werden könne«, hat Einstein eingeräumt. »Aus den Quantenphänomenen scheint nämlich mit Sicherheit hervorzugehen, dass ein endliches System von endlicher Energie durch eine *end*-

liche Zahl von Zahlen (Quanten-Zahlen) *vollständig* beschrieben werden kann. Dies scheint zu einer Kontinuumstheorie nicht zu passen und muss zu einem Versuch führen, die Realität durch eine rein algebraische Theorie zu beschreiben.« Wenn die Raumzeit auf ihrer fundamentalen Ebene nicht glatt, sondern körnig ist – keine kontinuierliche Art von Feld, sondern eine diskrete Quantenstruktur –, dann seien, so Einstein, alle Versuche bislang vergeblich. »Niemand sieht aber, wie die Basis einer solchen Theorie gewonnen werden könnte«, bemerkte er.

Inzwischen ging die Entwicklung allerdings in diese Richtung einer quantisierten Raumzeit und Gravitation. Ob das der korrekte Weg ist, weiß niemand, aber die Argumente sind stark. Andererseits wird von Einsteins Erkenntnissen vieles bleiben beziehungsweise mehr oder weniger verändert weitergeführt werden. Besonders seine radikale Idee in der Allgemeinen Relativitätstheorie, dass die Raumzeit kein unbeeinflusster, autarker Hintergrund des Weltgeschehens sein kann, ist noch keineswegs in ihren Konsequenzen völlig ausgeschöpft. Hier war Einstein sogar hellsichtiger als viele Theoretiker der Gegenwart, die ihre artistischen Quantenfeldtheorien eben doch nur auf einer starren Minkowski-Raumzeit leben lassen oder allenfalls eine – wenn auch temporäre – approximative Zwitterlösung von Quantenfeldern auf gekrümmten Raumzeiten studieren.

Auch seine Quanten-Skepsis war nicht irrational. Im Februar 1954 schrieb Einstein an Louis de Broglie, er sei überzeugt davon, »dass man nach einer Substruktur suchen muss«, deren »Notwendigkeit die jetzige Quantentheorie durch Anwendung der statistischen Form kunstvoll verbirgt«. Diese könne man aber nicht *»auf konstruktivem Wege«* aus den bekannten Naturgesetzen erschließen, »weil der nötige Gedankensprung zu groß wäre für die menschlichen Kräfte«. Vielmehr müsse man der »logischen Einfachheit« der Natur vertrauen. Einstein forschte bis zum Lebensende enthusiastisch weiter. Und dachte oft, er stünde vor einem Durchbruch. So schrieb er 1938 einerseits: »Ich arbeite immer noch so passioniert, trotzdem meine geistigen Kinder sehr jung auf dem Friedhof der enttäuschten Hoffnungen enden.« Und andererseits im selben Jahr: »Nun habe ich in diesem Jahr nach 20 Jahren vergeblichen Suchens eine aussichtsreiche Feldtheorie gefunden, die eine ganz natürliche Fortsetzung der relativistischen Gravitationstheorie ist.« Dieser Wechsel zwischen Zuversicht und Beerdigungen hielt an. Schon 1932 hat Wolfgang Pauli das sarkastisch so kommentiert: »Beschert uns doch seine nie versagende Erfindungsgabe sowie seine hartnäckige Energie beim Verfolgen eines bestimmten Zieles in letzter Zeit durchschnittlich etwa eine solche Theorie pro Jahr – wobei es psychologisch interessant ist, dass die jeweilige Theorie vom Autor gewöhnlich eine Zeitlang als ›definitive Lösung‹ betrachtet wird.«

Noch im September 1953 schrieb Einstein über einen seiner Ansätze an seinen späteren Biographen Carl Seelig in der Schweiz: »Eine neue Theorie nimmt eben oft nur allmählich eine feste definitive Form an, indem aufgrund späterer Erkenntnisse zwischen apriori sich bietenden Möglichkeiten eine ganz bestimmte Auswahl getroffen wird. Diese Entwicklung ist nun insofern abgeschlossen, als die Form der Feldgesetze völlig feststeht. – Die mathematische Folgerichtigkeit der Theorie lässt sich nicht bestreiten. Die Frage ihrer physikalischen Gültigkeit ist aber noch völlig ungeklärt. Es liegt dies daran, dass der Vergleich mit der Erfahrung an das Auffinden rechnerischer Lösungen der Feldgleichungen geknüpft ist, die sich einstweilen nicht gewinnen lassen.« Und am 27. Februar 1955 teilte er anlässlich zweier weiterer Methoden, nunmehr 80 (!) Feldgleichungen abzuleiten, Maurice Solovine mit: »Immerhin hat sich noch eine erhebliche Verbesserung der Verallgemeinerung der Theorie des Gravitationsfeldes gefunden (nichtsymmetrische Feldtheorie). Aber auch die so vereinfachten Gleichungen lassen sich wegen der mathematischen Schwierigkeiten noch nicht mit den Tatsachen prüfen.«

In seinen *Autobiographical Notes* hatte Einstein diesen für ihn damals »logischerweise am meisten befriedigenden« Ansatz folgendermaßen vorgestellt: »Unsere Aufgabe ist es, die Feldgleichungen für das totale Feld zu finden. […] Deshalb wäre es am schönsten, wenn es gelänge, die Gruppe abermals zu erweitern in Analogie zu dem Schritte, der von der speziellen Relativität zur allgemeinen Relativität geführt hat. […] Anstelle des symmetrischen $g_{\mu\nu}$ ($g_{\mu\nu} = g_{\nu\mu}$) wird der nicht-symmetrische Tensor $g_{\mu\nu}$ eingeführt. Diese Größe setzt sich aus einem symmetrischen Teil $s_{\mu\nu}$ und einem reellen oder gänzlich imaginären antisymmetrischen $a_{\mu\nu}$ so zusammen: $g_{\mu\nu} = s_{\mu\nu} + a_{\mu\nu}$ […]. Die hier vorgeschlagene Theorie hat nach meiner Ansicht ziemliche Wahrscheinlichkeit der Bewährung, wenn sich der Weg einer erschöpfenden Darstellung der physischen Realität auf der Grundlage des Kontinuums überhaupt als gangbar erweisen wird.«

Seinen letzten Fachartikel (zusammen mit Bruria Kaufman) hat Einstein nur drei Monate vor seinem Tod zur Publikation eingereicht, drei Monate nach seinem Tod wurde er veröffentlicht. Schon 1948 hatte er in einem Brief an Solovine befürchtet: »Ich werde es nicht mehr fertig bringen; es wird vergessen werden und muss wohl später wieder entdeckt werden. So ist es ja schon mit so vielen Problemen gegangen.« Er zweifelte an seinem Ansatz, die ihm missliebigen Quantenfeldtheorien vor Augen: »Allerdings bin ich nicht fest davon überzeugt, dass es mit der Theorie meines kontinuierlichen Feldes gemacht werden kann, obwohl ich hierfür eine bisher recht vernünftig erscheinende Möglichkeit gefunden habe. Die rechnerischen Schwierigkeiten sind jedoch so groß, dass ich ins Gras beißen werde, bevor ich selbst eine sichere Überzeugung hierüber erlangt habe.«

Wirbel statt Krümmung?

Es kommt nicht häufig vor, dass Literatur-Nobelpreisträger aktuelle Forschungen würdigen. Der belgische Schriftsteller Maurice Maeterlinck tat aber genau das 1929. In seinem ein Jahr später auch in deutscher Übersetzung erschienen Buch *Geheimnisse des Weltalls* schrieb er: »Einstein wiederum bringt uns in seiner letzten Veröffentlichung [...] mathematische Formeln, die gleichzeitig auf die Schwerkraft und die Elektrizität anwendbar sind, als wären diese beiden Kräfte, die das Weltall zu lenken scheinen, identisch und demselben Gesetz unterworfen. Wenn dem so wäre, würden die Folgen unberechenbar sein.«

Dabei bezog sich Maeterlinck auf einen Versuch der Erweiterung beziehungsweise Revision der Allgemeinen Relativitätstheorie, den Einstein 1928 mit zwei Fachartikeln begonnen hatte und ein paar Jahre lang intensiv verfolgte. Dieser Ansatz wird Fern- oder Teleparallelismus beziehungsweise teleparallele Gravitation genannt – nach vier bestimmten Parallelvektorfeldern als fundamentale Struktur der mathematischen Beschreibung. »Einstein kurz vor einer großen Entdeckung«, schrieb die *New York Times* im November 1928. Am 12. Januar 1929 berichtete sie auf ihrer Titelseite erneut, nachdem Einstein einen weiteren wissenschaftlichen Artikel veröffentlicht hatte, der den wenig aussagekräftigen, aber umso vielversprechenderen Titel *Zur einheitlichen Feldtheorie* trug. Im darauffolgenden Monat schrieb Arthur Eddington an Einstein, dass dessen sechsseitige neue Fachpublikation sogar vollständig im Schaufenster eines großen britischen Kaufhauses ausgehängt sei und die Menschen sich davor drängelten. »Nach zwölf Jahren enttäuschungsreichen Suchens entdeckte ich nun eine metrische Kontinuumstruktur, welche zwischen der Riemann'schen und der Euklidischen liegt, und deren Ausarbeitung zu einer wirklich einheitlichen Feldtheorie führt«, war da zu lesen. Ebenfalls im Februar berichtete Einstein selbst in kurzen Artikeln in der *New York Times* und der *London Times* über seine neuen Ideen. Er zweifelte nun »kaum mehr daran«, auf dem richtigen Weg zu sein. Seine Kollegen Arthur Eddington und Hermann Weyl äußerten sich dagegen kritisch.

Bis heute erforschen Physiker unterschiedliche Varianten des Teleparallelismus und entwickeln die Theorie weiter beziehungsweise haben sie in einen umfassenderen formalen Rahmen gestellt. Im Gegensatz dazu hatte Einstein aber ein noch größeres Ziel: Er wollte in der Fernparallelismus-Theorie die Schwerkraft mit dem Elektromagnetismus vereinigen. »Deshalb ist das Bestreben der Theoretiker darauf gerichtet, natürliche Verallgemeinerungen oder Ergänzungen der Riemann'schen Geometrie aufzufinden, welche begriffsreicher sind als diese, in der Hoffnung, zu einem logischen Gebäude zu gelangen, das alle physikalischen Feldbegriffe unter einem einzigen Gesichtspunkte vereinigt«, formulierte er dieses Ziel 1928 in einer seiner Abhandlungen.

Begonnen hatte Einstein damit in einer ungewöhnlichen Position: im Liegen. Im März 1928 hatte er einen Kreislaufkollaps erlitten. Daraufhin wurde eine Herzerkrankung diagnostiziert sowie strenge Bettruhe und Diät verordnet. »Ich habe in der Ruhe der Krankheit ein wundervolles Ei gelegt auf dem Gebiete der allgemeinen Relativität. Ob der daraus schlüpfende Vogel vital und langlebig sein wird, liegt noch im Schoße der Götter«, schrieb Einstein an den befreundeten Heinrich Zangger Ende Mai. »Einstweilen segne ich die Krankheit, die mich so begnadet hat.« Im Juni erschienen dann in den *Sitzungsberichten der Preußischen Akademie der Wissenschaften* zwei kurze Artikel von nur fünf beziehungsweise vier Seiten mit den Titeln *Riemann-Geometrie mit Aufrechterhaltung des Begriffes des Fernparallelismus* und *Neue Möglichkeit für eine einheitliche Feldtheorie von Gravitation und Elektrizität.*

Einsteins überraschende Entdeckung war, dass sich das Gravitationsfeld nicht nur, wie in der Relativitätstheorie, mithilfe der Riemann'schen Geometrie als Krümmung der Raumzeit charakterisieren lässt. Sondern dass es eine dazu mathematisch gleichberechtigte Formulierung gibt, die die Schwerkraft auf eine Torsion zurückführt, also auf eine Art Windungs- oder Wirbelfeld. Mathematisch lässt es sich mit vier zueinander raumzeitlich senkrecht stehenden Vektorfeldern beschreiben. Einstein hat es n-Bein genannt, wobei n die Zahl der Dimensionen angibt. Im vierdimensionalen Raumzeitkontinuum ist es also ein »Vierbein«, englisch »tetrad field« genannt. »Durch die Setzung des n-Bein-Feldes wird gleichzeitig die Existenz der Riemann-Metrik und des Fernparallelismus zum Ausdruck gebracht«, fasste Einstein den Vorteil dieses Formalismus zusammen.

Zu den Vorzügen dieses Ansatzes gehört, dass die Torsion in verallgemeinerten Gravitationstheorien ganz natürlich Elementarteilchen mit Spin zu beschreiben gestattet, einer Art Drehimpuls – der damals erst kurz vorher entdeckt worden war, nämlich 1925. Zwar schien es zunächst, dass der Teleparallelismus das gut bestätigte Schwache Äquivalenzprinzip beziehungsweise die »Universalität des freien Falls« nicht zu erfüllen vermochte, wonach die Fallgeschwindigkeit eines Körpers völlig unabhängig von seiner Zusammensetzung ist – eine seltsame Eigenschaft der Gravitation, die keine andere Kraft zeigt. »Eine tiefer gehende Diskussion ergibt jedoch, dass das Äquivalenzprinzip auch für Theorien mit Torsion gültig bleibt«, sagt Friedrich Wilhelm Hehl von der Universität zu Köln, der dies nachgewiesen hat.

Der Teleparallelismus rückt die Schwerkraft und die Elektromagnetische Kraft näher zusammen, weil er sich mathematisch als eine Eichtheorie formulieren lässt, wie auch die Maxwell-Gleichungen des Elektromagnetismus. »Das ist ein Meilenstein und ein großer Vorteil«. sagt Jenny Wagner, die an der Universität

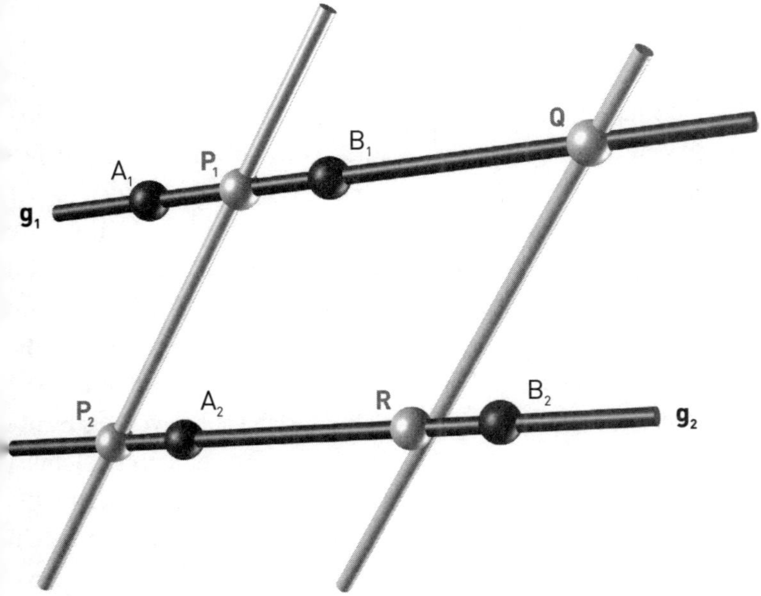

Torsion – wenn ein Parallelogramm sich nicht schließt: Einstein hat ein paar Jahre an einer Teleparallelen Gravitationstheorie gearbeitet, die die Schwerkraft nicht als Krümmung, sondern als Torsion auffasst. Eine solche geometrische »Verdrehung« lässt sich nicht im Rahmen einer euklidischen Geometrie beschreiben. Die Grafik versucht die Torsion mithilfe eines Beispiels zu veranschaulichen, das so ähnlich von Einstein stammt: Angenommen, man hat in einer Ebene eine Gerade g_1 durch die Punkte A_1 und B_1 und dazu eine Parallele g_2 durch A_2 und B_2. Verbindet man nun einen beliebigen Punkt P_1 auf g_1 mit einem anderen Punkt P_2 auf g_2, dann gibt es zur Strecke P_1–P_2 eine Parallele, die durch irgendeinen Punkt Q auf g_1 geht. In der euklidischen Ebene würde diese Gerade durch Q notwendigerweise die Gerade g_2 in einem Punkt R schneiden. In einer Geometrie mit Torsion hingegen (hier auf die zweidimensionale Ebene der Seite bezogen, es gilt analog aber auch für drei und mehr Dimensionen) schneidet die Parallele zu P_1–P_2 die Gerade g_2 nicht! Die Punkte P_1, P_2, Q und R bilden kein geschlossenes Parallelogramm.

Heidelberg die von Albert Einsteins Relativitätstheorie vorhergesagten und inzwischen hundertfach gemessenen Gravitationslinseneffekte bei fernen Galaxien auswertet und charakterisiert.

»Die große Ähnlichkeit mit den Maxwell-Gleichungen braucht kein Indiz für eine tiefere Verwandtschaft oder gar Wahrheit zu sein, sondern mag nur unseren ästhetischen Symmetrie-Vorlieben gerecht werden. Aber es ist doch eine vielversprechende Tatsache.«

Das sah bereits Einstein so. Die Zeitschrift *Nature* zitierte im Januar 1929 sogar eine Aussage, wonach es letztlich dieselbe Kraft sei, die das Elektron um den Atomkern und einen Planeten um die Sonne bewegt – was inzwischen längst widerlegt ist, weil die Theorie nur zwei der heute bekannten vier Naturkräfte umfasste. Allerdings räumte Einstein auch ein, »noch weit davon entfernt« zu sein, »die physikalische Gültigkeit der abgeleiteten Gleichungen behaupten zu können. Der Grund liegt darin, dass mir die Ableitung von Bewegungsgesetzen für die Korpuskeln noch nicht gelungen ist.«

Vom lieben Gott verlassen

Nach der Publikation seiner ersten Artikel zum Fernparallelismus erhielt Einstein im Mai 1929 einen Brief von Élie Cartan, Mathematik-Professor an der Sorbonne, der altehrwürdigen Pariser Universität. Er hatte Einstein bereits bei einem Treffen im Frühjahr 1922 in Paris von seiner Arbeit erzählt, was der aber wieder vergaß und auch nicht richtig einschätzte. Einstein entschuldigte sich tags darauf. »Ich sehe in der Tat ein, dass die von mir benutzten Mannigfaltigkeiten in den von Ihnen studierten als Spezialfall enthalten sind«, schrieb er gleich im ersten Satz und meinte, er haben Cartans »Ausführungen in Paris gar nicht verstanden«. Und er schlug vor: »Schreiben Sie über diese mathematische Vorgeschichte eine kurze Charakteristik«, und versprach, diese zusammen mit seiner nächsten eigenen Publikation zu veröffentlichen, »wir würden damit ein gutes Beispiel geben, wie derartige Prioritätsfragen in einer würdigen und sympathischen Weise behandelt werden können.« Cartan war einverstanden und schickte bereits Ende desselben Monats einen Artikel. (Unabhängig von Cartan hatten übrigens bereits zwei andere Mathematiker Abhandlungen zur Torsion veröffentlicht: 1916 Gerhard Hessenberg von der Technischen Hochschule Breslau und 1923 Roland Weitzenböck von der Universität Amsterdam; letzterer korrespondierte 1928 und 1929 ebenfalls mit Einstein.)

Einstein schrieb erst drei Monate später wieder. Zuerst entschuldigte er sich für sein »langes Schweigen. Dieses wurde verursacht durch viele Zweifel an der Richtigkeit des eingeschlagenen Weges. Nun aber bin ich so weit gekommen, dass ich die einfachste gesetzliche Charakterisierung einer Riemann-Metrik mit Fernparallelismus, welche für die Physik in Betracht kommen kann, gefunden zu haben überzeugt bin.« Darüber reichte er dann in der Zeitschrift *Mathematische Annalen* einen Artikel ein, der allerdings erst 1930 erschien, mit Cartans Text im Anschluss. (»Es ist merkwürdig, dass die *Mathematische Annalen* eine so schreckliche Verstopfung haben, dass sie in so vielen Monaten nicht ausscheiden, was sie zu sich genommen haben«, meinte Einstein zerknirscht.)

Im November 1929 trafen sich Einstein und Cartan in Paris. Daraufhin wurde ihr Briefwechsel intensiver. Cartan sandte ausführliche Erläuterungen und erwog die Einführung einer zweiten Kosmologischen Konstante; Einstein griff einige Gedanken Cartans in weiteren Publikationen auf und zitierte ihn auch zuweilen. »Ich bin sehr glücklich, dass ich Sie als Mit-Strebenden gewonnen habe. Denn Sie haben gerade das, was mir fehlt: eine beneidenswerte Leichtigkeit in der Mathematik«, schrieb er am 18. Dezember. Es wurden Abhandlungen ausgetauscht und komplizierte Berechnungen diskutiert. Auch kritisierten die beiden

Männer wechselseitig konstruktiv und respektvoll ihre Argumentation und Beweisführung, und sie räumten Fehler und Unvollständigkeiten ein. »Man kann die schönste Theorie verkehrt anwenden! Verzeihung«, heißt es einmal auf einer Postkarte Einsteins. Er stellte auch viele mathematische Fragen und entschuldigte sich mit dem Sprichwort: »Ein Narr kann mehr fragen als ein Kluger beantworten«. Im Februar 1930 schrieb Einstein: »Einstweilen komme ich mir mit dieser Theorie vor wie ein ausgehungerter Affe, der nach langem Suchen eine ungeheure Kokosnuss gefunden hat, sie aber nicht öffnen kann; sodass er nicht einmal weiß, ob etwas darin ist.« Und Cartan antwortete wenige Tage danach, man stehe ratlos vor einer Mauer, es sei unklar, wie ein Loch hinein geschlagen werden könne, und er hoffe auf ein göttliches Wunder.

Zwischen Mai 1929 und 1932 sind insgesamt 39 Briefe und Postkarten von Cartan und Einstein erhalten – ersterer schrieb auf Französisch, zweiterer auf Deutsch –, 32 davon bis Februar 1930. Von 1929 bis 1931 veröffentlichte Einstein zehn Fachartikel zur modifizierten Relativitätstheorie mit Torsion, zwei davon mit seinem Assistenten Walther Mayer (der später »Einsteins Rechner« genannt wurde). 1931 gab Einstein diesen Ansatz als Kandidat für eine Einheitliche Feldtheorie jedoch auf und wandte sich einer anderen Idee zu. Er sei nun überzeugt, dass der Fernparallelismus nichts mit »dem wahren Charakter des Raumes« zu tun habe, schrieb er 1932 während der Überfahrt nach Amerika vom Schiff an Cartan. Es gäbe auch »keine physikalische Bedeutung« der »geraden Linien« und somit »keine brauchbare Darstellung des elektromagnetischen Feldes« im Fernparallelismus; außerdem scheine »keine Gravitationswirkung zu existieren«. 1938 schrieb er in einem Brief an den 23-jährigen Studenten Herbert Salzer, der einen Fehler in einem von Einsteins Artikel gefunden hatte, dass er »fest davon überzeugt« sei, dass der Fernparallelismus nicht brauchbar sei, denn damit gelange man »nicht zu einer tensor-artigen Darstellung des elektromagnetischen Feldes« und die Theorie lasse auch »eine zu große Freiheit für die Wahl der Feldgleichungen«.

Der Wissenschaftshistoriker Tilman Sauer hat auf einige Ähnlichkeiten zwischen dem Schicksal des Fernparallelismus und dem der Entwurftheorie hingewiesen, die Einstein mit Marcel Grossmann 1913 entwickelt und 1915 dann aufgegeben hatte. In beiden Fällen hatte Einstein die Mathematik, die den neuen Ansatz charakterisierte, zunächst nur eingeschränkt verstanden. In beiden Fällen war sie aber bereits für rein mathematische, nicht für physikalische Zwecke ausgearbeitet worden. In beiden Fällen lernte Einstein von Mathematikern dann hinzu. Und in beiden Fällen ging es schließlich zentral darum, die richtigen Feldgleichungen zu finden – im Einklang mit bestimmten Vorannahmen. Die Entwurftheorie scheiterte an Inkonsistenzen. Das ist ein Unterschied zum Fernparallelismus. Diesen scheint Einstein vor allem deshalb aufgegeben zu haben, weil er keine eindeutig bestimmten Feldgleichungen finden konnte und sie seinen Zwecken nicht genügten. »Die wichtigste an die (strengen) Feldgleichungen sich knüpfende Frage ist die nach der Existenz singularitätsfreier Lösungen, welche die Elektronen und Protonen darstellen können«, hatte er 1930 geschrieben. Das scheiterte. Auch war die Komplexität einfach zu unübersichtlich. Mit Mayer hatte Einstein zuletzt vier verschiedene Typen von Feldgleichungen unterschieden. (Und ein Satz von 20 Gleichungen besaß allein schon elf unbestimmte Koeffizienten.) Wie bei der Entwurftheorie hatte sich Einstein auch hier den Feldgleichungen von zwei Seiten anzunähern versucht – mit einer mathematischen und einer physikalischen Strategie. Erstere ging von einem Variationsprinzip aus und geriet in die Schwierigkeit, die bekannten elektromagnetischen und gravitativen Feldgleichungen in erster Näherung zu erhalten.

Die zweite Strategie, die Einstein »Überdeterminierung« nannte, setzte die Gültigkeit dieser Gleichungen schlicht voraus und versuchte, die übergeordneten Feldgleichungen daraus zu entwickeln. (In einem Brief vom Dezember 1928 hatte Einstein dies als »eine einfache, freche Idee« bezeichnet und wollte das Pferd »nun vom Schwanze« her aufzäumen: »Ich wähle die Feldgleichungen so, dass ich sicher bin, dass sie die Maxwell'schen Gleichungen zur Folge haben.«) »Aus einem logischen Gesichtspunkt kann die algebraische Komplexität kaum der entscheidende Grund gewesen sein aufzugeben. Aber sie könnte Einstein motiviert haben, nach Alternativen zu suchen«, meint Tilman Sauer. »Problematischer muss die scheinbare Unmöglichkeit gewesen sein, die Feldgleichungen eindeutig zu rechtfertigen. Doch auch das war logisch nicht zwingend. Man kann immer neue Anforderungen stellen oder die Gleichungen im Nachhinein rechtfertigen, wenn man damit Erfolg hat.«

Einstein hatte jedenfalls kapituliert. Damit erfüllte sich eine Prognose des Quantenphysikers Wolfgang Pauli. Der hatte bereits 1929 gegenüber Hermann Weyl geschimpft, Einstein habe »den Bock des Fernparallelismus geschossen, der auch nur reine Mathematik ist und nichts mit Physik zu tun hat«. Und zu Paul Ehrenfest sagte er: »Jetzt glaube ich übrigens vom Fernparallelismus keine Silbe mehr, denn Einstein scheint der liebe Gott jetzt völlig verlassen zu haben.« Einstein gegenüber war Pauli kaum weniger spöttisch. »Es bleibt [...] nur übrig, Ihnen zu gratulieren (oder soll ich lieber sagen: zu kondolieren?), dass Sie zu den reinen Mathematikern übergegangen sind. Ich bin auch nicht so naiv, dass ich glauben würde, Sie würden auf Grund irgendeiner Kritik durch Andere Ihre Meinung ändern. Aber ich würde jede Wette mit Ihnen eingehen, dass Sie spätestens nach einem Jahr den ganzen Fernparallelismus aufgegeben haben werden«, schrieb er am 19. Dezember 1929. »Und ich will Sie nicht durch Fortsetzung dieses

Briefes noch weiter zum Widerspruch reizen, um das Herannahen dieses natürlichen Endes der Fernparallelismustheorie nicht zu verzögern.« Einstein widersprach bereits fünf Tage später und empfahl Pauli, sich dem Thema einmal mit einer Einstellung zu nähern, »wie wenn Sie soeben vom Mond heruntergekommen wären und sich erst frisch eine Meinung bilden müssten. Und dann sagen Sie erst etwas darüber, wenn mindestens ein Vierteljahr vergangen ist.« Doch schließlich musste er Pauli doch beipflichten. »Sie haben also recht gehabt, Sie Spitzbube.«

Betrachtet man die weitere Entwicklung der teleparallelen Torsion, gilt freilich auch hier: Totgesagte leben länger.

Grandiose Abstraktionen: Die Einstein-Cartan- und Poincaré-Eichtheorie

Einsteins Fernparallelismus ist tot, das Ziel einer Einheitlichen Feldtheorie konnte er damit nicht erreichen. Der Ansatz, die Torsion zu berücksichtigen, gedeiht jedoch weiter. Und es lässt sich durchaus eine der Allgemeinen Relativitätstheorie äquivalente konsistente Teleparallele Gravitationstheorie formulieren. »Krümmung und Torsion sind alternative und äquivalente Beschreibungen des Gravitationsfelds«, betonten Hector Ivan Arcos und José Geraldo Pereira von der Universität São Paulo in Brasilien 2004 in einem ausführlichen Übersichtsartikel im *International Journal of Modern Physics*. Darin fassten sie den aktuellen Stand des Teleparallelismus zusammen und verglichen auch seine Vor- und Nachteile gegenüber der Allgemeinen Relativitätstheorie.

Manche Physiker gehen noch einen Schritt weiter. Während die Relativitätstheorie die Torsion ausblendet, vernachlässigt der äquivalente Teleparallelismus die Krümmung. Doch man kann eine allgemeinere Theorie formulieren, in der sowohl Krümmung als auch Torsion als unabhängige Variablen beziehungsweise Freiheitsgrade vorkommen. Diese Idee hat Élie Cartan schon Anfang der 1920er-Jahre entwickelt, wenn auch in einer für Physiker ungewohnten Notation. Anfang der 1960er-Jahre wurde der inzwischen als Einstein-Cartan-Theorie bezeichnete Ansatz in Großbritannien unabhängig von Dennis Sciama und Tom Kibble wiederentdeckt und weitergeführt; in Deutschland lieferte Friedrich Wilhelm Hehl mit Kollegen wichtige Beiträge. Sciama war Doktorvater von Stephen Hawking, Kibble Mitentdecker des Higgs-Mechanismus in der Elementarteilchenphysik.

Die Einstein-Cartan-Theorie erfüllt auch Einsteins Äquivalenzprinzip und ist in diesem Sinn allgemein relativistisch. Neben dem Energie-Impuls-Tensor kommt in ihr zusätzlich noch ein Spin-Tensor als Quelle des Gravitationsfelds vor. Für spinlose Materie stimmt die Einstein-Cartan-Theorie mit der Allgemeinen Relativitätstheorie überein – und unter gewöhnlichen materiellen Bedingungen ebenfalls, weil die Spin-Wechselwirkung im Normalfall sehr schwach ist. Abweichungen werden erst für Materiedichten in der Größenordnung von 10^{54} Gramm pro Kubikzentimeter erwartet, bei Längenskalen von etwa 10^{-26} Zentimeter (zum Vergleich: Selbst Neutronensterne haben eine Dichte von »nur« 10^{16} Gramm pro Kubikzentimeter; allerdings beträgt die Grenze der Planck-Dichte beim Urknall 10^{93} Gramm pro Kubikzentimeter). Torsionswellen analog zu Gravitationswellen gibt es in der Einstein-Cartan-Theorie nicht, weil hier die Torsion einer Kontakt-Wechselwirkung entspricht (sie sind aber in allgemeineren Theorien möglich). Experimentell erhärtet wurde die Einstein-Cartan-Theorie bislang nicht. Es ist auch schwer, sie direkt zu überprüfen. Torsionseffekte könnten sich im frühen Universum bei Dichten von 10^{54} Gramm pro Kubikzentimeter zeigen. »Diese Dichten liegen heutzutage durchaus im beobachtbaren

Bereich astrophysikalischer Untersuchungen; dabei wird aber stets unkritisch die Richtigkeit der Allgemeinen Relativitätstheorie unterstellt«, sagt Friedrich Hehl von der Universität zu Köln. Auch Neutronensterne wurden als Testfälle vorgeschlagen, was Hehl aber für völlig unrealistisch hält.

»Die Idee, dass Spin Torsion erzeugt, sollte nicht als eine ad-hoc-Modifikation der Allgemeinen Relativitätstheorie betrachtet werden«, hat Dennis Sciama betont. »Im Gegenteil, es beruht auf einer tiefen gruppentheoretischen und geometrischen Grundlage. Wenn sich die Geschichte umkehren ließe und der Elektronen-Spin vor 1915 entdeckt worden wäre, dann habe ich wenig Zweifel, dass Einstein es für wünschenswert gehalten hätte, die Torsion in seine ursprüngliche Formulierung der Allgemeinen Relativitätstheorie einzubeziehen. Allerdings sind die normalerweise auftretenden Abweichungen zahlenmäßig sehr klein, sodass der Vorteil, die Torsion einzubeziehen, gänzlich theoretisch ist.« (Tatsächlich hätte der Spin bereits 1915 entdeckt werden können, und zwar von Einstein selbst und seinem Kollegen Wander Johannes de Haas von der Universität Leiden, Lorentz' Schwiegersohn, der damals in Berlin forschte; aber die Messungen und Analysen gaben das nicht her.)

Für Theoretiker besitzt die Einstein-Cartan-Theorie einige Vorzüge. »Möglicherweise ist sie ein besserer klassischer Grenzfall einer künftigen Quantentheorie der Gravitation als eine Theorie ohne Torsion«, sagt Andrzej Trautman von der Universität Warschau. Auch wurde schon in den 1970er-Jahren gezeigt, dass die sogenannte Einfache Supergravitationstheorie äquivalent ist zur Einstein-Cartan-Theorie mit einem masselosen Feld mit Spin 3/2. Die Supergravitationstheorie gilt als vielversprechende Etappe auf dem Weg zu einer Weltformel, weil sie grundlegende Symmetrien zwischen Kräften und Materie enthält und ein Grenzfall der M-Theorie ist, ebenso wie die Stringtheorien.

Besonders attraktiv ist für manche Forscher wie Nikodem Poplawski von der University of New Haven, Connecticut, dass im Gegensatz zur Allgemeinen Relativitätstheorie die Einstein-Cartan-Theorie keine Singularitäten in sich zu bergen scheint, an denen physikalische Größen wie Druck, Dichte, Temperatur und Krümmung unendlich und somit physikalisch unsinnig werden. Die Spin-Spin-Wechselwirkung fermionischer Materie bei extremen Dichten kann möglicherweise eine Singularität verhindern, sagt Tom Kibble (das hatte Trautman schon 1973 vermutet). Die Torsion erzwingt, dass Fermionen – also etwa Quarks und Elektronen – nicht punktförmig sind, sondern räumlich ausgedehnt. Somit gäbe es in Schwarzen Löchern keine Singularitäten, sondern sogenannte Wurmlöcher, die in andere Regionen münden. Und der Urknall wäre auch keine ominöse Anfangssingularität, sondern könnte eine extrem heiße, aber physikalisch erklärbare Übergangsphase gewesen sein: ein raumzeitlicher »Bounce« (Rückprall), der beim Kollaps eines früheren kontrahierenden Universums als Zustand maximaler, aber endlicher Dichte entstand und zu dem gegenwärtigen, sich ständig ausdehnenden Weltraum führte. Das ist eine interessante – aber keineswegs zwingende – Möglichkeit. Weil die Expansion zunächst sehr rasant gewesen sein müsste, wäre die Raumzeit rasch homogen und nahezu euklidisch geworden, spekuliert Nikodem Poplawski außerdem. Er hält das für eine Alternative zum Szenario der Kosmischen Inflation. Dieses beschreibt eine vergleichbare exponentielle Expansion, muss dazu aber ein gesondertes Skalarfeld (oder einen anderen Mechanismus) postulieren, während die Einstein-Cartan-Theorie keine weitere exotische Zutat benötigt. Das sind alles gute Gründe, ihre Konsequenzen detaillierter zu studieren. Aber mit der gebotenen Skepsis. Friedrich Hehl beispielsweise hält vieles von diesen Anwendungen für »Science Fiction«: »Die Hypothesen von Poplawski sind in ihrer Allgemeinheit meines Erachtens nicht schlüssig und stehen auf schwächsten Beinchen.«

Die Einstein-Cartan-Theorie kann noch weiter verallgemeinert werden. Oder umgekehrt: Sie ist ein Spezialfall einer umfassenderen Klasse von Gravitationstheorien, den sogenannten Poincaré-Eichtheorien. Obwohl diese mathematisch hervorragend ausgearbeitet sind, wissen selbst viele Physiker nichts von ihnen. Dabei wird hier eine Brücke zur Elementarteilchenphysik geschlagen – und vielleicht sogar zu einer »Weltformel« oder Theorie der Quantengravitation in Fortsetzung von Einsteins Bestrebungen.

Die nach Henri Poincaré benannte Symmetriegruppe, die auch inhomogene Lorentz-Gruppe heißt, hat es buchstäblich in sich. Sie enthält zehn Parameter: vier für Verschiebungen (raumzeitliche Translationen), drei für Drehungen (räumliche Rotationen) und drei für die Lorentz-Transformationen (raumzeitliche Rotationen), die den Übergang beschreiben von einem Bezugssystem zu einem anderen, das sich mit konstanter Geschwindigkeit bewegt. Diese Symmetriegruppe repräsentiert alle innerhalb der relativistischen Mechanik möglichen Transformationen beziehungsweise Umrechnungen. Außerdem lassen sich mit ihr im Rahmen der Speziellen Relativitätstheorie die Elementarteilchen klassifizieren hinsichtlich ihrer Masse und ihres Spins. Diese Idee geht auf den Physiker Eugene Wigner zurück, der viele Jahre Einsteins Kollege in Princeton war. Er hatte 1939 (zwischenzeitlich an der University of Wisconsin, Madison) die Symmetrie-Struktur der Speziellen Relativitätstheorie genauer untersucht und auf Quantenteilchen angewandt. Er wies nach, dass eine rein mathematische, gruppentheoretische Beschreibung eine beinahe eindeutige Ordnung der Partikel erlaubt. Entscheidend waren dabei Eigenschaften wie Ruhemasse, Spin und Ladung. (Sie unterliegen nicht der quantenmechanischen Unschärferelation, lassen sich also gleichzeitig sehr genau messen und können daher als eindeutig bestimmte und bestimmbare Eigenschaften gelten.) Das war eine wichtige Erkenntnis: Die algebraische Bedingung einer Symmetriegruppe bedeutet, dass die Teilchen einfach zu klassifizieren sind und die Grundsätze der Speziellen Relativitätstheorie erfüllen. Dies gilt auch für Felder.

Mithilfe dieser mathematischen Gruppe, so zeigte sich seit den 1960er-Jahren, lässt sich auch eine Theorie der Gravitation formulieren, die Poincaré-Eichtheorie. Tatsächlich kann man noch allgemeinere Geometrien und Symmetrien wählen und kommt dann zur Klasse der Metrisch-Affinen Eichtheorien (mit rund 100 freien Größen!), wovon die Poincaré-Eichtheorie ein Spezialfall ist. Das klingt ungeheuer schwierig und ist mathematisch auch äußerst anspruchsvoll. »Man könnte diese Theorien für kompliziert halten. Aber von den geometrischen Grundlagen her gesehen, ist dies nicht unbedingt zutreffend. Eine metrisch-affine Raumzeit – einschließlich der Torsion – umfasst die gleichen Grundstrukturen wie die Riemann'sche Raumzeit der Allgemeinen Relativitätstheorie. Lediglich die Kopplung der metrischen, also abstandsbestimmenden Eigenschaften an die affinen, das heißt die Parallelität betreffenden Eigenschaften ist gelöst worden«, schränkt Friedrich Hehl ein. »Was einfach und was komplizierter ist, lässt sich nicht notwendigerweise an der Zahl der in der Theorie vorkommenden verschiedenen Tensoren erkennen.«

Was für den staunenden Laien als Aufstieg in schwindelerregende Höhen mathematischer Abstraktion anmutet, hat für Theoretische Physiker durchaus kunstvolle handwerkliche Qualitäten, um den Boden der Tatsachen zu grundieren. Dass es Metrisch-Affine Eichtheorien und Poincaré-Eichtheorien überhaupt gibt, zeigt, dass sich die Allgemeine Relativitätstheorie in übergeordnete geometrische Strukturen einbetten lässt. Das ermöglicht fundierte Perspektiven auf ihre Erweiterung und öffnet Chancen auf eine

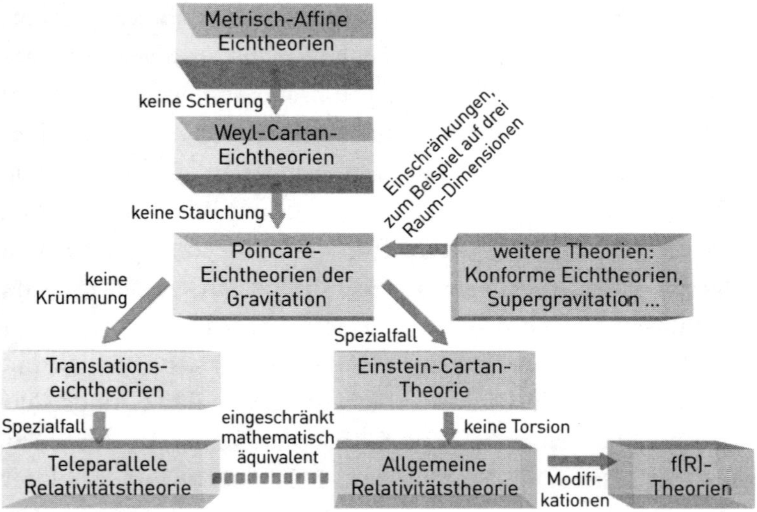

Eine Hierarchie von Theorien: Die Allgemeine Relativitätstheorie ist keineswegs die einzige moderne Gravitationstheorie. Es gibt Erweiterungen, die auf allgemeineren Geometrien basieren. So werden neben der Krümmung beispielsweise auch Effekte wie Torsion, Stauchung oder Scherung der Raumzeit mit speziellen Tensoren mathematisch beschrieben. Die Grafik zeigt den Zusammenhang zwischen einigen solcher Theorieklassen und Theorien. Die Metrisch-Affine Gravitationstheorie ist die allgemeinste Klasse. Die Poincaré-Eichtheorie ist von der Mathematik her vielversprechend sowie von der Teilchenphysik her gut motiviert. Sie beschreibt auch die Torsion, die im Spezialfall der Einstein-Cartan-Theorie mit den Spins der Elementarteilchen zusammenhängen; dies kann in der Allgemeinen Relativitätstheorie allenfalls sehr unnatürlich dargestellt werden. Letztere ist ein Spezialfall der Poincaré-Eichtheorie. Ein anderer ist die Teleparallele Gravitationstheorie, die zu den Translationseichtheorien gehört. Sie hat eine Ähnlichkeit mit dem von Einstein entwickelten, aber gescheiterten Teleparallelismus, den er ein paar Jahre lang als Kandidat für eine Einheitliche Feldtheorie untersucht hat. Er basiert auf derselben Art von Geometrie, enthält aber keine Materieteilchen, ist auch keine Eichtheorie und aus heutiger Sicht obsolet.

echte Einheitliche Feldtheorie. Dies wird Einsteins Erbe vielleicht auf eine Weise einlösen, von der er kaum zu träumen vermochte.

(Obschon er sich mit metrisch-affinen Geometrien beschäftigt hatte.) Da in der Elementarteilchenphysik Eichtheorien zur Beschreibung der Grundkräfte zum Einsatz kommen (Elektromagnetische, Schwache und Starke Wechselwirkung), wird hier eine Brücke geschlagen, die den Sonderfall der Gravitation mit den gut etablierten Quantenfeldtheorien in Verbindung bringen könnte. Die erste Arbeit in dieser Richtung hatte Ryoyu Utiyama von der Universität Osaka publiziert, als er 1956 am Institute for Advanced Study in Princeton forschte.

»Die starre Poincaré-Gruppe, die sich aus Verschiebungen und Lorentz-Rotationen zusammensetzt, gehört zu den Grundstrukturen der physikalischen Welt. Sie führte Lorentz, Poincaré, Einstein und Minkowski zur Speziellen Relativitätstheorie mit ihrer starren Minkowski-Raumzeit. Im Rahmen der Quantenmechanik gelang mithilfe der Poincaré-Gruppe die Masse-Spin-Klassifikation der Elementarteilchen, die die Grundlage des Standardmodells der Elementarteilchenphysik bildet. Dieses lehrt uns, dass alle nichtgravitativen Wechselwirkungen durch sogenannte Eichtheorien beschrieben werden können. Also ist die Hypothese naheliegend, dass dies auch bei der Gravitation so ist«, resümiert Friedrich Hehl. Er gehört zu den weltweit führenden Experten in Sachen Relativitätstheorie und Poincaré-Eichtheorie und hat den wichtigen Sammelband *Gauge Theories of Gravitation* (2013) mitherausgegeben. Er erläutert: »Bei einer Eichtheorie werden die Gruppentransformationen von der Zeit und vom Raum abhängig gemacht. Dann geht die Invarianz verloren und kompensierende Eichfelder müssen zur Reparatur eingeführt werden. Das führt zur Poincaré-Eichtheorie mit ihrer flexiblen Riemann-Cartan-Raumzeit. Wählt man die einfachste Wirkungsfunktion des Schwerefelds, dann ergibt sich die Einstein-Cartan-Theorie und – falls der Spin der Materie verschwindet – die Allgemeine Relativitätstheorie.«

Die Poincaré-Eichtheorie und ihre Verwandten gehören zu den großen Errungenschaften des menschlichen Geistes jenseits von Einsteins Jahrhundertwerk. Sie zeigen, dass die Allgemeine Relativitätstheorie konsistent und stringent in ein viel größeres mathematisches Universum eingebettet ist. Ob dem eine physikalische Realität korrespondiert, ist eine offene Frage. Doch die eigenartige »Passung« der Mathematik für die konzise Beschreibung des Universums hat ja immer wieder für Überraschungen gesorgt. Auch wenn Einsteins Streben nach einer Einheitlichen Feldtheorie in eine andere Richtung zielte und in einer Sackgasse endete, demonstrieren die neueren Entwicklungen der Einstein-Cartan-Theorie und der Klasse der Poincaré-Eichtheorien, dass sich reichhaltigere beziehungsweise allgemeinere Geometrien für umfassendere Theorien eignen, wie Einstein es dachte; und dass diese Theorien eine Brücke schlagen zur Elementarteilchenphysik. Vielleicht führt dies zum Weg in Richtung »Weltformel« und hilft, Einsteins Vermächtnis doch noch einzulösen.

Neue Gravitationstheorien gesucht

»Inmitten von Schwierigkeiten liegen günstige Gelegenheiten«, sagte Albert Einstein einmal. Wie wahr dies ist, hat er in seinem Leben und in seiner wissenschaftlichen Arbeit vielfach erfahren. Der Satz passt auch gut auf die Attacken, denen seine Relativitätstheorie gegenwärtig ausgesetzt ist. Denn Physiker und Astronomen stellen sie nun härter denn je auf den Prüfstand. Während Theoretiker versuchen, die Fundamente tiefer zu legen, meinen manche Forscher sogar, Abweichungen von ihren Voraussagen gefunden zu haben.

Diese Anstrengungen haben nichts mit den »Einstein widerlegt!«-Parolen zu tun, die zuweilen durch ahnungslose oder sensationsheischende Medien geistern. Sie sind auch nicht mit den Traktaten zu vergleichen, die sich im Internet tummeln und mit denen Physik-Institute, Planetarien sowie Redaktionen seit Jahrzehnten behelligt werden (in Zuschriften an *bild der wissenschaft* wird die Relativitätstheorie bisweilen im Wochentakt als »falsch« überführt, eine neue Weltformel hingegen wird nur etwa einmal im Monat angeboten und die Quadratur des Kreises lediglich alle zwei bis drei Jahre). Vielmehr geht es darum, die Gültigkeitsgrenzen von Einsteins Jahrhunderttheorie auszuloten. Denn so viel ist klar: Das letzte Wort in der Physik kann sie nicht bleiben.

»Trotz aller Erfolge der Allgemeinen Relativitätstheorie ist seit ihrer Formulierung die Suche nach Alternativen eine anhaltende Herausforderung«, schrieb Claudia de Rham von der Case Western Reserve University in Cleveland, Ohio, 2014 in einem wissenschaftlichen Übersichtsartikel zu diesem Thema. »Tatsächlich ist die Existenz widerspruchsfreier Alternativen einer Theorie der Gravitation jenseits aller rein akademischen Übungen essenziell, um die Allgemeine Relativitätstheorie selbst zu testen.«

Salvatore Capozziello und Valerio Faraoni setzen noch eins drauf: »Aus theoretischer Sicht ist es notwendig, über die Allgemeine Relativitätstheorie hinauszugehen, und die größere Landschaft der Theorien zu erkunden, wird zu einem kulturellen Bedürfnis.« In ihrem umfangreichen Buch *Beyond Einstein Gravity* (2011) räumen die Physiker von der Universität Neapel beziehungsweise der Bishop's University im kanadischen Sherbrooke allerdings ein: »Die Theorien, die bislang entwickelt wurden, sollten nicht zu ernst genommen werden. Aber sie sind zumindest als einfache Modelle nützlich, um zu lernen, wie sich die Schwerkraft von der Darstellung in Einsteins Theorie unterscheiden könnte, und um eine Ahnung von den Schwierigkeiten und Phänomenen zu bekommen, auf die man in einer weiterentwickelten Theorie stoßen kann.«

Werden sich Raumzeit und Gravitation auflösen?

Es gibt sozusagen zwei lose Enden, an denen Einsteins Meisterwerk ausfasern könnte. Das eine sind sehr schwache Gravitations- und Beschleunigungsverhältnisse auf großen Längenskalen. Mit einer Analogie zum elektromagnetischen Spektrum sprechen Wissenschaftler hier von möglichen Infrarot-Modifikationen der Allgemeinen Relativitätstheorie, deren sichtbarer – und das heißt auch: bereits gut geprüfter – Bereich unangetastet bliebe. Das andere Ende der Skala, entsprechend als Ultraviolett-Komplettierung bezeichnet, betrifft die extrem starken Gravitationsfelder. Hier ist die Relativitätstheorie noch kaum getestet worden: etwa bei Schwarzen Löchern und Gravitationswellen. Solche Phänomene sollte es auch im Rahmen von realistischen alternativen Schwerkrafttheorien geben – jedoch mit teils drastisch verschiedenen Effekten. Physikalische Messungen müssen daher irgendwann die Spreu vom Weizen trennen.

Dass die Allgemeine Relativitätstheorie am ultravioletten Ende eine Ergänzung braucht, ist weitgehend Konsens. Seit den Arbeiten von Stephen Hawking und Roger Penrose Ende der 1960er-Jahre ist ziemlich klar, dass die Theorie selbst unter recht generellen, unspezifischen Bedingungen anfällig für Singularitäten bei extremen Dichten und Drücken ist und in ihrem Gültigkeitsbereich zusammenbricht. Diese unliebsamen blinden Flecken, die die Natur wohl nicht einfach durch bestimmte Randbedingungen vermeiden oder umgehen kann, müssen kuriert werden. Nicht im All, aber in der Theorie.

Die Eliminierung von Singularitäten ist aus theoretischer Perspektive also die wichtigste und kniffligste Aufgabe. Das schafft, wenn überhaupt, wohl nur eine Theorie der Quantengravitation. Vorschläge hierzu gibt es beispielsweise im Rahmen der Stringtheorie und der Schleifen-Quantengravitation. Sie gehören zu den radikalsten Vorstellungen, denn sie lassen nicht einmal die Homogenität oder Kontinuität der Raumzeit unangetastet. Vielmehr deuten sie darauf hin, dass die Raumzeit nicht fundamental ist, sondern sich aus basaleren Strukturen aufbaut. Dann stößt auch die Relativitätstheorie als klassische Feldtheorie an ihre Grenzen. Und die Schwerkraft, die sie als Krümmung der Raumzeit beschreibt, ist womöglich ebenfalls nicht grundlegend, sondern eine »emergente«, abgeleitete Größe ähnlich der Temperatur.

Bemerkenswerterweise hat schon Albert Einstein die Idee einer körnigen, quantisierten Raumzeit erwogen. So schrieb er in einem Brief vom August 1954 an seinen Freund Michele Besso: »Ich betrachte es aber als durchaus möglich, dass die Physik nicht auf dem Feldbegriff begründet werden kann, das heißt auf kontinuierlichen Gebilden. Dann bleibt von meinem ganzen Luftschloss inklusive Gravitationstheorie nichts bestehen.«

Mitleid mit Gott und ein Ewiges Leben als Grenzfall

Als Einstein 1915 seine Allgemeine Relativitätstheorie den Fachkollegen vorstellte, konnte niemand wissen – nicht einmal er selbst –, dass damit die Grundlage für das Verständnis des Universums im Großen und Ganzen gelegt war. Denn noch hatte die Jahrhunderttheorie die Feuertaufe ihrer experimentellen Überprüfungen nicht bestanden; und ihre kosmologischen Konsequenzen waren ebenfalls unbekannt. Trotzdem verspürte Einstein wenig Selbstzweifel. Nach der berühmten Messung der Ablenkung des Sternlichts im Gravitationsfeld der Sonne, die er richtig vorausgesagt hatte, wurde er gefragt, was gewesen wäre, wenn die Allgemeine Relativitätstheorie bei diesem Test versagt hätte. Er antwortete in der für ihn typischen Weise: »Da könnt' mir halt der liebe Gott leid tun. Die Theorie stimmt doch.«

Allerdings war Einstein keineswegs der Meinung, damit das Ende der Fahnenstange der Physik erreicht zu haben. Im Gegenteil – er hielt die Relativitätstheorie für erweiterungsbedürftig und arbeitete selbst bis zu seinem Lebensende an ihrer Revision. Das hatte mindestens drei Gründe, die bis heute aktuell sind.

› Zum einen integrierte die Relativitätstheorie die elektromagnetischen Phänomene nicht – trotz mathematischer Verwandtschaft gab es keine direkte Verknüpfung. Später wurden mit der Starken und Schwachen Kraft, die nur im subatomaren Bereich wirken, zwei weitere fundamentale Wechselwirkungen entdeckt. Hinzu kam eine Fülle neuer Teilchen. Das rückte Einsteins Traum von einer Einheitlichen Feldtheorie, die alle Naturkräfte gleichermaßen beschreibt, in noch größere Ferne.

› Desweiteren ist die Relativitätstheorie geradezu die Krönung der Klassischen Physik – doch wurde diese damals durch die Quantentheorie revolutioniert, mit Einsteins Beteiligung und zugleich seinem Unbehagen. Dieser Umbruch legte nahe, dass die Schwerkraft ebenfalls »quantisiert« werden muss. Eine solche Theorie der Quantengravitation, die die Relativitätstheorie als Grenzfall enthalten sollte, ist bis heute ein unerfüllter Wunsch geblieben – und eine Aufgabe, an der sich seit Einstein Hunderte von brillanten Physikern die Zähne ausgebissen haben.

› Außerdem gibt es theoretisch gut studierte Effekte wie den Informationsverlust in Schwarzen Löchern, falls diese sich in langen Zeiträumen durch Quanteneffekte wieder vollständig auflösen (Hawking-Strahlung). Würden hier wirklich physikalische Informationen unwiderruflich vernichtet, was Physiker einschließlich Stephen Hawking nicht glauben wollen, dann wäre das eine Bedrohung für die Grundfesten der Physik. Die Quantentheorie wäre widerlegt und der Energieerhaltungssatz ebenso.

Exkurs

Das Potpourri der f(R)-Theorien

Relativ überschaubare Abwandlungen der Allgemeinen Relativitätstheorie sind die sogenannten f(R)-Theorien der Gravitation. Hans Adolph Buchdahl von der Australian National University in Canberra hat diese Idee erstmals 1970 vorgeschlagen; seither kamen zahlreiche Varianten hinzu. f(R) bezeichnet eine Funktion f des Ricci-Skalars R. Diese zentrale mathematische Größe in Einsteins Feldgleichungen beschreibt die Krümmung der Raumzeit unabhängig von der Wahl der Koordinaten. R wurde nach dem italienischen Mathematiker Gregorio Ricci-Curbastro benannt. Er hatte ab 1890 mit seinem vormaligen Studenten Tullio Levi-Civita die Tensor-Rechnung entwickelt, auf der die Relativitätstheorie beruht. Die Dynamik eines Systems – also wie sich Materie in der gekrümmten Raumzeit bewegt – wird repräsentiert durch die Funktion der sogenannten Lagrange-Dichte multipliziert mit dem Raumzeitvolumen. Vereinfacht: $f(R) = R - 2\Lambda$, wobei Λ die Kosmologische Konstante bezeichnet.

f(R)-Theorien postulieren stattdessen eine andere Lagrange-Dichte und ändern somit Einsteins Feldgleichungen ab, die sich daraus errechnen lassen. Dies kann durchaus Vorteile bringen. So hat 1980 Aleksei A. Starobinsky von der Sowjetischen Akademie der Wissenschaften $f(R) = R + \alpha R^2$ vorgeschlagen (mit der Zahl $\alpha > 0$). Das war das erste Modell der erst später so genannten Kosmischen Inflation, die das Universum

› Schließlich gibt die Relativitätstheorie über ihre eigenen Gültigkeitsgrenzen Aufschluss: Sie enthält Singularitäten, wenn Raum und Zeit gegen null und die Krümmung, Energiedichte, Masse oder Temperatur gegen unendlich gehen. Das sind unphysikalische Situationen, bei denen die Theorie zusammenbricht und durch eine leistungsfähigere ersetzt werden muss – eben eine Quantengravitationstheorie. Sie erscheint für eine Beschreibung der Extrembedingungen der Natur unerlässlich: für den Urknall und für die Verhältnisse in Schwarzen Löchern.

mit dem Urknall rasant groß gemacht haben soll. Im Gegensatz zu den heute beliebten Modellen wird hier kein Skalarfeld (»Inflaton«) benötigt, sondern die exponentielle Raumausdehnung folgt aus dem modifizierten f(R)-Term selbst. (Starobinskys Vorschlag passt übrigens sehr gut zu den neuesten Messungen der Kosmischen Hintergrundstrahlung von der Raumsonde Planck.)

f(R)-Theorien lassen sich testen, weil sie neue Arten von Gravitationswellen voraussagen sowie eine variierende Gravitationskonstante. Sie sind auch eine Alternative zu der mysteriösen Dunklen Energie, um die gegenwärtig beschleunigte Expansion des Weltraums zu erklären. Diese würde statt von einer unbekannten Energieform, etwa Λ, dann von einer modifizierten Gravitationswirkung hervorgerufen, beispielsweise $f(R) = R - \alpha R^n$ (mit $\alpha > 0$, $n > 0$) – wobei dieses spezielle Modell allerdings instabil zu sein scheint. Andere f(R)-Theorien können zudem unphysikalische Singularitäten vermeiden und so vielleicht sogar den Urknall erklären.

Allerdings wirken f(R)-Theorien gekünstelt. »Ich würde diese Modifikationen als ad hoc bezeichnen. Wer Latein nicht mag, könnte ›gewaltsame Abänderungen‹ sagen – dies ist es nämlich«, kritisiert Friedrich Hehl, ein streitbarer Spezialist für die Relativitätstheorie und ihre Erweiterungen an der Universität zu Köln. »Ich persönlich studiere solche Theorien gar nicht, weil sie mir als zu primitiv erscheinen.«

Einstein wollte die Singularitäten erst nicht wahrhaben, musste sich aber eines Besseren belehren lassen. »Die Einführung einer solchen neuartigen Singularität erscheint an sich bedenklich«, räumte er mit Blick auf die Hypothese der Entstehung des Universums aus einem superdichten winzigen Punkt ein, später Urknall genannt. Im ersten Anhang zu seinem Buch *Grundzüge der Relativitätstheorie* schrieb er dazu 1946 in einer hellsichtigen Fußnote: »Es ist jedoch Folgendes zu bemerken. Die gegenwärtige relativistische Gravitationstheorie beruht auf einer begrifflichen

Trennung von Gravitationsfeld und ›Materie‹. Es ist wohl plausibel, dass diese Theorie aus diesem Grunde für sehr hohe Dichte der Materie inadäquat ist. Es mag wohl sein, dass in einer einheitlichen Theorie eine Singularität nicht auftreten würde.«

Genau das ist der »heilige Gral« der modernen Physik bis heute geblieben: die Suche nach einer »Weltformel«, die alle Naturkräfte einheitlich beschreibt, und nach einer singularitätsfreien Erklärung der Schwarzen Löcher und des Urknalls mithilfe einer solchen Quantengravitationstheorie.

Natürlich beteiligt sich nur eine Minderheit unter den Physikern an dieser Suche. »Die meisten meiner Kollegen scheuen sich, an Einsteins großartigem Werk etwas zu verändern – nach dem Motto: Was nicht kaputt ist, braucht man auch nicht zu reparieren«, sagt Pedro G. Ferreira von der Oxford University. Er hat wichtige Beiträge zur Relativitätstheorie veröffentlicht, erforscht aber auch konkurrierende Modelle. Ihm geht es dabei nicht nur darum, an der Theorie zu sägen – er will sie umgekehrt auch stärken, indem er ihre Gültigkeitsgrenzen genauer kennenzulernen versucht. »Die Wissenschaft könnte davon profitieren, wenn sie akzeptiert, dass die Allgemeine Relativitätstheorie nunmehr den gleichen Weg wie Newtons Theorie von der Schwerkraft geht. Newtons Theorie ist immer noch aktuell und gültig; sie ist weiterhin nützlich.«

Das entspricht auch Einsteins Denkweise. Eine erfolgreiche Theorie wird in der Regel nicht einfach auf dem Müllhaufen der Wissenschaftsgeschichte entsorgt, sondern ist als sogenannte effektive Theorie für viele Zwecke gut genug. Sie lässt sich als Teilbereich, als mathematischer Limes oder als Spezialfall nach wie vor anwenden – und bleibt so ein entscheidender Schritt zu einem tieferen Verständnis der Natur, also eine Etappe des wissenschaftlichen Fortschritts. Einstein hat es so ausgedrückt: »Für eine physikalische Theorie kann es kein schöneres Schicksal geben, als dass sie einer umfassenderen Theorie selbst den Weg weist, in der sie als Grenzfall weiterlebt.«

Eine solche umfassendere Theorie sollte die Defizite der Relativitätstheorie kurieren sowie neue Phänomene beschreiben und voraussagen. Tatsächlich enthält das gegenwärtige Standardmodell der Kosmologie – ΛCDM-Modell genannt – mindestens drei unbekannte Größen, die eingeführt wurden, um irritierende astronomische Daten zu erklären:

› **Kalte Dunkle Materie** (Cold Dark Matter, CDM): Sie beherrscht die Dynamik der Galaxien und Galaxienhaufen. Dafür werden meist bislang unbekannte Elementarteilchen verantwortlich gemacht, die massenweise im All vorkommen, aber nicht der Elektromagnetischen Wechselwirkung unterliegen und deshalb auch kein Licht aussenden oder verschlucken.

› **Dunkle Energie:** Eine noch mysteriösere physikalische Größe, welche die anscheinend beschleunigte Ausdehnung des Weltraums antreibt. Der einfachste Kandidat dafür ist die 1917 von Einstein in die Allgemeine Relativitätstheorie eingeführte Kosmologische Konstante Λ. Es werden jedoch auch zahlreiche andere Vorschläge diskutiert, etwa ein neuartiges skalares Feld (Quintessenz genannt), das sich mit der Zeit verändern könnte.

› **Inflaton:** Dieses hypothetische Feld (oder mehrere) soll den Weltraum in seinem ersten Sekundenbruchteil nach – oder gar vor – dem Urknall überhaupt erst groß gemacht haben. Für eine solche Kosmische Inflation sprechen einige gute Gründe und Beobachtungen, sodass sie oft schon als »Standarderweiterung« des kosmologischen Standardmodells gehandelt wird; doch es gibt auch andere Erklärungsversuche, und die Diskussionen halten an.

Diese drei Komponenten, gegenüber denen sich die bekannte sichtbare Materie vom Anteil hinsichtlich der Energiedichte her auf lediglich etwa fünf Prozent beläuft, können zwar mit ihren

Exkurs

Gravitation massiv

Formuliert man die Allgemeine Relativitätstheorie analog zu den etablierten Quantenfeldtheorien des Standardmodells der Materie, wird die Gravitation als »Kraft« behandelt, die ein Teilchen namens Graviton überträgt. Ziehen sich zwei Körper an, dann tauschen sie Gravitonen aus, vergleichbar mit dem »Pingpong« von Photonen zwischen geladenen Körpern bei der elektrischen Anziehung. Gravitonen sind hypothetische Teilchen mit Spin 2, also einem besonders großen »inneren Drehimpuls« (zum Vergleich: Photonen haben Spin 1, Higgs-Teilchen Spin 0). Ob sie existieren und jemals nachgewiesen werden, ist unklar.

Manche alternative Theorien der Schwerkraft postulieren andere Überträgerteilchen. Sie könnten einen höheren Spin besitzen. Oder sie haben im Gegensatz zu den Photonen und Gluonen eine geringe Ruhemasse. In diesen Modellen der sogenannten Massereichen Schwerkraft (»Massive Gravity«) würde das Graviton – vielleicht durch die Wechselwirkung mit dem Higgs-Feld – eine Winzigkeit »wiegen«, weniger als 10^{-33} Elektronenvolt. Dadurch wäre die Gravitation auf großen Skalen etwas schwächer, was die beschleunigte Ausdehnung des Weltalls seit sechs Milliarden Jahren erklären könnte. Gravitationswellen wären etwas lang-

exotischen Eigenschaften in den Rahmen der Relativitätstheorie »eingebaut« werden. So wurden sie überhaupt erst definiert. Es ist jedoch umgekehrt auch möglich, dass sie deren Scheitern anzeigen, also genau diesen Rahmen sprengen. Dann wären sie nichts »Stoffliches« im All, sondern lediglich Effekte einer abgewandelten Gravitationstheorie – mithin Phantome. Die Mehrheit der Kosmologen ist zurzeit zwar nicht dieser Meinung. Doch haben Vertreter alternativer Theorien (etwa der sogenannten f(R)-Gravitation oder einer Modifizierten Newton'schen Dynamik, MOND), durchaus gewichtige Argumente. Sie meinen, die astronomischen Beobachtungen besser, einfacher oder übersamer als die Vakuum-Lichtgeschwindigkeit, und sie hätten fünf beziehungsweise sechs Polarisationsmuster, nicht nur zwei wie im Rahmen der Allgemeinen Relativitätstheorie.

Die Grundidee basiert auf einem Vorschlag von Wolfgang Pauli und seinem Assistenten Markus Fierz aus dem Jahr 1939. Es gibt viele Varianten. Unklar ist, ob sie singularitätsfrei sind, die Abfolge von Ursache und Wirkung erfüllen und wirklich kosmologische Anwendungen haben. Die lineare Pauli-Fierz-Theorie beispielsweise enthielt die Allgemeine Relativitätstheorie nicht im Grenzwert des masselosen Gravitons. Als man nichtlineare Terme hinzufügte, gab es Inkonsistenzen (negative kinetische Energien, die zu Instabilitäten führte).

Dieses Problem beansprucht eine neue Version von Claudia de Rham, Gregory Gabadadze und Andrew J. Tolley aus dem Jahr 2010 überwunden zu haben und sogar die Kosmische Inflation und die gegenwärtige beschleunigte Expansion des Weltalls auf eine neue Weise erklären zu können. Doch auch dieser Ansatz scheint Instabilitäten zu enthalten, die weitere Modifikationen nötig machen; von empirischen Überprüfungen und testbaren Voraussagen gar nicht zu reden. An Einsteins Jahrhundertwerk herumzubasteln ist eben kein Kinderspiel.

haupt erst durch eine Abänderung der Relativitätstheorie erklären zu können.

Konkurrenz und kritische Messungen

Zu den ersten sorgfältig ausgearbeiteten Alternativen zur Allgemeinen Relativitätstheorie, die nicht an der Riemann'schen Geometrie herumbasteln beziehungsweise sie ersetzen, sondern den Materie-Sektor modifizieren (mithin die rechte Seite der Feldgleichungen), zählen besonders die Skalar-Tensor-Theorien.

Sie postulieren ein zusätzliches Skalarfeld (das keine gerichteten Eigenschaften hat wie Vektor- und Tensorfelder). Ein Vorläufer davon war Gunnar Nordströms Gravitationstheorie von 1913, die aber nur noch von historischem Interesse ist. Die bis heute prominenteste Formulierung einer Skalar-Tensor-Theorie stammt von Robert Dicke und seinem Doktoranden Carl H. Brans von der amerikanischen Princeton University. Oft wird geradezu von Brans-Dicke-Theorie gesprochen. Geschichtlich betrachtet ist das nicht fair. »Zwischen 1941 und 1962 wurden Skalar-Tensor-Theorien der Gravitation viermal von verschiedenen Wissenschaftlern in vier verschiedenen Ländern vorgeschlagen«, fasst Hubert Goenner von der Universität Göttingen seine physikhistorische Untersuchung zusammen. »Sie sind von verschiedenen Ausgangspunkten gestartet und haben das Skalarfeld unterschiedlich interpretiert.«

Der erste war der Mathematiker Willy Scherrer an der Universität Bern mit seinem Artikel *Zur Theorie der Elementarteilchen* von 1941, der völlig unbeachtet blieb. Unabhängig von ihm begann der Quantenphysiker Pascual Jordan an der Universität Hamburg ab 1945 an einer Skalar-Tensor-Theorie zu arbeiten. Dabei ging er, inspiriert von Theodor Kaluzas Ideen, von einer fünfdimensionalen Raumzeit aus und verstrickte sich auch in kosmologische Spekulationen über eine Vermehrung der Masse, also eine Verletzung des klassischen Materie-Erhaltungssatzes. Das brachte ihm Kritik von Markus Fierz und Wolfgang Pauli aus der Schweiz ein. Jordan machte seine Ideen im Buch *Schwerkraft und Weltall* von 1955 zumindest im deutschsprachigen Raum weithin bekannt (eine nicht identische erste Auflage erschien schon 1952 und fand weniger Beachtung). Indessen hatte der Mathematiker Yves Thiry in Paris 1950 seine Dissertation abgeschlossen. Er nahm Kontakt zu Jordan auf, und beide zitierten sich auch wechselseitig. Pauli schob die Lektüre einige Zeit vor sich her: Thirys Dissertation sei »so entsetzlich dick [...], dass es so viel einfacher ist, das Buch nicht aufzumachen und sich zu überlegen, was darin stehen muss«, schrieb er 1953 in einem Brief an Jordan; das Buch umfasste gerade einmal 122 Seiten.

In Princeton arbeitete indessen Robert Dicke seit Mitte der 1950er-Jahre an einer Skalar-Tensor-Theorie, um Spekulationen des Physik-Nobelpreisträgers Paul Dirac über eine variable Gravitationskonstante G einzubauen sowie das Mach'sche Prinzip. (Er ging von Dennis Sciamas Deutung $GV = -c^2$ aus, mit V als dem Gravitationspotenzial des Universums). Dicke publizierte ab 1957 Fachartikel und zitierte – sich davon teilweise distanzierend – Jordans Buch von 1955, aber keine früheren Arbeiten. 1961 publizierte Dicke seine bahnbrechende Arbeit mit Charles Brans, der bei ihm promovierte (und beinahe wieder aufgehört hätte, als er von Jordan las). Darin wird eine formale Verbindung mit Jordans Theorie eingeräumt, aber eine andere physikalische Interpretation betont. Thirys Arbeit wurde in Princeton gar nicht wahrgenommen, wohl aufgrund der Sprachbarriere. Die Brans-Dicke-Theorie hatte seitdem den größten Einfluss, vor allem – aber nicht nur – in der englischsprachigen Welt. Ihr zufolge hängt die Gravitation an einem Punkt der Raumzeit von der gesamten Materieverteilung im Universum ringsum ab. Das steht in Konflikt mit dem Starken Äquivalenzprinzip der Allgemeinen Relativitätstheorie und führt dazu, dass die Gravitations»konstante« sich in Raum und Zeit verändert.

Obwohl Brans und Dicke zuletzt publizierten und ihre Theorie nicht einmal so allgemein war wie die früheren, wurde sie am meisten rezipiert – bis heute. Für den Erfolg gibt es verschiedene Gründe, nicht nur die der Sprachen. »Die Brans-Dicke-Arbeit hatte den größten Einfluss, weil es die geringste Abänderung der Allgemeinen Relativitätstheorie von allen Skalar-Tensor-Theorien war. Und weil sie in einer Weise dargestellt wurde, die jeder sofort verstehen und weiter mit ihr arbeiten konnte, der mit Einsteins Theorie vertraut war, ohne neue mathematische Techniken erlernen zu müssen«, schreibt Goenner. Außerdem gab es bei Brans und Dicke keine seltsamen fünfdimensionalen Räume, keine kosmische Massenerzeugung und keine Verbindung mit der Suche nach einer Einheitlichen Feldtheorie. Zwar waren die Gedanken zu einem variablen G nicht neu, und die Verbindung zum problematisch definierten Mach'schen Prinzip erscheint durchaus dubios. Aber Dicke war ein bekannter, respektierter Physiker und sein Kollege John Wheeler im Hintergrund ein Nestor der neueren Forschungen zur Relativitätstheorie in den USA.

Bemerkenswerterweise ist es die Brans-Dicke-Theorie und nicht die Allgemeine Relativitätstheorie, die als niederenergetischer Grenzfall aus der Stringtheorie hervorgeht – jenem ambitionierten Vorschlag für eine »Weltformel«, die alle Kräfte einheitlich beschreiben kann. Auch einige andere Alternativtheorien, etwa zu einer fünften Naturkraft oder zusätzlichen Raum-Dimensionen, sind mit der Brans-Dicke-Theorie verwandt.

Die Brans-Dicke-Theorie besitzt einen freien Parameter ω. Wird er unendlich, geht sie formal in die Allgemeine Relativitätstheorie über. Das ist nur ein Beispiel für effektive Zusammenhänge beziehungsweise Differenzen zwischen der Relativitätstheorie und ihren allesamt komplizierteren Konkurrenten. Die unterschiedlichen Parameter und ihre Werte machen die Theorien experimentell überprüfbar.

Die Messungen haben seit den 1990er-Jahren enorm an Präzision gewonnen. Und neue Satelliten-Missionen werden sie in den nächsten Jahren noch einmal um mehrere Größenordnungen verbessern. So folgt aus Entfernungsbestimmungen von Erde und Mond mittels Laser, aus langjährigen Messungen der Sonnenleuchtkraft sowie der Bewegung von Binär-Pulsaren (also von zwei sich umkreisenden Neutronensternen), dass die Gravitationskonstante jährlich höchstens um ein Milliardstel Prozent variieren kann. Und der Funkverkehr mit der Raumsonde Cassini zeigte (mit einer hervorragenden Messung des Shapiro-Effekts), dass ω einen Wert von mindestens 40.000 haben muss.

Das sind alles Pluspunkte für die Allgemeine Relativitätstheorie, die empirisch noch immer in Höchstform ist. Abweichungen von ihren Vorhersagen sind für die Verhältnisse im Sonnensystem und bei Neutronensternen äußerst gering, wenn es sie überhaupt gibt. In sehr schwachen Schwerkraft- und Beschleunigungssystemen könnte die Theorie hingegen versagen – und genau das behaupten einige Astronomen (dazu später).

Dies ist nicht die einzige Problemzone, wie Hans Jörg Fahr meint. Der Astrophysiker von der Universität Bonn denkt schon lange über eine Revision der Relativitätstheorie nach. Im Vergleich zu manchen Kollegen ist er dabei recht behutsam. »Ich bin nicht der Meinung, dass eine grundsätzliche Alternative zur jetzigen Gravitationstheorie erforderlich ist.« Er schlägt jedoch vor, den Energie-Impuls-Tensor zu modifizieren, der in Einsteins Feldgleichungen die Quellen der Raumzeitkrümmung beschreibt. »Da werden Größen in einem euklidischen Maß verwendet, nämlich pro Kubikzentimeter.« Das findet Fahr nicht konsequent. »Vielmehr muss die Selbstenergie der Raumzeitkrümmung berücksichtigt werden, eine Art Gravitationsbindungsenergie, die die Quellstärke beziehungsweise Krümmung vermindert. Das kompliziert die Feldgleichungen erheblich, weil dann die Quelle der Krümmung von der Krümmung selbst abhängt.« Fahrs Abschätzungen zeigen, dass sich dadurch sogar die Energie des Vakuums besser verstehen ließe, die gegenwärtig anscheinend die beschleunigte Ausdehnung des Weltraums antreibt. Fahr spekuliert außerdem, dass die Expansion sich auf galaktischen Skalen auswirkt und womöglich die Dunkle Materie nur vortäuscht.

Inzwischen sind modifizierte Gravitationstheorien zu einem stattlichen Forschungsfeld avanciert. Was manchen gestandenen Relativisten als Spielerei vorkommt, das gilt anderen Wissenschaftlern als Ausweitung der Problemzone und des Möglichkeitsraums. Die einen sind eher von der Theorie her motiviert und wollen austesten, was sich als konsistente und überprüfbare Alternativen zu Einstein überhaupt eignet. Andere haben dagegen die Ungereimtheiten und seltsamen neuen Ingredienzen der Standardkosmologie im Blick und suchen nach anderen Erklärungen und neuen Perspektiven.

Francisco S. N. Lobo von der Universität Lissabon, ein Experte für modifizierte Gravitationstheorien oder »Dunkle Gravitation«, wie er sie nennt, betont, wie wichtig es ist, diese von Modellen der Dunklen Energie zu unterscheiden. »Denn Modelle, die den Gravitationssektor abändern, können auf eine bestimmte Klasse von Skalar-Tensor-Theorien bezogen werden, die sich auch als Modelle der Dunklen Energie beschreiben lassen: Skalarfelder, die universell mit Materie wechselwirken. Wegen dieser Mehrdeutigkeit ist nicht entscheidbar, ob die beschleunigte Ausdehnung des Weltraums von der Dunklen Energie oder einer modifizierten Gravitation angetrieben wird.« Lobo betont aber, dass die Situation nicht hoffnungslos sei: Die Entwicklung der Galaxienhaufen und -superhaufen sowie der kosmischen Materieverteilung insgesamt auf verschiedenen Größenskalen und zu unterschiedlichen Zeiten erlaubt es, zwischen den konkurrierenden Modellen zu differenzieren. Daher wurden zusätzliche kosmische Parameter definiert, die im Fall der Dunklen Energie den Wert 0 haben, bei Dunkler Gravitation jedoch nicht. Himmelsdurchmusterungen der großräumigen Strukturen des Universums – der Galaxienverteilung im Lauf der kosmischen Evolution – werden diese Parameter in Zukunft hoffentlich hinreichend genau bestimmen. Francisco Lobo ist zuversichtlich: »Diese Projekte in unserem Goldenen Zeitalter der Kosmologie öffnen ein Fenster für unser Verständnis von der verwirrenden Natur der kosmischen Beschleunigung, der Dunklen Materie und der Gravitation selbst.«

Revoluzzer im Weltraum

Der folgende Satz lässt an Deutlichkeit und wissenschaftlicher Sprengkraft nichts zu wünschen übrig: »MOND ist ein alternatives Paradigma, das die Newton'sche Dynamik und Allgemeine Relativitätstheorie zu ersetzen versucht.« So fasst Mordehai Milgrom vom Weizmann-Institut im israelischen Rehovot in einem aktuellen wissenschaftlichen Übersichtsartikel seine mehr als 30 Jahre währenden Anstrengungen zusammen, das Fundament der Physik und Kosmologie zu renovieren – oder gar umzustürzen. Noch steht das Theoriengebäude der Standardkosmologie zwar, und viele Tausend Forscher bewohnen es recht zuversichtlich. Aber Milgrom ist nicht der einzige seriöse Wissenschaftler, der glaubt, dass es wankt. Dabei geht es dem Astrophysiker nicht um Destruktion, sondern um eine konstruktive, präzisere Beschreibung der Bewegungsgesetze der Materie. Er nennt seinen Ansatz MOND – »Modifizierte Newton'sche Dynamik«.

Dass im All etwas nicht so »läuft«, wie es soll, ist inzwischen unumstritten. Astronomische Messungen der Bewegungen von Sternen und Gaswolken in Galaxien haben seit den 1970er-Jahren eindeutig gezeigt, dass hier etwas nicht stimmt: Die Galaxien rotieren in ihren Außenbezirken nämlich fast genauso schnell wie nahe am Zentrum. Das dürften sie aber nicht, wie schon aus den Kepler'schen Gesetzen folgt und durch Newtons Gravitationstheorie erklärt wird. Im Sonnensystem bewegen sich sonnenfernere Planeten ja auch viel langsamer als sonnennähere.

Um die Galaxien-Messungen zu verstehen, folgern viele Astrophysiker, dass es in den Außenbezirken weitaus mehr Masse gibt, als dort leuchtet – ja, dass die Galaxien von einem Dunklen Halo unsichtbarer Materie eingehüllt werden, der zehn Mal größer und auch rund zehn Mal massereicher ist als alle Sterne, Gas- und Staubwolken zusammengenommen. Diese sogenannte Kalte Dunkle Materie unterliegt nicht der Elektromagnetischen Wechselwirkung, sondern sollte aus einer noch nicht nachgewiesenen neuen Sorte von relativ langsam umherfliegenden Elementarteilchen bestehen.

Diese wahrhaft weitreichende Schlussfolgerung setzt die Gültigkeit des Gravitationsgesetzes voraus – und mithin der Allgemeinen Relativitätstheorie, die Isaac Newtons Gravitationstheorie und somit die Kepler'schen Gesetze als Spezialfall für kleine Geschwindigkeiten oder Massen enthält. Diese Annahme aber könnte für sehr geringe Beschleunigungen nicht zutreffen. Denn es lässt sich durch Laborexperimente bislang nicht ausschließen, dass die Schwerkraft nicht überall linear proportional zur Beschleunigung ist, wie es Newton postuliert hat. Die Gültigkeit eines solchen universellen Gesetzes – »eine sensationelle Extrapolation«, wie Jim Peebles von der Princeton University betont – sollte man Milgrom zufolge nicht einfach weltweit voraussetzen.

Im Sonnensystem ist zwar kein Platz für so schwache gravitative MOND-Verhältnisse. Bei Sternen fern vom Zentrum ihrer Galaxie, wo der Schwereeinfluss gering ist, könnte das aber anders sein. Dann wäre die mutmaßliche Existenz von Dunkler Materie schlicht ein Trugschluss – basierend auf einer falschen theoretischen Voraussetzung.

Genau diese kühne Spekulation ist die Grundidee von MOND, die Milgrom bereits 1981 ersonnen und 1983 nach einigen Schwierigkeiten publiziert hatte. Seither hat sich immer genauer gezeigt: MOND kann die gemessenen Rotationskurven der

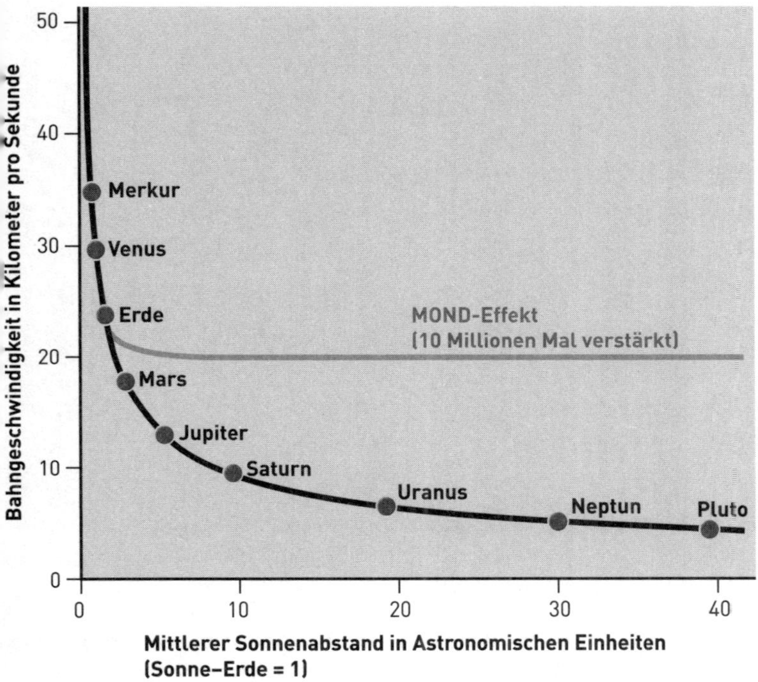

Von Kepler zu Newton zu MOND: Isaac Newtons Gravitationstheorie zufolge nimmt die Bahngeschwindigkeit der Planeten um die Sonne proportional zum Quadrat ihrer Entfernung ab. Das hat schon Johannes Kepler Anfang des 17. Jahrhunderts beschrieben. Sterne, die in großer Distanz um das Zentrum ihrer Galaxie kreisen, verhalten sich jedoch seltsamerweise anders: Ihre Orbitalgeschwindigkeit ist nahezu konstant. Viele Astronomen erklären das durch den Effekt einer unbekannten Dunklen Materie. Leichter verständlich wäre dies jedoch durch eine Abänderung von Newtons Gesetz. In der Grafik ist die Voraussage einer solchen Modifizierten Newton'schen Dynamik (MOND) veranschaulicht (obere Kurve) – allerdings um den Faktor 10^7 verstärkt. In den Schwerkraftverhältnissen des Sonnensystems treten MOND-Effekte nicht auf, denn dafür müssten die Planeten viele Tausendmal so weit von der Sonne entfernt sein wie die Erde.

Galaxien erstaunlich gut beschreiben – sogar besser, als es mit Dunkler Materie möglich ist, weil bei dieser auch komplizierte

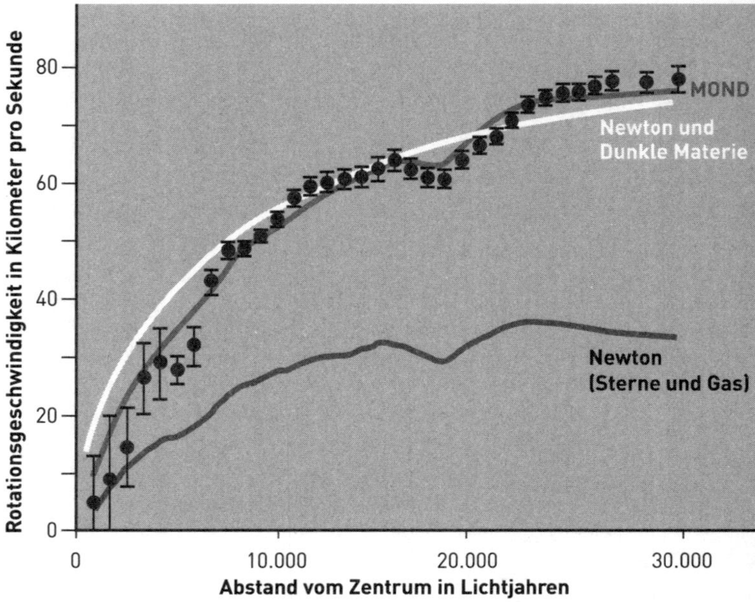

Ein mysteriöses Beispiel von vielen: Die Rotationskurve der elf Millionen Lichtjahre fernen Galaxie NGC 1560 im Sternbild Giraffe: Sterne weit entfernt vom Zentrum der 35.000 Lichtjahre großen Spiralgalaxie bewegen sich viel schneller (Messpunkte), als sie es nach Isaac Newtons Gravitationsgesetz dürften (untere Kurve). Damit die Beobachtung mit der Theorie übereinstimmt, müsste sich fünfmal so viel »finstere« wie sichtbare Masse in der Galaxie verbergen (weiße Kurve). Eine Modifizierte Newton'sche Dynamik (MOND) kann die Messungen jedoch auch ohne Dunkle Materie erklären. Sie passt sogar besser zu den Beobachtungen – vor allem, wenn man die ähnlichen Verhältnisse in vielen Dutzend anderen Galaxien berücksichtigt – und braucht dazu auch weniger freie Parameter. Das ist ein großer Vorteil – allerdings zum hohen Preis eines abgeänderten Naturgesetzes.

galaktische Entwicklungseffekte und Rückkopplungen eine Rolle spielen. Doch man würde ja auch nicht die Statistische Thermodynamik ablehnen, bloß weil man mit ihr keine genauen Wettervorhersagen machen kann, entgegnen die Anhänger der Dunklen Materie, etwa Simon White, Direktor am Max-Planck-Institut für Astrophysik in Garching.

Das jedoch überzeugt Milgrom nicht. »Alle MOND-Vorhersagen auf galaktischen Skalen sind einfache, unvermeidliche Folgerungen. Sie hängen nicht von den chaotischen Entstehungsmodellen der Galaxien ab – ähnlich wie sich Keplers Gesetze, die alle Planetensysteme beschreiben, aus Newtons Theorie ableiten lassen und nicht aus den komplexen Szenarien zur Bildung von Planetensystemen«, sagt er. »Zu denken, dass sich die universellen MOND-Regularitäten der Galaxien eines Tages irgendwie aus deren Entwicklungsgeschichte ergeben, wie die Advokaten der Dunklen Materie sagen, ist ein Irrglaube.«

Das stößt unter vielen Forschern auf große Skepsis. Unbekannte Elementarteilchen zu postulieren, ist bereits kühn; aber an einem seit Jahrhunderten bekannten Gesetz herumzuschrauben, klingt für manchen Physiker fast schon nach Blasphemie. Entsprechend harsch – und teilweise unfair – war die Kritik.

Widerspenstige Zwerge und verbeulte Oldtimer

Die Kontroversen zwischen den MONDianern und den Advokaten der Dunklen Materie werden erstaunlich vehement geführt. »Da ist fast religiöser Eifer im Spiel«, meint Pedro Ferreira von der Oxford University. »Entfernte man die Dunkle Materie und die Dunkle Energie des Weltalls aus dem Bild, dann müsste man Einsteins schöne Theorie modifizieren. Diese Aussicht gefiel vielen Astrophysikern ungefähr genauso wenig, als würde man einen Oldtimer mit dem Vorschlaghammer bearbeiten, nur damit er in die Garage passt.«

Umgekehrt wirft Stacy McGaugh den Anhängern der Dunklen Materie vor: »Ich renne oft gegen eine irrationale Wand, die

Exkurs

MOND für Mehrwisser

Isaac Newtons Bewegungsgesetz zufolge errechnet sich eine Kraft F auf eine konstante Masse m, die die Beschleunigung a erfährt, durch $F = ma$. Ist F die Schwerkraft und G die Gravitationskonstante, dann beschreibt Newtons Gravitationsgesetz die Schwerewirkung auf einen Stern mit der Masse m und dem Abstand r vom Schwerpunkt der Galaxie, die die Masse M hat, folgendermaßen: $F = GMm/r^2$. Das entspricht einer Beschleunigung des Sterns mit der Geschwindigkeit v auf einer idealisierten Kreisbahn gemäß $a = v^2/r$.

Der Astrophysiker Mordehai Milgrom postulierte eine neue Naturkonstante a_0 in der Größenordnung von 10^{-10} Meter pro Sekunde im Quadrat für sehr kleine Beschleunigungen (bei größeren gilt Newtons Gesetz). Daraus ergibt sich ein modifiziertes Bewegungsgesetz: $GM/r^2 = a^2/a_0$. Damit wird die Rotationsgeschwindigkeit der Sterne weit entfernt vom Galaxienzentrum konstant, $v = (GMa_0)^{1/4}$, hängt also nicht mehr von r ab. Folglich ist die Rotationskurve für die Außenbezirke der Galaxien flach – im Einklang mit vielen astronomischen Messungen.

Eigenartigerweise hat a_0 auch einen Bezug zur Kosmologie. Es gibt nämlich einen einfachen Zusammenhang mit der Lichtgeschwindigkeit c, der Kosmologischen Konstante Λ und der Hubble-Konstanten H_0 (der gegenwärtigen Ausdehnungsrate des Weltalls): $2\pi a_0 = cH_0 \approx a_\Lambda = c^2(\Lambda/3)^{1/2}$. »Die Tatsache, dass heute cH_0 ungefähr so groß wie a_Λ ist, macht es schwierig, überhaupt sagen zu können, mit welchen dieser kosmischen Beschleunigungen a_0 zusammenhängt«, sagt Milgrom. Und schränkt gleich ein: »... wenn die Größe nicht sogar ihre Bedeutung verliert in einer fundamentaleren Theorie, die MOND zugrunde liegen sollte, oder in ihrer kosmologischen Anwendung.« Außerdem liegt die MOND-Länge $l_M = c^2/a_0$ bei knapp 10^{29} Zentimetern, also in der Größenordnung des Durchmessers des beobachtbaren Universums, und die MOND-Masse

manchmal fast ein religiöses Gefühl ist.« Der Astrophysiker von der Case Western Reserve University in Cleveland, Ohio, hat viele

$M_M \approx 2\pi c^3/GH_0 \approx 2\pi c^2/G(\Lambda/3)^{1/2} \approx 10^{57}$ Gramm in der Größenordnung der kritischen Masse (beziehungsweise die MOND-Dichte $\rho_M = a_0^2/c^2G \approx 2{,}4 \cdot 10^{-30}$ Gramm pro Kubikzentimeter in der Größenordnung der heutigen kritischen Dichte), das heißt an der Grenze zwischen ewiger Expansion und Kollaps des Weltraums.

Die Bedeutung dieser Koinzidenzen ist rätselhaft. Immerhin folgt aus den Zusammenhängen, dass es keine Überschneidung zwischen MOND-Systemen und lokalen relativistischen Systemen gibt, also etwa Schwarzen Löchern im MOND-Regime. Daher lassen sich MOND-Effekte wohl nur in Galaxien beobachten.

Ob sich a_0 im Lauf der Zeit langsam verändert, etwa in Abhängigkeit von Λ oder H_0, ist ebenfalls unklar (wäre aber im Rahmen der TeVeS-Theorie möglich). Das lässt sich im Prinzip feststellen, indem man die Dynamik der Galaxien zu verschiedenen Zeiten und somit in verschiedenen Entfernungen misst. Das ist bislang nicht gelungen, weil die Entwicklungseffekte der Galaxien jede Signatur überlagern. Außerdem könnte sich die Galaxienentwicklung selbst mit konstantem a_0 drastisch von dem kosmologischen Standardmodell (ΛCDM) unterscheiden – hierzu sind noch viele Forschungen nötig. 2015 hat Milgrom eine erste Arbeit veröffentlicht zu den Auswirkungen eines zeitlich abnehmenden a_0-Werts auf die Galaxienentwicklung – Effekte, die Astronomen im Prinzip beobachten könnten. Wenn sich a_0 hingegen im Lauf der kosmischen Geschichte nicht verändert hat und ändern wird, dann liegt die MOND-Dichte immer in der Größenordnung der Dichte der hypothetischen Dunklen Materie der jeweiligen kosmischen Epoche. »Deshalb könnte MOND – in einer noch unverstandenen Weise – die Rolle der Dunklen Materie in der Kosmologie wegerklären ähnlich wie es MOND erübrigt, dass Dunkle Materie für das Verständnis der Galaxien benötigt wird«, spekuliert Milgrom.

Jahre damit verbracht, die Dynamik der Galaxien mit der Annahme der Kalten Dunklen Materie zu modellieren. »Ich habe nie etwas dazu veröffentlicht, weil ich keine befriedigenden Resultate erzielte.« Man kann zwar jede Galaxie mithilfe der Annahme von Kalter Dunkler Materie beschreiben – auch auf dem Papier konstruierte, völlig unphysikalische Systeme, wie McGaugh zeigte. Aber das erfordert individuelle Justierungen und mehr freie Parameter als bei den eindeutigen Prognosen von MOND, die nicht so flexibel sind und trotzdem überall passen. So werden Rückkopplungen gefordert, bei denen die jungen heißen Sterne das interstellare Gas einer Galaxie heizen und aufwühlen. »Meine Sorge ist, dass Feedback-Mechanismen eine moderne Version der Epizyklen im alten geozentrischen Weltbild sind – ein deus ex machina, der das Versagen des Standardmodells kaschiert, egal wie bizarr das ist.«

Auch Pavel Kroupa von der Universität Bonn ätzt: »Das Versagen des Standardmodells auf galaktischen Skalen entspricht dem von Wettermodellen, die einen konstanten Schneefall in der Sahara voraussagen.« Denn mit der Vorstellung von Dunkler Materie, so zeigte er in einer Reihe von Arbeiten mit Marcel

Tanzfiguren der Schwerkraft: Bei nahen Vorbeiflügen von Galaxien im All kommt es zu gewaltigen Gezeitenwechselwirkungen. Die Gravitation zieht Gaswolken ab, zerrt Spiralarme in die Länge und reißt sie zuweilen auseinander. Durch diese Turbulenzen wird die Entstehung neuer Sterne ausgelöst; es können sich Sternhaufen bilden – und sogar ganze Zwerggalaxien, wie einige Astronomen vermuten. Diese Gezeitenzwerge stellen das Paradigma der Standardkosmologie infrage, weil sie keine Dunkle Materie beherbergen würden und sich doch so verhalten, als bestünden sie größtenteils daraus. – Oben: Die 420 Millionen Lichtjahre ferne Kaulquappen-Galaxie (UGC 10214, Arp 188) im Sternbild Drache ist eine stark deformierte Balkenspirale; die Passage einer anderen Galaxie hat ihr einen 280.000 Lichtjahre langen Gezeitenarm entrissen, in dem einige Hunderttausend Sterne entstanden sind. Unten: Die Mäuse-Galaxien (NGC 4676), 300 Millionen Lichtjahre entfernt im Sternbild Haar der Berenike, sind sich so nahe gekommen, dass sie nun miteinander verschmelzen; im über 100.000 Lichtjahre langen Gezeitenarm rechts scheinen sich neue Zwerggalaxien zu bilden.

Pawlowski und weiteren Kollegen, ließe sich die Zahl und Entwicklung von Zwerggalaxien nicht verstehen. MOND hingegen habe die korrekte Dynamik vorausgesagt, ebenso wie für lichtschwache große Galaxien, deren Existenz 1983 noch gar nicht bekannt war, als Milgrom seine Arbeiten veröffentlichte.

Die Beobachtungen zeigen, dass MOND nicht zu wenig Zwerggalaxien entstehen lässt wie das ΛCDM-Modell, sondern eher die richtige Anzahl, meint Kroupa. »Die meisten – vielleicht sogar alle – Zwerggalaxien sind so um große Galaxien verteilt, dass dies mit unserer Hypothese vereinbar ist, die besagt, dass es sich um Gezeitenarmgalaxien handelt. Gemäß des MOND-Szenarios bilden sich die meisten Galaxien demnach eher isoliert.« Doch wenn größere Galaxien einander nahe kommen und sich mit ihrer Gravitation stark beeinflussen, wenn Gezeitenkräfte an den Galaxienarmen zerren und sie sogar auseinanderreißen, dann können sich aus den gasreichen Fetzen dieser Arme neue kleine Galaxien bilden. Das ist Kroupa und seinen Mitstreitern zufolge der Ursprung der Zwerggalaxien. Im ΛCDM-Szenario wachsen sie dagegen schon früher aus den kosmischen Urgaswolken heran, ohne dass Gezeiteninteraktionen zwischen großen Galaxien nötig sind. Bisher gibt es allerdings nicht viele Computersimulationen des MOND-Szenarios; sie stammen unter anderem von Kroupa, Benoit Famaey (Universität Straßburg), und Françoise Combes (Observatorium Paris).

»Die wenigen Rechnungen legen nahe, dass Gezeitenzwerggalaxien einfach entstehen können und in ausreichender Zahl«, fasst Kroupa zusammen. »Aber das müsste genauer erforscht werden.« Hier verfinstern sich seine Gesichtszüge. »Wir haben wiederholt einen Antrag gestellt, bekommen jedoch keine Forschungsmittel.« Die deutschen Gutachter, die fest in der ΛCDM-Kosmologie verwurzelt sind, wollen die unliebsame MOND-Konkurrenz nicht fördern. So sehen es zumindest Kroupa und seine Kollegen.

»Das Wissenschaftssystem ist kaputt, weil viele Wissenschaftler Eigeninteressen und Machterhalt vorantreiben und zu viele Mittel in zu wenige Hände gegeben werden«, klagt er.

Auch zu der Tatsache, dass in Galaxienhaufen mehr Zwerge herumfliegen als bei den Feldgalaxien in materieärmeren Weltraumregionen, passt zu Kroupas Auffassungen über die Gezeitenzwerge. In den Haufen kommt es eben häufiger zu gravitativen Wechselwirkungen, die die Zwerge hervorbringen. Selbstverständlich müssen Zwerggalaxien auch im frühen Universum entstanden sein, sonst gäbe es heute keine großen Galaxien. Diese wuchsen aus Zwergen heran, die das Gas in ihrer Umgebung angezogen haben, aus dem sich dann neue Sterne gebildet haben. Das ist auch im ΛCDM-Szenario der Fall, nur dass hier zusätzlich viele Zwerggalaxien miteinander zu den großen Galaxien verschmelzen und außerdem viele Zwerggalaxien in der Umgebung übrig bleiben sollten – zumindest als kompakte Halos aus Dunkler Materie. Dass sich darin oft keine oder zu wenig Sterne gebildet haben, weswegen heute viel weniger Zwerggalaxien beobachtet werden, als im Rahmen der ΛCDM-Kosmologie vorausgesagt wird, ist eines der großen Probleme dieses Ansatzes. MOND hat diese Schwierigkeit nicht. »Hier bleiben keine Zwerge übrig, weil sie alle zu großen Galaxien herangewachsen sind. Es gibt keinen Prozess, der das stoppen könnte«, sagt Kroupa, denn ausreichend Gas sei im All vorhanden gewesen. »Eine Kernfrage lautet also: Was ist die Mindestmasse einer Galaxie, die im Rahmen einer MOND-Kosmologie entstehen kann?« Und er räumt gleich ein: »Wir wissen es nicht.« Auf einem von ihm organisierten Symposium im September 2015 am Observatorium in Straßburg hat Kroupa mit knapp zwei Dutzend Mitstreitern neue Forschungsstrategien ausgetüftelt. Mit einem eigens entwickelten Computercode wollen sie die Galaxienentstehung und -entwicklung im Rahmen von MOND präzise simulieren.

Das soll auch helfen, die Lokale Galaxiengruppe genauer zu verstehen, die von der Milchstraße und der Andromeda-Galaxie beherrscht wird. Diese astrophysikalische Heimatkunde ist bitter nötig. »Die Lokale Gruppe stellt die Kosmologie vor gewaltige Herausforderungen«, sagt Kroupa. »Zum einen weist sie eine beinahe beängstigende Symmetrie in der Verteilung der Zwerggalaxien auf, zum anderen ist die Materiedichte ringsum und innerhalb von 100 Millionen Lichtjahren unerwartet niedrig. Diese beiden Probleme werden von den Kosmologen größtenteils völlig ignoriert. Das zweite passt in keine bisherige Theorie, das erste lässt sich aber eventuell im Rahmen von MOND lösen.«

Kroupa und seine Kollegen haben seit 2005 eine eigenartige Verteilung der Zwerggalaxien um die Milchstraße und Andromeda entdeckt, die es im Rahmen von ΛCDM nicht geben dürfte. Das ΛCDM-Szenario sagt einen recht gleichförmigen statistischen Einfall von Zwerggalaxien in Galaxiengruppen und -haufen voraus und somit eine ziemlich isotrope Verteilung. Das beobachten Astronomen aber nicht. Alle stellaren Systeme, die vom Zentrum der Milchstraße weiter entfernt sind als etwa 30.000 Lichtjahre, haben sich in einer riesigen polaren Struktur senkrecht zur galaktischen Ebene angeordnet: einer Scheibe, die rund 1,5 Millionen Lichtjahre im Durchmesser ist und 150.000 Lichtjahre dick. Das gilt für klassische sphäroidale und für ultralichtschwache Zwerge, für Kugelsternhaufen sowie für viele Gas- und Sternströme. Mehr noch: Auch die Hälfte der Satelliten um die Andromeda-Galaxie bildet eine Ebene, die beinahe genau auf die Milchstraße zielt. (Für weiter entfernte Galaxien gibt es nicht viele gute Daten. Immerhin scheinen die lichtschwachen Satelliten in der nächstgelegenen Galaxiengruppe bei der Spiralgalaxie M 81 ebenfalls anisotrop angeordnet zu sein; M 81 befindet sich in einer Distanz von rund zwölf Millionen Lichtjahren im Sternbild Großer Bär.)

Die Architektur der Lokalen Gruppe passt Kroupa zufolge nicht zum ΛCDM-Szenario. Er vermutet, dass die symmetrische Struktur durch eine Wechselwirkung zwischen Milchstraße und der Andromeda-Galaxie erzeugt wurde, als sich beide vor sieben bis elf Milliarden Jahren bis auf 150.000 Lichtjahre angenähert haben. Die gravitativen Störungen sollten dabei auch ihre galaktischen Scheiben dicker gemacht haben; aus Gezeitentrümmern herausgezerrter Spiralarme sollten sich die heute noch herumschwirrenden Satellitengalaxien geformt haben. »Mit MOND können wir die Entstehungsgeschichte der Lokalen Gruppe recht genau berechnen«, ist Kroupa zuversichtlich.

Für MOND sprechen auch die ähnlichen Eigenschaften der Gezeitenzwerge und der primordialen Zwerggalaxien, die laut ΛCDM schon in der Frühzeit des Universums entstanden sind und von Kalter Dunkler Materie dominiert sein müssten. Die Gezeitenzwerge können das nicht sein, weil sie mit etwa einer Milliarde Sonnenmassen viel zu leicht sind, um nach ihrer turbulenten Entstehung viel Dunkle Materie aufgesammelt haben zu können. Sie dürften den ursprünglichen Zwergen also gerade nicht ähnlich sehen. Doch ihre Größe und ihr Rotationsverhalten ist dasselbe wie das der mutmaßlich urtümlichen Winzlinge. Somit dürfte es keine Unterschiede im Gehalt Dunkler Materie geben. Und weil die leuchtende Materie nicht ausreicht, um die rasche Bewegung der Sterne in den Außenbezirken der Gezeitenzwerggalaxien zu erklären, muss es sich um einen MOND-Effekt handeln, argumentieren Kroupa und seine Kollegen. Im Analogieschluss gälte das auch für die primordialen Satellitengalaxien – wenn sie denn überhaupt so urtümlich sind. »Nur eine modifizierte Newton'sche Dynamik kann beide Arten der Zwerggalaxien einheitlich beschreiben«, sagt Kroupa. Tatsächlich ist er sogar der Meinung, dass die meisten oder fast alle der Satelliten Gezeitenzwerge sind. (Die ΛCDM-Theoretiker sehen es hingegen gerade

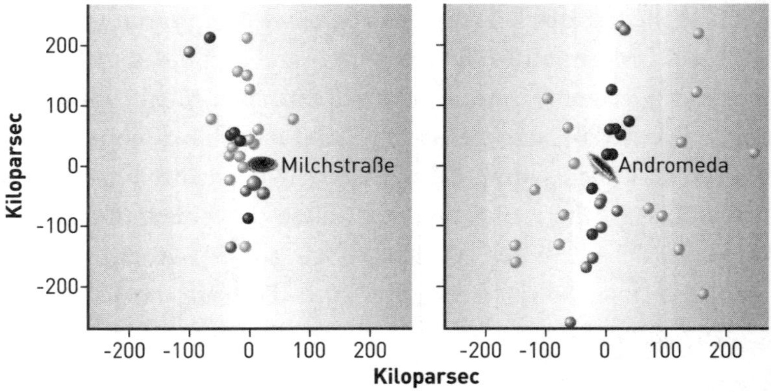

Die Ordnung der Zwerge: Computersimulationen im Rahmen des Kosmologischen Standardmodells mit Dunkler Materie sagen voraus, dass es Hunderte von Zwerggalaxien zufällig verteilt um große Spiralgalaxien geben muss. Doch unsere Milchstraße und die Andromeda-Galaxie besitzen nur wenige Dutzend solcher Satelliten, die zudem noch in einer Art »Scheibe« senkrecht zur Ebene der Spiralgalaxien angeordnet sind. Das ist ein schwerwiegendes Problem für das Standardmodell. In der Grafik sind Zwerggalaxien, die sich »hinter« die Bildebene wegbewegen, dunkelgrau eingezeichnet, solche, die nach »vorne« streben, mittelgrau, und sehr leuchtschwache Objekte (bislang ohne Bewegungsmessung) sowie kinematisch nicht korrelierte Zwerge hellgrau. Die Entfernung ist in Kiloparsec angegeben (1 Kiloparsec = 3260 Lichtjahre). Im Rahmen der MOND-Theorie besitzen die Zwerggalaxien keine Dunkle Materie, sondern könnten sich nach der gravitativen Wechselwirkung von aneinander vorbeifliegenden großen Galaxien aufgrund von Gezeiteneffekten und kollidierenden Gaswolken gebildet haben.

umgekehrt und bezweifeln eine Gezeitengenese im großen Stil, können aber die scheibenartige Anordnung von Satellitengalaxien nicht erklären.) Kroupa zufolge sind die primordialen Zwerge alle längst zu großen Galaxien wie der Milchstraße herangewachsen. Und die Rotationskurven der kleinen Satellitengalaxien lassen sich nur mit MOND verstehen. »Astronomische Beobachtungsdaten zeigen stark, wenn nicht sogar eindeutig, dass es keine Dunkle Materie gibt«, lautet sein zugespitztes Fazit.

»Die Widersprüche zwischen dem kosmologischen Standardmodell und astronomischen Beobachtungen legen nahe, dass wir ein anderes Verständnis der Gravitation in Galaxien benötigen«, sekundiert Kroupas Kollege Marcel Pawlowski. »In Galaxien würde keine Masse mehr fehlen, stattdessen würde die sichtba-

Kosmische Geschwindigkeiten: Alles bewegt sich – und anscheinend viel schneller, als es die Relativitätstheorie »erlaubt«. Das gilt sowohl für Zwerggalaxien (Quadrate) als auch gasreiche und von Sternen dominierte Spiralgalaxien (hell- beziehungsweise dunkelgraue Kreise) sowie für Gruppen und Haufen von Galaxien (hell- beziehungsweise dunkelgraue Dreiecke). Die Messungen erfordern entweder eine große Menge an zusätzlicher Dunkler Materie oder eine Modifizierte Newton'sche Dynamik (MOND). Letztere passt besser zu den kleinräumigen Verhältnissen, dagegen ist das Kosmologische Standardmodell ΛCDM mit Dunkler Energie (Λ) und Materie (CDM, Cold Dark Matter) auf den großen Skalen überlegen.

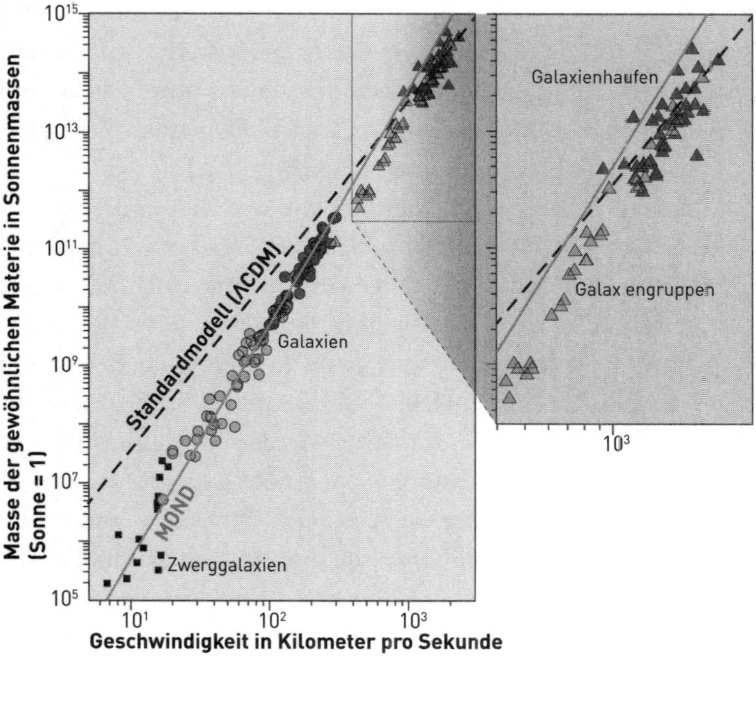

re Materie leicht stärkere Kräfte verursachen. Diese Alternative zur Standardkosmologie ist konzeptionell sogar einfacher als die Dunkle-Materie-Hypothese, was aus wissenschaftstheoretischen Gründen für sie spricht. Und auch das Standardmodell der Teilchenphysik müsste nicht um die Partikel der dunklen Materie ergänzt werden und besäße weiterhin Gültigkeit.«

Nach MOND kommt TeVeS

In der Theorie steht MOND allerdings selbst auf schwankendem Grund, weil hier das Gesetz von der Impulserhaltung unterminiert wird und MOND auch nicht mit der Relativitätstheorie kompatibel ist. Doch vielleicht stellt MOND lediglich eine effektive Näherungsbeschreibung dar – ein Grenzfall einer umfassenderen Theorie, so wie Keplers Gesetze in Newtons Theorie aufgingen und diese in Einsteins Jahrhundertwerk. (Inzwischen postuliert Milgrom eine neue Symmetrie der Natur beziehungsweise Naturgesetze, eine skaleninvariante Dynamik; wenn sich das bewahrheitet, wäre ein großer Schritt gemacht.)

Tatsächlich hat Jacob Bekenstein von der Universität Jerusalem 2004 – nach Vorarbeiten mit Robert Sanders von der Universität Groningen ab 1994 – angesichts dieser Einschränkungen eine Erweiterung von MOND vorgeschlagen. Sie ist relativistisch, respektiert Erhaltungssätze und kann im Gegensatz zu MOND sogar Gravitationslinseneffekte und kosmologische Szenarien beschreiben. Diese Tensor-Vektor-Skalar-Gravitationstheorie (TeVeS) wäre, falls sie richtig ist, die größte Revision in der Beschreibung der Gravitation seit Einstein. »Sie würde unser Verständnis vom Universum drastisch verändern«, räumt Bekenstein ein. Und sein Wort hat Gewicht, ist er in Fachkreisen doch weithin anerkannt. So war er (bereits mit seiner Promotion bei

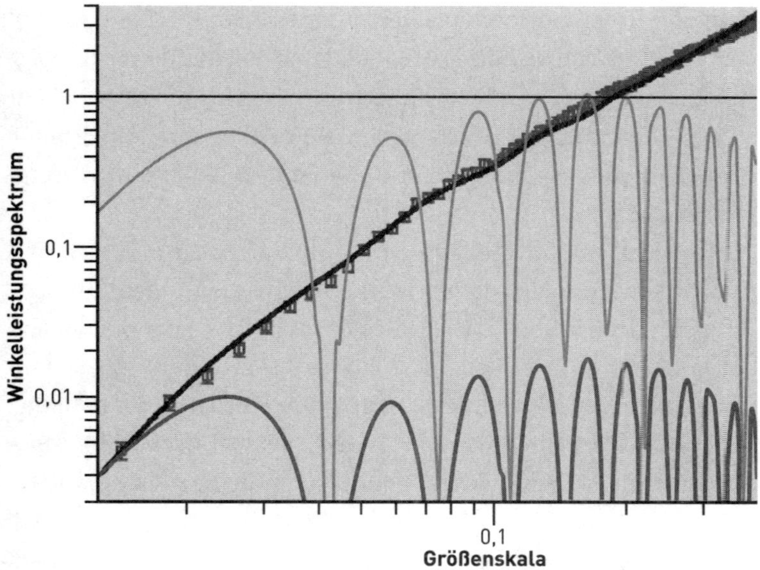

Die Melodie der Materie: Aus Dichteschwankungen im Urgas, also quasi Schallwellen, entstanden die kosmischen Strukturen: Galaxien, Galaxienhaufen und -superhaufen. Ihre Größen- und Häufigkeitsverteilung im All beschreiben Kosmologen mit einem Winkelleistungsspektrum. Die Messungen des Sloan Digital Sky Survey (Quadrate) stimmen gut mit dem Kosmologischen Standardmodell (schwarze Kurve) überein, demzufolge der Weltraum von einer Dunklen Energie und einer nicht weniger mysteriösen Dunklen Materie dominiert wird. Modelle ohne Dunkle Materie sagen voraus, dass die Dichteschwankungen viel kleiner sind (untere Kurve). Sie reichen dann nicht aus, um einen kritischen Schwellenwert (in der Grafik auf 1 skaliert) zu überschreiten und so eine nichtlineare Strukturbildung zu ermöglichen. Das Universum wäre dann heute noch immer wüst und leer – ohne die lebensfreundlichen Galaxien. Modifizierte Gravitationstheorien wie TeVeS (Tensor-Vektor-Skalar) kommen ohne Dunkle Materie aus. Sie postulieren neue Effekte, die die Dichtefluktuationen – die »Baryonischen Akustischen Oszillationen« – verstärken (obere Kurve). Allerdings legen sie ein völlig anderes Winkelleistungsspektrum der Galaxienverteilung nahe als von Astronomen gemessen. Zumindest in großen Dimensionen (links) ist das Kosmologische Standardmodell also klar im Vorteil.

John Wheeler) ein Pionier der Thermodynamik Schwarzer Löcher – deren Verdampfung Stephen Hawking auf der Grundlage von Bekensteins Arbeiten vorausgesagt hat. Leider wird Bekenstein die Zukunft von TeVeS nicht mehr erleben und mitgestalten können, er ist 2015 während einer Vortragsreise an einem Herzinfarkt gestorben.

TeVeS postuliert die Existenz zahlreicher neuer Felder. Das ist Kritikern zufolge schlicht zu kompliziert, um wahr zu sein. Andererseits könnte TeVeS vielleicht auch die Dynamik von Galaxienhaufen beschreiben, die Bildung der großräumigen Strukturen und Eigenschaften der Kosmischen Hintergrundstrahlung. Das sind alles Fälle, in denen MOND versagt beziehungsweise unzuständig ist (Kroupa sagt lieber: »... in denen der Erfolg von MOND noch unklar ist«). Das kosmologische Standardmodell mit Dunkler Materie und Energie brilliert hier jedoch, auch wenn es nicht frei von Problemen ist.

Allerdings wäre TeVeS hier nur erfolgreich und eine Alternative, falls es zusätzlich Heiße Dunkle Materie gäbe. Das zeigte Garry Angus von der Freien Universität Brüssel mit Modellrechnungen. Für diese Extramaterie kommen Teilchen mit einer Masse von rund zwei oder sogar zehn Elektronenvolt in Betracht, etwa Sterile Neutrinos (für die das Standardmodell der Elementarteilchenphysik auch erweitert werden müsste, was allerdings auch aus anderen Gründen vorgeschlagen wurde). Doch selbst dann hat TeVeS noch Probleme angesichts neuer kosmologischer Daten. Scott Dodelson vom Fermilab in Batavia, Illinois, spricht sogar von einer »gewaltigen Nichtübereinstimmung«.

Fest steht: Konkurrenz belebt das Geschäft, und sie ist für den wissenschaftlichen Fortschritt essenziell. Letztlich wird sich die Kontroverse nur durch Beobachtungen und Experimente sowie durch die Erklärungs- und Voraussagekraft der Modelle entscheiden lassen. Vielleicht helfen große Kugelsternhaufen wie

Omega Centauri weiter, die Zwerggalaxien ähneln, aber keine Dunkle Materie enthalten. In ihren Außenbezirken ist die Gravitation ebenfalls schwach und könnte MOND-Effekte zeigen – bislang gibt es noch keine eindeutigen Resultate. Bekenstein und João Magueijo vom Imperial College in London zufolge lässt sich MOND eventuell sogar im Sonnensystem testen: mithilfe von Laser-Messungen zwischen Raumsonden an den sogenannten Lagrange-Punkten, wo sich die Schwerkraft von Sonne und Erde gerade aufhebt.

Wenn ein direkter Nachweis der Dunklen Materieteilchen gelingt – und nach ihnen suchen inzwischen Dutzende von Detektoren weltweit –, haben MOND und TeVeS ein großes Problem. Finden die laufenden Experimente nichts, ist das kein Beweis für MOND, denn es gibt viele andere Kandidaten für Dunkle Materie als im Augenblick detektiert werden können. Doch das darf nicht in eine »Selbstimmunisierung« von ΛCDM gegen Kritik münden, die Vertreter dieses Paradigmas haben hier eindeutig die Nachweispflicht. Aber selbst bei einer Entdeckung neuer massereicher Elementarteilchen, die nicht elektromagnetisch wechselwirken und in ausreichender Zahl herumschwirren, müssen die Astronomen immer noch erklären, warum die MOND-artige Beschreibung der Galaxien trotzdem so gut funktioniert. Milgroms Idee wird daher von großer Bedeutung bleiben.

Quantengravitation im Test

»Man hat den Eindruck, dass die moderne Physik auf Annahmen beruht, die irgendwie dem Lächeln einer Katze gleichen, die gar nicht da ist«, hat Albert Einstein einmal bemerkt – und dabei auf *Alice im Wunderland* (1865) angespielt, worin Lewis Carroll schrieb: »›So etwas!‹ dachte Alice; ›ich habe schon oft eine Katze ohne Grinsen gesehen, aber ein Grinsen ohne Katze! Das ist doch das Allerseltsamste, was ich je erlebt habe!‹«. Tatsächlich ist vom Fundament der physikalischen Weltbeschreibung im Augenblick kaum mehr zu sehen als ein Lächeln ohne Katze. Denn eine fundamentale Theorie, die die Natur von Raum, Zeit, Materie und Energie einheitlich erklärt, lässt sich allenfalls vage erahnen.

»Wie entsetzlich unzulänglich steht der Theoretische Physiker vor der Natur – und vor seinen Studenten«, klagte Einstein auch. Andererseits bleibt dem Theoretischen Physiker wenigstens ein Grinsen – und der Experimentalphysiker hat die Arbeit. Nämlich die Katze im Sack seiner Messgeräte zu fangen oder aber zu zeigen, dass es gar keine gibt.

Albert Einstein wusste, wovon er sprach. Über 30 Jahre seines Lebens hatte er versucht, einen Blick auf die Katze zu erhaschen – vergeblich. Doch sein Vermächtnis beschäftigt die Physiker heute mehr denn je. Und seit Neuestem nicht nur die Theoretiker der Zunft, die wie schon Einstein eine Einheitliche Feldtheorie oder Quantengravitationstheorie suchen. Sondern auch die Experimentalphysiker, die nach beobachtbaren Spuren in jenem Revier des Allerkleinsten – was Raum und Zeit betrifft – und Allergrößten – was Energie, Dichte und Krümmung betrifft – fahnden. Und dabei einen neuen Forschungszweig begründet haben: die Quantengravitationsphänomenologie.

Hinter dem sperrigen Namen verbirgt sich das unbescheidene Ziel, etwas zu messen, von dem noch niemand weiß, wie und ob es sich überhaupt bemerkbar macht – ein Grinsen ohne Katze eben. Alice ist übrigens auch mit von der Partie – denn so heißt einer der Detektoren, der seit dem Jahr 2009 am Large Hadron Collider bei Genf, dem leistungsfähigsten Teilchenbeschleuniger aller Zeit, nach unbekannten Elementarteilchen sucht und die Eigenschaften der Materie kurz nach dem Urknall erforscht: ALICE, A Large Ion Collider Experiment.

Das Problem ist, dass sich die Relativitätstheorie und die Quantentheorie, die Standbeine der modernen Physik, in ihren Grundfesten widersprechen, obwohl sich beide extrem gut bewährt haben. In den meisten Fällen hat das noch keine praktischen Konsequenzen. Doch wenn man erklären möchte, was im Zentrum Schwarzer Löcher vor sich geht oder im Urknall geschah, kommt man ohne eine Theorie der Quantengravitation – eine widerspruchsfreie Verbindung oder Überwindung von Relativitäts- und Quantentheorie – nicht weiter.

»Die Allgemeine Relativitätstheorie und das Standardmodell der Teilchenphysik können nicht vereinheitlicht werden, ohne sie zuerst zu modifizieren. Wie zwei Teile von verschiedenen Puzzles können wir sie nicht zusammenbringen ohne zuvor einige ihrer ›Konfliktecken‹ zu glätten«, bringt es Giovanni Amelino-Camelia von der Universität Rom La Sapienza auf den Punkt. »Die Möglichkeit, das Problem der Quantengravitation zu lösen, wird oft als intellektuell aufregend beschrieben, aber auch als nur von akademischem Interesse. Dass jedoch viele Ansätze zu Modifikationen der Speziellen und Allgemeinen Relativitätstheorie führen, deutet darauf hin, dass die Implikationen weit über akademische Interessen hinaus reichen können.« Denn die meisten unserer grundlegenden physikalischen Einheiten – Zeit, Länge, Masse, Lichtstärke und Stromstärke – hängen von der Gültigkeit der Relativitätstheorie ab, und die Definition dieser Einheiten basiert größtenteils auf Quanteneffekten. Jede künftige Hochpräzisionsnavigation ist also unmittelbar betroffen von potenziellen Abweichungen; das beginnt schon mit der Genauigkeit von Uhren an verschiedenen geographischen Orten.

Freilich steht das ambitionierte Projekt der Quantengravitationsphänomenologie vor zwei enormen Schwierigkeiten:

Zum einen die schon von Einstein beklagte »Unzulänglichkeit« der Theoretiker. Zwar hat sich viel getan seit Einsteins Tod

1955, und es gibt inzwischen mehrere mathematisch ausgefeilte Kandidaten für eine Theorie der Quantengravitation – allen voran die Stringtheorie und die Schleifenquantengravitation (Loop Quantum Gravity). Doch eindeutige quantitative Voraussagen macht keiner dieser Ansätze, auch wenn es zahlreiche Ideen gibt – nach was soll der Experimentator also suchen? Und umgekehrt: »Die Tatsache, dass Stringtheorie und Loop Quantum Gravity noch immer keine experimentelle Stütze haben, lässt diese Theorien in der Luft rein theoretischer Spekulationen hängen«, bedauert Amelino-Camelia.

Das zweite Problem ist, dass die Effekte der Quantengravitation vermutlich außerordentlich schwierig nachzuweisen sind. Das liegt an der enormen Energie beziehungsweise der Kleinheit der Skala, auf der die Effekte erst wirksam werden: 10^{28} Elektronenvolt im Gegensatz zur Größenordnung von 1 Elektronenvolt der Alltagswelt. Der Unterschied ist ein Faktor eins mit 28 Nullen. »Was wissen wir über die Quantengravitation? Die kurze wissenschaftliche Antwort lautet: Nichts«, klagt Amelino-Camelia. Trotzdem ist er optimistisch: »Das kann sich sehr schnell ändern. Vielleicht gewinnen wir schon bald unsere ersten echten Quantengravitationsdaten.«

Doch Thomas Thiemann, Professor für Theoretische Physik an der Universität Erlangen-Nürnberg und einer der führenden Köpfe der Loop Quantum Gravity, ist skeptischer: »Direkt sehen wird man Quantengravitationseffekte wohl nicht, jedenfalls nicht in diesem Jahrhundert.« Aber auch er hofft auf indirekte Indizien. Und er erinnert an Einsteins indirekten Nachweis der Existenz der Atome 1905 mit seiner Erklärung der Brown'schen Bewegung, also der im Lichtmikroskop beobachtbaren Zickzack-Bewegung von Pollenkörnern. »Einstein stieß in den Bereich unterhalb eines Millionstel Millimeters vor, obwohl das Mikroskop höchstens eine Auflösung von einem Hundertstel Millimeter hatte. Vielleicht gibt es irgendwann Präzisionsmessungen bei den heutigen Energien.«

Auch Claus Lämmerzahl, Physik-Professor an der Universität Bremen, setzt auf solche Verstärker- oder Additionseffekte und betont, dass manche Messgeräte – besonders die Interferometer in den Gravitationswellen-Detektoren – bereits an den Sensitivitätsbereich von 10^{28} herankommen. Er wirbt seit Jahren für die Quantengravitationsphänomenologie. Zahlreiche Forscher haben inzwischen viele konkrete Vorschläge ausgearbeitet, die nicht von den Details oder Unzulänglichkeiten der Quantengravitationstheorien abhängen, sondern so oder so die Grenzen der Relativitäts- und Quantentheorie ausloten werden. Messungen im Weltraum und auf der Erde sind angelaufen – sie konnten ebendiese Grenzen genauer charakterisieren oder verschieben. Und einige raffinierte, technisch ausgeklügelte Experimente stehen in den nächsten Jahren an. Die Vorbereitungen sind bereits im Gang.

Alle Kandidaten für eine Theorie der Quantengravitation modifizieren Albert Einsteins Spezielle und Allgemeine Relativitätstheorie. Auch deshalb sind genauere Tests wichtig – sie könnten den Weg zu einer fundamentaleren Theorie weisen. Die folgenden sieben Themenbereiche sind besonders brisant und werden in den nächsten Jahren im Brennpunkt des Interesses stehen. Die ersten drei betreffen die Gültigkeit von Einsteins Äquivalenzprinzip der Allgemeinen Relativitätstheorie, die vier anderen beziehen sich auf hypothetische Eigenschaften der Raumzeit auf kleinsten Skalen.

› **Verletzung der Lorentz-Invarianz:** Unter dieser Bezeichnung firmiert die zentrale Erkenntnis von Einsteins Spezieller Relativitätstheorie, dass die Lichtgeschwindigkeit im Vakuum immer denselben Wert hat und verschiedene Bezugssysteme mit keiner oder konstanter Bewegung gleichberechtigt sind. Die Lorentz-Invarianz ist ein universelles Phänomen, ihre Verletzung ließe sich nicht abschirmen wie etwa der Einfluss einer bislang unbekannten fünften Naturkraft. Die Suche nach solchen Abweichungen hat eine lange Tradition.

Mit weit präziseren Interferometer-Experimenten als vor und nach Einsteins Wunderjahr 1905 wird sich die Gültigkeit der Lorentz-Invarianz in den nächsten Jahren testen lassen. Auch andere Experimente, zum Beispiel mit oszillierenden atomaren Prozessen oder mit Laserstrahlen, die in einem von Spiegeln gebildeten Hohlraum hin und her flitzen, sollen hier weiterhelfen. Am besten wäre es, diese Experimente in Satelliten oder der Internationalen Raumstation auszuführen, wo seismische Aktivitäten und andere Störfaktoren keine Rolle spielen. Astronomische Beobachtungen tragen ebenfalls dazu bei, die Gültigkeit der Lorentz-Invarianz zu überprüfen. So lässt sich aus der Synchrotronstrahlung von Elektronen, die in Magnetfeldern beschleunigt wurden, auf deren Geschwindigkeit schließen. Forscher um David Mattingly von der University of Maryland taten dies bei der Strahlung vom Krabben- oder Krebs-Nebel. Dieser Supernova-Überrest im Sternbild Stier ist 6300 Lichtjahre entfernt. Die Elektronen wurden dort auf fast Lichtgeschwindigkeit beschleunigt – sie bewegen sich nur um 0,01 Billiardstel Prozent langsamer –, was gewisse Hypothesen der Lorentz-Invarianz-Verletzung bereits widerlegt und die Relativitätstheorie erneut bestätigt hat.

› **Verletzung der Universalität des freien Falls:** Auch dies beziehungsweise die Äquivalenz von träger und schwerer Masse ist ein Experimentierfeld mit langer Tradition. Schon Galileo Galilei hatte erkannt, dass der Fall nicht von der Masse oder der Art der Materie abzuhängen scheint. Aber vielleicht gibt es doch subtile Unterschiede zwischen Objekten aus verschiedenen Elementen oder zwischen neutraler und elektrisch geladener Materie oder zwischen Materie und Antimaterie. Im Rahmen der Stringtheorie wird das beispielsweise vermutet, wenn ein spezielles Feld, das Dilaton, unterschiedlich mit den diversen Teilchen wechselwirkt. Im Fallturm der Universität Bremen (110 Meter hoch, 4,5 Sekunden Fallzeit) wurden dazu Experimente gemacht. Sie dienen auch zur Vorbereitung zweier Forschungssatelliten, die den freien Fall mit einer Präzision von 1 zu 10^{15} beziehungsweise 1 zu 10^{18} testen sollen: die für 2016 geplante zweijährige MICROSCOPE-Mission (MICRO-Satellite à traînée Compensée pour l'Observation du Principe d'Equivalence) des französischen Centre National d'Études Spatiales und die für später intendierte europäisch-amerikanische STEP-Mission (Satellite Test of the Equivalence Principle). (Die Technik ist mindestens so diffizil wie die Finanzierung, und so haben beide Satelliten bereits über zehn Jahre Verspätung.) Die besten Messungen bislang kommen inzwischen von einem Team um Eric Adelberger von der University of Washington in Seattle. Sie haben bis zu einer Genauigkeit von 1 zu 10^{12} keine Differenzen zwischen träger und schwerer Masse gefunden. »Wir können wohl noch eine Größenordnung weiter gehen, es ist schwer, aber das ist das Ziel«, sagt Adelberger. Für einen Test der Stringtheorie reicht die bisherige Präzision noch nicht aus.

› **Verletzung der Universalität der Gravitationsrotverschiebung:** Dahinter verbirgt sich die Analyse der Ganggenauigkeit verschiedener Arten von Uhren in unterschiedlichen Schwerefeldern. So schlugen Lute Maleki und John D. Prestage vom kalifornischen Jet Propulsion Laboratory vor, eine Raumsonde mit Atomuhren bis zu drei Millionen Kilometer nah an den Sonnenrand zu bringen (zum Vergleich: Merkurs Abstand beträgt 58 Millionen Kilometer). Im starken Schwerefeld der Sonne wäre eine Messgenauigkeit von 1 zu 10^{15} zu erreichen.

› **Modifizierte Dispersionsrelation:** Darunter verstehen Physiker Unterschiede in der Ankunftszeit simultan abgestrahlter elektromagnetischer Signale abhängig von ihrer Energie (Frequenz). So müssten hochenergetische Photonen aus kosmischen Entfernungen, etwa von Gammastrahlen-Ausbrüchen oder Röntgengalaxien, kleine Abweichungen vom klassischen Weg zeigen, wenn sie an dem diskreten »Spin-Netzwerk« gestreut werden, aus dem der Quantengeometrie zufolge die Raumzeit besteht. Mit dem 2008 gestarteten Fermi Gamma-ray Space Telescope war die Hoffnung verbunden, schon die erforderliche Empfindlichkeit zum Nachweis dieses mikroskopischen Zickzack-Kurses erreicht zu haben: Strahlung höherer Energie sollte geringfügig später von der Quelle eintreffen als solche mit kleineren Frequenzen. Floyd Stecker vom Goddard Space Flight Center der NASA in Greenbelt, Maryland, und Ted Jacobson von der University of Maryland, College Park, haben bereits einen fernen Gammastrahlen-Ausbruch im All auf Anzeichen einer Dispersion hin untersucht – ohne Erfolg. Auch bei den Galaxien Markarian 421 und 501 fand Stecker keine Indizien für Abweichungen von der Konstanz der Lichtgeschwindigkeit oder für eine Verletzung der Lorentz-Invarianz.

Vom »Glattheitsgrad« der Raumzeit hängt auch die höchste Energie ab, mit der Teilchen aus dem fernen All die Erde treffen können, denn sie wechselwirken unterwegs mit den Photonen der Kosmischen Hintergrundstrahlung und verlieren dabei Energie durch die Erzeugung von Pionen. Diese Obergrenze, die »GZK cut-off« genannt wird (nach den Physikern Kenneth Greisen, Georgiy Zatsepin und Vadim Kuzmin, die sie 1966 unabhängig voneinander beschrieben hatten), beträgt ungefähr 5 mal 10^{19} Elektronenvolt. Wenn sie signifikant überschritten würde, könnte das ein erster Hinweis auf Quantengravitationseffekte sein. Die bislang besten Messungen der Kosmischen Strahlung (vom Pierre-Auger-Observatorium, das aus vier UV-Teleskopen sowie aus 1600 Detektoren besteht, die über 3000 Quadratkilometer in der argentinischen Pampa verteilt sind) haben im Gegensatz zu

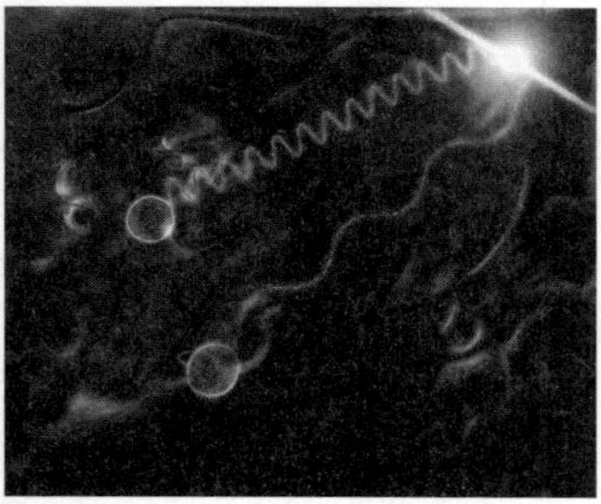

Spürstrahlen für die schmalste Spurweite: Photonen aus kosmischen Distanzen, etwa von Gammastrahlen-Ausbrüchen, könnten die »Körnigkeit« der Raumzeit ausloten. Energiereichere und somit kurzwelligere Photonen würden an den Fluktuationen auf der Planck-Skala stärker gestreut und deshalb geringfügig später ankommen als energieärmere Quanten.

einigen früheren Messungen anderer Observatorien noch kein schlagendes Indiz gefunden.

› **Raumzeit-Fluktuationen:** Die Suche nach diesen Unregelmäßigkeiten soll qualitative Vorhersagen von Quantengravitationstheorien testen, wonach Raum und Zeit auf der Planck-Skala von etwa 10^{-33} Zentimetern und 10^{-43} Sekunden nicht mehr kontinuierlich sind, sondern gequantelt, das heißt körnig und ruckartig. In der Alltagsphysik macht sich das nicht bemerkbar, so wie ein Ball glatt über eine Tischplatte rollen kann – im Gegensatz zu einem winzigen Kügelchen, das auch kleinste Unebenheiten spüren würde. Lotet man den Raum über weite Distanzen aus, könnte sich der Effekt in einer gewissen Grundunschärfe der Bilder ferner Objekte bemerkbar machen. Richard Lieu und Lloyd Hillman von der University of Alabama in Huntsville analysierten bereits Fotos des Hubble-Weltraumteleskops von vier Milliarden Lichtjahren entfernten Galaxien, und Roberto Ragazzoni vom Max-Planck-Institut für Astronomie in Heidelberg nahm sich die Hubble-Aufnahme einer Sternexplosion in einer über fünf Milliarden Lichtjahre fernen Milchstraße vor. Ergebnis: Es war keine »Verschmierung« zu erkennen.

Auch andere Tests sind in der Diskussion. Stecker und der Physik-Nobelpreisträger Sheldon Glashow berechneten, dass der

Quantenschaum Gammastrahlung bremst. Dann könnte sie bei der Kollision mit Infrarotstrahlung womöglich keine Elektronen-Positronen-Paare mehr erzeugen, was sich vielleicht in der Umgebung supermassereicher Schwarzer Löcher nachweisen ließe. Und Amelino-Camelia hat vorgeschlagen, mithilfe der Interferometer in den Gravitationswellen-Detektoren nach dem »Knistern« des Raumzeit-Schaums zu lauschen.

› **Kosmische Polarisation:** Einen regelrechten kosmischen Abdruck könnte die Quantengravitation auch am ganzen Himmel hinterlassen haben – im Polarisationsmuster der Kosmischen Hintergrundstrahlung vom Urknall. Wenn es vor ihrer Freisetzung eine Epoche der rasanten Raumausdehnung gegeben hat, wie das populäre Szenario von der Kosmischen Inflation besagt, dann könnten quantengravitative Effekte auf heute beobachtbare Maßstäbe mit aufgebläht worden sein. Voraussagen der Stringkosmologie und anderer Modelle werden bereits überprüft, unter anderem durch die Präzisionsmessungen des europäischen Planck-Satelliten. Auch Instrumente auf der Erde und an Höhenballons jagen den äußerst schwachen Signalen nach.

› **Extradimensionen:** Die Stringtheorie geht von der Existenz sechs oder sieben zusätzlicher Raum-Dimensionen aus. Wenn diese nicht winzig klein sind, etwa auf Planck-Länge zusammengerollt, sondern eine Ausdehnung von Millimeter-Bruchteilen hätten, würden sie sich indirekt bemerkbar machen. Dann gälte Isaac Newtons Gravitationsgesetz bei kleinen Abständen nicht mehr, da ein Teil der Schwerkraft in die Extradimensionen vordringen kann. Das würde auch erklären, warum die Schwerkraft so viel schwächer ist als die anderen Naturkräfte. Wäre die elektromagnetische Anziehung zwischen dem Proton und dem Elektron im Wasserstoff-Atom so schwach wie die Gravitation, dann wären die Partikel nicht ungefähr ein 50 Milliardstel Millimeter voneinander entfernt, sondern über zwei Millionen Kilometer.

»Es ist amüsant, dass die Überprüfung der klassischen Gravitation wichtige Informationen über die Quantengravitation enthalten könnte«, schmunzelt Amelino-Camelia. Solche Experimente sind sehr schwierig. Doch Joshua C. Long von der University of Colorado in Boulder konnte bereits zeigen, dass das Gravitationsgesetz noch bei Abständen von 0,1 Millimetern gilt – die hypothetischen Extradimensionen müssen also kompakter sein. Die von der Supernova 1987A gemessenen Neutrinos geben sogar einen indirekten Hinweis darauf, dass die Extradimensionen kleiner als ein Millionstel oder gar Milliardstel Meter sind. Eine andere Konsequenz großer Extradimensionen wäre die Entstehung von winzigen Schwarzen Löchern bei Teilchenkollisionen. Sie würden sofort wieder zerstrahlen – und wären dadurch nachweisbar. Das eröffnet die aufregende Chance, vielleicht schon im Large Hadron Collider Schwarze Mini-Löcher zu produzieren. Jonathan Feng und Alfred Shapere vom Massachusetts Institute of Technology haben ausgerechnet, dass sich Schwarze Löcher auch bei der Kollision von Partikeln der Kosmischen Strahlung mit Molekülen in der Erdatmosphäre bilden würden. Das ist vielleicht bereits gemessen worden, meinen Theodore Tomaras von der Universität von Kreta in Heraklion und zwei russische Forscher. Ein paar Dutzend Ereignisse, die Detektoren in den Anden und in Tadschikistan registriert hatten, könnten auf das kurzfristige Entstehen und Vergehen von zehn Mikrogramm schweren Schwarzen Löchern hindeuten. Das Pierre-Auger-Observatorium in Westargentinien und andere Observatorien haben diese Spekulation aber bislang nicht erhärten können.

Es gibt noch mehr Überlegungen, die Quantengravitation experimentell zu testen. Sogar Vorschläge, die winzigen Effekte mit Gravitationswellen-Detektoren zu suchen (darüber dachte Craig Hogan nach); oder in Laborexperimenten nach ihnen zu fahnden (Jacob Bekenstein zufolge), bei denen Photonen Kristalle so geringfügig anschubsen könnten, dass sie sich weniger als eine Planck-Länge verschieben, wenn dies möglich ist. Die ist gegenwärtig aber noch reichlich utopisch. Fest steht aber: Die Quantengravitationsphänomenologie beginnt sich langsam zu etablieren. Insofern ist Amelino-Camelias Zuversicht ein Programm und darf nicht mit reinem Wunschdenken verwechselt werden. »Die Hindernisse wurden als immens angesehen. Aber nun haben wir Pläne für die Experimente, die auf der Planck-Skala sensitiv sein könnten«, sagt der Physiker. Die Quantengravitation kann nicht länger als prinzipiell unüberprüfbar abgewiesen werden.

»Ich denke, der Hauptgrund, warum wir bislang nicht wissen, welche Theorie die Gravitation im Quantenregime beschreiben kann, ist, dass wir nicht genug auf die Phänomenologie achten«, sagt Sabine Hossenfelder von der Universität Stockholm. Ihr kann man dieses Defizit aber nicht vorwerfen, denn sie forscht schon seit vielen Jahren darüber, wie sich die winzigen Effekte aus der Natur herauskitzeln lassen könnten. Ihr zufolge sind es nicht nur die experimentellen Grenzen, sondern dass es auch keine gemeinsame Basis in Theorie *und* Daten zwischen den verschiedenen Forschergruppen gibt. »Wir müssen die möglichen Effekte quantifizieren und möglichst unabhängig von einzelnen Modellen beschreiben.« Das ist die Essenz der Quantengravitationsphänomenologie. Sabine Hossenfelder schlägt vor, die bisherigen top-down- und bottom-up-Ansätze zu kombinieren. Erstere versuchen eine Quantengravitationstheorie aus fundamentalen Prinzipien abzuleiten; das geschieht bislang hauptsächlich im Reich der Mathematik. Zweitere starten von etablierten Theorien und modifizieren diese; das ist eine physikalische Strategie, die aber keinen Richtungsweiser kennt. »Top-down-inspirierte bottom-up-Ansätze können hier einen Zwischenweg eröffnen. Sie wären nicht grundlegend, aber sie könnten phänomenologische Tests liefern, ohne sich auf eine Art von Theorie festzulegen.«

Und es gibt Beispiele, die bereits zeigen, dass das gelingen kann. Würde man etwa die spontane Emission eines Photons von einem Elektron im Vakuum messen, wäre das ein klares Indiz für eine Verletzung der Lorentz-Invarianz oberhalb einer bestimmten Energieschwelle. Denn die bisher bekannten Naturgesetze »erlauben« einen solchen Prozess nicht. »Wir dürfen also keine solchen Teilchen von fernen kosmischen Quellen beobachten«, sagt Sabine Hossenfelder. Das Beispiel ist nur eine Illustration. Denn: »Diese Art von Quantengravitationseffekt ist bereits durch astrophysikalische Messungen ausgeschlossen, der natürliche Parameter-Bereich ist bis zur Planck-Skala hin ausgelotet.« Aber es könnte andere ebenso deutliche Signaturen geben.

Thomas Thiemann sieht die Herausforderung nicht nur im experimentellen Bereich. Ohne theoretische Fortschritte wird es nicht gehen, und so lange bleibt Einsteins Vermächtnis uneingelöst. »Im Moment steht jeder Kandidat für eine Theorie der Quantengravitation vor dem Problem, beweisen zu müssen, dass er die bisher bekannte Niederenergie-Physik im Grenzfall enthält. Bevor das nicht gelungen ist, halte ich jede Art von phänomenologischer Betrachtung zwar für wichtig – denn weil man dabei meist nur allgemeine Eigenschaften einer Theorie verwendet, um überprüfbare Schlussfolgerungen zu ziehen, könnte man nützliche Hinweise für die weitere Konstruktion der Theorie erhalten. Doch leider basiert die Quantengravitationsphänomenologie bei nicht vollendeten Theorien auf unbewiesenen Annahmen, sodass man zu keinen schlüssigen Vorhersagen kommen kann. Und da alle bisherigen Theorien der Quantengravitation noch unvollendet sind, herrschen so viele Unsicherheiten, dass schon das Wort ›Vorhersage‹ nicht angemessen ist. Allenfalls sind qualitative Aussagen möglich, nicht aber quantitative.«

Dennoch wissen die Physiker ungefähr, wonach sie zu suchen haben. »Schon der Nachweis einer einzigen Abweichung von der Allgemeinen Relativitätstheorie wäre eine Sensation ohnegleichen«, schreiben Hansjörg Dittus und Claus Lämmerzahl von der Universität Bremen, die besonders die Universalität des freien Falls im Visier haben. »Aber selbst wenn sich bei immer besseren Experimenten keine Abweichungen zeigen, hätte dies ernsthafte Konsequenzen für die Quantengravitationstheorien.«

Die vereinheitlichte Beschreibung aller Naturkräfte und eine Theorie der Quantengravitation würden erstmals in der Geschichte der Wissenschaft alle bekannten fundamentalen Erscheinungen unter einen Hut bringen und gemeinsam erklären. Dann wäre Einsteins Vermächtnis erfüllt. Seine Relativitätstheorie wird diese Entwicklung vermutlich nicht unbeschadet überstehen, aber weiterhin näherungsweise gültig sein und eine der größten Leistungen menschlichen Denkens bleiben. Wäre Einstein noch am Leben, würde er diese Entwicklung sicherlich nicht bedauern, zumal er sich der Grenzen seiner Theorie bewusst war. Vielmehr wäre der Fortschritt ganz im Sinn seiner langen Anstrengungen. Bereits 1901 schrieb er an seinen Freund Marcel Grossmann: »Es ist ein herrliches Gefühl, die Einheitlichkeit eines Komplexes von Erscheinungen zu erkennen, die der direkten sinnlichen Wahrnehmung als getrennte Dinge erscheinen.«

Jenseits von Einsteins Universum

Jeder Mensch *ist* ein Universum und *hat* auch eines – oder viele. Er ist eines, weil seine individuelle Art des Daseins – des Fühlens, Denkens, Erlebens sowie der gesamten Biographie – einzigartig ist. (Jedenfalls, wenn es keine »Ewige Wiederkunft des Gleichen« gibt, räumlich, zeitlich oder raumzeitlich, wie es der Philosoph Friedrich Nietzsche im Extrem vertreten hat, und wie es moderne kosmologische Spekulationen wieder diskutieren – doch das ist ein anderes Thema.) Dieses einzigartige Dasein geht mit einer einzigartigen Perspektive einher. Nicht nur im alltäglichen Sinn, sondern auch im All-Tag des Weltalls selbst; und mithin bezogen auf alles, was in der jeweiligen Vergangenheit und Zukunft auf einen gewirkt hat beziehungsweise noch einwirken wird. Hier verbinden sich Subjektivität und Relativitätstheorie: Jeder Mensch ist gleichsam eine Weltlinie in der Raumzeit – eine endliche Weltlinie von der Zeugung bis zum Tod, umgeben von den Vergangenheits- und Zukunftslichtkegeln aller seiner Gegenwartsmomente. Diese Metapher ist nicht präzise und braucht es auch nicht zu sein, denn Weltlinien gibt es strenggenommen nur für Punktteilchen. Daher wird eher von »Weltlinienbündeln« aus den zu- und auseinanderstrebenden Partikeln gesprochen, die sich temporär zum »Konglomerat« eines Menschen zusammenscharen (was sofort alarmierende Fragen nach der physischen und psychischen Identität aufwirft). Außerdem – noch ein Problem der Metapher – gibt es im Rahmen einer Feldtheorie Punktteilchen strenggenommen gar nicht (allenfalls als vorübergehende solitonartige »Verdichtungen«). Trotzdem sind die quasilokalisierten Materie-Energie-Konzentrationen in der Raumzeit – vom Elementarteilchen bis zum Festkörper – von anderen mehr oder weniger effektiv getrennt; doch nicht absolut separiert, sonst wären sie isolierte Schwarze Löcher. Alles kann im gemeinsamen Überschneidungsbereich der Lichtkegel mit allem wechselwirken. Auch in der Klassischen Physik. (Die ominösen Nichtlokalitäten in der Quantenphysik, die Einstein erstmals beschrieben und als »spukhafte Fernwirkungen« bezeichnet hat, schlagen noch viel umfassendere und seltsamere Verbindungen.) Trotzdem ist nicht alles eins, jedenfalls nicht in jeder Hinsicht. Insofern ist es durchaus sinnvoll und sogar »relativistisch angereichert« zu sagen, dass jeder Mensch ein eigenes begrenztes, wenn auch nicht isoliertes Universum bildet.

Einstein war ebenfalls eines – und ist es nach wie vor, aus der zeitlosen Perspektive des Raumzeit-Blockuniversums betrachtet (oder auch »nur« des temporal geronnenen Vergangenheitsblocks), in das seine Weltlinie unauflöslich eingebettet bleibt. Jenseits von Einsteins Universum ist daher alles, was sich »neben« und »über« seiner Weltlinie befindet. Das gilt auch für die Auseinandersetzungen mit seinen wissenschaftlichen Arbeiten, für die davon inspirierten Fortsetzungen, und für die Versuche, sein Vermächtnis zu erfüllen. Jenseits von Einsteins Universum ist außerdem, was im jeweiligen Zukunftslichtkegel seiner eigenen Weltlinienetappen liegt – und damit, was er selbst angestrebt und teilweise verwirklicht hat.

Hier gewinnt die Metaphorik sogar eine reizvolle Rückbezüglichkeit: Denn Einstein hat ein halbes Jahrhundert daran gearbeitet, »sein Universum« zu transzendieren: Zuerst seine Vorstellung *des* Universums, wie er es mit der Speziellen Relativitätstheorie 1905 beschrieben hat; das ist ihm 1915 mit der Allgemeinen Relativitätstheorie gelungen, die eine ganz neue Sicht auf *das* Universum ermöglicht hat. Und dann auch diese Vorstellung, die er mit einer Einheitlichen Feldtheorie bis zu seinem Lebensende zu ergänzen, zu erweitern, ja zu überwinden trachtete. Die unterschiedlichen Vorschläge für eine solche Theorie, die er formuliert oder zumindest skizziert hatte (und mit der er das Quantenuniversum verlassen wollte), trafen als gedankliche Universen nicht die Welt, die sie zu beschreiben versuchten. Sie haben zwar andere Forscher angeregt, aber letztlich nirgendwohin geführt. Wahrscheinlich waren sie schon vom Ansatz her zu jenseitig, gleichsam totgeboren, weil *das* Universum eben anders beschaffen ist als in Einsteins Vorstellungen und Prämissen.

Jenseits von Einsteins Universum ist nicht nur die Welt außerhalb seines Gedankenkosmos, sondern lässt sich noch mindestens vierfach lokalisieren.

› Erstens das Universum jenseits seiner Theorien. So reizt die Physiker die Suche nach einer modifizierten oder erweiterten Gravitationstheorie, bis hin zur Quantengravitation, seit Einsteins Paukenschlag von 1915. Viele interagierende gedankliche Paralleluniversen sind inzwischen entstanden. Doch niemand weiß bislang, ihre Realität einzuschätzen.

› Zweitens das Universum jenseits von Einsteins kosmologischen Modellen. So, wie er sich den Weltraum 1917 vorstellte – statisch und geschlossen –, kann er nicht sein. Er expandiert; und ob er räumlich endlich ist, weiß niemand. Auch die anderen von Einstein diskutierten Weltmodelle sind angesichts der Messdaten nicht mehr realistisch. Es gibt weniger Materie, als Einstein damals annehmen musste, und die Kosmologische Konstante scheint ganz und gar keine Eselei gewesen zu sein oder »eine Sünde gegen die mathematische Einfachheit«, die er noch in der Diskussion nach seinem letzten Vortrag (im April 1954) bereute. Ob das heute favorisierte flache, beschleunigt expandierende ΛCDM-Standardmodell der Kosmologie das letzte Wort hierzu bleiben kann, darf allerdings auch bezweifelt werden.

› Drittens das Universum jenseits des kosmischen Horizonts (selbst von so weitdenkenden Menschen wie Einstein). Weil die Lichtgeschwindigkeit endlich ist und das Universum mit 13,7 Milliarden Jahren relativ jung, aber doch riesig, lässt es sich weder von der Erde noch von irgendeinem anderen Punkt aus vollständig überblicken. Hinter dem Beobachtungshorizont geht es weiter. Auf welche Weise, das ist unbekannt.

› Und viertens das Universum jenseits der einfachen Geometrie (egal ob euklidisch, sphärisch oder hyperbolisch). Was Einsteins Feldgleichungen nämlich überhaupt nicht spezifizieren, das ist die Topologie – quasi die Gestalt der Raumzeit. Sie muss nicht einfach-zusammenhängend sein, sondern könnte das vierdimensionale Analogon eines Rings bilden oder einer Brezel, eines Trichters, eines fußballartigen Vielflächners oder anderer bizarrer Raumstrukturen (bei manchen wäre es sogar ähnlich wie in Computerspielen, bei denen man auf einer Seite den Bildschirm verlässt, um auf der anderen wieder zu erscheinen – und das womöglich spiegelverkehrt). Solche Ideen sind durch kosmologische Messungen nicht ausgeschlossen und werden sich in einigen Fällen überprüfen lassen. Noch klingt es wie Science Fiction, doch im Rahmen der Relativitätstheorie ist dies alles möglich – es wird von ihr schlicht nicht beschrieben.

Einstein wäre von vielen dieser Spekulationen wahrscheinlich begeistert gewesen. Oder entsetzt. Aber ganz bestimmt höchst interessiert. Und er hätte sie auf eine Weise weitergedacht oder kritisiert, die den gegenwärtigen Forschern nicht in den Sinn kommt. Seine Neugier und seine Sturheit, seine Kreativität und seine Intuition würden die Welt der Physik – und keinesfalls nur diese – sicherlich auch heute bereichern. Obwohl er lange tot ist, inspiriert er viele Wissenschaftler und Philosophen immer noch.

»Wird es einen nächsten Einstein geben?«, fragte der Theoretische Physiker Brian Greene von der Columbia University in New York anlässlich des 100-Jahre-Jubiläums von Einsteins Feldgleichungen in der Oktober-Ausgabe von *Spektrum der Wissenschaft*. Und antwortete sich selbst und seinen Lesern so: »Sofern damit ein Ausnahmemensch gemeint ist, welcher der Wissenschaft einen kräftigen Stoß nach vorn versetzt, lautet die Antwort sicher: Ja. In dem halben Jahrhundert seit Einsteins Tod gab es solche Genies bereits tatsächlich. Doch meint man damit jemanden, den die Welt nicht wegen seiner Fähigkeiten als Sportler oder Entertainer verehrt, sondern als anregendes Beispiel für das, was der menschliche Geist erreichen kann, dann fällt diese Frage auf uns zurück – und darauf, was wir als Gesellschaft für wertvoll halten.«

Das irdische Universum sollte nicht hinter das zurückfallen, was Einstein ermöglicht und vorgelebt hat.

Fazit

Die Suche nach der Einheit – Übersicht und Ausblick

› Einsteins großes letztes Ziel und Vermächtnis ist noch immer nicht eingelöst: eine Theorie, die die Materie und Kräfte einheitlich beschreibt.

› Seine Forschungen hat Einstein vielfach reflektiert und damit auch eigenständige Beiträge zur Wissenschaftstheorie und Naturphilosophie geleistet, die heute noch lesenswert sind.

› Mit diversen Versuchen, eine Einheitliche Feldtheorie von Gravitation und Elektromagnetismus zu finden, ist er gescheitert – unter anderem, weil er Quanteneffekte als irreduzibles Fundament der Natur ablehnte, die Schwache und Starke Kernkraft noch nicht kannte und die moderne Elementarteilchenphysik erst am Anfang stand.

› Neben der Relativitätstheorie gibt es alternative Gravitationstheorien, die die Geometrie der Raumzeit ändern beziehungsweise erweitern (zum Beispiel durch Torsion) oder zusätzliche Materiefelder einführen.

› Im Allerkleinsten und vielleicht auch auf kosmischen Skalen könnte sich die Schwerkraft überraschend anders verhalten. Das würde erklären, warum sich Galaxien nicht so bewegen, wie es die bekannten Naturgesetze beschreiben, ohne dass jedoch eine – bislang nicht direkt nachgewiesene – ominöse Dunkle Materie postuliert werden müsste.

› Das wichtiges Bestreben Theoretischer Physiker ist es – in Einsteins Tradition –, alle Naturkräfte und Elementarteilchen einheitlich zu erklären sowie Quantentheorie und Allgemeine Relativitätstheorie zu verbinden. Eine solche Theorie der Quantengravitation würde die mysteriösen Singularitäten beim Urknall und in Schwarzen Löchern eliminieren, die die gesamte Physik infrage stellen.

› Zurzeit wird an raffinierten Experimenten im Labor, Teilchenbeschleuniger und Weltraum gearbeitet, um Abweichungen von der Relativitätstheorie sowie Quantengravitationseffekte zu finden. Es gibt sogar einen neuen Forschungszweig: die Quantengravitationsphänomenologie.

› Hypothesen zur Quantengravitation legen nahe, dass Raum und Zeit nicht fundamental, sondern aus kleineren »Bestandteilen« aufgebaut sind – eine äußerst bizarre Vorstellung. Womöglich ist auch die Schwerkraft nicht grundlegend, sondern nur eine hartnäckige Illusion.

Raumzeitdank

Viele Forscher waren über die Jahre hinweg äußerst hilfreich sowie großzügig mit ihrer Zeit. Dank für Auskünfte und Diskussionen an Abhay Ashtekar, Hans-Joachim Blome, Martin Bojowald, Karsten Danzmann, Paul Davies, Hans Jörg Fahr, Friedrich Wilhelm Hehl, Sabine Hossenfelder, Bernulf Kanitscheider, Hans-Ulrich Keller, Tom Kibble, Claus Kiefer, Pavel Kroupa, Claus Lämmerzahl, Dennis Lehmkuhl, Uwe Lemmer, Robert Nemiroff, Thanu Padmanabhan, Wolfgang Priester (unvergessen!), Carlo Rovelli, Tilman Sauer, Volker Springel, Lee Smolin, Thomas Thiemann, Kip Thorne, Gerhard Vollmer, Frank Wilczek und Clifford Will. Keine Akademie Olympia, aber fast, ist die »Stuttgarter Spirale« mit durchaus olympischen Gesprächen. Ich danke allen, besonders Hakan Turan und Thomas Zoglauer (mit denen es schon im ersten Gespräch vor Jahrzehnten um den Urknall beziehungsweise die Christoffel-Symbole ging) sowie André Spiegel (durch Raum und Zeit). Max Geipel danke ich, wenn er Einsteins Weg weitergeht. – Ein spezieller Dank gebührt Christel und Bruno Vaas (nicht nur) für Käsekuchen und Korrekturlesen, Jenny Wagner für so manchen hilfreichen Graviton-Austausch, Angela Lahee für die Maxwell-Gleichungen in T-Shirt-Geometrie sowie für mehr als ein Jahrzehnt an euklidisch geformten Inhalten (selbst wenn die Zeit imaginär ist) und Diana Altenburg für alle Wellenlängen, auch in diesem Buch. – Meinen Ereignishorizont bereichert haben Sabine Hossenfelder, Andreas Müller, Kurt Roessler und Thomas Thiemann durch Einladungen zu großartigen Symposien in Stockholm, Irsee, Bad Honnef und ans Perimeter-Institut im kanadischen Waterloo; die Deutsche Physikalische Gesellschaft (deren Präsident Einstein 1916 bis 1918 war) tut es regelmäßig mit ihren Frühjahrstagungen. – Unterstützung erfuhr das Buch als Gravitationssenke auch durch das Planetarium Stuttgart und durch die Redaktion der Zeitschrift *bild der wissenschaft* um Wolfgang Hess; sie ist ungefähr so alt wie die Einstein-Cartan-Theorie, aber meistens euklidisch, sporadische Torsion nicht ausgeschlossen (vor allem mit Roger Ehrke und Peter Kneschaurek beim Tischfußball). – Sven Melchert, Martina und Gunther Schulz haben erneut und noch heroischer die besten kosmischen Randbedingungen realisiert, denn ohne ihre exzellente Arbeit (Gestaltung, Lektorat, Organisation, Kooperation und Motivation), das große Engagement sowie die noch größere Geduld wären die Planck-Massen dieses Buchs (so) nicht arrangiert worden, von den kontinuierlichen Zeitdehnungen und eigenartigen Lorentzexpansionen ganz abgesehen. – Schließlich danke ich Albert Einstein, der wohl Verständnis gehabt hätte, dass seine Zitate hier den gegenwärtigen Gebräuchen der Orthographie angepasst wurden, und der mich nicht nur zu diesem Buch und früheren inspiriert hat, sondern auch nicht ganz am menschlichen Denken und Handeln verzweifeln lässt. Er fehlt dieser Welt wie kaum ein anderer.

Paralleluniversen-Publikationen

»Bücher sind Schiffe, welche die weiten Meere der Zeit durcheilen« (Francis Bacon). – Dieses Buch ist eine Art Schlussstein zur Autorenarchitektur der anderen Bücher, die ebenfalls Einsteins Universum und die Suche nach einer Weltformel zum Inhalt haben – die Relativitätstheorie selbst dabei aber nicht als zentrales Thema, sondern vielmehr als Hintergrund und Rahmen. In *Tunnel durch Raum und Zeit* (7. Neuauflage 2015) werden die bizarren Schwarzen Löcher ausführlich beschrieben, die bereits kurz nach Einsteins Geniestreich entdeckt, doch erst später als solche erkannt wurden; außerdem geht es um Überlichtgeschwindigkeiten und Zeitreisen, die überraschenderweise unter bestimmten Bedingungen von der Allgemeinen Relativitätstheorie tatsächlich ermöglicht werden. In *Hawkings neues Universum* (9. aktualisierte Auflage 2012) und *Hawkings Kosmos einfach erklärt* (2011) werden die kosmologischen Konsequenzen der Relativitätstheorie ausgelotet: Warum dehnt sich der Weltraum aus, was ist der Urknall und wie kam es dazu? Auch weitere Rätsel von Raum und Zeit werden hier ausführlich ergründet. *Vom Gottesteilchen zur Weltformel* (2. aktualisierte Auflage 2014) beschreibt die andere große Säule des modernen physikalischen Weltbilds: die Elementarteilchenphysik. Auch die Hypothesen zur Dunklen Materie und die Geschichte der Antimaterie werden hier ausführlich erkundet. Und wie in allen anderen genannten Büchern spielt die Suche nach einer Theorie der Quantengravitation und deren Konsequenzen eine zentrale Rolle, einschließlich der Schleifen-Quantengravitation und der Stringtheorie (sowie die Versuche von Theodor Kaluza und Einstein, eine fünfdimensionale Einheitliche Feldtheorie zu formulieren). Einige Grenzen und philosophische Aspekte der modernen Physik und Kosmologie hat der Autor in anderen Publikationen besichtigt, die im Literaturverzeichnis genannt sind. – »Mein Büchersaal / War Herzogtums genug« (Shakespeare: *Der Sturm*).

Lesezeitdilatation

»Von den vielen Welten, die der Mensch nicht von der Natur geschenkt bekam, sondern sich aus dem eigenen Geist erschaffen hat, ist die Welt der Bücher die Größte.« – Hermann Hesse

Bücher und Artikel

Aus Platzgründen beschränkt sich diese Liste hauptsächlich auf Einführungs- und Übersichtswerke (darin viele Angaben der Originalarbeiten und der Fachliteratur). Allgemeinverständliche Bücher und Artikel sind mit einem Stern gekennzeichnet.*

Aichelburg, P. C., Sexl, R. U. (Hrsg.): Albert Einstein. Vieweg: Braunschweig, Wiesbaden 1979.

Amelino-Camelia, G.: Quantum-Spacetime Phenomenology. Living Rev. Relativity, Bd. 16, Nr. 5 (2013); www.livingreviews.org/lrr-2013-5

Ashtekar, A. (Hrsg.): 100 Years of Relativity. World Scientific: Singapur 2005.

Audretsch, J., Mainzer, K. (Hrsg.): Philosophie und Physik der Raumzeit. B.I. Wissenschaftsverlag: Mannheim u. a. 1994, 2. Aufl.

Barbour, J. B., Pfister, H. (Hrsg.): Mach's Principle. Birkhäuser: Boston, Basel, Berlin 1995.

Barrow, J.: Theorien für Alles. Spektrum: Heidelberg 1992 [1991].*

Bartelmann, M., u. a.: Theoretische Physik. Springer: Heidelberg 2015.

Becker, K., Becker, M., Schwarz, J.: String Theory and M-Theory. Cambridge University Press: Cambridge 2007.

Bekenstein, J. D.: Tensor-vector-scalar-modified gravity. Phil. Trans. R. Soc. A, Bd. 369, S. 5003-5017 (2011); arXiv:1201.2759

Berti, E., u. a.: Testing General Relativity with Present and Future Astrophysical Observations (2015); arXiv:1501.07274

Beyvers, G., Krusch, E.: Kleines 1x1 der Relativitätstheorie. Springer: Heidelberg 2009.

Blagojević, M., Hehl, F. W. (Hrsg.): Gauge Theories of Gravitation. Imperial College Press: London 2013.

Blumenhagen, R., Lüst, D., Theisen, S.: Basic Concepts of String Theory. Springer: Heidelberg 2013.
Brans, C. H.: Jordan-Brans-Dicke Theory (2014); www.scholarpedia.org/article/Jordan-Brans-Dicke_Theory
Bührke, T.: E = mc². dtv: München 1999.*
Bührke, T.: Albert Einstein. dtv: München 2004.*
Bührke, T.: Einsteins Jahrhundertwerk. dtv: München 2015.*
Bührke, T.: Mit Einstein nach Einöllen. bild der wissenschaft, Nr. 8, S. 46-49 (2015).*
Bührke, T.: Mit Einstein auf Meereshöhe. bild der wissenschaft, Nr. 11, S. 52-55 (2015).*
Calaprice, A. (Hrsg.): Einstein sagt. Piper: München, Zürich 1999 [1996].*
Calaprice, A., Kennefick, D., Schulmann, R.: An Einstein Encyclopedia. Princeton University Press: Princeton 2015.
Calder, N.: Einsteins Universum. Umschau: Frankfurt am Main 1980 [1979].*
Capozziello, S., Faraoni, V.: Beyond Einstein Gravity. Springer: Heidelberg 2011.
Cheng, T.-P.: Gravitation, Relativity and Cosmology. Oxford University Press: Oxford 2005.
Clark, R. W.: Albert Einstein. Heyne: München 1976 [1971].*
De Felice, A., Tsujikawa, S.: f(R) Theories. Living Reviews in Relativity, Bd. 13, Nr. 3 (2010); www.livingreviews.org/lrr-2010-3
Dongen, J. van: Einstein's Unification. Cambridge University Press: Cambridge 2010.
Duerbeck, H. W., Dick, W. R. (Hrsg.): Einsteins Kosmos. Deutsch: Frankfurt am Main 2005.
Earman, J.: World Enough and Space-Time. MIT Press: Cambridge, London 1989.
Earman, J.: Bangs, Crunches, Whimpers, and Shrieks. Oxford University Press: New York 1995.
Einstein, A.: Collected Papers. Kormos Buchwald, D. u.a. (Hrsg.). Princeton University Press: Princeton ab 1987.
Einstein, A.: Grundzüge der Relativitätstheorie. Vieweg: Braunschweig 1990, 6. Aufl. [1922/1956].
Einstein, A.: Mein Weltbild. Ullstein: Frankfurt am Main, Berlin 1986 [1934].*

Einstein, A., Infeld, L.: Die Evolution der Physik. Rowohlt: Reinbek bei Hamburg 1995 [1938].*
Einstein, A.: Autobiographical Notes. Open Court: La Salle 1992 [1949/1979].
Einstein, A.: Aus meinen späten Jahren. Deutsche Verlags-Anstalt: Stuttgart 1984, 2. Aufl. [1979].*
Einstein, A.: Briefe. Diogenes: Zürich 1981 [1979].*
Eisenstaedt, J., Kox, A. J. (Hrsg.): Studies in the History of General Relativity. Birkhäuser: Boston, Basel, Berlin 1992.
Famaey, F., McGaugh, S. S.: Modified Newtonian Dynamics (MOND). Living Reviews in Relativity, Bd. 15, Nr. 10 (2012); www.livingreviews.org/lrr-2012-10
Ferreira, P.: Die perfekte Theorie. Beck: München 2014.*
Fischer, K.: Relativitätstheorie in einfachen Worten. Springer Spektrum: Heidelberg 2015.*
Fließbach, T.: Allgemeine Relativitätstheorie. Spektrum Akademischer Verlag: Heidelberg, Berlin, Oxford 1995, 2. Aufl.
Fölsing, A.: Albert Einstein. Suhrkamp: Frankfurt am Main 1993.*
Fox, K. C., Keck, A.: Einstein A To Z. Wiley: Hoboken 2004.*
French, A. P. (Hrsg.): Einstein. Heinemann: London 1979.
Friedman, A. J., Donley, C. C.: Einstein As Myth and Muse. Cambridge University Press: Cambridge 1989.*
Fritzsch, H.: Die verbogene Raumzeit. Piper: München, Zürich 1997 [1996].*
Galison, P. L., Holton, G., Schweber, S. S. (Hrsg.): Einstein for the 21st Century. Princeton University Press: Princeton, Oxford 2008.*
Giulini, D.: Spezielle Relativitätstheorie. Fischer: Frankfurt am Main 2004.
Goenner, H.: Einsteins Relativitätstheorien. Beck: München 1997.*
Goenner, H.: Einführung in die spezielle und allgemeine Relativitätstheorie. Spektrum Akademischer Verlag: Heidelberg, Berlin, Oxford 1996.
Goenner, H. u. a. (Hrsg.): The Expanding Worlds of General Relativity. Birkhäuser: Boston, Basel, Berlin 1999.
Goenner, H.: On the History of Unified Field Theories. Living Reviews in Relativity, Bd. 7, Nr. 2 (2004) und Bd. 17, Nr. 5 (2014); www.livingreviews.org/lrr-2004-2; www.livingreviews.org/lrr-2014-5
Greene, B.: Der Stoff, aus dem der Kosmos ist. Goldmann: München 2008 [2005].*

Greene, B.: Der Glanz des Genies. Spektrum der Wissenschaft, Nr. 10, S.42-46 (2015).*
Gutfreund, H., Renn, J.: The Road to Relativity. Princeton University Press: Princeton 2015.
Hawking, S. W., Israel, W. (Hrsg.): Three hundred years of gravitation. Cambridge University Press: Cambridge 1989 [1987].
Hermann, A.: Einstein. Piper: München 2004 [1994].
Hoefer, C.: The metaphysics of space-time substantivalism. Journal of Philosophy, Bd. 93, S. 5-27 (1996).
Hoffmann, B.: Einsteins Ideen. Spektrum Akademischer Verlag: Heidelberg 1997 [1983].*
Hörz, H. (Hrsg.): Einstein in Berlin. Sitzungsberichte der Leibniz-Sozietät, Bd. 78/79. trafo: Berlin 2005.
Howard, D., Stachel, J. (Hrsg.): Einstein and the History of General Relativity. Birkhäuser: Boston, Basel, Berlin 1989.
Janssen, M.: »No success like failure…«. Einstein's quest for general relativity 1907-1920 (2008); philsci-archive.pitt.edu/4377/
Janssen, M., Lehner, C. (Hrsg.): The Cambridge Companion to Einstein Cambridge University Press: Cambridge 2014.
Janssen, M., Renn, J.: Einsteins Weg zur allgemeinen Relativitätstheorie. Spektrum der Wissenschaft, Nr. 10, S. 48-55.*
Kanitscheider, B.: Das Weltbild Albert Einsteins. Beck: München 1988.*
Kennefick, D.: Traveling at the Speed of Thought. Princeton University Press: Princeton 2006.
Kiefer, C.: Gravitation. Fischer: Frankfurt am Main 2003.
Kiefer, C.: Der Quantenkosmos. Fischer: Frankfurt am Main 2009.*
Kox, A. J., Eisenstaedt, J. (Hrsg.): The Universe of General Relativity. Birkhäuser: Boston, Basel, Berlin 2005.
Kraus, U., u. a.: Was Einstein noch nicht sehen konnte. Physik Journal, Nr. 7/8, S. 77-82 (2002).
Kraus, U., Borchers, M.: Mit Einstein durch die Altstadt. Physik in unserer Zeit, Bd. 36, S. 64-68 (2005).*
Lehmkuhl, D.: Mass – Energy – Momentum. British Journal for the Philosophy of Science, Bd. 62, Nr. 3, S. 453-488 (2011).
Lehmkuhl, D.: Why Einstein did not believe that General Relativity geometrizes gravity. Studies in History and Philosophy of Physics, Bd. 46B, S. 316-326 (2014).

Lehner, C., Renn, J., Schemmel, M. (Hrsg.): Einstein and the Changing Worldviews of Physics. Birkhäuser/Springer: New York u. a. 2012.
Merkowitz, S. M.: Tests of Gravity Using Lunar Laser Ranging. Living Reviews in Relativity, Bd. 13, Nr. 7 (2010); www.livingreviews.org/lrr-2010-7
Milgrom, M.: The MOND paradigm of modified dynamics (2014); www.scholarpedia.org/article/The_MOND_paradigm_of_modified_dynamics
Miller, A. I.: Einstein, Picasso: Space, Time, and the Beauty that Causes Havoc. Basic Books: New York 2001.
Misner, C. W., Thorne, K. S., Wheeler, J. A.: Gravitation. Freeman: San Francisco 1973.
Mühling, M.: Einstein und die Religion. Vandenhoeck & Ruprecht: Göttingen 2011.
Müller, B., Vaas, R.: Irrte Einstein? bild der wissenschaft, Nr. 3, S. 42-46 (1998).*
Neffe, J.: Einstein. Rowohlt: Reinbek bei Hamburg 2005.*
Norton, J. D.: Philosophy in Einstein's Science (2012); philsci-archive.pitt.edu/9108
Norton, J. D.: The Hole Argument. Stanford Encyclopedia of Philosophy (2014); plato.stanford.edu/archives/fall2015/entries/spacetime-holearg
Padmanabhan, T.: Gravitation. Cambridge University Press: Cambridge 2010.
Padova, T. de: Allein gegen die Schwerkraft. Hanser: München 2015.*
Pais, A.: Raffiniert ist der Herrgott... Spektrum Akademischer Verlag: Heidelberg, Berlin 2000 [1982]
Pössel, M.: Das Einstein-Fenster. Hofmann & Campe: Hamburg 2005.*
Rham, C. de: Massive Gravity. Living Reviews in Relativity, Bd. 17, Nr. 7 (2014); www.livingreviews.org/lrr-2014-7
Reich, K.: Die Entwicklung des Tensorkalküls. Birkhäuser: Basel, Boston, Berlin 1994.
Renn, J.: Albert Einstein – Ingenieur des Universums. Wiley-VCH: Weinheim 2005.*
Renn, J.: Auf den Schultern von Riesen und Zwergen. Wiley-VCH: Weinheim 2006.
Renn, J. (Hrsg.): The Genesis of General Relativity. Springer: Dordrecht 2007, 4 Bände.

Rovelli, C.: Quantum Gravity. Cambridge University Press: Cambridge 2004.
Rovelli, C.: Sieben kurze Lektionen über Physik. Rowohlt: Reinbek bei Hamburg 2015.
Sauer, T.: Field Equations in Teleparallel Space-time. Historia Mathematica, Bd. 33, S. 399-439 (2006); arXiv:physics/0405142
Sauer, T.: Marcel Grossmann and his contribution to the general theory of relativity (2013); arXiv:1312.4068
Sauer, T.: Wettstreit der Genies. bild der wissenschaft, Nr. 11, S. 54-56 (2015).*
Sauer, T., Majer, U. (Hrsg.): David Hilbert's Lectures on the Foundations of Physics, 1915–1927. Springer: Heidelberg 2009.
Schlipp, P. A. (Hrsg.): Albert Einstein Philosopher-Scientist. Open Court: Peru 2000 [1949].
Schottenloher, M.: Geometrie und Symmetrie in der Physik. Vieweg: Braunschweig, Wiesbaden 1995.
Schutz, B.: A First Course in General Relativity. Cambridge University Press: Cambridge 2009, 2. Aufl.
Schwinger, J.: Einsteins Erbe. Spektrum Akademischer Verlag: Heidelberg, Berlin, Oxford 1987 [1986].*
Smolin, L.: Three Roads to Quantum Gravity. Basic Books: New York 2001.
Stachel, J. (Hrsg.): Einsteins Annus Mirabilis. Rowohlt: Reinbek bei Hamburg 2001.
Stachel, J.: The Hole Argument and Some Physical and Philosophical Implications. Living Reviews in Relativity, Bd. 17, Nr. 1 (2014); www.livingreviews.org/lrr-2014-1
Stairs, I. H.: Testing General Relativity with Pulsar Timing. Living Reviews in Relativity, Bd. 6, Nr. 5 (2003); www.livingreviews.org/lrr-2003-5
Steiner, F. (Hrsg.): Albert Einstein. Springer: Heidelberg 2005.*
Susskind, L.: The Cosmic Landscape. Little, Brown & Co.: New York 2006.*
Susskind, L.: The Theoretical Minimum. Basic Books: New York 2013.
Taylor, E. F., Wheeler, J. A.: Physik der Raumzeit. Spektrum Akademischer Verlag: Heidelberg, Berlin, Oxford 1994 [1992].
Thorne, K. S.: Gekrümmter Raum und verbogene Zeit. Droemer Knaur: München 1994 [1993].*
Tonnelat, M. A.: Einstein's Unified Field Theory. Gordon and Breach: New York 1966.

Vaas, R.: Gravitationslinsen. Naturwissenschaftliche Rundschau, Bd. 42, Nr. 3, S. 85-100 (1989).
Vaas, R.: Neue Wege in der Kosmologie. Naturwissenschaftliche Rundschau, Bd. 47, Nr. 2, S. 43-58 (1994).
Vaas, R.: Die Schwingungen der Raumzeit. bild der wissenschaft, Nr. 10, S. 52-55 (1999).*
Vaas, R.: Naturgesetze – Was die Welt zusammenhält. bild der wissenschaft, Nr. 12, S. 38-56 (2003).*
Vaas, R.: Ein Universum nach Maß? Kritische Überlegungen zum Anthropischen Prinzip in der Kosmologie, Naturphilosophie und Theologie. In: Hübner, J., Stamatescu, I.-O., Weber, D. (Hrsg.): Theologie und Kosmologie. Mohr Siebeck: Tübingen 2004, S. 375-498.
Vaas, R.: Das Duell: Strings gegen Schleifen. bild der wissenschaft, Nr. 4, S. 44-49 (2004).*
Vaas, R.: Einstein und die Quantenwelt. bild der wissenschaft, Nr. 8, S. 38-53 (2004).*
Vaas, R.: Einsteins Wunderjahr: Revolution im Patentamt. bild der wissenschaft, Nr. 2, S. 36-45 (2005).*
Vaas, R.: Einsteins Vermächtnis. bild der wissenschaft, Nr. 5, S. 40-48 (2005).*
Vaas, R.: Das Münchhausen-Trilemma in der Erkenntnistheorie, Kosmologie und Metaphysik. In: Hilgendorf, E. (Hrsg.): Wissenschaft, Religion und Recht. Logos: Berlin 2006, S. 441-474.
Vaas, R.: Im freien Fall für die Forschung. In: Mamczak, S., Jeschke, W. (Hrsg.): Das Science Fiction Jahr 2007. Heyne: München 2007, S. 465-520.*
Vaas, R.: Die Zeit vor der Zeit. Universitas, Bd. 64, Nr. 762, S. 1124-1139 (11/2009).*
Vaas, R.: Multiverse Scenarios in Cosmology: Classification, Cause, Challenge, Controversy, and Criticism. Journal of Cosmology Nr. 4, S. 666-676 (2010); arXiv:1001.0726
Vaas, R.: Hawkings neues Universum. Kosmos: Stuttgart 2010, 5. Aufl.*
Vaas, R.: Relativitätstheorie. bild der wissenschaft, Nr. 1, S. 38-55 (2011).*
Vaas, R.: Hawkings Kosmos einfach erklärt. Kosmos: Stuttgart 2011.*
Vaas, R.: Das Verschwinden der Zeit. Universitas, Bd. 67, Nr. 787, S. 30-53 (1/2012).*
Vaas, R.: Quantentheorie. bild der wissenschaft, Nr. 9, S. 42-63 (2012).*

Vaas, R.: »Ewig rollt das Rad des Seins«: Der ›Ewige-Wiederkunfts-Gedanke‹ und seine Aktualität in der modernen physikalischen Kosmologie. In: Heit, H., Abel, G., Brusotti, M. (Hrsg.): Nietzsches Wissenschaftsphilosophie. de Gruyter: Berlin, New York 2012, S. 371-390.
Vaas, R.: Time After Time – Big Bang Cosmology and the Arrows of Time. In: Mersini-Houghton, L., Vaas, R. (Hrsg.): The Arrows of Time. Springer: Heidelberg 2012, S. 5-42.
Vaas, R.: Die Dimension des Erlebens. Universitas, Bd. 68, Nr. 801, S. 4-33 (3/2013).*
Vaas, R.: Die Stringtheorie. bild der wissenschaft, Nr. 5, S. 40-60 (2013).*
Vaas, R.: Wahrheiten auf hoher See. Universitas, Bd. 69, Nr. 820, S. 42-71 (10/2014).*
Vaas, R.: Relativitätstheorie unter Beschuss. bild der wissenschaft, Nr. 11, S. 30-50 (2014).*
Vaas, R.: Vom Gottesteilchen zur Weltformel. Kosmos: Stuttgart 2014, 2. Aufl.*
Vaas, R.: Einsteins Revolution. bild der wissenschaft, Nr. 9, S. 42-52 (2015).*
Vaas, R.: Tunnel durch Raum und Zeit. Kosmos: Stuttgart 2015, 7. Aufl.*
Vollmer, G.: Auf der Suche nach Ordnung. Hirzel/Wissenschaftliche Verlagsgesellschaft: Stuttgart 1985.*
Wagner, J. (Hrsg.): Tipler, P. A., Mosca, G.: Physik. Springer: Heidelberg 2015, 7. Aufl.
Wald, R.: Quantum Field Theory in Curved Spacetime and Black Hole Thermodynamics. University of Chicago Press: Chicago 1994.
Wheeler, J. A.: Gravitation und Raumzeit. Spektrum der Wissenschaft: Heidelberg 1991 [1990].*
Will, C. M.: ... und Einstein hatte doch recht. Springer: Berlin u. a. 1989 [1986].*
Will, C. M.: Theory and experiment in gravitational physics. Cambridge University Press: Cambridge 1993.
Will, C. M.: The Confrontation between General Relativity and Experiment. Living Reviews in Relativity, Bd. 17, Nr. 4 (2014); relativity.livingreviews.org/Articles/lrr-2014-4/
Wuensch, D.: »Zwei wirkliche Kerle«. Termessos: Göttingen 2008.
Ziegelmann, H.: Was ist wirklich? Albert Einstein – Leben und Werk. attempto!: Tübingen 1988.*

Internet

Einsteins Leben und Werk: press.princeton.edu/einstein
Einsteins Schriften und Briefwechsel: einsteinpapers.press.princeton.edu
Albert-Einstein-Archiv: www.alberteinstein.info
Einsteins Züricher Notizbuch:
www.pitt.edu/~jdnorton/Goodies/Zurich_Notebook
Einführung in die Relativitätstheorie: www.einstein-online.info
Einsteins Image und Impact: www.aip.org/history/einstein
Aufklärung über Einstein-Gegner: www.relativ-kritisch.net
Visualisierungen relativistischer Effekte:
www.tempolimit-lichtgeschwindigkeit.de;
www.vis.uni-stuttgart.de/institut/mitarbeiter/thomas-mueller.html
Gravitationswellen-Suche auf dem PC: einstein.phys.uwm.edu
Zugang zu fast allen neuen Forschungsartikeln: arXiv.org
Artikel zur Wissenschaftstheorie: philsci-archive.pitt.edu
Stanford Encyclopedia of Philosophy: plato.stanford.edu
Fachzeitschrift *General Relativity and Gravitation*:
link.springer.com/journal/10714
Fachzeitschrift *Classical and Quantum Gravity*: http://iopscience.iop.org/0264-9381
Übersichtsartikel in *Living Reviews in Relativity*: relativity.livingreviews.org
Aktuelle Wissenschaftsmeldungen: www.wissenschaft.de;
www.spektrum.de; www.pro-physik.de
Webseiten und Blogs von ...
Jürgen Renn (Physik-Geschichte): www.mpiwg-berlin.mpg.de/en/users/renn
Tilman Sauer (Physik-Geschichte): www.tilmansauer.net
Markus Pössel (Physik, Astronomie): www.scilogs.de/relativ-einfach
Pavel Kroupa (MOND): www.scilogs.com/the-dark-matter-crisis
Stacy McGaugh (MOND): astroweb.case.edu/ssm/mond
Abhay Ashtekar (Loop Quantum Gravity): cgpg.gravity.psu.edu/people/Ashtekar
Sabine Hossenfelder (Quantengravitation): backreaction.blogspot.de/
Thanu Padmanabhan (emergente Gravitation): www.iucaa.ernet.in/~paddy
Sean Carrol (Kosmologie): www.preposterousuniverse.com/blog

Photonenquellen

95 Abbildungen, darunter 44 Illustrationen von Gunther Schulz (GS) nach Vorlagen von Rüdiger Vaas (RV) und den hier angegebenen Quellen. – Seite 6: P. Ehrenfest; Museum Boerhaave, Leiden – 8: Herb Block Foundation – 25: L. Chavan; Bernisches Historisches Museum – 35: R. Vaas – 45: GS/RV – 46: GS/RV – 63: V. Petkov; GS/R Vaas: Hawkings neues Universum (Kosmos 2008) – 68/69: U. Kraus, M. Borchers: Fast lichtschnell durch die Stadt. Physik in unserer Zeit, Nr. 2, S. 64-69 (2005); Simulationen von Marc Borchers – 74: SElefant/CC – 77: UdSSR-Postamt, Wikimedia Commons/ CC, Grebenkov – 81: D. Giulini: Spezielle Relativitätstheorie (Fischer 2004); GS/R. Vaas: Hawkings Kosmos einfach erklärt (Kosmos 2011) – 90: GS/RV – 91: GS/RV – 96: GS – 109: GS/RV – 113: R. Vaas – 117: GS/RV – 121: Wikimedia Commons/ CC – 125: M. Janssen; GS/RV – 129: GS/R. Vaas: Hawkings Kosmos einfach erklärt (Kosmos 2011) – 136/137: Albert Einstein Archives, Hebrew University of Jerusalem – 155: GS/RV – 157: NASA, Johns Hopkins University Applied Physics Laboratory, Carnegie Institution of Washington – 161: Vincent van Gogh: *Sternennacht* (Museum of Modern Art, New York City) – 183: GS/RV – 200: photocase/leroy – 211: M. Janssen; GS/RV – 213: M. Janssen; GS/RV – 228: J. Norton; GS/RV – 231: J. Norton; GS/RV – 233: J. Norton; P. B. Anderson (www.csiss.org/map-projections/index.html) – 249: NASA, ESA, Hubble Heritage, ESA-Hubble Collaboration – 257: Wikimedia Commons/CC – 261: Diana Altenburg (www.dianakunstwerke.de): *Stadien* – 265: GS/R. Vaas: Hawkings neues Universum (Kosmos 2008) – 269: G. Ellis, GS/R. Vaas: Hawkings neues Universum (Kosmos 2008) – 271: R. Vaas – 277: F. W. Dyson, A. S. Eddington, C. Davidson: A Determination of the Deflection of Light by the Sun's Gravitational Field, from Observations Made at the Total Eclipse of May 29, 1919. Philosophical Transactions of the Royal Society of London, Bd. 220, S. 291-333 (1920) – 279: GS/R. Vaas: Hawkings Kosmos einfach erklärt (Kosmos 2011) – 281: C. Will; GS/RV – 282: C. Will; GS/RV – 283: NASA, JPL – 287: C. Will; GS/RV – 290: C. Will; GS/RV – 291: NASA; GS/RV – 295: Wikimedia Commons/CC, Vlad2i; NASA; GS/ RV – 296: C. Will; GS/RV – 297: F. Geiger; GS/R. Vaas: Hawkings Kosmos einfach erklärt (Kosmos 2011) – 305: C. Will; GS/RV – 309: NASA, CXC, SAO – 315: PPTA Collaboration, GS/RV – 316: M. Kramer, MPIfR – 319: J. M. Weisberg, J. H. Taylor: Relativistic Binary Pulsar B1913+16. AIP Conf. Series (2004); AAS; GS/RV – 320: D. Champion, NRAO – 321: MPG – 324: Diana Altenburg (www.dianakunstwerke.de): *Fragmente* – 328/329: GS/RV – 337: GS/R. Vaas: Vom Gottesteilchen zur Weltformel (Kosmos 2013) – 357: A. P. French (Hrsg.): Einstein (Heinemann 1979), S. 270 – 367: Wikimedia Commons/CC – 373: GS/R. Vaas: Hawkings Kosmos einfach erklärt (Kosmos 2011) – 374: GS/R. Vaas: Hawkings Kosmos einfach erklärt (Kosmos 2011) – 375: G. Schulz (nach einer Idee von Charles Addams: *The Skier*, 1940), R. Vaas: Hawkings Kosmos einfach erklärt (Kosmos 2011) – 377: M. Bronstein, J. Stachel; S. Hossenfelder; GS/RV – 385: GS/RV – 397: M. Blagojević, F. W. Hehl (Hrsg.): Gauge Theories of Gravitation (Imperial College Press 2013); GS/RV (mit freundlichem Dank an Friedrich W. Hehl für Diskussionen und Beratung) – 417: M. Milgrom; GS/ RV – 418: S. McGaugh; GS/RV – 423: NASA, H. Ford/JHU, G. Illingworth/USCS/ LO, M. Clampin/STScI, G. Hartig/STScI, ACS Science Team – 428: P. Kroupa; GS/ RV – 429: S. McGaugh; GS/RV – 431: S. Dodelson; GS/RV – 441: NASA, Sonoma State University, A. Simonnet.